高等职业教育系列教材

新能源电源变换技术

主　编　梁　强　崔青恒　明习凤
副主编　刘玉丛　华晓峰　王得厚　桑宁如
参　编　闫学敏　张洪宝　董圣英　孙巧智

机 械 工 业 出 版 社

本书由校企合作编写。本书主要内容包括新能源种类和储能系统简介、光伏电源变换器件的识别与检测、光伏电源整流器的安装与调试、光伏直流变换器的安装与调试、智能离网微逆变系统的安装与调试。

本书可作为高等职业院校光伏发电技术与应用、光伏工程技术等光伏发电类专业的教材，还可供从事光伏发电技术的专业人员、参加全国职业院校技能大赛“光伏电子工程的设计与实施”赛项的师生参考。

本书配有授课电子教案，需要的教师可登录 www.cmpedu.com 免费注册，审核通过后下载，或联系编辑索取（QQ：1239258369，电话：010-88379739）。

图书在版编目（CIP）数据

新能源电源变换技术/梁强，崔青恒，明习凤主编. —北京：机械工业出版社，2019.11（2025.1 重印）
高等职业教育系列教材
ISBN 978-7-111-64399-9

Ⅰ.①新…　Ⅱ.①梁…②崔…③明…　Ⅲ.①新能源-电源-变流技术-高等职业教育-教材　Ⅳ.①TM46

中国版本图书馆 CIP 数据核字（2019）第 287853 号

机械工业出版社（北京市百万庄大街 22 号　邮政编码 100037）
策划编辑：和庆娣　责任编辑：和庆娣　赵小花　李文轶
责任校对：梁　静　责任印制：单爱军
北京虎彩文化传播有限公司印刷
2025 年 1 月第 1 版第 4 次印刷
184mm×260mm · 14 印张 · 1 插页 · 375 千字
标准书号：ISBN 978-7-111-64399-9
定价：49.00 元

电话服务	网络服务
客服电话：010-88361066	机　工　官　网：www.cmpbook.com
010-88379833	机　工　官　博：weibo.com/cmp1952
010-68326294	金　　书　　网：www.golden-book.com
封底无防伪标均为盗版	机工教育服务网：www.cmpedu.com

出版说明

党的二十大报告首次提出“加强教材建设和管理”，表明了教材建设国家事权的重要属性，凸显了教材工作在党和国家事业发展全局中的重要地位，体现了以习近平同志为核心的党中央对教材工作的高度重视和对“尺寸课本、国之大者”的殷切期望。教材作为教育目标、理念、内容、方法、规律的集中体现，是教育教学的基本载体和关键支撑，是教育核心竞争力的重要体现。建设高质量教材体系，对于建设高质量教育体系而言，既是应有之义，也是重要基础和保障。落实立德树人根本任务，发挥铸魂育人实效，机械工业出版社组织国内多所职业院校（其中大部分院校入选“双高”计划）的院校领导和骨干教师展开专业和课程建设研讨，以适应新时代职业教育发展要求和教学需求为目标，规划并出版了“高等职业教育系列教材”丛书。

该系列教材以岗位需求为导向，涵盖计算机、电子信息、自动化和机电类等专业，由院校和企业合作开发，由具有丰富教学经验和实践经验的“双师型”教师编写，并邀请专家审定大纲和审读书稿，致力于打造充分适应新时代职业教育教学模式、满足职业院校教学改革和专业建设需求、体现工学结合特点的精品化教材。

归纳起来，本系列教材具有以下特点：

1）充分体现规划性和系统性。系列教材由机械工业出版社发起，定期组织相关领域专家、院校领导、骨干教师和企业代表开展编委会年会和专业研讨会，在研究专业和课程建设的基础上，规划教材选题，审定教材大纲，组织人员编写，并经专家审核后出版。整个教材开发过程以质量为先，严谨高效，为建立高质量、高水平的专业教材体系奠定了基础。

2）工学结合，围绕学生职业技能设计教材内容和编写形式。基础课程教材在保持扎实理论基础的同时，增加实训、习题、知识拓展以及立体化配套资源；专业课程教材突出理论和实践相统一，注重以企业真实生产项目、典型工作任务、案例等为载体组织教学单元，采用项目导向、任务驱动等编写模式，强调实践性。

3）教材内容科学先进，教材编排展现力强。系列教材紧随技术和经济的发展而更新，及时将新知识、新技术、新工艺和新案例等引入教材；同时注重吸收最新的教学理念，并积极支持新专业的教材建设。教材编排注重图、文、表并茂，生动活泼，形式新颖；名称、名词、术语等均符合国家有关技术质量标准和规范。

4）注重立体化资源建设。系列教材针对部分课程特点，力求通过随书二维码等形式，将教学视频、仿真动画、案例拓展、习题试卷及解答等教学资源融入到教材中，使学生学习课上课下相结合，为高素质技能型人才的培养提供更多的教学手段。

由于我国高等职业教育改革和发展的速度很快，加之我们的水平和经验有限，因此在教材的编写和出版过程中难免出现疏漏。恳请使用本系列教材的师生及时向我们反馈相关信息，以利于我们今后不断提高教材的出版质量，为广大师生提供更多、更适用的教材。

机械工业出版社

前言

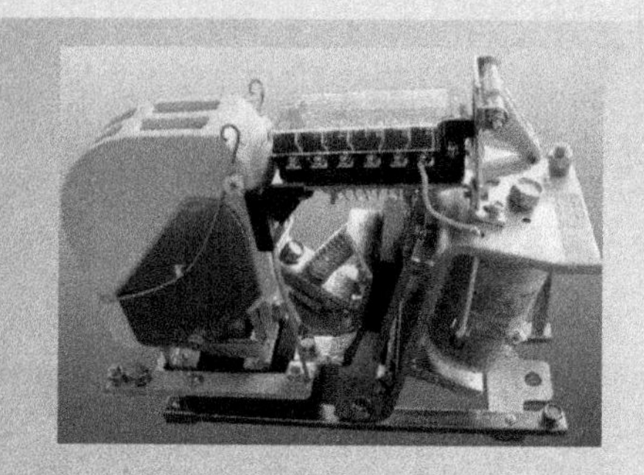

新能源电力系统的共同特征是需要进行电源变换，即通过电力变换装置使发电设备输出的电能与现有设备匹配，在品质上满足用户需求。如何采用电力电子开关器件构造出合适的电力变换装置是解决上述问题的关键技术和根本出路。于是电能变换装置的研究与开发成为一项重要研究课题。

为了满足高等职业教育发展的要求，提升光伏发电技术类专业学生的专业应用技术和综合素质，特组织编写了本书。本书是全国高职电子信息类光伏工程技术专业建设协作组组织和开发，由德州职业技术学院与杭州瑞亚教育科技有限公司（浙江瑞亚能源科技有限公司的子公司，也是全国职业院校技能大赛“光伏电子工程的设计与实施”赛项中的竞赛平台供应商）联合编写的光伏工程技术专业系列教材之一。

本书具有以下特色：

1）按照教师容易教、学生容易学，理实结合，任务驱动，兼顾大赛，突出知识应用及能力培养的思路编写。依据光伏产业对光伏电源方面人才所需的知识、技能要求和全国职业院校技能大赛高职组“光伏电子工程的设计与实施”赛项规程中对光伏电源产品设计、制作、调试等要求组织教材内容。

2）校企合作共同编写，项目源自企业真实产品，实用价值高。参编的教师具有较强的光伏电源产品开发和教学能力；编写中还参考了企业质量管理和验收标准，以确保符合企业和太阳能利用行业的标准和技术规范。

3）按照光伏电源产品开发过程确定教学项目，符合产品开发和生产实际。按系统设计→硬件电路和软件程序设计→元器件选型（检测）→系统安装→系统调试顺序确定教学内容。

4）在内容的选取上力求经典、有代表性。本书以新能源种类和储能系统简介、光伏电源变换器件的识别与检测、光伏电源整流器的安装与调试、光伏直流变换器的安装与调试、智能离网微逆变系统的安装与调试作为项目，注重典型产品的分析与应用，强化学生的工程意识和解决实际问题的能力。

5）采用“项目→任务”的模式组织教学内容，便于进行任务驱动式教学。每个项目分为若干任务，按照【任务描述】、【相关知识】、【任务实施】、【知识拓展】形式展开，符合职业教育实践要求。

6）图文并茂，以图和表代替文字表述，力求简洁、清晰。

7）从职业（岗位）需求分析入手，确定知识目标和能力目标，精选理论部分内容，确保“管用、够用、适用”。

本书的项目1由梁强编写，项目2、项目3由明习凤编写，项目4由崔青恒编写，项目5由刘玉丛、崔青恒、闫学敏、张洪宝、董圣英以及杭州瑞亚教育科技有限公司的桑宁如共同编写，华晓峰、王得厚、孙巧智负责项目模块的制作和调试。全书由梁强统稿。

本书的编写得到了德州职业技术学院的领导、老师及杭州瑞亚教育科技有限公司领导、相关技术人员的大力支持。在编写的过程中，还参阅了大量的著作和文献以及网络资料，在此一并向其作者表示衷心的感谢！

本书可作为高等职业院校光伏发电技术与应用、光伏工程技术等光伏发电类专业的教材，还可供从事光伏发电技术的专业人员、参加全国职业院校技能大赛“光伏电子工程的设计与实施”赛项的师生参考。

由于编者水平有限，书中不足之处恳请广大读者批评和指正。

编　者

目　　录

前　言
项目 1　新能源种类和储能系统简介 …… 1
任务 1.1　光伏组件的识别与检测 …… 2
1.1.1　【任务描述】 …… 2
1.1.2　【相关知识】光伏组件简介 …… 3
1.1.3　【任务实施】光伏组件的基本测试 …… 6
1.1.4　【知识拓展】光伏组件的 EL 检测 …… 9
任务 1.2　掌握光伏组件的发电原理和主要技术参数 …… 10
1.2.1　【任务描述】 …… 10
1.2.2　【相关知识】光伏组件的发电原理和主要技术参数 …… 10
1.2.3　【任务实施】光伏组件的主要技术参数测试 …… 14
1.2.4　【知识拓展】光伏发电系统维护注意事项 …… 15
项目 2　光伏电源变换器件的识别与检测 …… 18
任务 2.1　电力二极管的识别与检测 …… 18
2.1.1　【任务描述】 …… 18
2.1.2　【相关知识】电力二极管 …… 19
2.1.3　【任务实施】电力二极管的识别与基本测试 …… 21
2.1.4　【知识拓展】不同种类二极管的检测方法 …… 23
任务 2.2　晶闸管的识别与检测 …… 25
2.2.1　【任务描述】 …… 25
2.2.2　【相关知识】晶闸管 …… 26
2.2.3　【任务实施】晶闸管的识别与基本测试 …… 34
2.2.4　【知识拓展】双向晶闸管 …… 37
任务 2.3　全控型电力电子器件的识别与检测 …… 38
2.3.1　【任务描述】 …… 38
2.3.2　【相关知识】全控型电力电子器件 …… 38
2.3.3　【任务实施】全控型电力电子器件的识别与基本测试 …… 54
2.3.4　【知识拓展】新型电能变换器件 …… 58
项目 3　光伏电源整流器的安装与调试 …… 62
任务 3.1　调光灯电路的制作与调试 …… 62
3.1.1　【任务描述】 …… 62
3.1.2　【相关知识】单相可控整流电路及驱动电路 …… 63
3.1.3　【任务实施】制作与调试调光灯电路 …… 72
3.1.4　【知识拓展】单相桥式可控整流电路 …… 77
任务 3.2　三相全控桥式整流器的检测与调试 …… 82
3.2.1　【任务描述】 …… 82
3.2.2　【相关知识】三相可控整流电路 …… 84
3.2.3　【任务实施】三相全控桥式整流电路的调试 …… 88
3.2.4　【知识拓展】其他类型的触发电路 …… 90
项目 4　光伏直流变换器的安装与调试 …… 96
4.1　【任务描述】 …… 96

4.2 【相关知识】直流变换器（斩波器） …… 97
4.2.1 直流斩波器的基本工作原理 …… 97
4.2.2 直流斩波电路 …… 98
4.2.3 变压器隔离的直流变换器 …… 102
4.3 【任务实施】小型电源升压器的组装 …… 104
4.4 【知识拓展】光伏发电系统中的直流变换器 …… 106
项目5 智能离网微逆变系统的安装与调试 …… 111
5.1 【任务描述】 …… 111
5.2 【相关知识】光伏逆变器 …… 112
5.2.1 光伏逆变器简介 …… 112
5.2.2 逆变器的发展方向 …… 113
5.2.3 逆变器的基本概念及分类 …… 114
5.2.4 逆变电路的工作原理及换流方式 …… 114
5.2.5 有源逆变电路的工作原理及应用 …… 116
5.2.6 无源逆变电路的工作原理 …… 119
5.3 【任务实施】智能离网微逆变系统电路设计与制作 …… 126
5.3.1 智能离网微逆变系统 INVT322A 硬件电路的设计与制作 …… 128
5.3.2 智能离网微逆变系统焊接与软硬件基本调试 …… 150
5.3.3 组态串口屏模块系统开发 …… 162
5.3.4 前级输入故障检测（包含显示） …… 174
5.3.5 逆变输出电能信号曲线显示（包含显示） …… 181
5.3.6 逆变输出智能控制系统设计（包含显示） …… 187
5.3.7 智能离网微逆变系统通信系统设计（RS-485 等上位机通信，包含显示） …… 193
5.3.8 智能离网微逆变系统软件开发与调试（整合） …… 202
5.4 【知识拓展】并网逆变器 …… 211
参考文献 …… 215

项目1 新能源种类和储能系统简介

新能源又称非常规能源，是指传统能源之外的各种能源形式。新能源的特征：尚未大规模开发利用，资源赋存条件和物化特征与常规能源有明显区别；开发利用技术复杂，成本较高；清洁、环保，可实现二氧化碳等污染物零排放或低排放，资源量大、分布广泛，但大多具有能量密度低的特点。目前常用的新能源种类有太阳能、地热能、风能、海洋能、生物质能和核聚变能等，其中太阳能和风能的应用尤为广泛。

谈到储能，人们很容易想到电池，但现有的电池技术很难满足电网级储能的要求。现有的储能系统主要分为五类：机械储能、电气储能、电化学储能、热储能和化学储能。

1. 机械储能

机械储能主要包括抽水蓄能、压缩空气储能和飞轮储能等。

(1) 抽水蓄能

电网低谷时利用过剩电力将作为液态能量媒体的水从地势低的水库抽到地势高的水库，电网峰荷时再将高地势水库中的水回流到低地势水库以推动水轮发电机发电。

(2) 压缩空气储能

压缩空气储能是利用电力系统负荷低谷时的剩余电量，使电动机带动空气压缩机，将空气压入作为储气室的密闭、大容量的地下洞穴，当系统发电量不足时，再将压缩空气经换热器与油或天然气，推动燃气轮机做功而发电。

(3) 飞轮储能

利用高速旋转的飞轮将能量以动能的形式储存起来。需要能量时，飞轮减速运行，将储存的能量释放出来。

2. 电气储能

(1) 超级电容器储能

用活性炭多孔电极和电解质组成的双电层结构获得超大的电容量。与利用化学反应的蓄电池不同，超级电容器的充放电过程始终是物理过程。它具有充电时间短、使用寿命长、温度特性好、节约能源和绿色环保的优点。

(2) 超导储能

利用超导体电阻为零的特性制成储存电能的装置。超导储能系统主要包括超导线圈、低温系统、功率调节系统和监控系统四大部分。

3. 电化学储能

(1) 铅酸电池

铅酸电池是一种铅及其氧化物组成电极、硫酸溶液组成电解液的蓄电池。目前在世界上应用广泛，循环寿命可达1000次左右，效率能达到80%~90%，性价比高，常用于电力系统的事故电源或备用电源。

(2) 锂电池

锂电池是一类锂金属或锂合金作为负极材料、使用非水电解质溶液的电池，主要用于便携式的移动设备中。市场上锂电池主要分为三大类：钴酸锂电池、锰酸锂电池和磷酸铁锂电池。

(3) 钠硫电池

钠硫电池是一种以金属钠为负极、硫为正极、陶瓷管为电解质隔膜的二次电池。循环周期可达到4500次，放电时间为6~7h，周期往返效率为75%，能量密度高，响应时间快。

(4) 液流电池

液流电池是一种正负极电解液分开、各自循环的高性能蓄电池。液流电池的功率和能量是不相关的，储存的能量取决于储存罐的大小，因而可以储存长达数小时到数天的能量，能量值可达MW级。

4. 热储能

热储能系统中，热能被储存在隔热容器的媒介中，需要的时候转化为电能，也可直接利用而不再转化为电能。热储能又分为显热储能和潜热储能。热储能储存的热量可以很大，可利用在可再生能源发电上。

5. 化学储能

这种类型的储能以氢气或合成天然气为二次能源的载体，其基本原理是利用待废弃的风电电解水后得到氢气，然后直接以氢气作为能源载体，或者将氢气与二氧化碳反应合成的天然气作为能源载体。

知识目标：

1) 掌握光伏组件内部结构及各部件功能。
2) 了解光伏组件的分类及工艺流程。
3) 掌握光伏组件发电的原理。
4) 掌握独立太阳能光伏发电系统的结构。
5) 掌握并网太阳能光伏发电系统的结构。

能力目标：

1) 能识别光伏组件的外部结构。
2) 能检测电池片、背板、接线盒的好坏。
3) 能进行绝缘电阻的测试。
4) 能进行接地电阻的测试。

项目分解：

任务 1.1　光伏组件的识别与检测
任务 1.2　掌握光伏组件的发电原理和主要技术参数

任务1.1　光伏组件的识别与检测

1.1.1 【任务描述】

光伏组件是将一定数量的单片电池采用串并联的方式，通过内部连接后封装，能够提供直流输出的最小的、不可分割的太阳电池片的组合装置，也称为太阳电池组件。简单地说，光伏组件就是直接把光能转化成电能，可在户外长时间工作的发电产品。光伏组件生产处于晶体硅太阳能产业链（硅料→硅片→电池→组件→系统运用，如图1-1所示）的下游，属高新技术之列。本任务要求通过运用光伏发电技术实训室中的相关实训平台，初步认识光伏组件，能够进行常规的检测操作。

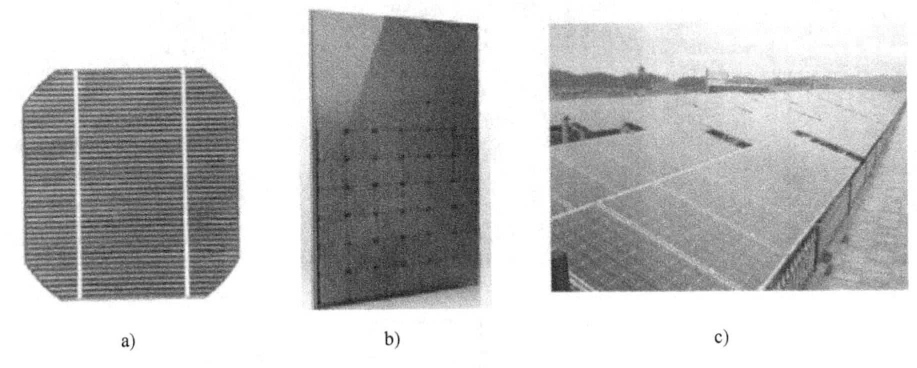

a)　　b)　　c)

图 1-1　太阳能产业链

a）太阳电池片　b）太阳电池组件　c）太阳电池方阵

1.1.2 【相关知识】光伏组件简介

1.1.2.1　光伏组件内部结构及分类

1. 光伏组件内部结构及各部分功能

光伏组件（俗称太阳电池板）由太阳电池片或不同规格的太阳电池（由激光切割机或钢线切割机切割开）组合在一起构成。由于单片太阳电池片的电流和电压都很小，所以使用时先串联获得高电压，再并联获得高电流后，通过一个二极管（防止电流回流）输出。把它们封装在一个不锈钢、铝或非金属边框中，安装好上面的玻璃面板及其背板、充入氮气密封，这个整体就是光伏组件或者太阳电池组件。

仅从光伏组件的外观看，很难看清其结构。这里通过一个常见的层压封装光伏组件结构示意图来展示其类似于“三明治”的结构。如图 1-2 所示，太阳电池片夹在面板玻璃和 TPT 背板之间，并通过 EVA 胶密封和黏结到面板玻璃、TPT 背板上。TPT 背板上还黏结了端子接线盒。面板玻璃和 TPT 背板的边沿安装了边框，并用硅胶密封。

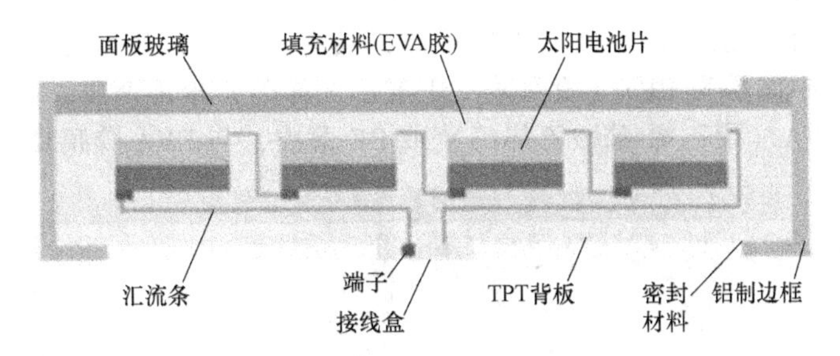

图 1-2　层压封装光伏组件结构示意图

（1）太阳电池片

太阳电池片是光电转换的最小单元，尺寸一般为 125mm×125mm 或 156mm×156mm。太阳电池片的工作电压约为 0.5V，一般不能单独作为电源使用。将太阳电池片进行串并联封装后，就成为太阳电池板，其功率一般为几瓦、几十瓦或百余瓦，可以单独作为电源使用。

太阳电池片的种类如图 1-3 所示。

（2）钢化玻璃

太阳电池组件的表面是用钢化玻璃来封装的，玻璃的厚度一般是 3.2mm 和 4mm。根据特殊要

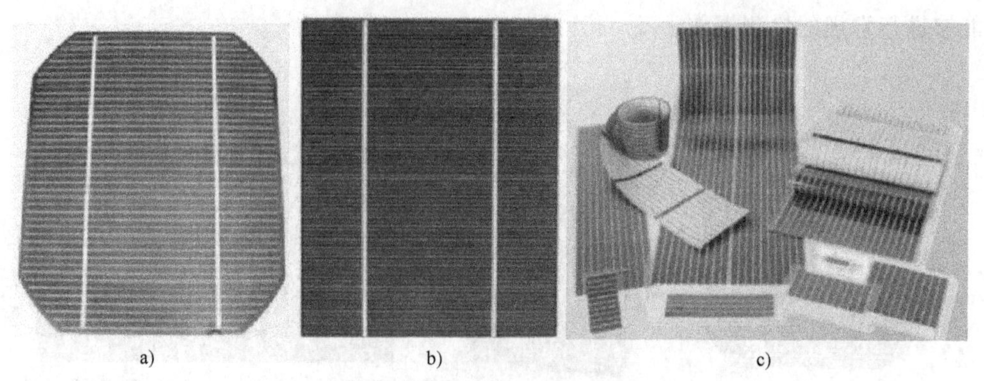
a)　　b)　　c)

图 1-3　太阳电池片的种类

a）单晶硅太阳电池　b）多晶硅太阳电池　c）柔性薄膜电池片

求，用在光伏一体建筑上的建材型太阳电池组件中的玻璃厚度可达到5~10mm，如图1-4所示。

（3）EVA胶

EVA胶（Ethylene-vinyl acetate，乙烯-醋酸乙烯共聚物）是一种热熔胶黏剂，厚度为0.4~0.6mm，表面平整，厚度均匀，内含交联剂。常温下无黏性且具有抗黏性，经过一定调整热压便发生熔融黏结与交联固化，并变得完全透明。固化后的EVA胶能承受大气变化且具有弹性，它将电池片“上盖下垫”，将其包封，并和上层保护材料——玻璃、下层保护材料——背板，利用真空层压技术合为一体。另外，它和玻璃黏合后能提高玻璃的透光率，起到增透的作用，并对太阳电池板的输出有增益作用。

图 1-4　钢化玻璃

（4）背板

背板位于太阳电池板的背面，对太阳电池片起保护和支撑作用（见图1-5），具有可靠的绝缘性、防水性和耐老化性。背板一般有三层结构：外层为保护层，具有良好的抗环境侵蚀能力（防止水气侵蚀、抗紫外线等）；中间层为PET（聚对苯二甲酸乙二醇酯）聚酯薄膜，具有良好的绝缘性能和强度；内层为PEVA（聚乙烯-醋酸乙烯酯）或PE薄膜，与EVA胶膜具有良好的黏结性能。

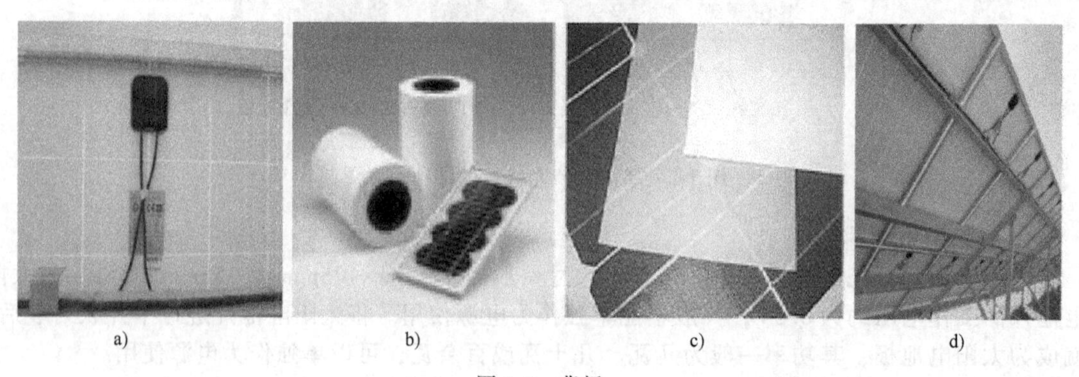
a)　　b)　　c)　　d)

图 1-5　背板

（5）铝合金边框

边框一般采用硬制铝合金制成，表面氧化层厚度大于10μm，可以保证在室外环境长达25

年以上的使用，不会被腐蚀，牢固耐用。

（6）接线盒

接线盒一般由 ABS 塑料制成，并加有防老化和抗紫外线辐射剂，能确保电池组件在室外使用 25 年以上不出现老化破裂现象。接线柱由外镀镍层的高导电解铜制成，可以确保电气导通及电气连接可靠。接线盒用硅胶黏结在背板表面。接线盒的结构如图 1-6 所示。

（7）密封胶

可用于光伏组件外框的密封、光伏组件接线盒的黏结、太阳能灯具密封，也可用于 TPT（Tedlar PET Tedlar，聚氟乙烯复合膜）、TPE（Thermoplastic Elastomer，热塑性弹性材料）背板的黏结和密封，以及 LED 灯饰面板及其他工艺品表面的封装和黏结。

2. 光伏组件的分类

光伏组件可分为晶硅组件和薄膜组件，如图 1-7 所示。

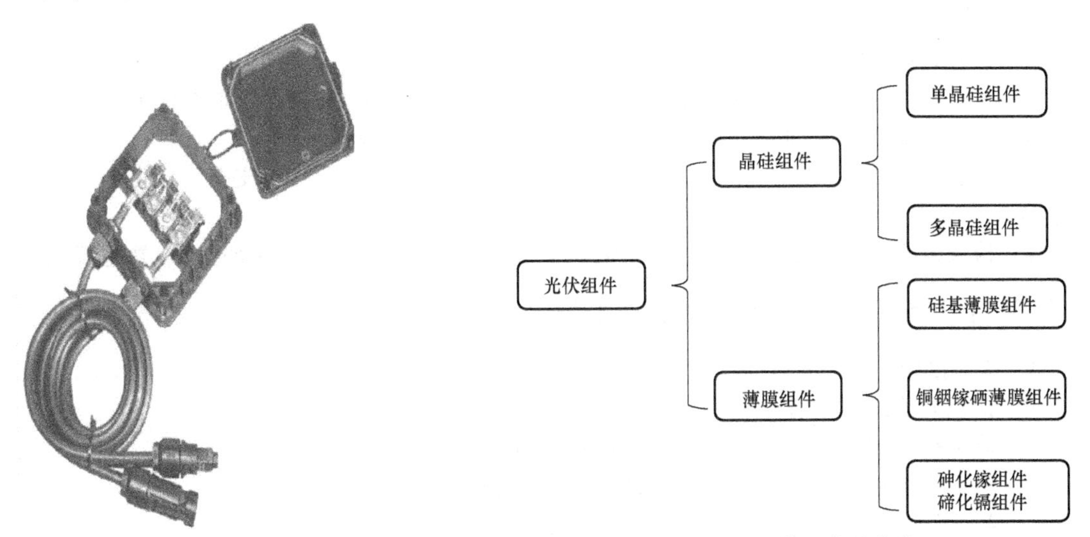

图 1-6　接线盒

图 1-7　光伏组件的分类

3. 光伏组件的生产工艺流程

封装是光伏组件生产的关键，封装质量直接决定了光伏组件的使用寿命和发电量。封装涉及的内容很多，除了封装工艺外，还包括封装材料、封装质量检验等。下面简单介绍光伏组件的生产过程。

（1）分选测试

对电池片的电性能和外观进行分选测试。

（2）激光划片

将电池片切割成所需尺寸规格。

（3）单片焊接

在电池片正面主栅线上焊接两条焊带，为电池片的串联做准备。

（4）串联焊接

将焊接好的单片电池片按照一定数量串联焊接起来。

（5）叠层

将串联焊接好的电池串与玻璃面板和切割好的 EVA 胶、TPT 背板按照一定的叠层顺序铺设好，焊好汇流条和引出电极。

（6）层压

将叠层铺设好的组件放入层压机进行封装。

（7）装框

在层压好的组件上安装铝合金边框和接线盒。

（8）清洗

确保组件外观清洁。

（9）性能测试

对光伏组件的电性能进行测试。

1.1.2.2 光伏组件的常规检测

1. 光伏组件常见的问题

光伏组件常见的问题包括太阳电池外电极断路、内部断路、旁路二极管反接、太阳电池热斑效应、接线盒脱落、导线老化、导线短路、背板开裂、EVA胶与玻璃面板分层并进水、铝边框开裂、太阳电池玻璃面板破损、太阳电池片或电极发黄、太阳电池栅线断裂、太阳电池板遮挡等。

2. 光伏组件巡检的内容

1）检查组件封装是否严密或变形，正面钢化玻璃是否有破损，背板是否变形。

2）检查电池组件表面是否清洁，是否有沙尘、积雪、污物等。

3）检查组件固定情况、接地情况是否良好；组件基础有无塌陷，支架有无断裂、有无腐蚀、固定螺栓是否齐全。

4）检查正负极接线是否完好，插头连接的绝缘处理是否良好；设备及接地装置是否正常。

1.1.3 【任务实施】光伏组件的基本测试

1. 实训目标

1）认识光伏组件的各个部件。

2）能进行电池片、背板、接线盒好坏的检验。

3）能正确使用单片测试仪、拉力计、耐压测试仪等仪器。

2. 实训场所及器材

地点：光伏发电技术实训室。

器材：单片测试仪、游标卡尺、电烙铁、拉力计、耐压测试仪等。

3. 实训步骤

（1）电池片的检验

1）包装：目视良好。

2）外观：符合购买合同要求。

3）尺寸：用游标卡尺测量，结果与厂家提供的尺寸相差不超过±0.5mm。

4）电性能：用单片测试仪测试，误差不超过±3%。

5）可焊性：用320~350℃的温度正常焊接，焊接后主栅线留有均匀的焊锡层。

6）栅线印制：用橡皮在同一位置反复擦20次，无脱落为合格。

7）主栅线抗拉力：将涂锡带焊接成△状，然后用拉力计测试，结果大于2.5N。

8）切割后电性能均匀度：用激光划片机将电池片划成若干份，测试每片的电性能，误差为±0.15W。

（2）涂锡带的检验

1）包装：目视良好，未超出保质期，规格型号及厂家正确无误。

2）外观：目视涂锡带表面不存在黑点，无锡层不均匀、扭曲等不良现象。

3）厚度及规格：根据供方提供的几何尺寸检查，宽度误差不超过±0.12mm，厚度误差不超过±0.02mm。

4）可焊性：同电池片检验方法。

5）折断率：取长度相同的涂锡带 10 根，向一个方向折弯 180°，折断次数不得低于 7 次。

6）蛇形弯度：将涂锡带拉出 1m 的长度紧贴直尺，测量与直尺最大的距离，最大值应小于 3.5mm。

（3）EVA 胶膜的检验

1）目视包装良好，确认厂家、规格型号及保质期。

2）目视外观，确认 EVA 胶膜表面无黑点、污点，无褶皱、空洞等现象。

3）根据供方提供的几何尺寸测量，宽度误差不超过±2mm，厚度误差不超过±0.02mm。

4）厚度均匀性：取相同尺寸的 10 张胶膜称重，然后对比每张胶膜的重量，最大值与最小值相差不得超过 1.5%。

5）剥离强度：按厂家提供的层压参数层压后，测试 EVA 胶与面板玻璃、EVA 胶与背板的剥离强度；EVA 胶与 TPT 背板剥离强度测量方法为，用壁纸刀在背板中间划开宽度 1cm，然后用拉力计拉开 TPT 背板与 EVA 胶，拉力应大于 35N。EVA 胶与面板玻璃剥离强度测量方法同上，用拉力计一端夹住 EVA 胶，另一端固定于面板玻璃，拉力应大于 20N。

6）交联度测试：试验结果应在 70%~85%之间。

（4）背板的检验

1）目视包装良好，确认厂家、规格型号及保质期。

2）目视外观，确认背板表面无黑点、污点，无褶皱、空洞等。

3）根据供方提供的几何尺寸测量，宽度误差不超过±2mm，厚度误差不超过±0.02mm。

4）与 EVA 胶的黏结强度：测量方法同 EVA 胶与 TPT 背板的剥离强度。

5）背板层的黏结强度：用刀片划开背板夹层，用拉力计夹紧一边，另一边固定后测量，测试结果应大于 20N。

（5）钢化玻璃的检验

1）目视包装良好，确认厂家、规格型号。

2）钢化玻璃标准厚度为 3.2mm，其允许误差为±0.2mm；长宽允许误差为±0.5mm，对角允许偏差为±0.7mm。

3）目视外观。

① 允许钢化玻璃存在爆边的情况：每米边上有长度不超过 10mm，自边缘向其表面延伸深度不超过 2mm，自面板的一面向另一面延伸不超过玻璃厚度 1/3 的爆边。

② 其内部不允许有直径大于 1mm 的集中气泡；直径不大于 1mm 的气泡每平方米不超过 6 个。

③ 不允许有结石、裂纹、缺角的情况发生。

④ 表面每平方米内宽度小于 0.1mm、长度小于 50mm 的划伤数量不多于 4 条，每平方米内宽度为 0.1~0.5mm、长度小于 50mm 的划伤不超过 1 条。

⑤ 不允许有波形弯曲，弓形弯曲不允许超过边长的 0.2%。

4）与 EVA 胶的剥离强度：方法同 EVA 胶与玻璃的剥离强度检验。

5）钢化强度：取 6 块样品试验，将玻璃放在测试架上，将钢球距玻璃 1~1.2m 处自由落在玻璃上，玻璃应不碎裂。

（6）铝型材的检验

1）目视包装良好，确认厂家、规格型号。

2）尺寸：根据供方提供的几何尺寸进行测量，宽度允许误差为±1mm，长度允许误差为±1mm，壁厚允许误差为±0.5mm。

3）外观：表面无氧化斑。0~0.5cm 条件下划痕不得超过 2 个；0.5~1cm 条件下划痕不超过 1 个；不允许出现大于 1cm 的划痕。

4）型材弯曲度：将来料放置在平台上测量，底面与台面最大距离应不超过边长的 0.2%。

5）型材与角码的连接：取一套型材组，使之进行角码连接，装好后缝隙应小于 1mm。

6）由供方提供表面硬度（韦氏硬度>12），氧化膜（厚度>10μm）的检验单。

（7）接线盒的检验

1）确认接线盒厂家、规格型号。

2）外观：检查外部无缺陷，标识（应是不可擦拭的）及二极管数量和接线盒内部无缺陷。

3）连接器抗拉力：将连接器接到接线盒上，然后夹住接线盒，用拉力计测试，拉力应大于 10N。

4）引线卡口咬合力：将汇流条装进卡口，用拉力计夹住后对其施加拉力，拉力应大于 40N。

5）盒盖咬合力：连续打盒盖三次，仍需专用工具才能打开。

6）二极管耐压：用耐压测试仪测试直流电压（1000V）。

4. 任务考核标准

任务考核标准见表 1-1。

表 1-1　任务考核标准

<table>
<tr><th rowspan="2">项目类型</th><th rowspan="2">考核项目</th><th rowspan="2">考核内容</th><th colspan="4">考核标准</th><th rowspan="2">得分</th></tr>
<tr><th>A</th><th>B</th><th>C</th><th>D</th></tr>
<tr><td rowspan="2">学习过程
（20 分）</td><td rowspan="2">认识光伏组件</td><td>从外形认识光伏组件，错误扣 5 分</td><td rowspan="2">20</td><td rowspan="2">16</td><td rowspan="2">12</td><td rowspan="2">8</td><td rowspan="2"></td></tr>
<tr><td>说明光伏组件的结构，错误扣 3 分</td></tr>
<tr><td rowspan="9">操作能力
（50 分）</td><td rowspan="3">电池片的检验</td><td>单片测试仪使用，操作错误 1 次扣 5 分</td><td rowspan="3">20</td><td rowspan="3">16</td><td rowspan="3">12</td><td rowspan="3">8</td><td rowspan="3"></td></tr>
<tr><td>测试方法，错误扣 10 分</td></tr>
<tr><td>测试结果，每错 1 个扣 5 分</td></tr>
<tr><td rowspan="3">背板的检验</td><td>拉力计使用，操作错误 1 次扣 5 分</td><td rowspan="3">15</td><td rowspan="3">12</td><td rowspan="3">9</td><td rowspan="3">6</td><td rowspan="3"></td></tr>
<tr><td>测试方法，错误扣 10 分</td></tr>
<tr><td>测试结果，每错 1 个扣 5 分</td></tr>
<tr><td rowspan="3">接线盒的检验</td><td>耐压测试仪使用，操作错误 1 次扣 5 分</td><td rowspan="3">15</td><td rowspan="3">12</td><td rowspan="3">9</td><td rowspan="3">6</td><td rowspan="3"></td></tr>
<tr><td>测试方法，错误扣 10 分</td></tr>
<tr><td>测试结果，每错 1 个扣 5 分</td></tr>
<tr><td rowspan="3">安全文明操作
（30 分）</td><td>操作规范</td><td>违反操作规程，1 次扣 10 分
器件损坏，1 个扣 10 分</td><td>10</td><td>8</td><td>6</td><td>4</td><td></td></tr>
<tr><td>现场整理</td><td>经提示后将现场整理干净扣 5 分
整理不合格，本项 0 分</td><td>10</td><td>8</td><td>6</td><td>4</td><td></td></tr>
<tr><td>综合表现</td><td>学习态度、学习纪律、团队精神、安全操作等</td><td>10</td><td>8</td><td>6</td><td>4</td><td></td></tr>
<tr><td colspan="3">总分</td><td>100</td><td>80</td><td>60</td><td>40</td><td></td></tr>
<tr><td colspan="2">遇到的问题</td><td colspan="6"></td></tr>
<tr><td colspan="2">学习收获</td><td colspan="6"></td></tr>
<tr><td colspan="2">改进意见及建议</td><td colspan="6"></td></tr>
<tr><td>教师签名</td><td></td><td>学生签名</td><td colspan="2"></td><td colspan="2">班级</td><td></td></tr>
</table>

1.1.4 【知识拓展】光伏组件的 EL 检测

1. EL 检测

（1）EL 检测的定义

EL（Electroluminescent，电致发光）检测用于光伏组件缺陷的检测。EL 检测仪是利用晶体硅的电致发光原理，用高分辨率的 CCD（Change Coupled Device，电荷耦合器件）相机拍摄组件的近红外图像，从而获取并判定组件的缺陷的仪器。

（2）缺陷检测原理

对光伏组件加载电压后，使之发光，再利用近红外相机摄取其发光影像。由于电致发光亮度正比于少子扩散长度，所以缺陷处会因具有较低的少子扩散长度而发出较弱的光，从而形成较暗的影像。

通过对产品缺陷图像的观察，可以有效地发现硅片制作、扩散、刻蚀、印制、烧结等工艺过程存在的问题，便于分析和解决问题，有利于提高产品质量和生产效率、改善工艺和稳定产量。

（3）EL 检测仪

通过 EL 检测仪可以清楚地看到光伏组件电池片上的黑斑、黑芯以及组件中的裂片（包括隐裂和显裂）、劣片及焊接缺陷等问题，从而及时发现生产中的问题，及时排除，进而改进工艺。EL 检测对提高效率和稳定生产都有重要的作用，因此 EL 检测仪被认为是太阳电池生产线上的“眼睛”。

2. EL 检测阶段的常见问题及解决办法

（1）破片

生产过程中由于铺设、层压操作不当引起的热应力、机械应力作用不均匀而可能导致的破片现象。

（2）黑芯

黑芯一般是由于原材料供应商在拉硅棒的时候没有拉均匀所致。

（3）断栅

断栅的原因是丝网印制参数没调好或丝网印制质量不佳或者是硅片切割不均匀，也有可能是出现了断层现象。

（4）暗片

暗片的原因是，由于硅片存在缺陷导致少子数目变少，在电致发光的作用下，缺陷处发出的光比正常区域少，所以在拍摄的照片中显得暗一些。

（5）低效片

低效片若是存在低电流、低电压、低填充因子（FF）的现象，那可能是硅片和 PN 结的问题，也有可能是扩散的问题或原材料的问题（如铝浆过刻）。这些问题可能会减小有效光电池面积而直接影响短路电流，增加电池材料的高频损伤、降低电池参数，或造成一定程度的漏电。

解决方法：组件测试中出现以上问题，都会对组件质量造成严重影响，必须做返工处理。

3. EL 检测注意事项

1）测试组件前，确保待测组件的规格在固定、有效的区域。

2）光伏组件在传输过程中不得随意拉动或者停止，以确保人员和产品的安全。

3）在检查直流电源前，请在切断电源 10min 后再用万用表等进行工作。

4）禁止随意使用 U 盘获取数据，避免病毒传染而使重要数据流失。

5）如一段时间不使用，应同时关闭计算机及所有电源。

6）打开直流稳压电源后，确认电源上面的数值是否符合规格。

7）请勿在暗箱内放置任何物体。

任务1.2　掌握光伏组件的发电原理和主要技术参数

1.2.1 【任务描述】

光伏发电是利用半导体界面的光生伏特效应（简称“光伏效应”）将光能直接转变为电能的一种技术。这种技术的关键元件是太阳电池。太阳电池经过串并联后的封装保护可形成大面积的太阳电池组件，再配合功率控制器等部件就形成了光伏发电装置。

1. 太阳能发电方式

太阳能发电有两种方式，一种是光—热—电转换方式，另一种是光—电直接转换方式。

1）光—热—电转换方式。利用太阳辐射产生的热能发电，一般由太阳能集热器将所吸收的热能转换成工质的蒸气。再驱动汽轮机发电。前一个过程是光—热转换过程；后一个过程是热—电转换过程。与普通的火力发电一样，太阳能热发电的缺点是效率很低而成本很高，投资至少比普通火电站要贵5~10倍。

2）光—电直接转换方式。利用光伏效应，将太阳辐射能直接转换成电能。光—电转换的基本装置就是太阳电池。太阳电池是一种利用光伏效应将太阳光能直接转化为电能的器件，是一个光电二极管，当太阳光照到光电二极管上时，光电二极管就会把太阳的光能变成电能，产生电流。许多电池串联或并联起来就可以成为输出功率比较大的太阳电池方阵了。太阳电池是一种大有前途的新型电源，具有永久性、清洁性和灵活性三大优点。太阳电池寿命长，只要太阳存在，太阳电池就可以一次投资而长期使用；与火力发电、核能发电相比，太阳电池不会引起环境污染。

2. 光伏发电的优缺点

（1）光伏发电的优点

1）无枯竭危险。

2）安全可靠，无噪声，无污染排放，十分干净。

3）不受资源分布的限制，可利用建筑物外层。

4）无需消耗燃料和架设输电线路即可就地发电供电。

5）能源质量高。

6）建设周期短，获取能源耗时短。

（2）光伏发电的缺点

1）所获能量分布密度小，即要占用巨大面积。

2）获得的能源同季节、昼夜及阴晴等气象条件有关。

3）利用太阳能发电的设备成本高，太阳能利用率较低。

1.2.2 【相关知识】光伏组件的发电原理和主要技术参数

1.2.2.1　基本概念

1. 半导体的光伏效应

光伏发电的主要原理是半导体的光伏效应。

光子照射到金属上时，它的能量可以被金属中某个电子全部吸收，电子吸收的能量足够大时，就能克服金属内部引力做功，从金属表面“逃逸”出来，成为光电子，电子的移动就形成了电流，这种电流可称为“光生电流”。

2. PN 结光伏效应

PN 结光伏效应指的是在光照射到近表层的 PN 结时，在其上产生电动势的现象。

光照在 PN 结两端产生光生电动势，相当于在 PN 结两端施加正向电压，使势垒降低，产生正向电流。在 PN 结开路情况下，当光生电流和正向电流相等时，PN 结两端就会产生稳定的电势差，这就是光电池的开路电压。

如果将 PN 结与外电路接通，只要光照不停止，就会有源源不断的电流通过电路，换言之，PN 结起了电源的作用。这便是光电池（太阳电池）的基本原理。

3. 光伏发电基本原理

实际生产中的光电池实质上是一个大面积的 PN 结（见图 1-8），当光照射到 PN 结的一个面，如 P 型面时，若光子能量大于半导体材料的禁带宽度，那么 P 型区每吸收一个光子就产生一对自由电子和空穴，电子-空穴对从表面向内迅速扩散，在结电场的作用下，最后产生一个与光照强度有关的电动势，再配合功率控制器等部件就形成了光伏发电装置。

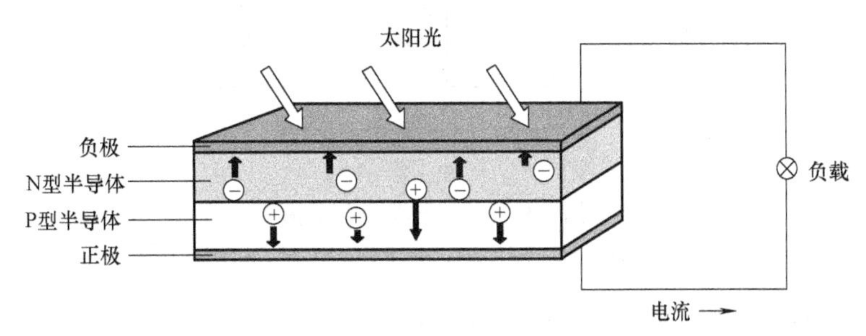

图 1-8 光伏发电基本原理图

1.2.2.2 光伏发电系统的组成及各部件功能

1. 光伏发电系统的组成及分类

光伏发电系统包括光伏组件阵列、支架安装系统、汇流设备、储能与充放电设备、逆变器、变配电设备、线缆及监控系统等。光伏组件产生的电能经过电缆传输、控制器控制、储能等环节予以储存和转换，转换为负载所能使用的电能。

光伏发电系统按照与电力系统的关系分为独立光伏发电系统与并网光伏发电系统。

独立光伏发电系统由光伏组件阵列、储能装置、电能变换装置、控制系统和配电设备组成，是未与公共电网相连的光伏发电系统。它只依靠或主要依靠太阳电池供电，仅在必要时可以用油机发电、风力发电、电网电源或其他电源作为补充。该系统工作特点是光伏阵列发电全部供给负载使用，发电和用电是平衡的。独立光伏发电系统根据用电负载的特点又分为直流光伏系统、交流光伏系统与交直流光伏系统，这些系统最大的区别是系统中是否带有逆变器，如图 1-9 所示。

并网光伏发电系统是与公共电网相连的光伏发电系统，分为集中式和分散式，由光伏组件阵列、变换器和控制器组成。它使光伏发电进入大规模商业应用阶段，成为电力工业的重要方向之一，是世界光伏发电技术发展的主流趋势。该系统的工作特点是省略了蓄电池这一储能环节，降低了能量损失。

2. 独立光伏发电系统

（1）太阳电池方阵

太阳电池单体是光电转换的最小单元，尺寸一般为 2cm×2cm～15cm×15cm。太阳电池单体的工作电压约为 0.45～0.5V，工作电流约为 20～25mA/cm^2，一般不能单独作为电源使用。

将太阳电池单体进行串并联封装后，就成为太阳电池组件，其功率一般为几瓦、几十瓦、百余瓦，是可以作为电源使用的最小单元。太阳电池组件经过串并联后装在支架上，就构成

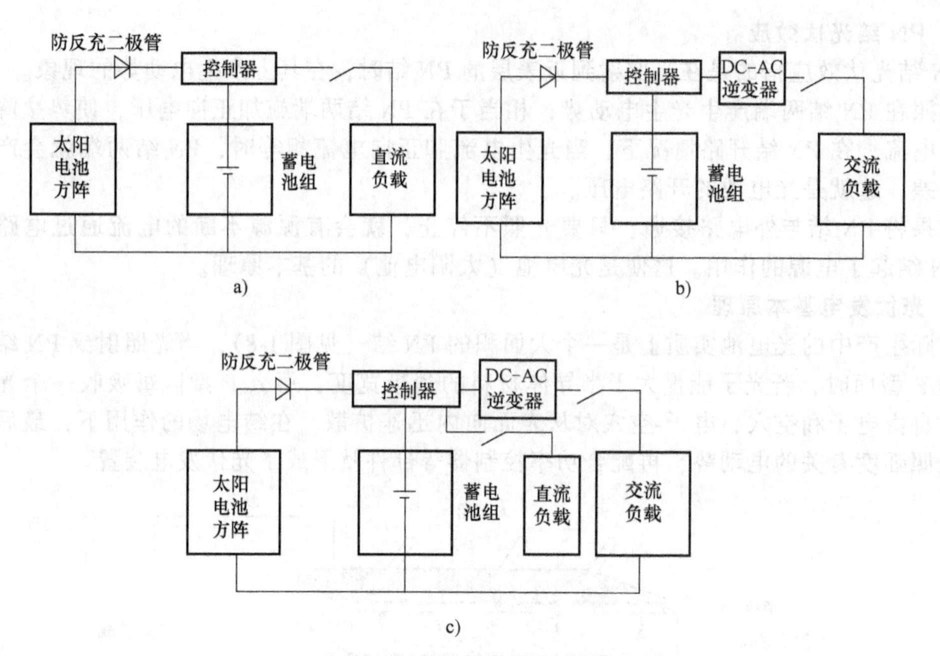

图 1-9 独立光伏发电系统

a）直流光伏系统 b）交流光伏系统 c）交直流光伏系统

了太阳电池方阵，可以满足负载所要求的输出功率。

（2）防反充二极管

又称为阻塞二极管。其作用是避免由于太阳电池方阵在阴雨天和夜晚不发电时或出现短路故障时，蓄电池组通过太阳电池方阵放电。它串联在太阳电池方阵电路中，起单向导通的作用。防反充二极管应能承受足够大的电流，而且正向电压要小，反向饱和电流要小。一般可选用合适的整流二极管。

（3）蓄电池组

其作用是储存太阳电池方阵受到光照时所产生的电能并随时向负载供电。

蓄电池组的最基本要求是自放电率低、使用寿命长、深放电能力强、充电效率高、少维护或免维护、工作温度范围宽及价格低廉。

（4）控制器

对于蓄电池尤其是铅酸蓄电池，频繁地过充电和过放电都会影响其使用寿命。过充电会使蓄电池大量出气，造成水分散失和活性物质脱落；过放电则容易加速栅板的腐蚀和不可逆硫酸化。为了保护蓄电池不受过充电和过放电的损害，必须要有一套控制系统来防止蓄电池的过充电和过放电，这套系统称为充放电控制器。充放电控制器通过检测蓄电池的电压和荷电状态，判断蓄电池是否已经达到过充点或过放点，并根据检测结果发出继续充放电的指令。

（5）逆变器

逆变器是通过半导体功率开关的通断作用把直流电转变为交流电的一种变换装置，执行的是整流变换的逆过程，逆变器及逆变技术可按输出波形、输出频率、输出相数等分类。

（6）测量设备

对于小型光伏发电系统，只要求进行简单的测量，如蓄电池电压和充放电电流，测量所用的电压表和电流表一般就装在控制器上。对于太阳能通信电源系统、管道阴极保护系统等工业电源系统和中大型光伏电站，往往要求对更多的参数进行测量，如太阳辐射、环境温度、充放电电量等。有时甚至要求具有远程数据传输、数据打印和遥控功能，这就要求光伏发电系统配备数据采集系统和微机监控系统。

3. 并网光伏发电系统

光伏发电系统发展的主流类型是并网光伏发电系统。太阳电池产生的电流是直流，必须通过逆变装置变换成交流电，再同电网的交流电合起来使用，这种形态的光伏系统就是并网光伏系统。

并网光伏发电系统可分为住宅用并网光伏发电系统和集中式并网光伏发电系统两大类。住宅用并网光伏发电系统是将其产生的电能直接分配到住宅的用电负载上，多余或不足的电力通过连接电网来调节。集中式并网光伏发电系统是将其产生的电能直接输送到电网，再由电网把电力统一分配到各个用电单位。

根据联网系统是否允许通过供电区变压器向主电网馈电的情况，光伏发电系统分为可逆流和不可逆流并网光伏发电系统。

如图 1-10 所示，可逆流系统是在光伏发电系统产生剩余电力时将该电能送入电网，由于与电网的供电方向相反，所以成为逆流；当光伏发电系统电力不足时，则由电网供电。这种系统一般是因光伏发电系统的发电能力大于负载和发电时间同负载用电时间不匹配而设计的。

如图 1-11 所示，不可逆流系统是指光伏发电系统的发电量始终小于或等于负载的用电量，缺少的电量由电网提供，即光伏发电系统与电网形成并联后向负载供电。这种系统中，即使光伏发电系统由于某种特殊原因而产生了剩余电能，也只能通过某种方法加以处理或放弃。由于不会出现光伏发电系统向电网输电的情况，所以这种系统称为不可逆流系统。

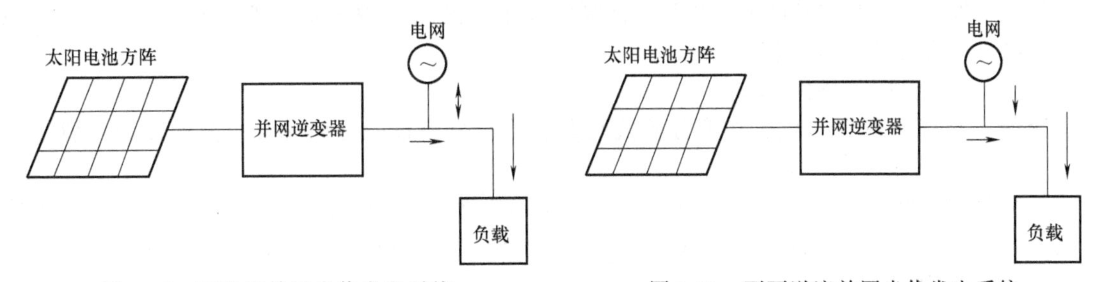

图 1-10　可逆流并网光伏发电系统　　图 1-11　不可逆流并网光伏发电系统

1.2.2.3　光伏组件的主要技术指标

1. 光伏组件光电转换效率

光伏组件光电转换效率是指标准测试条件下（AM1.5，组件温度为 25℃，辐照度为 $1000W/m^2$）光伏组件的最大输出功率与照射在该组件上的太阳光功率的比值。

光伏组件光电转换效率由通过国家资质认定的第三方检测实验室，按照 GB/T 6495.1—1996 规定的方法测试，必要时可根据 GB/T 6495.4—1996 进行温度和辐照度的修正。

批量生产的光伏组件必须通过经中国国家认证认可监督管理委员会批准的认证机构认证，且每块单体组件产品的实际功率与标称功率相差不得高于 2%。

2. 光伏组件衰减率

光伏组件衰减率是指光伏组件运行一段时间后，在标准测试条件下，最大输出功率和投产运行初始最大输出功率的比值。

光伏组件衰减率的确定可采用加速老化测试、实地比对验证或其他有效方法。加速老化测试方法是利用环境试验箱模拟户外实际运行时的辐照度、温度、湿度等环境条件，并对相关参数进行加倍或者加严控制，以达到较短时间内加速组件老化衰减的目的。加速老化完成后，要在标准测试条件下对试验组件进行功率测试，然后依据衰减率公式，得出光伏组件发电性能的衰减率。

1.2.3 【任务实施】光伏组件的主要技术参数测试

1. 实训目标

1）能进行关键部件在实际运行条件下的性能测试。

2）能进行绝缘电阻的测试。

3）能进行接地电阻的测试。

2. 实训场所及器材

地点：光伏发电技术实训室。

器材：高精度功率分析仪、接地电阻测试仪、绝缘耐压测试仪等。

3. 实训步骤

（1）首次会议

测试工作开始前，检测组和被测试方在首次会议上进行沟通，包括双方人员介绍、项目情况介绍、测试工作安排、现场陪同人员安排。首次会议之后就开始设备的自检。I-V方阵测试仪采用标准组件进行自检。

（2）现场检查

测试时相关的文件检查、电气设备检查、土建和支架结构检查等部分需要在光伏发电系统现场进行，且对自然环境条件无要求，因此可在现场条件不满足测试要求时进行。

（3）关键部件在实际运行条件下的性能测试

测试条件：辐照度700W/m^2以上，且辐照稳定，测试前10min内风速不大于10m/s。在测试对象正上方无明显的云雾。

人员：3人/组，分别操作。

设备：I-V方阵测试仪、功率分析仪及电能质量分析仪、辐照度计、温湿度计，背板温度传感器等。

每组测试数据及环境参数应当一一对应，使用辐照度计测试时应当与组件同平面。主要测试内容包括光伏方阵标称功率测试（含组件、组串、汇流箱三级）和逆变器测试。

（4）绝缘电阻测试

绝缘电阻测试由两人操作，其中一人负责操作设备，另一人负责对接线操作人员的安全监督。应当测试所有汇流箱。测试前如有降水现象，则应当确保方阵场无明显积水或系统部件上无明显水珠、水雾后开始测试。

（5）接地电阻测试

属于安全性测试，主要测试系统接地是否良好。接地电阻测试需要一人进行操作，查出断点应告知被测试方，并整改。

（6）电气安装一致性测试

用万用表测试电气安装一致性，一人测试，一人记录。

电气安装一致性测试包括开路电压测试、短路电流测试、极性测试，也可以同I-V方阵测试结合。

（7）系统电气效率

将各个方阵的功率测试值和逆变器输出功率值利用参数修正到同一条件下，然后根据公式计算系统电气效率。

系统电气效率的计算公式为

$$\eta_p = P_{OP}/P_{SP}$$

式中，η_p表示电气效率；P_{OP}表示系统输出功率，逆变器并网点侧的交流功率；P_{SP}表示光伏组件产生的总功率。

系统电气效率是一种可以用于短时间内检查光伏系统设计合理性的简单检测方式。

(8) 电能质量测试

电能质量测试应依据相关规范进行。并网前的电能质量测试至少 10min，如果不符合标准要求，则延长测试时间；并网后的电能质量测试至少 10min。

(9) 末次会议

在项目测试完毕后，召开末次会议，测试组向被测试方汇报测试结果，有少量不符合技术规范要求的，要求其整改；有严重的安全隐患或严重不符合技术规范要求的，向其说明问题并通报结果。

4. 任务考核标准

任务考核标准见表 1-2。

表 1-2　任务考核标准

<table>
<tr><th rowspan="2">项目类型</th><th rowspan="2">考核项目</th><th rowspan="2">考核内容</th><th colspan="4">考核标准</th><th rowspan="2">得分</th></tr>
<tr><th>A</th><th>B</th><th>C</th><th>D</th></tr>
<tr><td rowspan="2">学习过程
(20 分)</td><td rowspan="2">认识光伏发电系统</td><td>从外形认识光伏发电系统各部件,错误扣 5 分</td><td rowspan="2">20</td><td rowspan="2">16</td><td rowspan="2">12</td><td rowspan="2">8</td><td rowspan="2"></td></tr>
<tr><td>说明光伏发电系统的结构,错误扣 3 分</td></tr>
<tr><td rowspan="9">操作能力
(50 分)</td><td rowspan="3">绝缘电阻的测试</td><td>绝缘耐压测试仪使用,操作错误扣 5 分</td><td rowspan="3">20</td><td rowspan="3">16</td><td rowspan="3">12</td><td rowspan="3">8</td><td rowspan="3"></td></tr>
<tr><td>测试方法,错误扣 10 分</td></tr>
<tr><td>测试结果,每错 1 个扣 5 分</td></tr>
<tr><td rowspan="3">接地电阻的测试</td><td>接地电阻测试仪使用,操作错误扣 5 分</td><td rowspan="3">15</td><td rowspan="3">12</td><td rowspan="3">9</td><td rowspan="3">6</td><td rowspan="3"></td></tr>
<tr><td>测试方法,错误扣 10 分</td></tr>
<tr><td>测试结果,每错 1 个扣 5 分</td></tr>
<tr><td rowspan="3">电气安装一致性测试</td><td>万用表的使用,操作错误 1 次扣 5 分</td><td rowspan="3">15</td><td rowspan="3">12</td><td rowspan="3">9</td><td rowspan="3">6</td><td rowspan="3"></td></tr>
<tr><td>测试方法,错误扣 10 分</td></tr>
<tr><td>测试结果,每错 1 个扣 5 分</td></tr>
<tr><td rowspan="3">安全文明操作
(30 分)</td><td>操作规范</td><td>违反操作规程,1 次扣 10 分
器件损坏,1 个扣 10 分</td><td>10</td><td>8</td><td>6</td><td>4</td><td></td></tr>
<tr><td>现场整理</td><td>经提示后将现场整理干净扣 5 分
整理不合格,本项 0 分</td><td>10</td><td>8</td><td>6</td><td>4</td><td></td></tr>
<tr><td>综合表现</td><td>学习态度、学习纪律、团队精神、安全操作等</td><td>10</td><td>8</td><td>6</td><td>4</td><td></td></tr>
<tr><td colspan="3">总分</td><td>100</td><td>80</td><td>60</td><td>40</td><td></td></tr>
<tr><td colspan="2">遇到的问题</td><td colspan="6"></td></tr>
<tr><td colspan="2">学习收获</td><td colspan="6"></td></tr>
<tr><td colspan="2">改进意见及建议</td><td colspan="6"></td></tr>
<tr><td>教师签名</td><td></td><td>学生签名</td><td colspan="2"></td><td>班级</td><td colspan="2"></td></tr>
</table>

1.2.4 【知识拓展】光伏发电系统维护注意事项

1. 光伏组件维护注意事项

1) 光伏组件长时间运行后，组件表面会沉积尘土或污垢，降低组件的功率输出。一般建议定期清洁组件来保证其最大功率输出，对于平时降水较少的地方，更要注意组件清洁工作。

2）为了减少潜在的电冲击或热冲击，一般建议在早晨或者下午较晚的时候进行组件清洁工作，因为那时太阳辐射较弱，组件温度也较低。尤其是温度较高的地方更要注意。

3）一般光伏组件能够承受正面5400Pa的雪荷载。清除光伏组件表面积雪时，应用刷子轻轻清除。不能清除光伏组件表面上冻结的冰。

不能清洁玻璃破碎的光伏组件或暴露在外的线缆，避免产生危险。

建议清洁光伏组件玻璃表面时用柔软的刷子、干净温和的水，使用的力度要小于690kPa，符合市政清洁工作系统的标准。

4）电气设备的外壳要提供边角保护，避免机械冲击或其他冲撞带来的外观影响；电气设备的外包装和配电柜要求防水、密闭，防止蒸汽以及灰尘进入。

5）为避免电弧和触电危险，请勿在有负载工作的情况下断开电气连接。必须保持接插头干燥和清洁，确保它们处于良好的工作状态。不要将其他金属物体插入接插头内，或者以其他任何方式来进行电气连接。除非组件自动断开了电气连接并且维护人员已穿戴个人防护装备，否则，不要触摸或操作玻璃破碎、边框脱落或背板受损的光伏组件。请勿触碰潮湿的组件。

6）光伏组件附近禁止放置可燃液体、气体和易爆物等危险物品。

7）在火灾时，即便光伏组件与逆变器断开连接、光伏组件部分或整体烧毁、系统线缆折断或损坏，光伏组件仍可能继续产生有危险性的直流电压。因此，在发生火灾时，尽量远离光伏发电系统，直到采取相应措施确保系统的安全性后才能接近。

8）请不要在系统工作的时候遮挡光伏组件，因为一块或多块光伏组件部分或全部被遮挡时系统性能和发电量会明显降低。

9）请不要踩踏表面或将重物放置在组件表面上，以免造成电池片隐裂。

2. 逆变器维护注意事项

1）逆变器均已在完工后设置好，非专业人士请勿接触逆变器等光伏设备。

2）请勿触摸逆变器的散热装置，以免烫伤。

3）禁止在逆变器附近放置危险品。

4）不要私自改动逆变器位置，尤其不要将其放置在曝晒或通风不良的地方。

5）禁止遮挡逆变器的通风装置。

6）断开逆变器交流或直流电压的顺序：首先断开交流电压，然后断开直流电压。

7）定期清理逆变器箱体上的灰尘，清理时最好使用吸尘器或柔软刷子，而且只能用干燥的工具去清理逆变器。必要时，清除通气孔内的污垢，防止灰尘引起热量过高，导致逆变器性能受损。

【项目总结】

本项目通过两个任务的引入，对太阳能光伏发电系统及其主要部件分别做了详细的介绍。下面简单总结一下太阳能光伏发电的基本知识。

能源是可产生各种能量（如热量、电能、光能和机械能等）或可做功物质的统称。新能源的各种形式都是直接或者间接地来自太阳或地球内部深处所产生的热能。

新能源技术的关键是相对传统能源在利用方式上具备先进性和替代性，主要包含：①能量高效利用；②资源综合利用；③可再生；④替代性较好；⑤节能。新能源发电技术包括风力发电、太阳能发电、燃料电池发电、生物质能发电、潮汐发电、地热发电、核能发电等。

本项目重点介绍太阳能发电技术。太阳能光伏发电系统主要由光伏组件阵列、支架安装系统、汇流设备、储能与充放电设备、逆变器、变配电设备、线缆及监控系统等构成。

【项目训练】

1）试说明光伏组件的结构及各部件功能。

2）试说明光伏发电的原理。

3）试说明独立光伏发电系统和并网光伏发电系统的区别。

4）简述光伏发电系统维护注意事项。

项目2　光伏电源变换器件的识别与检测

光伏电源变换技术是一种电力电子技术，其应用越来越广泛。在光伏发电系统中主要应用的电路为AC-DC整流器、DC-DC变换器、DC-AC逆变器等功能模块，各种变换器所使用的器件有不可控型器件（电力二极管），半控型器件（晶闸管），全控型器件如MOS场效晶体管（MOSFET）、绝缘栅双极晶体管（IGBT）等，以及诸多集成模块。本项目通过让学生认识典型器件来让他们初步了解电能变换器件的结构原理，从而为下一步的电路搭建、安装和调试做好铺垫。

知识目标：

1）认识电力二极管的基本结构、特性及主要参数。

2）认识晶闸管的基本结构、型号命名方法、特性及主要参数。

3）掌握晶闸管导通关断的条件。

4）了解晶闸管主电路的保护及扩容方法。

5）掌握GTO、GTR、MOSFET、IGBT四种常见全控型电力电子器件的工作原理、特性、主要参数、使用中应注意的问题，以及电力电子器件的驱动、保护和串并联电路。

6）熟悉常见全控型电力电子器件各自的特点及适用场合。

7）了解新型电力电子器件的概况。

能力目标：

1）能识别电力二极管的外部结构，能正确选用电力二极管。

2）能用万用表检测电力二极管。

3）能识别晶闸管的外部结构，能正确选用晶闸管。

4）能用万用表判定晶闸管极性的好坏。

5）能识别全控型电力电子器件及其模块，能正确读取器件标识信息。

6）能识别全控型电力电子器件的驱动与保护电路，会分析损坏原因。

项目分解：

任务2.1　电力二极管的识别与检测

任务2.2　晶闸管的识别与检测

任务2.3　全控型电力电子器件的识别与检测

任务2.1　电力二极管的识别与检测

2.1.1　【任务描述】

电力二极管又称为功率二极管（Power Diode），常作为整流器件，属于不可控型器件，它不能用控制信号控制其导通和关断，只能由加在其阳极和阴极上电压的极性控制其通断。它可用于不需要调压的整流、感性负载的续流以及限幅、钳位、稳压等。电力二极管还有许多派生器件，如快恢复二极管、肖特基整流二极管等。电力二极管如图 2-1 所示。

图 2-1　电力二极管及模块

2.1.2 【相关知识】电力二极管

2.1.2.1 电力二极管的结构和工作原理

1. 结构、电气符号和外形

（1）结构和电气符号

普通电力二极管的内部由一个面积较大的 PN 结和两端的电极及引线封装而成。在 PN 结的 P 型端引出的电极称为阳（正）极 A，在 N 型端引出的电极称为阴（负）极 K。电力二极管的结构和电气符号如图 2-2 所示。

（2）外形

电力二极管主要有螺栓型和平板型两种外形，如图 2-3 所示。一般而言，额定电流 200A 以下的器件多数采用螺栓型，200A 以上的器件则多数采用平板型。

若将几个电力二极管封装在一起，则组成模块式结构。

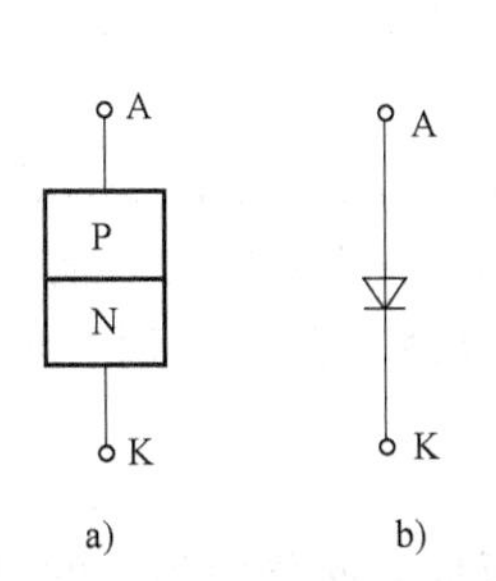

图 2-2　电力二极管的结构和电气符号
a）电力二极管的结构　b）电力二极管的电气符号

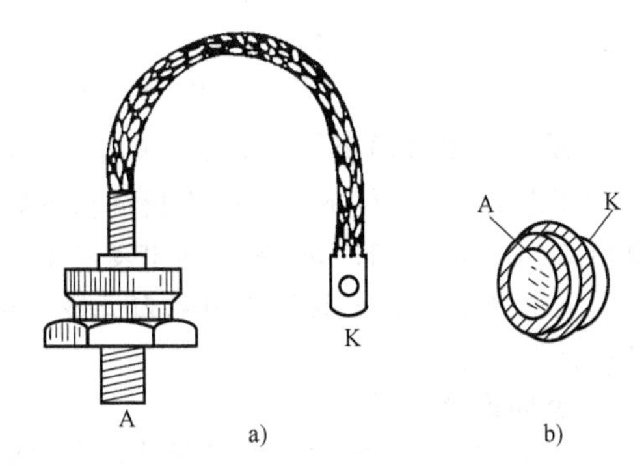

图 2-3　电力二极管的外形
a）螺栓型　b）平板型

2. 工作原理

电力二极管的工作原理和普通二极管一样，当二极管处于正向电压作用时，PN 结导通，正向压降很小；当二极管处于反向电压作用时，PN 结截止，仅有极小的漏电流流过二极管。关于二极管的详细工作原理这里不再叙述。

2.1.2.2 电力二极管的伏安特性

电力二极管的伏安特性是指其阴阳极间所加的电压 U_D 与流过阴阳极间电流 I_D 的关系特性。电力二极管的伏安特性曲线如图 2-4 所示。

电力二极管的伏安特性曲线位于第Ⅰ象限和第Ⅲ象限。

1）第Ⅰ象限特性为正向特性，表明正向导通状态。当所加正向阳极电压小于门槛电压时，二极管只流过很小的正向电流；当正向阳极电压大于门槛电压时，正向电流急剧增加，此时正向电流的大小完全由外电路决定，二极管呈现低阻态，其正向压降（管压降）大约为0.6V。

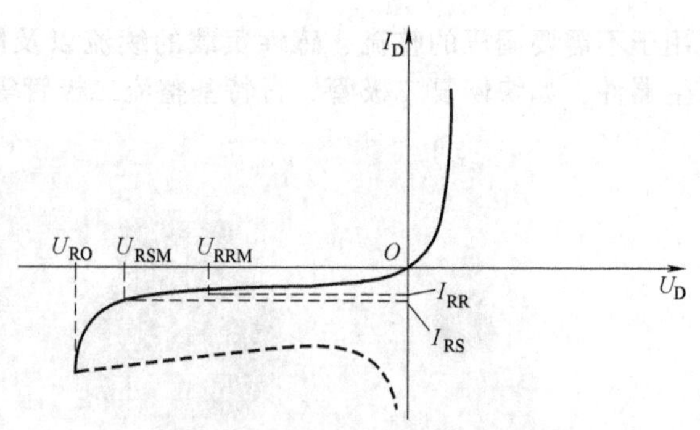

图2-4 电力二极管的伏安特性曲线

U_{RO}—反向击穿电压 U_{RSM}—反向不重复峰值电压

U_{RRM}—反向重复峰值电压 I_{RR}—反向重复平均电流

I_{RS}—反向不重复平均电流

2）第Ⅲ象限为反向特性区，表明反向阻断状态。当二极管加上反向阳极电压时，开始只有极小的反向漏电流，二极管呈现高阻态。随着反向电压的增加，反向电流有所增大。当反向电压增大到一定程度时，漏电流就会急剧增加而二极管被击穿。击穿后的二极管若为开路状态，则二极管两端电压为电源电压；若二极管击穿成为短路状态，则二极管电压将很小，而电流却较大。所以必须对反向电压及电流加以限制，否则二极管将被击穿而损坏。其中 U_{RO} 为反向击穿电压。

2.1.2.3 电力二极管的主要参数

1. 正向平均电流 I_{dD}（额定电流）

电力二极管的正向平均电流 I_{dD} 是指在规定的环境温度和标准散热条件下，二极管允许长期通过的最大工频半波电流的平均值。器件标称的额定电流就是这个电流。实际应用中，电力二极管所流过的最大电流有效值为 I_{DM}，则其额定电流一般选择为

$$I_{dD} \geqslant (1.5 \sim 2) I_{DM}/1.57 \tag{2-1}$$

式中的系数1.5~2是安全系数。

2. 正向压降 U_D（管压降）

正向压降 U_D 是指在规定温度下，流过某一稳定正向电流时所对应的正向压降。

3. 反向重复峰值电压 U_{RRM}（额定电压）

在额定结温[⊖]条件下，二极管反向伏安特性曲线的转折处对应的反向电压为反向不重复峰值电压 U_{RSM}，U_{RSM} 的80%为反向重复峰值电压 U_{RRM}（额定电压），它是电力二极管能重复施加的反向最高电压。一般在选用电力二极管时，以其在电路中可能承受的反向峰值电压的两倍来选择额定电压。

4. 反向恢复时间

反向恢复时间是指电力二极管从正向电流降至0起到恢复反向阻断能力为止的时间。

2.1.2.4 电力二极管的主要类型

电力二极管在许多电力电子电路中都有广泛的应用。在后面的项目学习中可知，电力二极管可以在交流—直流变换电路中作为整流器件，也可以在电感元件的电能需要适当释放的电路中作为续流器件，还可以在各种变流电路中作为电压隔离、钳位或保护器件。在应用时，应根据不同场合的不同要求，选择不同类型的电力二极管。下面按照正向压降、反向耐压、反向漏电流等性能，特别是反向恢复特性的不同，介绍几种常用的电力二极管。

1. 普通二极管

普通二极管又称为整流二极管，多用于开关频率不高（1kHz以下）的整流电路中。其反

⊖ 额定结温指器件在正常工作时所允许的最高结温。

向恢复时间较长，一般在 5μs 以上，这在开关频率不高时并不重要，在参数表中甚至不列出这一参数。但其正向电流定额和反向电压定额却可以达到很高，分别可达数千安和数千伏以上。

2. 快恢复二极管

恢复过程很短，特别是反向恢复过程很短（一般在 5μs 以下）的二极管被称为快恢复二极管，简称快速二极管。工艺上多采用掺金措施，结构上有的仍采用 PN 型结构，但大多采用对此加以改进的 PIN 结构。特别是采用外延型 PIN 结构的所谓快恢复外延二极管，其反向恢复时间更短（可低于 50ns），正向压降也很低（0.9V 左右）。不管是什么结构，快恢复二极管从性能上可分为快速恢复和超快速恢复两个等级。前者反向恢复时间为数百纳秒或更长，后者则在 100ns 以下，甚至达到 20~30ns。

3. 肖特基二极管

以金属和半导体接触形成的势垒为基础的二极管称为肖特基势垒二极管，简称为肖特基二极管。肖特基二极管的反向恢复时间很短（10~40ns），正向恢复过程中也不会有明显的电压过冲；在反向耐压较低的情况下其正向压降也很小，明显低于快恢复二极管。因此，其开关损耗和正向导通损耗都比快速二极管还要小，效率高。肖特基二极管的缺点在于：当所能承受的反向耐压提高时其正向压降也会高得不能满足要求，因此多用于 200V 以下的低压场合；其反向漏电流较大且对温度敏感，因此反向稳态损耗不能忽略，而且必须更严格地限制其工作温度。

2.1.3 【任务实施】电力二极管的识别与基本测试

1. 实训目标

1）能认识电力二极管的外形结构。

2）能辨识电力二极管的型号。

3）会鉴别电力二极管的好坏。

4）会检测电力二极管的极性。

2. 实训场所及器材

地点：应用电子技术实训室。

器材：操作台、万用表及装配工具。

3. 实训步骤

（1）电力二极管的外形结构认识

观察电力二极管结构，认真查看并记录器件管身上的有关信息，包括型号、电压、电流、结构类型等。

（2）鉴别电力二极管的好坏

将万用表置于 R×100 档或 R×1k 档，用表笔测量 A、K 之间的正反向电阻，正反向电阻相差较大，说明二极管是好的。如图 2-5 所示。

（3）鉴别电力二极管的极性

用万用表 R×100 档或 R×1k 档测量电力二极管两极间正反向电阻，电阻小时黑表笔接的是阳极。

（4）肖特基二极管的检测

对两端型肖特基二极管可以用万用表 R×1 档测量。正常时，其正向电阻值（黑表笔接阳极）为 2.5~3.5Ω，反向电阻值为无穷大。若测得正反电阻值均为无穷大或均接近 0，则说明该二极管已开路或击穿损坏。

对三端型肖特基二极管应先测出其公共端，判别出共阴对管，还是共阳对管，然后再分

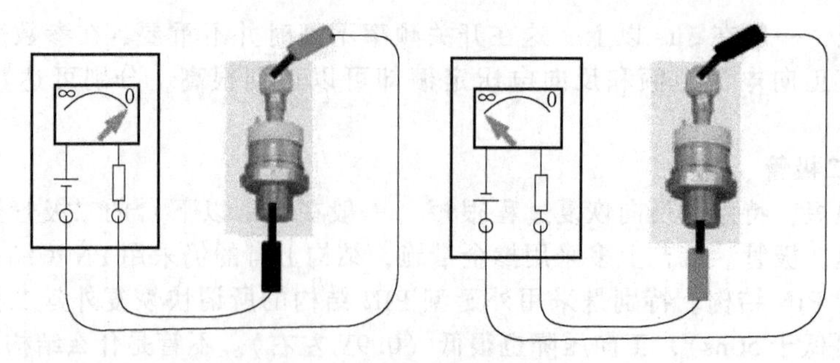

图 2-5 电力二极管电阻测试

别测量两个二极管的正、反向电阻值。

(5) 快恢复、超快恢复二极管的检测

用万用表检测快恢复、超快恢复二极管的方法是：先用 $R\times1k$ 档检测其单向导电性，一般其正向电阻为 4.5kΩ 左右，反向电阻为无穷大；再用 $R\times1$ 档复测一次，一般其正向电阻为几欧，反向电阻仍为无穷大。

4. **任务考核标准**

任务考核标准见表 2-1。

表 2-1 任务考核标准

项目类型	考核项目	考核内容	考核标准				得分
			A	B	C	D	
学习过程(20 分)	认识器件及型号说明	从外形辨识电力二极管,错误扣 5 分	20	16	12	8	
		说明型号含义,错误扣 3 分					
操作能力(50 分)	电力二极管好坏及极性判别	万用表使用,档位错误 1 次扣 5 分	20	16	12	8	
		测试方法,错误扣 10 分					
		测试结果,每错 1 个扣 5 分					
	肖特基二极管的检测	万用表使用,档位错误 1 次扣 5 分	15	12	9	6	
		测试方法,错误扣 10 分					
		测试结果,每错 1 个扣 5 分					
	快恢复二极管的检测	万用表使用,档位错误 1 次扣 5 分	15	12	9	6	
		测试方法,错误扣 10 分					
		测试结果,每错 1 个扣 5 分					
安全文明操作(30 分)	操作规范	违反操作规程 1 次扣 10 分 器件损坏 1 个扣 10 分	10	8	6	4	
	现场整理	经提示后将现场整理干净扣 5 分 不合格,本项 0 分	10	8	6	4	
	综合表现	学习态度、学习纪律、团队精神、安全操作等	10	8	6	4	
		总分	100	80	60	40	

遇到的问题					
学习收获					
改进意见及建议					
教师签名		学生签名		班级	

2.1.4 【知识拓展】不同种类二极管的检测方法

1. 双向触发二极管的检测

(1) 正反向电阻值的测量

用万用表 $R\times1k$ 或 $R\times10k$ 档，测量双向触发二极管的正反向电阻值。正常时其正反向电阻值均应为无穷大。若测得正反向电阻值均很小或为 0，则说明该二极管已击穿损坏。

(2) 测量转折电压

测量双向触发二极管的转折电压有三种方法。

第一种方法：将兆欧表的正极（E）和负极（L）分别接双向触发二极管的两端，用兆欧表提供击穿电压，同时用万用表的直流电压档测量出电压值，将双向触发二极管的两极对调后再测量一次。计算两次测量的电压值之差（一般为 3~6V）。此差值越小，说明此二极管的性能越好。

第二种方法：先用万用表测出市电电压 U，然后将被测双向触发二极管串入万用表的交流电压测量回路，再接入市电电压，读出电压值 U_1，再将双向触发二极管的两极对调连接并读出电压值 U_2。

若 U_1 与 U_2 相同，但与 U 不同，则说明该双向触发二极管的导通性的对称性良好。若 U_1 与 U_2 相差较大，则说明该双向触发二极管的导通性不对称。若 U_1、U_2 均与 U 相同，则说明该双向触发二极管内部已短路并损坏。若 U_1、U_2 均为 0V，则说明该双向触发二极管内部已开路并损坏。

第三种方法：使用 0~50V 连续可调直流电源，将电源的正极串接 1 只 20kΩ 电阻器后与双向触发二极管的一端相接，将电源的负极串接万用表电流档（将其置于 1mA 档）后与双向触发二极管的另一端相接。逐渐增加电源电压，当电流表指针有较明显摆动时（几十微安以上），则说明此双向触发二极管已导通，此时电源的电压值即为双向触发二极管的转折电压。

2. 发光二极管的检测

(1) 极性的判别

将发光二极管放在一个光源下，观察两个金属片的大小，通常金属片大的一端为阴极，金属片小的一端为阳极。

(2) 性能好坏的判断

用万用表 $R\times10k$ 档，测量发光二极管的正反向电阻值。正常时，正向电阻值（黑表笔接阳极时）约为 10~20kΩ，反向电阻值为 250kΩ~∞（无穷大）。较高灵敏度的发光二极管，在测量正向电阻值时，管内会发微光。若用万用表 $R\times1k$ 档测量发光二极管的正反向电阻值，会发现其正、反向电阻值均接近无穷大，这是因为发光二极管的正向压降大于 1.6V（高于万用表 $R\times1k$ 档内电池的电压值 1.5V）。

用万用表的 $R\times10k$ 档对一只 220F/25V 电解电容器充电（黑表笔接电容器阳极，红表笔接电容器阴极），再将充电后的电容器正极接发光二极管阳极、电容器阴极接发光二极管阴极，若发光二极管有很亮的闪光，则说明该二极管是完好的。

3. 红外发光二极管的检测

(1) 极性的判别

红外发光二极管多采用透明树脂封装，管心下部有一个浅盘，管内电极宽大的为阴极，电极窄小的为阳极。也可从管身形状和引脚的长短来判断。通常，靠近管身侧向小平面的电极为阴极，另一端引脚为阳极。长引脚为阳极，短引脚为阴极。

(2) 性能好坏的测量

用万用表 $R\times10k$ 档测量红外发光二极管的正反向电阻。正常时，正向电阻值约为 15~

40kΩ（此值越小越好），反向电阻大于500kΩ（用R×10k档测量，反向电阻大于200kΩ）。若测得正、反向电阻值均接近0，则说明该红外发光二极管内部已击穿损坏。若测得正、反向电阻值均为无穷大，则说明该二极管已开路损坏。若测得的反向电阻值远远小于500kΩ，则说明该二极管已漏电损坏。

4. 红外光电二极管的检测

将万用表置于R×1k档，测量红外光电二极管的正反向电阻值。正常时，正向电阻值（黑表笔所接引脚为阳极）为3~10kΩ左右，反向电阻值为500kΩ以上。若测得其正反向电阻值均为0或均为无穷大，则说明该光电二极管已击穿或开路损坏。

在测量红外光电二极管反向电阻值的同时，用电视机遥控器对着被测红外光电二极管的接收窗口。正常的红外光电二极管，在按动遥控器按键时，其反向电阻值会从500kΩ以上减小至50~100kΩ之间。阻值下降越多，说明红外光电二极管的灵敏度越高。

5. 光电二极管的其他检测方法

（1）电阻测量法

用黑纸或黑布遮住光电二极管的光信号接收窗口，然后用万用表R×1k档测量光电二极管的正反向电阻值。正常时，正向电阻值在10~20kΩ之间，反向电阻值为无穷大。若测得正反向电阻值均很小或均为无穷大，则该光电二极管漏电或开路损坏。

再去掉黑纸或黑布，使光电二极管的光信号接收窗口对准光源，然后观察其正反向电阻值的变化。正常时，正反向电阻值均应变小，阻值变化越大，说明该光电二极管的灵敏度越高。

（2）电压测量法

将万用表置于1V直流电压档，黑表笔接光电二极管的阴极，红表笔接光电二极管的阳极，将光电二极管的光信号接收窗口对准光源。正常时应有0.2~0.4V的电压（与光照强度成正比）。

（3）电流测量法

将万用表置于50A或500A电流档，红表笔接阳极，黑表笔接阴极，正常的光电二极管在白炽灯光下，随着光照强度的增加，其电流从几微安增大至几百微安。

6. 激光二极管的检测

（1）阻值测量法

拆下激光二极管，用万用表R×1k或R×10k档测量其正反向电阻值。正常时，正向电阻值为20~40kΩ之间，反向电阻值为无穷大。若测得的正向电阻值已超过50kΩ，则说明激光二极管的性能已下降。若测得的正向电阻值大于90kΩ，则说明该二极管已严重老化，不能再使用。

（2）电流测量法

用万用表测量激光二极管驱动电路中负载电阻两端的电压，再根据欧姆定律估算出流过该管的电流值。当电流超过100mA时，若调节激光功率电位器，电流无明显变化，则可判断激光二极管严重老化；若电流剧增而失控，则说明激光二极管的光学谐振腔已损坏。

7. 变容二极管的检测

（1）极性的判别

有的变容二极管一端涂有黑色标记，这一端即为阴极，而另一端为阳极。还有的变容二极管的管壳两端分别涂有黄色环和红色环，红色环的一端为阳极，黄色环的一端为阴极。

也可以用数字万用表的二极管档，通过测量变容二极管的正反向电压降来判断其极性。正常的变容二极管，在测量其正向电压降时，万用表的读数为0.58~0.65V；测量其反向电压降时，万用表的读数显示为溢出符号“1”。在测量正向电压降时，红表笔接的是变容二极管的阳极，黑表笔接的是变容二极管的阴极。

（2）性能好坏的判断

用指针式万用表的 $R\times10\text{k}$ 档测量变容二极管的正反向电阻值。正常的变容二极管，其正反向电阻值均为无穷大。若被测变容二极管的正反向电阻值均有一定阻值或均为 0，则该二极管已漏电损坏或击穿损坏。

8. 双基极二极管的检测

（1）电极的判别

将万用表置于 $R\times1\text{k}$ 档，用两表笔测量双基极二极管三个电极中任意两个电极间的正反向电阻值，会测出有两个电极之间的正反向电阻值均为 2~10kΩ，这两个电极即为基极 B1 和基极 B2，另一个电极为发射极 E。再将黑表笔接发射极 E，用红表笔依次去接触另外两个电极，一般会测出两个不同的电阻值，其中阻值较小的一次测量中，红表笔接的是基极 B2，而另一个电极就是基极 B1。

（2）性能好坏的判断

双基极二极管性能的好坏可以通过测量其各极间的电阻值是否正常来判断。用万用表 $R\times1\text{k}$ 档，将黑表笔接发射极 E，红表笔依次接两个基极（B1 和 B2），正常时均应有几千欧至十几千欧的电阻值。再将红表笔接发射极 E，黑表笔依次接两个基极，正常时阻值为无穷大。

双基极二极管两个基极（B1 和 B2）之间的正反向电阻值均为 2~10kΩ，若测得两基极之间的电阻值与上述正常值相差较大，则说明该二极管已损坏。

9. 桥堆的检测

（1）全桥的检测

大多数的整流全桥上，均标注有“+”“-”“~”符号（其中“+”为整流后输出电压的正极，“-”为输出电压的负极，“~”为交流电压输入端），很容易确定出各电极。

检测时，可通过分别测量“+”极与两个“~”极、“-”极与两个“~”之间各整流二极管的正反向电阻值（与普通二极管的测量方法相同）是否正常，来判断该全桥是否已损坏。若测得全桥内二极管的正反向电阻值均为 0 或均为无穷大，则可判断该二极管已击穿或开路损坏。

（2）半桥的检测

半桥由两只整流二极管组成，通过用万用表分别测量半桥内两只二极管的正反电阻值是否正常，即可判断出该半桥是否正常。

10. 高压硅堆的检测

高压硅堆内部由多只高压整流二极管（硅粒）串联组成，检测时，可用万用表的 $R\times10\text{k}$ 档测量其正反向电阻值。正常的高压硅堆，其正向电阻值大于 200kΩ，反向电阻值为无穷大。若测得其正反向均有一定电阻值，则说明该高压硅堆已被击穿损坏。

任务 2.2　晶闸管的识别与检测

2.2.1 【任务描述】

晶闸管是一种开关器件，具有可控单向导电性，与一般二极管不同的是，其导通时刻是可以控制的，被广泛应用于可控整流、调光、调压、调速、无触点开关、逆变及变频等方面。在实际使用过程中，除了能确定晶闸管的引脚和对其好坏进行判断外，还要掌握其导通关断条件。

2.2.2 【相关知识】晶闸管

晶闸管是晶体闸流管的简称，旧称为可控硅，自从20世纪50年代问世以来得到迅速发展，它的应用与人们的生活息息相关，家用的调光台灯、电动车、变频空调以及乘坐的动车组都用到晶闸管，如图2-6所示。

图2-6 晶闸管应用举例

晶闸管大家族的主要成员有普通晶闸管、双向晶闸管、光控晶闸管、逆导晶闸管、门极关断晶闸管、快速晶闸管等。由于普通晶闸管应用最普遍，本章着重介绍普通晶闸管，其他晶闸管将在知识拓展中简要介绍。如无特别说明，书中所提晶闸管就指普通晶闸管。

2.2.2.1 晶闸管的结构和命名

1. 晶闸管的结构

晶闸管的外形及符号如图2-7所示。晶闸管的外形大致有三种：塑封形、螺栓形和平板形。塑封形的额定电流多为5A以下，螺栓形的一般为5~200A，平板形的为200A以上。

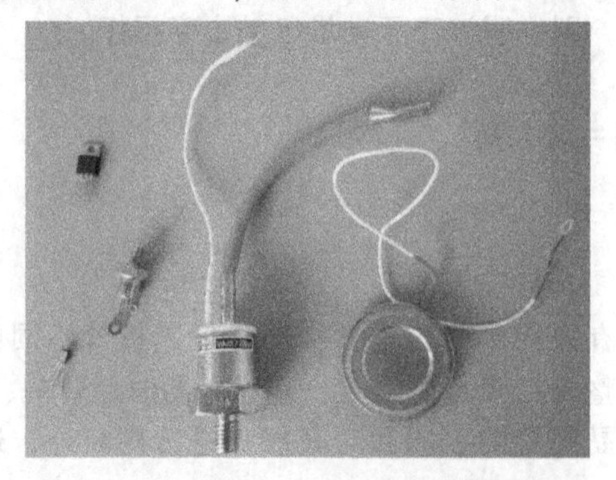
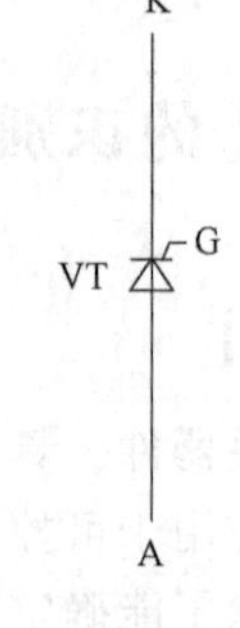

图2-7 晶闸管的外形及符号

晶闸管有三个电极：阳极 A、阴极 K 和门极 G。螺栓形晶闸管中有螺栓的一端是阳极，使用时将它固定在散热器上；另一端有两根引线，其中较粗的一根引线是阴极，较细的一根是门极。晶闸管文字符号为 VT。

2. 国产晶闸管的型号命名方法

国产晶闸管的型号命名主要由四部分组成，各部分的含义如下：

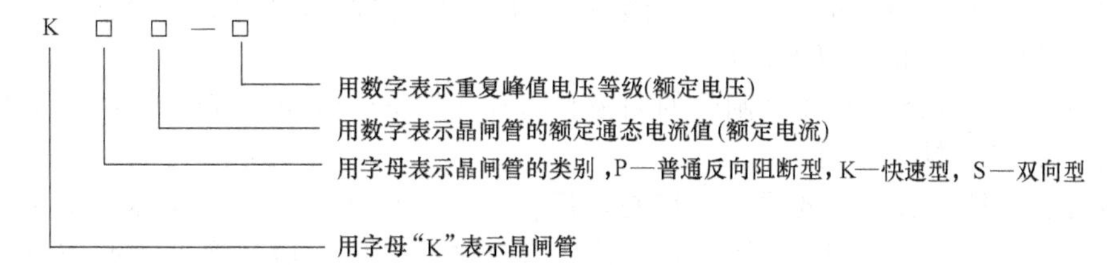

例如 KP100—12 表示额定电流为 100A，额定电压为 1200V。“KS”为双向型晶闸管，“KK”为快速型晶闸管。

2.2.2.2 晶闸管的工作原理

晶闸管与二极管相同的是都具有单向导电性，电流只能从阳极流向阴极；与二极管不同的是晶闸管具有正向阻断特性，即晶闸管阳极与阴极之间加正向电压时其不能正向导通，必须在门极和阴极之间加上门极电压，有足够的门极电流后才能使晶闸管正向导通，因此晶闸管是可控整流器件。但是晶闸管一旦导通后门极就失去控制作用，无法通过门极的控制使晶闸管关断，因此晶闸管是半控型整流器件。

晶闸管的内部结构与等效电路如图 2-8 所示。晶闸管的内部是由硅半导体材料做成的管芯。如图 2-8a 所示，管芯是一个圆形薄片，它由 P 型和 N 型半导体组成四层 PNPN 结构，形成三个 PN 结：J1、J2 和 J3。由端面 N 层半导体引出阴极 K，由中间 P 层引出门极 G，由端面 P 层引出阳极 A，管芯决定晶闸管的性能。

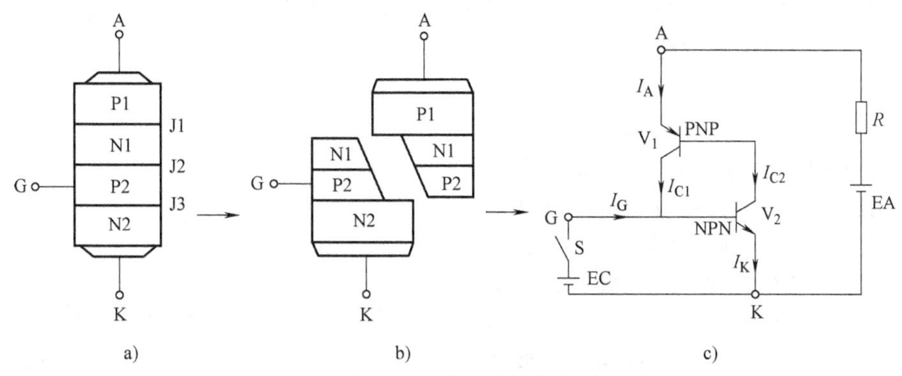

图 2-8 晶闸管的内部结构与等效电路

晶闸管的内部等效电路如图 2-8c 所示。可以把晶闸管看成是由一个 PNP 型和一个 NPN 型晶体管连接而成的，连接形式如图 2-8b 所示。阳极 A 相当于 PNP 型晶体管 V_1 的发射极，阴极 K 相当于 NPN 型晶体管 V_2 的发射极。

当晶闸管阳极承受正向电压，门极也加正向电压时，晶体管 V_2 处于正向偏置，EC 产生的门极电流 I_G 就是 V_2 的基极电流 I_{B2}，V_2 的集电极电流 $I_{C2}=\beta_2 I_G$。而 I_{C2} 又是晶体管 V1 的基极电流，V_1 的集电极电流 $I_{C1}=\beta_1 I_{C2}=\beta_1\beta_2 I_G$（$\beta_1$ 和 β_2 分别是 V_1 和 V_2 的电流放大系数）。电流 I_{C1} 又流入 V_2 基极，使流入其中的电流再一次放大。这样循环下去，形成了强烈的正反馈，使两个晶体管很快达到饱和导通，这就是晶闸管的导通过程。导通后，晶闸管上的电压降很小，电源电压几乎全部加在负载上，晶闸管中流过的电流即为负载电流。

晶闸管导通之后，它的导通状态完全依靠管本身的正反馈作用来维持，即使门极电流消失，晶闸管也会处于导通状态。因此，门极的作用仅是触发晶闸管使其导通，导通之后，门极就失去了控制作用。

要使导通的晶闸管恢复关断状态，可在阳极和阴极间加反向电压或者降低阳极的电流，当阳极电流减小到一定数值时，阳极电流会突然降到零，晶闸管恢复关断状态。

通过以上论述，可得出以下结论。

1）晶闸管的导通条件是在晶闸管的阳极和阴极间加正向电压，同时在它的门极和阴极间也加正向电压，两者缺一不可。

2）晶闸管一旦导通，门极即失去控制作用，因此门极所加的触发电压一般为脉冲电压。晶闸管从阻断变为导通的过程称为触发导通。门极触发电流一般只有几十毫安到几百毫安，而晶闸管导通后，阳极和阴极之间可以通过几百安到几千安的电流。

3）晶闸管关断的条件是流过晶闸管的阳极电流 I_A 小于维持电流 I_H 或者是阳极电位低于阴极电位。维持电流是保持晶闸管导通的最小电流。

需要指出的是，上面分析时对晶闸管所加各种电压均在额定电压范围内，如果所加正向电压过高，达到某一数值时，门极虽未加触发电压，晶闸管也会导通，这就会造成“误动作”。如果晶闸管两端加的反向电压过高，达到某一数值时，管子就会反向击穿，造成永久性破坏。因此应防止以上情况的出现，使晶闸管正常地工作。

2.2.2.3 晶闸管的基本特性

1. 静态特性

1）承受反向电压时，不论门极是否有触发电流，晶闸管都不会导通。

2）承受正向电压时，仅在门极有触发电流的情况下晶闸管才能开通。

3）晶闸管一旦导通，门极就会失去控制作用。

4）要使晶闸管关断，只能使晶闸管的阳极电流降到接近于0的某一数值以下。晶闸管的阳极伏安特性是指晶闸管阳极电流 I_A 和阳极电压 U_A 之间的关系曲线，如图2-9所示。其中，第Ⅰ象限的是正向特性；第Ⅲ象限的是反向特性。

$I_G=0$ 时，在器件两端施加正向电压，正向阻断状态时只有很小的正向漏电流流过，正向电压逐渐增大，超过临界点即正向转折电压 U_{bo} 时，漏电流急剧增大，器件开通。这种开通叫“硬开通”，一般不允许硬开通。随着门极电流幅值的增大，正向转折电压降低。导通后的晶闸管特性与二极管的正向特性相仿，晶闸管本身的压降很小，在1V左右。导通期间，如果门极电流为0，并且阳极电流降至接近于0的维持电流 I_H 以下时，晶闸管又会回到正向阻断状态。

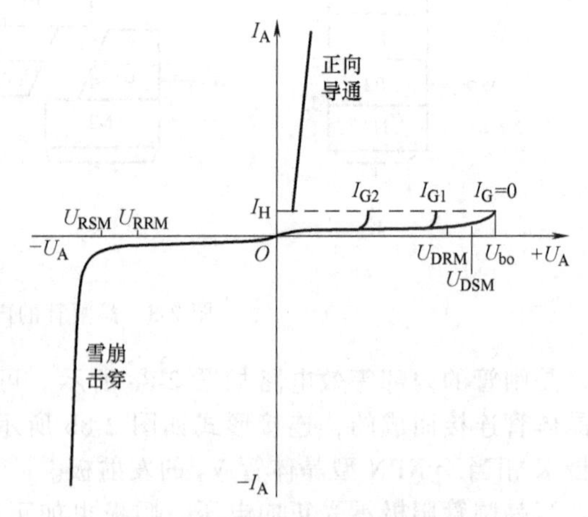

图2-9 晶闸管的阳极伏安特性

U_{RSM}—反向不重复峰值电压 U_{RRM}—反向重复峰值电压
U_{DRM}—正向断态重复峰值电压
U_{DSM}—正向断态不重复峰值电压 I_H—维持电流
U_{bo}—正向转折电压 I_A—控制极电流

晶闸管上施加反向电压时，伏安特性类似于二极管的反向特性。阴极是晶闸管主电路与控制电路的公共端，晶闸管的门极触发电流从门极流入晶闸管，从阴极流出，门极触发电流也往往是通过在触发电路在门极和阴极之间施加触发电压而产生的。

晶闸管的门极和阴极之间是 PN 结 J3，其伏安特性称为门极伏安特性，如图 2-10 所示。图 2-10a 中 ABCGFED 所围成的区域为可靠触发区；图 2-10b 中阴影部分为不触发区；图 2-10b 中 ABCJIH 所围成的区域为不可靠触发区。

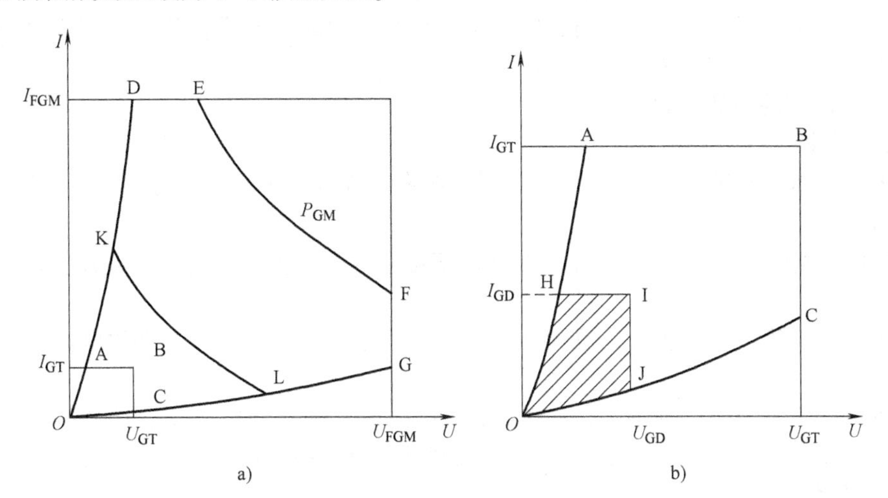

图 2-10　晶闸管的门极伏安特性

I_{FGM}—门极正向峰值电流　P_{GM}—允许的瞬时最大功率　U_{FGM}—门极正向峰值电压　I_{GT}—最小门极触发电流　U_{GT}—最小门极触发电压　I_{GD}—门极不触发电流　U_{GD}—门极不触发电压

为保证可靠、安全的触发，触发电路所提供的触发电压、电流和功率应限制在可靠触发区。

2. 动态特性

晶闸管的动态特性主要是指晶闸管的开通与关断过程，动态特性如图 2-11 所示。

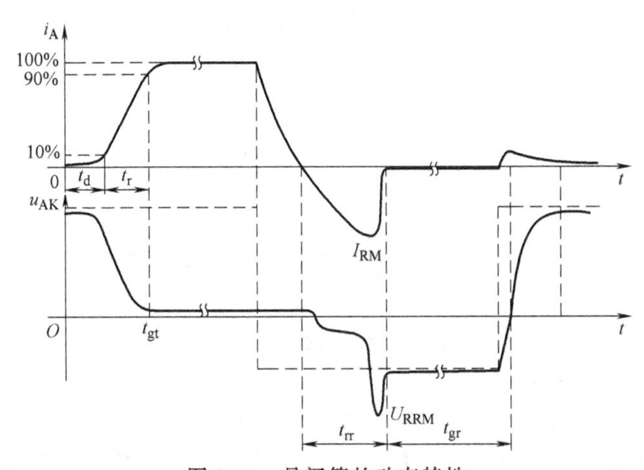

图 2-11　晶闸管的动态特性

开通过程中，开通时间 t_{gt} 包括延迟时间 t_d 与上升时间 t_r，即

$$t_{gt}=t_d+t_r \tag{2-2}$$

式中，t_d 为从门极电流阶跃时刻开始，到阳极电流上升到稳态值的 10%的时间；t_r 为阳极电流由 10%上升到稳态值的 90%所需的时间。

普通晶闸管延迟时间为 0.5～1.5ms，上升时间为 0.5～3ms。

关断过程中，关断时间 t_q 包括反向阻断恢复时间 t_{rr} 与正向阻断恢复时间 t_{gr}，即

$$t_q=t_{rr}+t_{gr} \tag{2-3}$$

式中，t_{rr} 为从正向电流降为 0 到反向恢复电流衰减至接近于 0 的时间，t_{gr} 为晶闸管要恢复其

对正向电压的阻断能力需要的时间。

普通晶闸管的关断时间约为几百微秒。

注：1）在正向阻断恢复时间内如果重新对晶闸管施加正向电压，晶闸管会重新正向导通。

2）实际应用中，应对晶闸管施加足够长时间的反向电压，使晶闸管充分恢复其对正向电压的阻断能力，电路才能可靠工作。

2.2.2.4 晶闸管的主要参数

1. 电压定额

1）正向断态重复峰值电压 U_{DRM}：在门极断路而结温为额定值时，允许重复加在器件上的正向峰值电压。

2）反向重复峰值电压 U_{RRM}：在门极断路而结温为额定值时，允许重复加在器件上的反向峰值电压。

3）通态（峰值）电压 U_{TM}：晶闸管通以某一规定倍数的额定通态平均电流时的瞬态峰值电压。

通常取晶闸管的 U_{DRM} 和 U_{RRM} 中较小的值作为该器件的额定电压。选用时，额定电压要留有一定裕量，一般额定电压为正常工作时晶闸管所承受峰值电压的2~3倍。

2. 电流定额

（1）通态平均电流 $I_{T(AV)}$（额定电流）

额定电流指晶闸管在环境温度为40℃和规定的冷却状态下，稳定结温不超过额定结温时所允许流过的最大工频正弦半波电流的平均值。

使用时应按实际电流与额定电流有效值相等的原则来选取晶闸管，并留一定的裕量，一般取其值1.5~2倍。

（2）维持电流 I_H

维持电流为使晶闸管维持导通状态所必需的最小电流，一般为几十到几百毫安，与结温有关，结温越高，I_H 越小。

（3）擎住电流 I_L

晶闸管刚从断态转入通态并移除触发信号后，能维持导通所需的最小电流为擎住电流。对同一晶闸管来说，通常 I_L 约为 I_H 的2~4倍。

（4）浪涌电流 I_{TSM}

指由电路异常情况引起并使结温超过额定结温的不重复性最大正向过载电流。

3. 动态参数

除了开通时间 t_{gt}（包括延迟时间 t_d）外，还有其他动态参数。

（1）断态电压临界上升率 du/dt

指在额定结温和门极开路的情况下，不导致晶闸管从断态转换到通态的外加电压最大上升率。

在阻断的晶闸管两端施加的电压具有正向的上升率时，相当于一个电容的J2结会有充电电流流过，这个电流被称为位移电流。此电流流经J3结时，起到类似门极触发电流的作用。如果电压上升率过大，使充电电流足够大，就会使晶闸管误导通。

（2）通态电流临界上升率 di/dt

指在规定条件下，晶闸管能承受且无有害影响的最大通态电流上升率。

如果电流上升太快，则晶闸管刚开通，便会有很大的电流集中在门极附近的小区域内，从而造成局部过热而使晶闸管损坏。

2.2.2.5 晶闸管的种类

1. 按关断、导通及控制方式分类

晶闸管按其关断、导通及控制方式可分为普通晶闸管、双向晶闸管、逆导晶闸管、门极关断（GTO）晶闸管、BTG 晶闸管（即程控单结晶体管）、温控晶闸管和光控晶闸管等。

2. 按引脚和极性分类

晶闸管按其引脚和极性可分为二极晶闸管、三极晶闸管和四极晶闸管。

3. 按封装形式分类

晶闸管按其封装形式可分为金属封装晶闸管、塑封晶闸管和陶瓷封装晶闸管三种类型。其中，金属封装晶闸管又分为螺栓形、平板形、圆壳形等多种；塑封晶闸管又分为带散热片型和不带散热片型两种。

4. 按电流容量分类

晶闸管按电流容量可分为大功率晶闸管、中功率晶闸管和小功率晶闸管三种。通常，大功率晶闸管多采用金属封装，而中、小功率晶闸管则多采用塑封或陶瓷封装。

5. 按关断速度分类

晶闸管按其关断速度可分为普通晶闸管和高频（快速）晶闸管。

图 2-12 所示为晶闸管的外形。

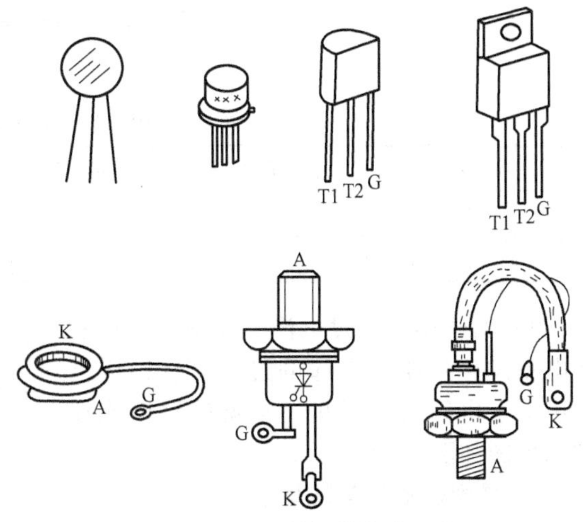

图 2-12　晶闸管外形

2.2.2.6　晶闸管的保护

晶闸管的保护电路，大致可以分为两种情况：一种是在适当的地方安装保护元器件，例如，阻容吸收回路、限流电感、快速熔断器、压敏电阻或硒堆等；另一种则是采用电子保护电路，检测设备的输出电压或输入电流，当输出电压或输入电流超过允许值时，借助整流触发控制系统使整流桥短时间内工作在有源逆变工作状态，从而抑制过电压或过电流的发生。

1. 晶闸管的过电流保护

晶闸管设备产生过电流的原因可以分为两类。一类是整流电路内部原因，如整流桥晶闸管损坏，触发电路或控制系统有故障等。其中整流桥晶闸管损坏类较为严重，一般是晶闸管因过电压而击穿，失去正、反向阻断能力，这相当于整流桥臂发生永久性短路，使在另外两桥臂的晶闸管导通时，无法正常换流，因而产生线间短路引起过电流。另一类则是整流桥负载外电路发生短路而引起的过电流。这类情况时有发生，因为整流桥的负载实质是逆变桥，逆变电路换流失败，就相当于整流桥负载短路。另外，如果整流变压器中心点接地，当逆变负载回路接触大地时，也会发生整流桥对地短路。

1）对于第一类过电流，即整流桥内部原因引起的过电流，以及逆变器负载回路接地时，可以采用保护元器件进行保护，最常见的就是接入快速熔断器的方式，如图 2-13 所示。快速熔断器的接入方式共有三种，其接入方式、特点和额定电流要求见表 2-2。

表 2-2　快速熔断器的接入方式、特点和额定电流要求

方式	特　点	额定电流要求	备　注
A 型	熔断器与每一个元器件串联，能可靠地保护每一个元件	$I_{RN}<1.57I_T$	I_T：晶闸管通态平均电流
B 型	能在交流、直流和元器件短路时起保护作用，其可靠性稍有降低	$I_{RN}<K_C^{①}I_D$	K_C：交流侧线电流与 I_D 之比 I_D：整流输出电流
C 型	直流负载侧有故障时动作，元器件内部短路时不能起保护作用	$I_{RN}<I_D$	I_D：整流输出电流

① 系数 K_C 见表 2-3。

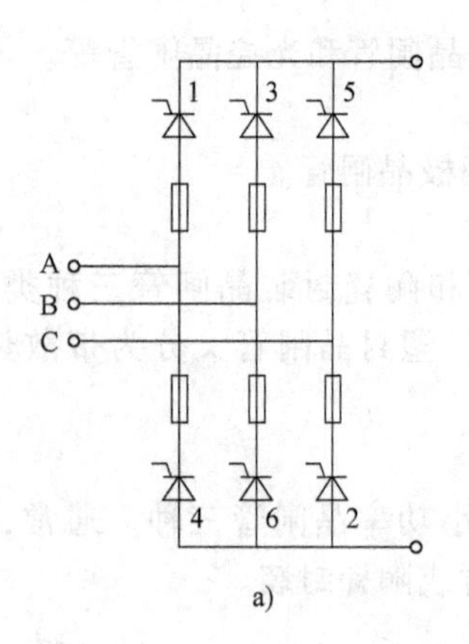

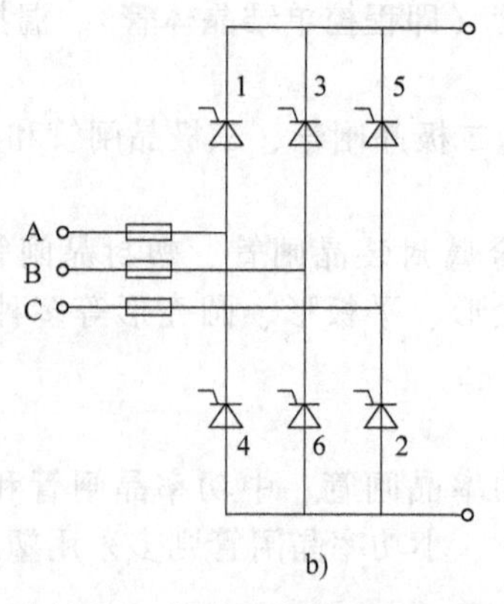

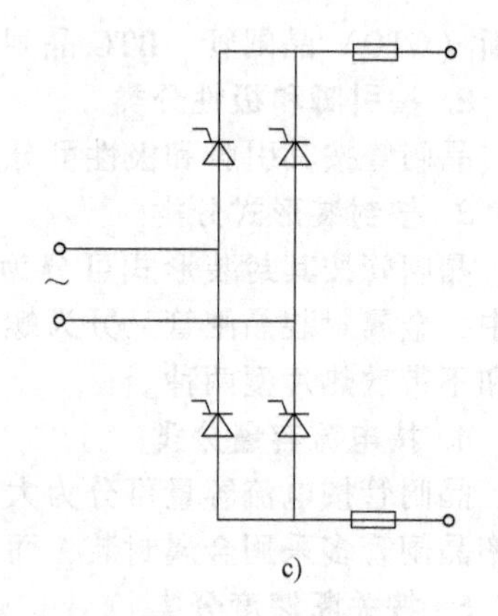

图 2-13　快速熔断器的接入方法

a）A 型　b）B 型　c）C 型

表 2-3　整流电路形式与系数 K_C 的关系表

形式		单相全波	单相桥式	三相零式	三相桥式	双星形带平衡电抗器
系数 K_C	电感负载	0.707	1	0.577	0.816	0.289
	电阻负载	0.785	1.11	0.578	0.818	0.290

2）对于第二类过电流，即整流桥负载外电路发生短路而引起的过电流，则应当采用电子电路进行保护。常见的过电流保护原理图如图 2-14 所示。

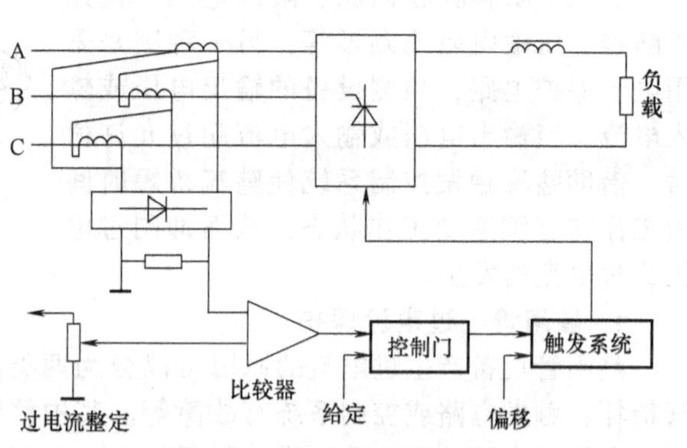

图 2-14　过电流保护原理图

2. 晶闸管的过电压保护

晶闸管设备在运行过程中，会受到源于交流供电电网的操作过电压和雷击过电压的侵袭。同时，设备自身运行中以及非正常运行中也有过电压出现。

1）过电压保护的第一种方法是并接阻容吸收回路，以及用压敏电阻或硒堆等非线性元器件加以抑制如图 2-15 和图 2-16 所示。

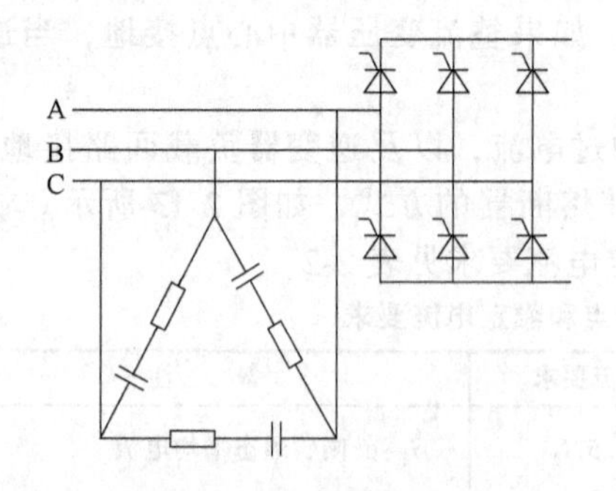

图 2-15　阻容三角抑制过电压

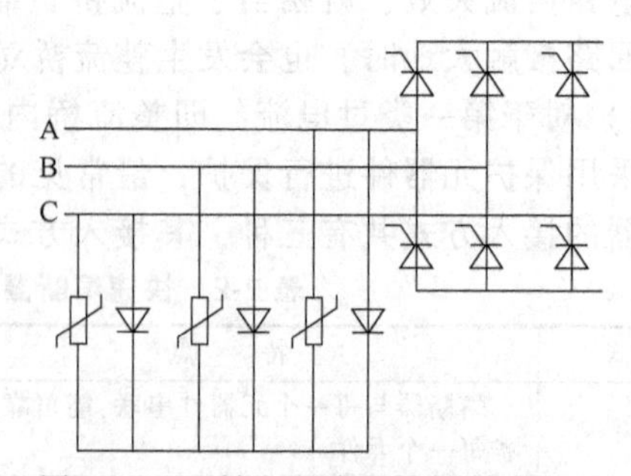

图 2-16　压敏电阻或硒堆抑制过电压

2）过电压保护的第二种方法是采用电子电路进行保护。常见的电子保护原理图如图 2-17 所示。

3）电流上升率、电压上升率的抑制保护。

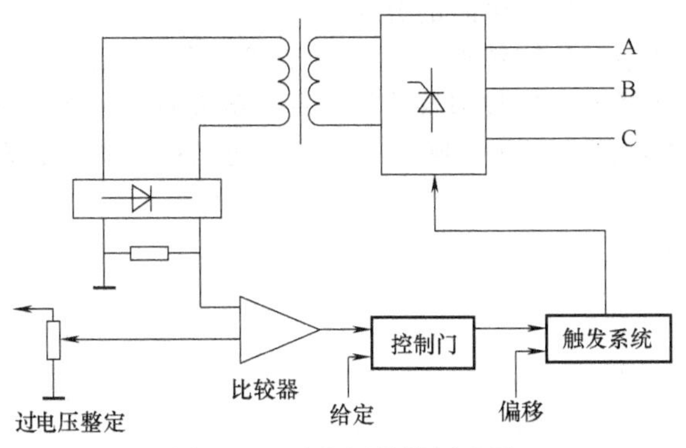

图 2-17　过电压保护原理图

① 电流上升率 di/dt 的抑制。晶闸管初开通时电流集中在靠近门极的阴极表面较小的区域，局部电流密度很大，然后以 0.1mm/s 的扩展速度将电流扩展到整个阴极面。若晶闸管开通时电流上升率 di/dt 过大，会导致 PN 结击穿，所以必须限制晶闸管的电流上升率，使其在合适的范围内。限制的有效方法是在晶闸管的阳极回路串联接入电感，如图 2-18 所示。

② 电压上升率 dv/dt 的抑制。加在晶闸管上的正向电压上升率 dv/dt 也应有所限制。如果 dv/dt 过大，由于晶闸管结电容的存在而产生较大的位移电流，该电流可以起到触发电流的作用，使晶闸管正向阻断能力下降，严重时引起晶闸管误导通。

为抑制 dv/dt 的作用，可以在晶闸管两端并联阻容吸收回路，如图 2-19 所示。

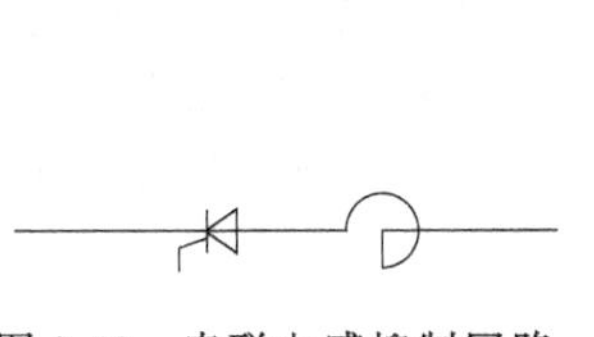
图 2-18　串联电感抑制回路

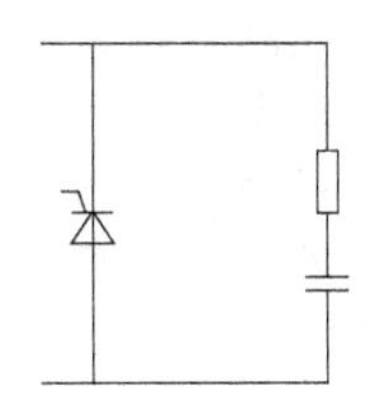
图 2-19　并联阻容吸收回路

2.2.2.7　晶闸管的串联和并联

对较大型的电力电子装置，当单个电力电子器件的电压或电流不能满足要求时，往往需要将多个器件串联或并联起来工作，或者将电力电子装置串联或并联起来工作。下面先以晶闸管为例简要介绍电力电子器件串、并联应用时应注意的问题和相应措施，然后简要介绍应用较多的电力 MOSFET 并联以及 IGBT 并联的一些特点。

1. 晶闸管的串联

当晶闸管的额定电压小于实际要求时，可以用两个以上同型号器件相串联。理想的串联中希望各器件承受的电压相等，但实际上因器件特性的分散性，即使是标称定额相同的器件之间其特性也会存在差异，一般都会存在电压分配不均匀的问题。

串联的器件中流过的漏电流总是相同的，但由于静态伏安特性的分散性，各器件所承受的电压是不等的。如图 2-20a 所示，两个晶闸管串联，在同一漏电流 I_R 下所承受的正向电压是不同的。若外加电压继续升高，则承受电压高的器件将首先达到转折电压而导通，使另一个器件承担全部电压也导通，从而使两个器件都失去控制作用。同理，反向时，因伏安特性不同而不均压，可能使其中一个器件先反向击穿，另一个随之击穿。这种由于器件静态特性不同而造成的不均压问题称为静态不均压。

为达到静态均压，首先应选用参数和特性尽量一致的器件，此外可以采用电阻均压，如图 2-20b 所示的 R_P。R_P 的阻值应比任何一个器件阻断时的正、反向电阻小得多，这样才能使每个晶闸管分担的电压取决于均压电阻的分压。

类似的，由于器件动态参数和特性的差异而造成的不均压问题称为动态不均压。为达到动态均压，同样首先应选择动态参数和特性尽量一致的器件，另外，还可以用 RC 并联支路进行动态均压，如图 2-20b 所示。对于晶闸管来讲，采用门极强脉冲触发可以显著减小器件开通时间上的差异。

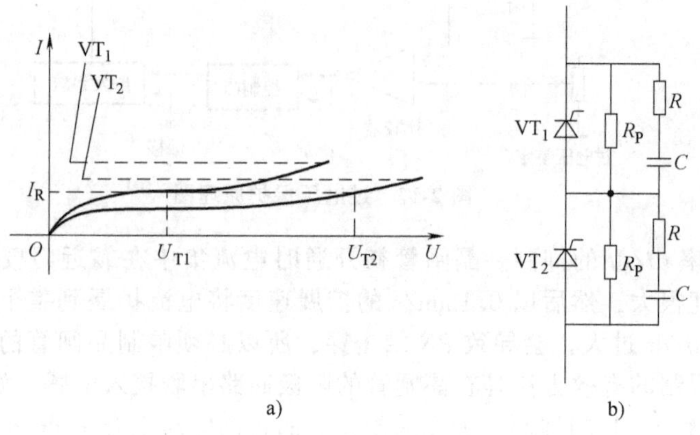

图 2-20　晶闸管的串联

a）伏安特性差异　b）串联均压措施

2. 晶闸管的并联

大功率晶闸管装置中，常用多个器件并联来承担较大的电流。同样，晶闸管并联就会分别因静态和动态特性和参数的差异而存在电流分配不均匀的问题。均流不佳，有的器件电流不足，有的过载，不利于提高整个装置的输出，甚至会造成器件和装置损坏。

均流的首要措施是挑选特性和参数尽量一致的器件，此外还可以采用均流电感。同样，用门极强脉冲触发也有助于动态均流。

当需要同时串联和并联晶闸管时，通常采用先串后并的方法。

3. 电力 MOSFET 的并联和 IGBT 的并联

电力 MOSFET 的通态电阻 Ron 具有正的温度系数，并联使用时具有一定的电流自动均衡的能力，因而并联使用比较容易。但也要注意选用通态电阻 Ron、开启电压 U_T、跨导 G_{fs} 和输入电容 C_{iss} 尽量相近的器件并联；并联的电力 MOSFET 及其驱动电路的走线和布局应尽量做到对称，散热条件也要尽量一致；为了更好地动态均流，有时可以在源极电路中串入小电感，起到均流电感的作用。

IGBT 的通态压降一般在 1/2～1/3 额定电流以下的区段具有负的温度系数，在其以上的区段则具有正的温度系数，因而 IGBT 在并联使用时也具有一定的电流自动均衡能力，与电力 MOSFET 类似，易于并联使用。当然，不同的 IGBT 产品其正、负温度系数的具体分界点不一样。实际并联使用 IGBT 时，在器件参数和特性选择、电路布局和走线、散热条件等方面也应尽量一致。不过，近年来许多厂家的最新 IGBT 产品的特性一致性非常好，并联使用时只要是同型号和批号的产品不必再进行特性一致性挑选。

2.2.3 【任务实施】晶闸管的识别与基本测试

1. 实训目标

1）能认识晶闸管的外形与结构。

2）能辨识晶闸管的型号。

3）会鉴别晶闸管的好坏。

4）会检测晶闸管的触发能力。

5）能检测晶闸管的导通及关断条件。

2. 实训场所及器材

地点：应用电子技术实训室。

器材：操作台、万用表及装配工具。

3. 实训步骤

（1）晶闸管的外形结构认识

观察晶闸管结构，认真查看并记录管身上的有关信息，包括型号、电压、电流、结构类型等。

（2）鉴别晶闸管的好坏

如图 2-21 所示，将万用表置于 $R\times1$ 位置，用表笔测量门极 G、阴极 K 之间的正反向电阻，正反向电阻应相差较大；接着将万用表调至 $R\times10\text{k}$ 档，分别测量门极 G、阳极 A 与阴极 K、阳极 A 之间的阻值，无论黑表笔与红表笔怎样调换测量，阻值均应为无穷大，此时说明晶闸管没有损坏。否则，晶闸管不能使用。

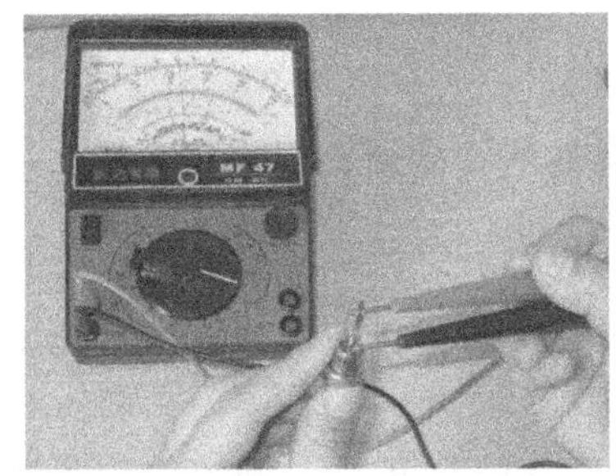

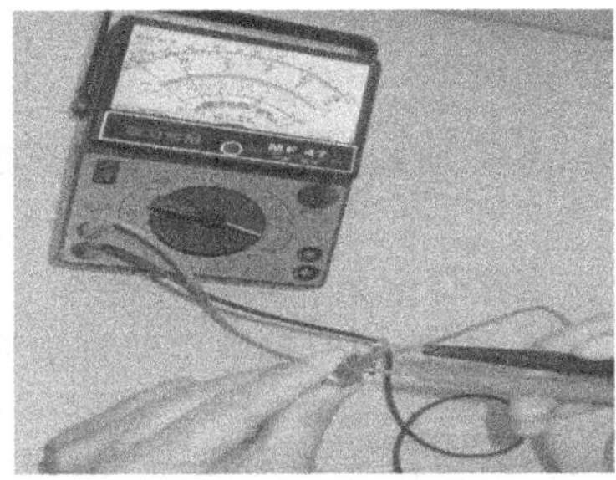

测量G与K间的正反向电阻(R×1)

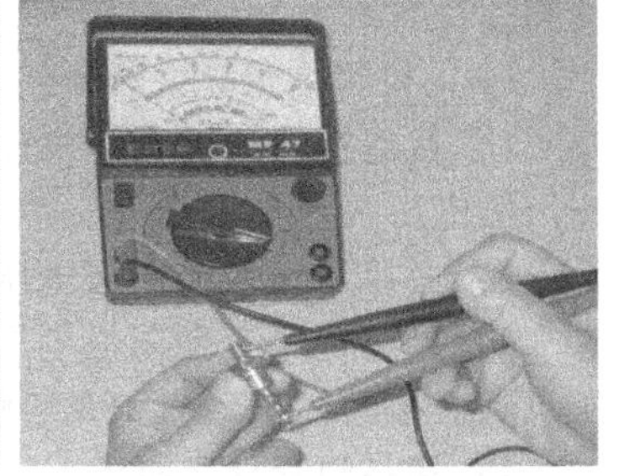

测量A与K/G间的正反向电阻

图 2-21　晶闸管的好坏判别

（3）鉴别晶闸管的极性

用万用表测量晶闸管三个电极两两之间的正反向电阻，如果测得两个电极间阻值较小（正向电阻），而反向电阻很大，那么以阻值较小的为准，黑表笔所接的就是门极 G，而红表笔所接的就是阴极 K，另外的电极便是阳极 A。

在测试时如果测得的正反向电阻都很大，则应调换引脚再进行测试，直到找到正反向电阻值一大一小的两个电极为止。

（4）检测晶闸管的触发能力

检测电路如图 2-22 所示。外接一个 4. 5V 电池组，将电压提高到 6~7. 5V（万用表内装的电池不同）。将万用表置于 0. 25~1A 档，为保护表头，可串入一只 $R=4.5\text{V}/I_{档}$ 的电阻（其中：$I_{档}$ 为所选择万用表量程的电流值，单位为 A）。

电路接好后，在 S 处于断开位置时，万用表指针不动。然后闭合 S（S 可用导线代替），使门极加上正向触发电压，此时万用表指针明显向右偏，并停在某一电流位置，表明晶闸管已经导通。接着断开开关 S，万用表指针不动，说明晶闸管触发性能良好。

（5）检测晶闸管的导通条件

检测电路如图 2-23 所示。

1）首先将 $S_1\sim S_3$ 断开，闭合 S_4，加上 30V 正向阳极电压，然后让门极开路或接-4. 5V 电压，观察晶闸管是否导通，灯泡是否变亮。

2）加 30V 反向阳极电压，门极开路、接-4. 5V 或接+4. 5V 电压，观察晶闸管是否导通，灯泡是否变亮。

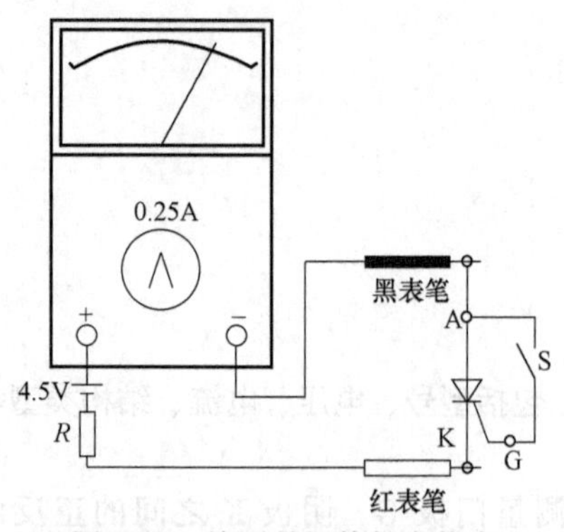

图 2-22 检测晶闸管触发能力

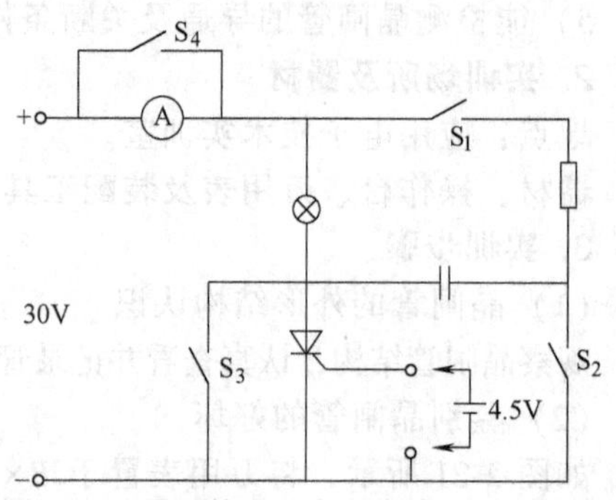

图 2-23 晶闸管导通与关断条件检测电路

3）阳极、门极都加正向电压，观察晶闸管是否导通，灯泡是否变亮。

4）灯亮后去掉门极电压，看灯泡是否仍是亮的；再加−4.5V 的门极电压，看灯泡是否继续亮。

（6）检测晶闸管关断条件

1）接通正向阳极 30V 电压，再接通 4.5V 正向门极电压使晶闸管导通，灯泡亮，然后断开门极电压。

2）去掉 30V 正向阳极电压，观察灯泡是否仍亮。

3）接通 30V 正向阳极电压及 4.5V 正向门极电压使灯泡变亮，接着闭合 S_1，断开门极电压。然后接通 S_2，看灯泡是否熄灭。

4）在晶闸管导通前提下，断开门极电压，然后闭合 S_3，再立即打开 S_3，观察灯泡是否熄灭。

5）断开 S_4，再使晶闸管导通，断开门极电压。逐渐减小正向阳极电压，当电流表读数由某值突然降到 0 时，该读数就是被测晶闸管的维持电流。此时若再升高正向阳极电压，灯泡也不再发亮，说明晶闸管已经关断。

4. 任务考核标准

任务考核标准见表 2-4。

表 2-4 任务考核标准

项目类型	考核项目	考核内容	考核标准 A	考核标准 B	考核标准 C	考核标准 D	得分
学习过程（20 分）	认识器件及型号说明	从外形认识晶闸管，错误扣 5 分 说明型号含义，错误扣 3 分	20	16	12	8	
操作能力（50 分）	晶闸管好坏及极性判别	万用表使用，档位错误 1 次扣 5 分 测试方法，错误扣 10 分 测试结果，每错 1 个扣 5 分	20	16	12	8	
	导通条件测试	测试过程，错误 1 处扣 5 分 参数记录，每缺 1 项扣 2 分 无结论扣 5 分，结论错误酌情扣分	15	12	9	6	
	关断条件测试	测试过程，错误 1 处扣 5 分 参数记录，每缺 1 项扣 2 分 无结论扣 5 分，结论错误酌情扣分	15	12	9	6	

（续）

项目类型	考核项目	考核内容	考核标准				得分
			A	B	C	D	
安全文明操作（30分）	操作规范	违反操作规程1次扣10分 元件损坏1个扣10分	10	8	6	4	
	现场整理	经提示后将现场整理干净扣5分 不合格，本项0分	10	8	6	4	
	综合表现	学习态度、学习纪律、团队精神、安全操作等	10	8	6	4	
总分			100	80	60	40	

遇到的问题	
学习收获	
改进意见及建议	

教师签名		学生签名		班级	

2.2.4 【知识拓展】双向晶闸管

1. 双向晶闸管结构及伏安特性

双向晶闸管是在普通晶闸管的基础上发展而成的，它不仅能代替两只反极性并联的晶闸管，而且仅需一个触发电路，是目前比较理想的交流开关器件。其英文名称为TRIAC，即三端双向交流开关之意。双向晶闸管从外观上看，和普通晶闸管一样，有小功率塑封型、大功率螺栓形和特大功率平板形。一般台灯调光、吊扇无级调速等多采用塑封型。

双向晶闸管属于NPNPN五层器件，三个电极分别是T1、T2、G。因该器件可以双向导通，故除门极G以外的两个电极统称为主端子，用T1、T2表示，不再划分成阳极和阴极。双向晶闸管的内部结构与图形符号如图2-24所示。

双向晶闸管的伏安特性如图2-25所示。由于正反向特性曲线具有对称性，所以它可在任何一个方向导通。双向晶闸管正反两个方向都能导通，门极加正负电压都能触发。主电压和触发电压相互配合，可以得到四种触发方式。

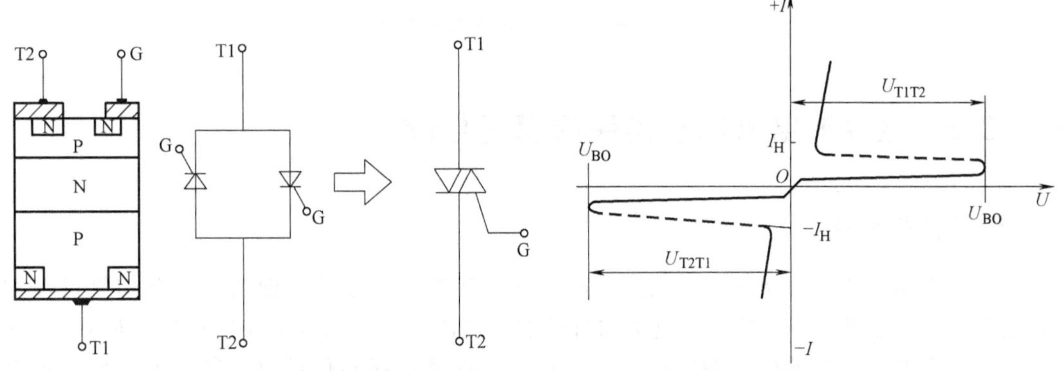

图2-24 双向晶闸管的内部结构及图形符号

图2-25 双向晶闸管的伏安特性
I_H—维持电流 U_{BO}—转折电压

1） Ⅰ+触发方式：阳极电压中第一阳极T1为正，T2为负；门极电压是G为正，特性曲线在第一象限为正触发。

2） Ⅰ-触发方式：阳极电压中第一阳极T1为正，T2为负；门极电压是G为负，特性曲线线在第一象限，为负触发。

3）Ⅲ+触发方式：阳极电压中第一阳极 T1 为负，T2 为正；门极电压是 G 为正，特性曲线在第三象限，为正触发。

4）Ⅲ-触发方式：阳极电压中第一阳极 T1 为负，T2 为正；门极电压是 G 为负，特性曲线在第三象限，为负触发。

四种触发方式中，Ⅲ+触发方式的触发灵敏度最低，因此实际应用中只采用（Ⅰ+、Ⅲ-）与（Ⅰ-、Ⅲ-）两组触发方式。

2. 双向晶闸管电极的判断与触发特性测试

将万用表置于 $R\times1$ 档，测量双向晶闸管任意两电极之间的阻值，如果测出某电极与其他两电极之间的电阻均为无穷大，则该电极为 T2 极。

确定 T2 极后，可假定其余两电极之一为 T1 极，而另一电极为 G 极，然后采用触发导通测试方法确定假定极性的正确性。实验方法如图 2-26 所示。首先将黑表笔接 T1 极，红表笔接 G 极，所测电阻应为无穷大。然后用导线将 T2 极与 G 极短接，相当于给 G 极加上负触发信号，此时所测 T1、T2 极间电阻应为 10Ω 左右，证明双向晶闸管已触发导通。将 T2 极与 G 极间的短接导线断开，电阻值若保持不变，说明管子在 T1 到 T2 方向上能维持导通状态。

再将红表笔接 T1 极，黑表笔接 T2 极，所测电阻也应为无穷大，然后用导线将 T2 极与 G 极短接，相当于给 G 极加上正触发信号，此时所测 T1、T2 极间电阻应为 10Ω 左右。若断开 T2 极与 G 极间的短接导线阻值不变，则说明管子经触发后，在 T2 到 T1 方向上也能维持导通状态，且具有双向触发性能。上述试验也证明极性的假定是正确的，如果与上述结果不符，则说明假定与实际不一致，须重新做出假定，重复上述测量过程。

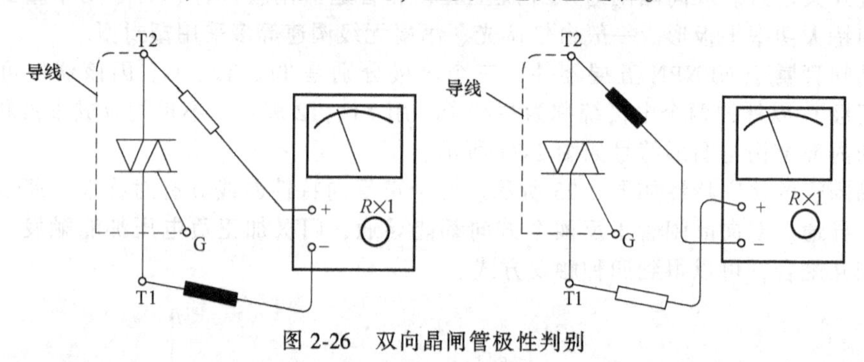

图 2-26　双向晶闸管极性判别

任务 2.3　全控型电力电子器件的识别与检测

2.3.1 【任务描述】

任务 2 中用到的普通晶闸管和双向晶闸管都属于半控型器件，即通过控制信号可以控制其导通而不能控制其关断的器件。这类器件用在直流输入的电路（如 DC/DC 变换电路、逆变电路）时，存在如何将器件关断的问题。全控型器件的门极不仅可以控制导通，而且可以控制关断，也称为自关断器件，从根本上解决了开关切换和换流的问题。本任务主要介绍 GTR、GTO 晶闸管、MOSFET、IGBT 四种全控型器件及其测试。

2.3.2 【相关知识】全控型电力电子器件

从 20 世纪 70 年代后期开始，门极关断（GTO）晶闸管、电力晶体管（GTR 或 BJT）及其模块相继实用化。此后，各种高频率的全控型器件不断出现，并得到迅速发展。这些器件的产生和发展，形成了一个新型的全控型电力电子器件的大家族。

2.3.2.1 电力晶体管（GTR）

电力晶体管也叫电力双极型晶体管（GTR），是一种耐高压、能承受大电流的双极晶体管，也称为 BJT。它与晶闸管不同，具有线性放大特性，在电力电子应用中却工作在开关状态，从而减小功耗。GTR 可通过基极控制其开通和关断，是典型的自关断器件。

1. GTR 的结构及基本原理

GTR 有普通双极型晶体管相似的结构、工作原理和特性。它们都是具有三层半导体、两个 PN 结的三端器件，有 PNP 和 NPN 这两种类型，但 GTR 多采用 NPN 型。GTR 的内部结构、电气符号和基本工作原理如图 2-27 所示。

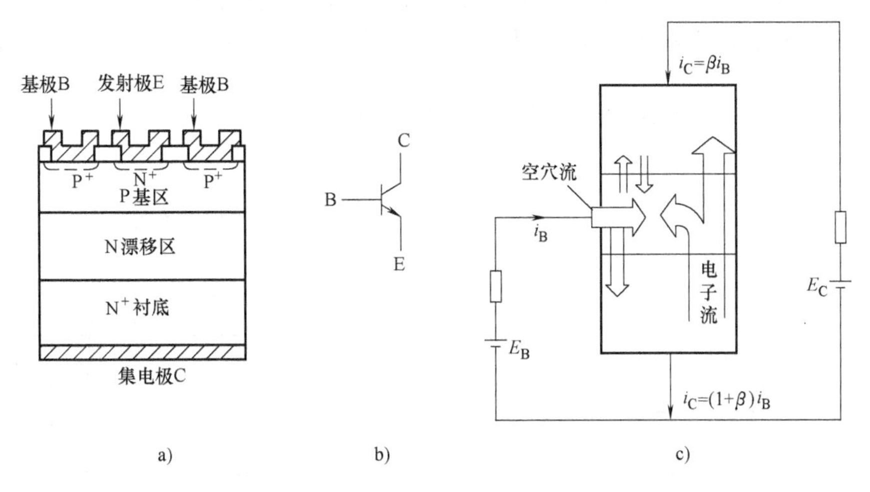

图 2-27 GTR 内部结构、电气符号和基本原理

a）结构剖面示意图 b）电气符号 c）正向导通电路图

在实际应用中，GTR 一般采用共发射极接法，如图 2-27c 所示。集电极电流 i_C 与基极电流 i_B 的比值

$$\beta=i_C/i_B \tag{2-4}$$

式中，β 称为 GTR 的电流放大系数，它反映出基极电流对集电极电流的控制能力。产品说明书中通常会给出直流电流增益 h_{FE}，即在直流工作情况下集电极电流与基极电流之比。一般可认为 $\beta \approx h_{FE}$。单管 GTR 的 β 值比小功率的晶体管小得多，通常为 10 左右，采用达林顿接法可有效增大电流增益。

在考虑集电极和发射极之间的漏电流时

$$i_C=\beta i_B+I_{CEO} \tag{2-5}$$

2. GTR 的分类

目前常用的 GTR 有单管、达林顿管和模块这三种类型。

（1）单管 GTR

NPN 三重扩散台面型结构是单管 GTR 的典型结构，这种结构可靠性高，能改善器件的二次击穿特性，易于提高耐压能力和散出内部热量。

（2）达林顿 GTR

达林顿结构的 GTR 由两个或多个晶体管复合而成，可以是 PNP 型也可以是 NPN 型，其性质取决于驱动管，它与普通复合晶体管相似。达林顿结构的 GTR 电流放大倍数很大，可以达到几十至几千倍。虽然达林顿结构大大提高了电流放大倍数，但其饱和管压降却增加了，增大了导通损耗，同时降低了管子的工作速度。

（3）GTR 模块

目前作为大功率的开关应用还是选择 GTR 模块，它是将 GTR 管芯与为了改善性能的元件组装成一个单元，然后根据不同的用途将几个单元电路构成模块，集成在同一硅片上。这样大大提高了器件的集成度、工作的可靠性和性能/价格比，同时也实现了小型轻量化。目前生产的 GTR 模块，可将多达六个相互绝缘的单元电路放在同一个模块内，便于组成三相桥电路。

3. GTR 的基本特性

（1）静态特性

共发射极接法时的典型输出特性如图 2-28 所示，包括截止区、放大区和饱和区。

在电力电子电路中 GTR 工作在开关状态，即工作在截止区或饱和区。

在开关过程中，即在截止区和饱和区之间过渡时，要经过放大区。

（2）动态特性

GTR 开通和关断过程中的电流波形如图 2-29 所示。

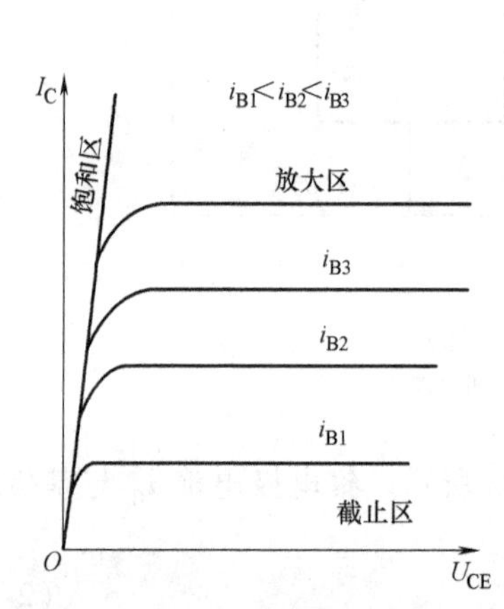

图 2-28　共发射极接法时 GTR 的输出特性

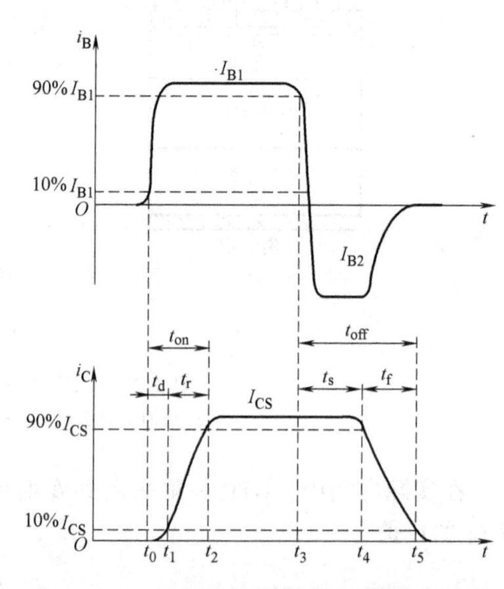

图 2-29　GTR 开通和关断过程中的电流波形

1）开通过程中有动态参数延迟时间 t_d 和上升时间 t_r，二者之和为开通时间 t_{on}。

t_d 主要是由发射结势垒电容和集电结势垒电容充电产生的。增大 i_B 的幅值并增大 di_B/dt，可缩短延迟时间，同时可缩短上升时间，从而加快开通过程。

2）关断过程中有动态参数储存时间 t_s 和下降时间 t_f，二者之和为关断时间 t_{off}。

t_s 用来除去饱和导通时储存在基区的载流子，是关断时间的主要部分。

减小导通时的饱和深度以减少储存的载流子，或者增大基极抽取负电流 I_{B2} 的幅值和负偏压，可缩短储存时间，从而提高关断速度。其负面作用是会使集电极和发射极间的饱和导通压降 U_{CES} 增加，从而增大通态损耗。

4. GTR 的主要参数

（1）电压参数

1）最高电压额定值。

最高电压额定值是指集电极的击穿电压值，它不仅因器件不同而不同，而且会因外电路接法不同而不同。击穿电压有：

- BU_{CBO} 为发射极开路时，集电极-基极的击穿电压。
- BU_{CEO} 为基极开路时，集电极-发射极的击穿电压。
- BU_{CES} 为基极-发射极短路时，集电极-发射极的击穿电压。
- BU_{CER} 为基极-发射极间并联电阻时，集电极-发射极的击穿电压。并联电阻越小，其值越高。
- BU_{CEX} 为对基极-发射极施加反偏压时，集电极-发射极的击穿电压。

各种不同接法时的击穿电压的关系如下：

$$BU_{CBO}>BU_{CEX}>BU_{CES}>BU_{CER}>BU_{CEO}$$

为了保证器件工作安全，GTR 的最高工作电压 U_{CEM} 应比最小击穿电压 BU_{CEO} 低。

2）饱和压降 U_{CES}。

处于深饱和区的集电极电压称为饱和压降，在大功率应用中它是一项重要指标，因为它关系到器件导通的功率损耗。单个 GTR 的饱和压降一般不超过 1～1.5V，它随集电极电流 I_{CM} 的增加而增大。

（2）电流参数

1）集电极连续直流电流额定值 I_C。

它是指只要保证结温不超过允许的最高结温，晶体管允许连续通过的直流电流值。

2）集电极最大电流额定值 I_{CM}。

它是指在最高允许结温下，不造成器件损坏的最大电流。超过该额定值必将导致晶体管内部结构的烧毁。在实际使用中，可以利用热容量效应，根据占空比来增大连续电流，但不能超过峰值额定电流。

3）基极电流最大允许值 I_{BM}。

该值比集电极最大电流额定值要小得多，通常 $I_{BM}=(1/10\sim1/2)I_{CM}$，而基极-发射极间的最大电压额定值通常只有几伏。

（3）其他参数

1）最高结温 T_{JM}。

最高结温是指正常工作时不损坏器件所允许的最高温度。它由器件所用的半导体材料、制造工艺、封装方式及可靠性要求来决定。塑封器件的最高结温一般为 120℃～150℃，金属封装为 150℃～170℃。为了充分利用器件功率而又不超过允许结温，GTR 使用时必须选配合适的散热器。

2）最大额定功耗 P_{CM}。

最大额定功耗是指 GTR 在最高结温时，所对应的耗散功率。它受结温限制，其大小主要由集电结工作电压和集电极电流的乘积决定。一般是在环境温度为 25℃时测定，如果环境温度高于 25℃，P_{CM} 值应当减小。由于这部分功耗全部变成热量使器件结温升高，因此散热条件对 GTR 的安全可靠性十分重要，如果散热条件不好，器件就会因温度过高而烧毁；相反，如果散热条件越好，在给定的范围内允许的功耗也越高。

（4）二次击穿与安全工作区

1）二次击穿现象。

二次击穿是 GTR 突然损坏的主要原因之一，成为影响其是否安全可靠的一个重要因素。前述的集射极击穿电压 BU_{CEO} 是一次击穿电压，一次击穿时集电极电流急剧增加，如果有外加电阻限制电流的增长，则一般不会引起 GTR 特性变坏。但不加以限制，就会导致破坏性的二次击穿。二次击穿是指器件发生一次击穿后，集电极电流急剧增加，同时集电极电压陡然下降，即出现了负阻效应。一旦发生二次击穿，就会使器件受到永久性损坏。

2）安全工作区（SOA）。

GTR 在运行中受电压、电流、功率损耗和二次击穿等额定值的限制。为了使 GTR 安全可靠地运行，必须使其工作在安全工作区范围内。安全工作区是由 GTR 的二次击穿功率 P_{SB}、集射极最高电压 U_{CEM}、集电极最大电流 I_{CM} 和集电极最大耗散功率 P_{CM} 等参数限制的区域，如图 2-30 所示的阴影部分。

安全工作区是在一定的温度下得出的，例如环境温度 25℃或管的壳温 75℃等。使用时，如果超出指定的温度值，则允许功耗和二次击穿耐量都必须降额使用。

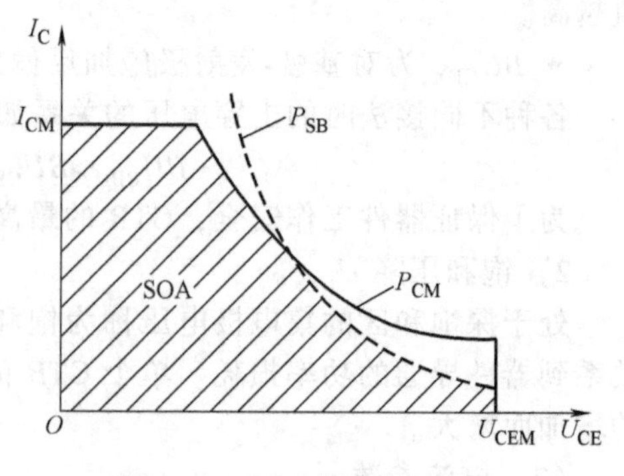

图 2-30 GTR 的安全工作区

5. GTR 的驱动电路

GTR 基极驱动方式直接影响其工作状态，可使某些特性参数得到改善或变坏，例如，过驱动能加速开通、减少开通损耗，但对关断不利，增加了关断损耗。驱动电路有无快速保护功能，则是 GTR 在过电压、过电流后是否损坏的重要条件。GTR 的热容量小，过载能力差，采用快速熔断器和过电流继电器是根本无法保护 GTR 的。因此，不再用切断主电路的方法，而是采用快速切断基极控制信号的方法进行保护。这就将 GTR 的保护转化成了如何及时、准确地测到故障状态和如何快速、可靠地封锁基极驱动信号两方面的问题。

（1）设计基极驱动电路考虑的因素

设计基极驱动电路必须考虑三个方面：优化驱动特性、驱动方式和自动快速保护功能。

1）优化驱动特性。

优化驱动特性就是以理想的基极驱动电流波形去控制器件的开关过程，保证较高的开关速度，减少开关损耗。优化的基极驱动电流波形与 GTO 门极驱动电流波形相似。

2）优化驱动方式。

驱动方式按不同情况有不同的分类方法。在此处，驱动方式是指驱动电路与主电路之间的连接方式，它有直接和隔离两种驱动方式：直接驱动方式分为简单驱动、推挽驱动和抗饱驱动等形式；隔离驱动方式分为光电隔离和电磁隔离形式。

3）优化自动快速保护功能。

在故障情况下，为了实现快速自动切断基极驱动信号使 GTR 免遭到损坏，必须采用快速保护措施。保护的类型一般有抗饱和、退抗饱和、过电流、过电压、过热和脉冲限制等。

（2）基极驱动电路

GTR 的基极驱动电路有恒流驱动电路、抗饱和驱动电路、固定反偏互补驱动电路、比例驱动电路、集成驱动电路等多种形式。恒流驱动电路是指 GTR 的基极电流保持恒定，不随集电极电流变化而变化。抗饱和驱动电路也称为贝克箝位电路，其作用是让 GTR 开通时处于准饱和状态，使其不进入放大区和深饱和区，关断时施加一定的负基极电流以减小关断时间和关断损耗。固定反偏互补驱动电路是由具有正、负双电源供电的互补输出电路构成的，当电路输出为正时，GTR 导通；当电路输出为负时，发射结反偏，基区中的过剩载流子被迅速抽出，GTR 迅速关断。比例驱动电路是使 GTR 的基极电流正比于集电极电流的变化，保证在不同负载情况下，器件的饱和深度基本相同。集成化驱动电路克服了上述电路元器件多、电路复杂、稳定性差、使用不方便等缺点，具有代表性的器件是 Thomson 公司的 UAA4003 和三菱公司的 M57215BL。

GTR 的驱动电路种类很多，下面介绍一种分立元件 GTR 的驱动电路，如图 2-31 所示。电路由电气隔离和晶体管放大电路两部分构成。电路中的二极管 VD_2 和电位补偿二极管 VD_3 组成贝克箝位抗饱和电路，可使 GTR 导通时处于临界饱和状态。当负载小时，如果 V_5 的发射极电流全部注入 V_7，会使 V_7 过饱和，关断时退饱和时间延长。有了贝克箝位电路后，当 V_7 过饱和使得集电极电位低于基极电位时，VD_2 就会自动导通，使得多余的驱动电流流入集电极，维持 $U_{BC}\approx 0$。这样，就使得 V_7 导通时始终处于临界饱和。图中的 C_2 为加速开通过程的电容，开通时，R_5 被 C_2 短路，这样就可以实现驱动电流的过冲，同时增加前沿的陡度，加快开通。另外，在 V_5 导通时 C_2 充电，充电的极性为左正右负，为 GTR 的关断做准备。当 V_5 截止、V_6 导通时，C_2 上的充电电压为 V_7 的发射结施加反电压，从而使 GTR 迅速关断。

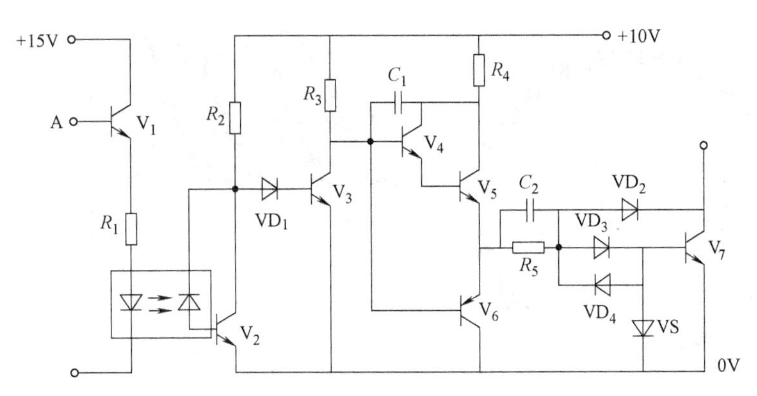

图 2-31 分立元件 GTR 的驱动电路

GTR 集成驱动电路种类很多，下面简单介绍几种情况。

HL202 是国产双列直插、20 引脚 GTR 集成驱动电路，内有微分变压器实现信号隔离，贝克箝位退饱和、负电源欠电压保护。工作电源电压为+8～+10V 和-5.5V～-7V，最大输出电流大于 2.5A，可以驱动 100A 以下 GTR。

UAA4003 是双列直插、16 引脚 GTR 集成驱动电路，可以对被驱动的 GTR 实现最优驱动和完善保护，保证 GTR 运行于临界饱和的理想状态，自身具有 PWM 脉冲形成单元，特别适用于直流斩波器系统。

M57215BL 是双列直插、8 引脚 GTR 集成驱动电路，单电源在自生的负偏压下工作，可以驱动 50A、1000V 以下的 GTR 模块；外加功率放大后可以驱动 75～400A 以上 GTR 模块。

2.3.2.2 门极关断（GTO）晶闸管

门极关断（Gate Turn Off，GTO）晶闸管（以下简称 GTO）如图 2-32 所示，是普通晶闸管的一种派生器件，具有普通晶闸管的全部优点，如耐压高、电流大等。同时它又是全控型器件，具有门极正信号触发导通、门极负信号触发关断的特性。GTO 在兆瓦级以上的大功率场合也有较多应用，如广泛应用于电力机车的逆变器、大功率直流斩波器调速装置中，如图 2-33 所示。

图 2-32 可关断晶闸管

图 2-33 GTO 在牵引电力机车和斩波器中的应用

1. GTO 的结构和工作原理

（1）GTO 的结构

GTO 的内部结构和电气图形符号如图 2-34 所示。GTO 与普通晶闸管类似，都是 PNPN 四层半导体器件，引出的三个极分别是阳极、阴极和门极。但其内部包含有数百个共阴极的小 GTO（GTO 元），每个 GTO 元也是 PNPN 四层结构，如图 2-34 所示。在器件内部，所有 GTO 元的阴极、门极分别并联在一起，可以看出 GTO 是一种多元功率集成器件。GTO 的开通、关断过程与每一个 GTO 元有关。

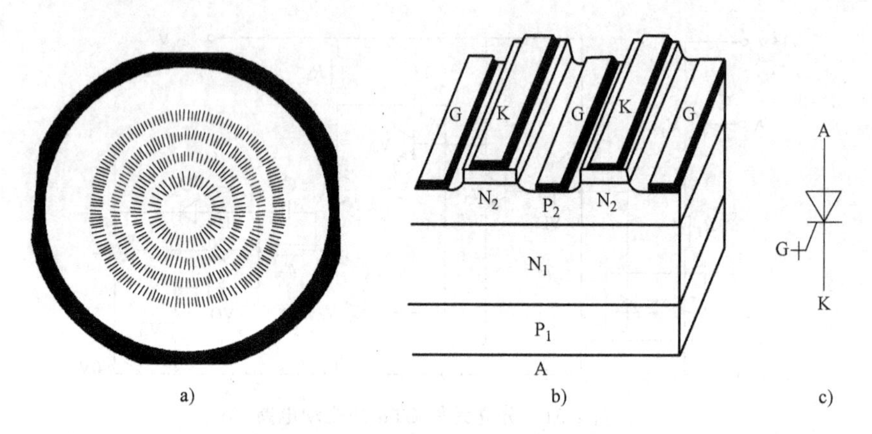

图 2-34　GTO 的内部结构和电气图形符号

a）各单元的阴极、门极间隔排列的图形　b）并联单元结构断面示意图　c）电气图形符号

如图 2-34a 所示，GTO 的阴极是由数百个细长的小条组成，每个小阴极均被门极所包围。图 2-34b 为 GTO 的立体结构图，表示 GTO 的阴极、阳极和门极的形成。图 2-34c 为 GTO 的电气图形符号，是在普通晶闸管的门极上加一短线。

（2）GTO 的工作原理

与普通晶闸管一样，可以用图 2-35 所示的双晶体管模型来分析。V_1、V_2 的共基极电流增益分量是 α_1、α_2，$\alpha_1+\alpha_2=1$ 是器件临界导通的条件。当 $\alpha_1+\alpha_2>1$ 时，两个等效晶体管过饱和而使器件导通；当 $\alpha_1+\alpha_2<1$ 时，器件因不能维持饱和导通而关断。

GTO 能够通过门极关断的原因是其与普通晶闸管有如下区别。

1）设计的 α_2 较大，使晶体管 V_2 控制灵敏，易于 GTO 关断。

2）导通时 $\alpha_1+\alpha_2$ 更接近 1（约为 1.05，普通晶闸管 $\alpha_1+\alpha_2\geqslant1.15$），饱和程度不深，接近临界饱和，有利于门极控制关断，但导通时其压降增大。

3）多元集成结构使 GTO 元阴极面积很小，门、阴极间距大为缩短，使得 P2 基区横向电阻很小，能从门极抽出较大电流。

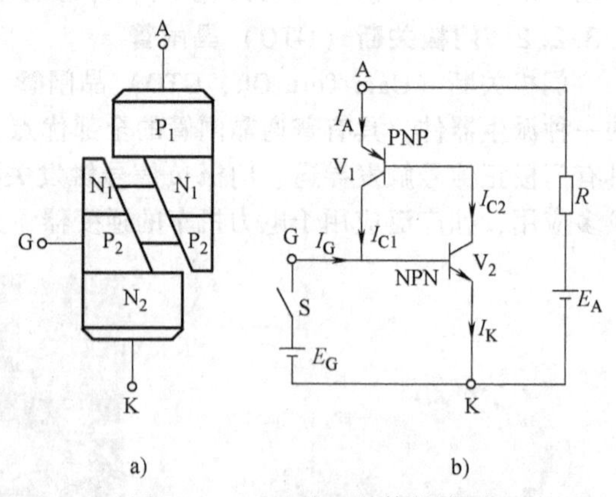

图 2-35　GTO 的双晶体管模型

导通过程：与普通晶闸管一样，只是导通时饱和程度较浅。

关断过程：强烈正反馈——对门极加负脉冲即可从门极抽出电流，则 I_{B2} 减小，使 I_K 和 I_{C2} 减小，I_{C2} 的减小又使 I_A 和 I_{C1} 减小，又进一步减小了 V_2 的基极电流。当 I_A 和 I_K 的减小

使 $\alpha_1+\alpha_2<1$ 时，器件退出饱和而关断，多元集成结构还使 GTO 比普通晶闸管开通过程更快，承受 di/dt 能力更强。

2. GTO 的主要特性

GTO 的开通和关断过程电流波形如图 2-36 所示。

开通过程与普通晶闸管类似，需要经过延迟时间 t_D 和上升时间 t_R。

关断过程与普通晶闸管有所不同。

1）需要经历抽取饱和导通时储存大量载流子的时间——储存时间 t_S，使等效晶体管退出饱和。

2）包括从饱和区到放大区，阳极电流逐渐减小的时间——下降时间 t_F。

3）包括残存载流子复合的时间——尾部时间 t_T。其中，包括通常 t_F 比 t_S 小得多，而 t_T 比 t_S 要长；门极负脉冲电流幅值越大，前沿越陡，抽走所储存载流子的速度越快，t_S 越短；门极负脉冲的后沿缓慢衰减，在 t_T 阶段仍保持适当负电压，则可缩短尾部时间。

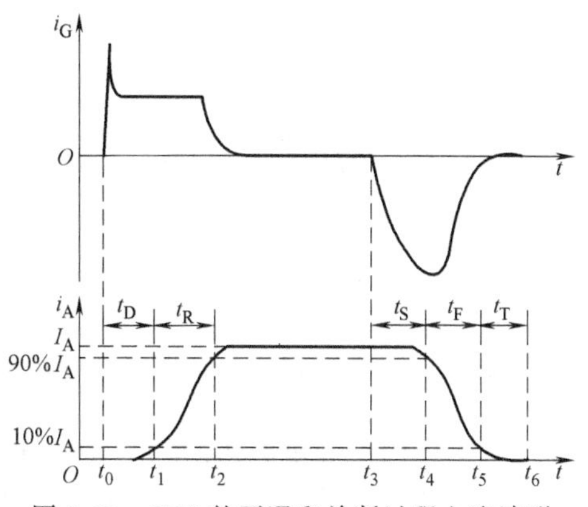

图 2-36　GTO 的开通和关断过程电流波形

3. GTO 的主要参数

GTO 的许多参数和普通晶闸管相应的参数意义相同，以下只介绍意义不同的参数。

1）开通时间 t_{ON}。延迟时间与上升时间之和。延迟时间一般约为 1～2ms，上升时间则随通态阳极电流值的增大而增大。

2）关断时间 t_{OFF}。一般指储存时间和下降时间之和，不包括尾部时间。GTO 的储存时间随阳极电流的增大而增大，下降时间一般小于 2ms。

不少 GTO 都制造成逆导型，类似于逆导晶闸管，需承受反向电压时，应与电力二极管串联；

3）最大可关断阳极电流 I_{ATO}。它是 GTO 的额定电流。

4）电流关断增益 β_{off}。最大可关断阳极电流与门极负脉冲电流最大值 I_{GM} 之比称为电流关断增益

$$\beta_{off}=\frac{I_{ATO}}{I_{GM}} \tag{2-6}$$

β_{off} 一般很小，只有 5 左右，这是 GTO 的一个主要缺点。1000A 的 GTO 关断时门极负脉冲电流峰值为 200A。

4. GTO 的驱动电路

如图 2-37 所示，GTO 的开通控制与普通晶闸管相似，但对脉冲前沿的幅值和陡度要求高，且一般需要在整个导通期间施加正门极电流。

使 GTO 关断需施加负门极电流，对其幅值和陡度的要求更高，关断后还应在门极施加约 5V 的负偏压以提高抗干扰能力。

驱动电路通常包括开通驱动电路、关断驱动电路和门极反偏电路三部分，可分为脉冲变压器耦合式和直接耦合式两种类型。

直接耦合式驱动电路可避免电路内部的相互干扰和寄生振荡，可得到较陡的脉冲前沿，因此目前应用较广，但其功耗大，效率较低。

典型的直接耦合式 GTO 驱动电路如图 2-38 所示。

二极管 VD_1 和电容 C_1 提供+5V 电压；VD_2、VD_3、C_2、C_3 构成倍压整流电路，提供

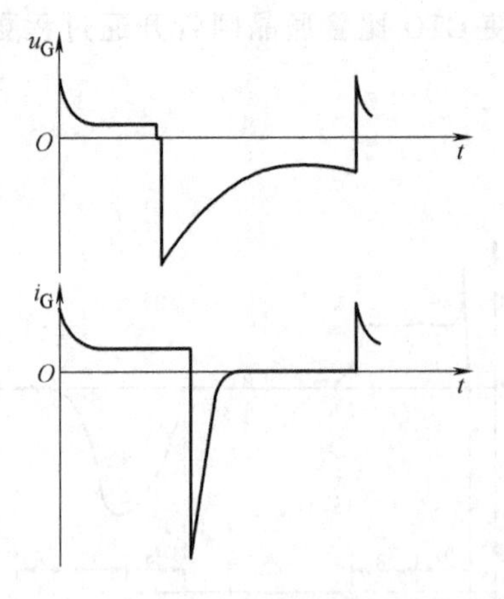

图 2-37　推荐的 GTO 门极电压和电流波形

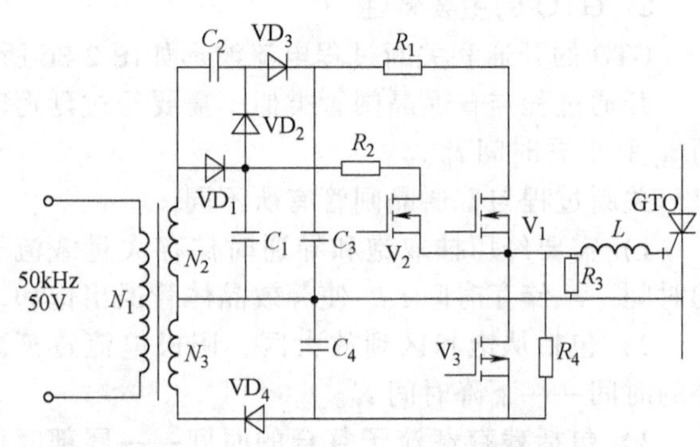

图 2-38　典型的直接耦合式 GTO 驱动电路

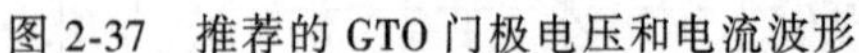

+15V 电压；VD_4 和电容 C_4 提供−15V 电压。V_1 开通时，输出正脉冲；V_2 开通时输出正脉冲平顶部分；V_2 关断而 V_3 开通时输出负脉冲；V_3 关断后 R_3 和 R_4 提供门极负偏压。

2.3.2.3　电力场效应晶体管（电力 MOSFET）

1. 电力 MOSFET 的结构和工作原理

电力 MOSFET 的种类和结构有许多种，按导电沟道可分为 P 沟道和 N 沟道，同时又有耗尽型和增强型之分。在电力电子装置中，主要应用的是 N 沟道增强型。

电力 MOSFET 的导电机理与小功率绝缘栅 MOS 管相同，但结构有很大区别。小功率绝缘栅 MOS 管是一次扩散形成的器件，导电沟道平行于芯片表面，横向导电。电力 MOSFET 大多采用垂直导电结构，提高了器件的耐电压和耐电流能力。它按垂直导电结构的不同，又可分为两种：V 形槽 VVMOSFET 和双扩散 VDMOSFET。

电力 MOSFET 采用多单元集成结构，一个器件由成千上万个小的 MOSFET 组成。N 沟道增强型双扩散电力 MOSFET 一个单元的剖面图如图 2-39a 所示，电力 MOSFET 的电气符号如图 2-39b 所示。

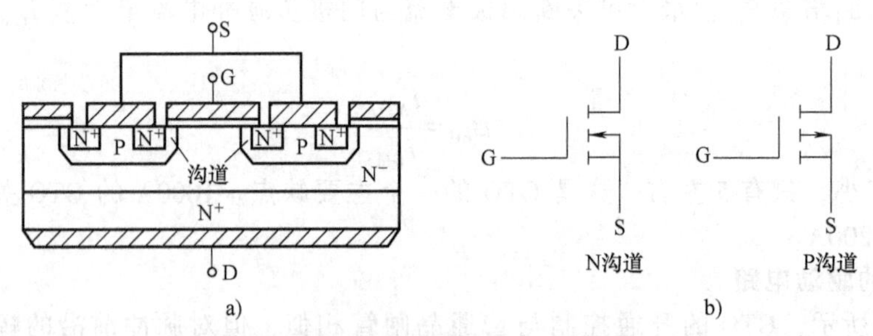

图 2-39　电力 MOSFET 的结构和电气符号

a）内部结构剖面示意图　b）电气符号

电力 MOSFET 有三个端子：漏极 D、源极 S 和栅极 G。当漏极接电源正极，源极接电源负极时，栅极和源极之间电压为 0，沟道不导电，管子处于截止。如果在栅极和源极之间加一正向电压 U_{GS}，并且使 U_{GS} 大于或等于管子的开启电压 U_T，则管子开通，在漏、源极间流过电流 I_D。U_{GS} 超过 U_T 越多，导电能力越强，漏极电流越大。

2. 电力 MOSFET 的静态特性和主要参数

电力 MOSFET 的静态特性主要指输出特性和转移特性如图 2-40 所示，与静态特性对应的主要参数有漏极击穿电压、漏极额定电压、漏极额定电流和栅极开启电压等。

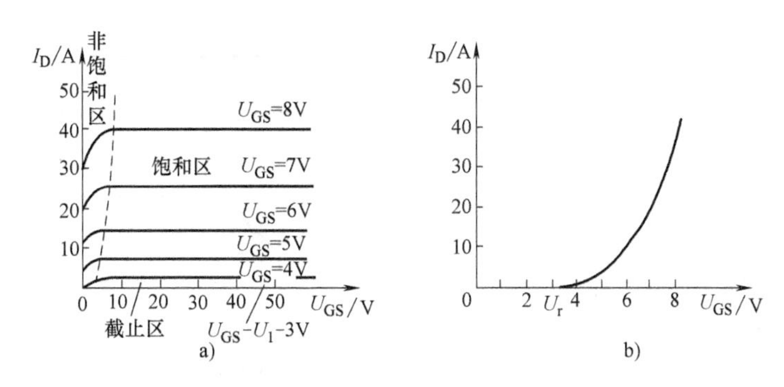

图 2-40　电力 MOSFET 静态特性曲线

a）输出特性曲线　b）转移特性曲线

（1）输出特性

输出特性即是漏极的伏安特性。特性曲线如图 2-40a 所示。由图可见，输出特性分为截止、饱和与非饱和三个区域。这里饱和、非饱和的概念与 GTR 不同。饱和是指漏极电流 I_D 不随漏源电压 U_{DS} 的增加而增加，也就是基本保持不变；非饱和是指在 U_{GS} 一定时，I_D 随着 U_{DS} 的增加呈线性变化。

（2）转移特性

转移特性表示漏极电流 I_D 与栅-源之间电压 U_{GS} 的转移特性关系曲线，如图 2-40b 所示。转移特性可表明器件的放大能力，并且与 GTR 中的电流增益 β 相似。由于电力 MOSFET 是压控器件，因此用跨导这一参数来表示。跨导定义为

$$g_m = \Delta I_D / \Delta U_{GS}$$

图 2-40b 中 U_T 为栅极开启电压，只有当 $U_{GS} = U_T$ 时才会出现导电沟道，产生漏极电流 I_D。

（3）主要参数

1）漏极击穿电压 BU_D。

BU_D 是不使器件击穿的极限参数，它大于漏极电压额定值。BU_D 随结温的升高而升高，这点正好与 GTR 和 GTO 相反。

2）漏极额定电压 U_D。

U_D 是器件的标称额定值。

3）漏极电流 I_D 和 I_{DM}。

I_D 是漏极直流电流的额定参数；I_{DM} 是漏极脉冲电流幅值。

4）栅极开启电压 U_T。

U_T 又称阈值电压，是开通电力 MOSFET 的栅-源电压，它是转移特性的特性曲线与横轴的交点。施加的栅源电压不能太大，否则将击穿器件。

5）跨导 g_m。

g_m 是表征电力 MOSFET 栅极控制能力的参数。

3. 电力 MOSFET 的动态特性和主要参数

（1）动态特性

动态特性主要描述输入量与输出量之间的时间关系，它影响器件的开关过程。由于该器件为单极型，依靠多数载流子导电，因此开关速度快、时间短，一般在纳秒级。电力 MOSFET 的动态特性如图 2-41 所示。

电力 MOSFET 的动态特性用图 2-41a 所示电路测试。图中，u_p 为矩形脉冲电压信号源；R_S 为信号源内阻；R_G 为栅极电阻；R_L 为漏极负载电阻；R_F 用以检测漏极电流。

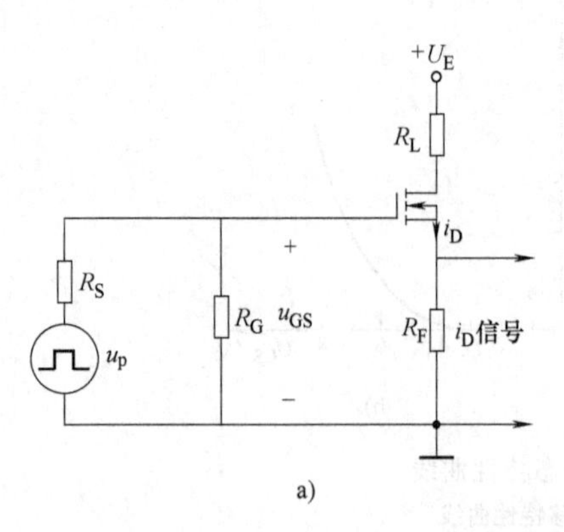

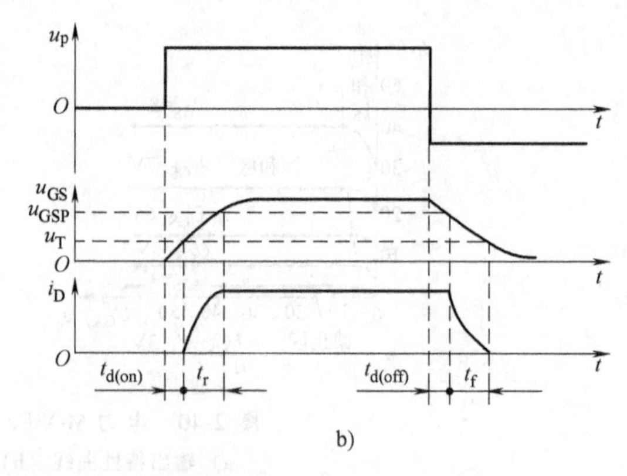

图 2-41　电力 MOSFET 的动态特性

a）测试电路　b）开关过程波形

电力 MOSFET 的开关过程波形如图 2-41b 所示。

电力 MOSFET 的开通过程：由于电力 MOSFET 有输入电容，因此当脉冲电压 u_p 的上升沿到来时，输入电容有一个充电过程，栅极电压 u_{GS} 按指数曲线上升。当 u_{GS} 上升到开启电压 u_T 时，开始形成导电沟道并出现漏极电流 i_D。从 u_p 前沿时刻到 $u_{GS}=u_T$，且开始出现 i_D 的时刻，这段时间称为开通延时时间 $t_{d(on)}$。此后，i_D 随 u_{GS} 的上升而上升，u_{GS} 从开启电压 u_T 上升到电力 MOSFET 临近饱和区的栅极电压 u_{GSP} 这段时间，称为上升时间 t_r。这样电力 MOS-FET 的开通时间

$$t_{on}=t_{d(on)}+t_r \tag{2-7}$$

电力 MOSFET 的关断过程：当 u_P 信号电压下降到 0 时，栅极输入电容上储存的电荷通过电阻 R_S 和 R_G 放电，使栅极电压按指数曲线下降，当下降到 u_{GSP} 继续下降，i_D 才开始减小，这段时间称为关断延时时间 $t_{d(off)}$。此后，输入电容继续放电，u_{GS} 继续下降，i_D 也继续下降，到 u_{GSP} 时导电沟道消失，$i_D=0$，这段时间称为下降时间 t_f。这样电力 MOSFET 的关断时间

$$t_{off}=t_{d(off)}+t_f \tag{2-8}$$

从上述分析可知，要提高器件的开关速度，则必须减小开关时间。在输入电容一定的情况下，可以通过降低驱动电路的内阻 R_S 来加快开关速度。

电力 MOSFET 是压控器件，在静态时几乎不输入电流。但在开关过程中，需要对输入电容进行充放电，故仍需一定的驱动功率。工作速度越快，需要的驱动功率越大。

（2）动态参数

1）极间电容。

电力 MOSFET 的三个极之间分别存在极间电容 C_{GS}、C_{GD} 和 C_{DS}。通常生产厂家提供的是漏-源极断路时的输入电容 C_{ISS}、共源极输出电容 C_{OSS}、反向转移电容 C_{RSS}。它们之间的关系为

$$C_{ISS}=C_{GS}+C_{GD} \tag{2-9}$$

$$C_{OSS}=C_{GD}+C_{DS} \tag{2-10}$$

$$C_{RSS}=C_{GD} \tag{2-11}$$

前面提到的输入电容可近似地用 C_{ISS} 来代替。

2）漏-源电压上升率。

器件的动态特性还受漏-源电压上升率的限制，过高的 du/dt 可能导致电路性能变差，甚至引起器件损坏。

4. 电力 MOSFET 的安全工作区

（1）正向偏置安全工作区

正向偏置安全工作区如图 2-42 所示。它是由最大漏-源电压极限线Ⅰ、最大漏极电流极限线Ⅱ、漏-源通态电阻线Ⅲ和最大功耗限制线Ⅳ四条边界极限所包围的区域。图中给出了四种情况：直流 DC 和脉宽 10ms、1ms、10μs。它与 GTR 安全工作区相比有两个明显的区别：①因无二次击穿问题，所以不存在二次击穿功率 P_{SB} 限制线；②因为电力 MOSFET 的通态电阻较大，导通功耗也较大，所以不仅受最大漏极电流的限制，而且还受通态电阻的限制。

（2）开关安全工作区

开关安全工作区为器件工作的极限范围，如图 2-43 所示。它是由最大峰值电流 I_{DM}、最小漏极击穿电压 U_{DS} 和最大结温 T_{JM} 决定的，超出该区域时器件将损坏。

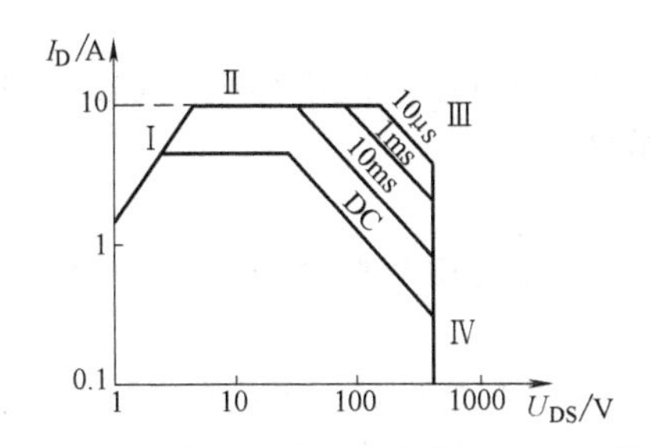

图 2-42　电力 MOSFET 正向偏置安全工作区

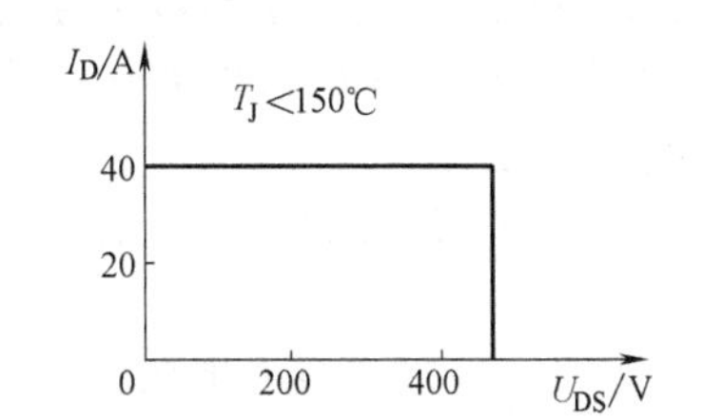

图 2-43　电力 MOSFET 的开关安全工作区

（3）转换安全工作区

因电力 MOSFET 工作频率高，经常处于转换过程中，而器件中又存在寄生二极管，它会影响管子的转换问题。为限制寄生二极管的反向恢复电荷的数值，有时还需定义转换安全工作区。

器件在实际应用中，安全工作区应留有一定的裕量。

5. 电力 MOSFET 的驱动和保护

（1）电力 MOSFET 的驱动电路

电力 MOSFET 是单极型压控器件，开关速度快，但存在极间电容，器件功率越大，极间电容也越大。为提高其开关速度，要求驱动电路必须有足够高的输出电压、较高的电压上升率、较小的输出电阻。另外，还需要一定的栅极驱动电流。

为了满足对电力 MOSFET 驱动信号的要求，一般采用双电源供电，其输出与器件之间可采用直接耦合或隔离器耦合。

一种电力 MOSFET 的分立元件驱动电路如图 2-44 所示。电路由输入光电隔离和信号放大两部分组成。当输入信号 u_i 为 0 时，光电耦合器截止，运算放大器 A 输出低电平，晶体管 V_3 导通，驱动电路约输出-20V 驱动电压，使电力 MOSFET 关断。当输入信号 u_i 为正时，光电耦合器导通，运算放大器 A 输出高电平，晶体管 V_2 导通，驱动电路约输出+20V 电压，使电力 MOSFET 开通。

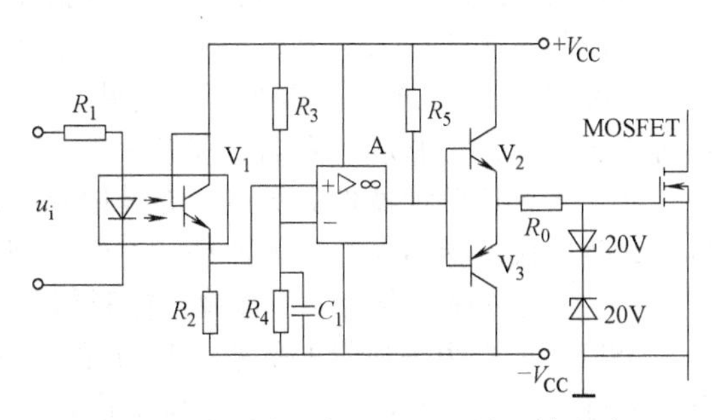

图 2-44　一种电力 MOSFET 的驱动电路

MOSFET 的集成驱动电路种类很多，下面简单介绍其中几种。

IR2130 是美国生产的 28 引脚集成驱动电路，可以驱动电压不高于 600V 电路中的 MOSFET，内含过电流、过电压和欠电压等保护，输出可以直接驱动 6 个 MOSFET 或 IGBT。它由单电源供电，最大 20V，广泛应用于三相 MOSFET 和 IGBT 的逆变器控制中。

IR2237/2137 是美国生产的集成驱动电路，可以驱动 600V 及 1200V 线路的 MOSFET。其保护性能和抑制电磁干扰能力更强，并具有软启动功能，采用三相栅极驱动器集成电路，能在线间短路及接地故障时，利用软停机功能抑制短路造成的超过高峰值电压的情况。利用非饱和检测技术，可以感应出高端 MOSFET 和 IGBT 的短路状态。此外，其内部的软停机功能实现三相同步处理，即使发生短路引起的快速电流断开现象，也不会出现过高的瞬变浪涌过电压，同时配有多种集成电路保护功能。当发生故障时，可以输出故障信号。

TLP250 是日本生产的双列直插 8 引脚集成驱动电路，内含一个光发射二极管和一个集成光探测器，具有输入、输出隔离，开关时间短，输入电流小、输出电流大等特点，适合驱动 MOSFET 或 IGBT。

（2）电力 MOSFET 的保护措施

电力 MOSFET 的绝缘层易被击穿是它的致命弱点，栅-源电压一般不得超过±20V，因此，在应用时必须采用相应的保护措施。通常有以下几种措施。

1）防静电击穿。

电力 MOSFET 最大的优点是有极高的输入阻抗，因此在静电较强的场合易被静电击穿。为此，应注意：

① 储存时，应放在具有屏蔽性能的容器中，取用时工作人员要通过腕带确保接地良好。

② 在器件接入电路时，工作台和烙铁必须接地良好，且烙铁断电焊接。

③ 测试器件时，仪器和工作台都必须良好接地。

2）防偶然性振荡损坏。

当输入电路的某些参数不合适时，可能引起振荡而造成器件损坏。为此可在栅极输入电路中串入电阻。

3）防栅极过电压。

可在栅-源极之间并联电阻或约 20V 的稳压二极管。

4）防漏极过电流。

由于过载或短路都会引起过大的电流冲击，超过 I_{DM} 极限值，此时必须采用快速保护电路器件迅速断开主回路。

2.3.2.4 绝缘栅双极型晶体管（IGBT）

1. IGBT 的结构和工作原理

电力 MOSFET 是单极型（N 沟道 MOSFET 中仅电子导电、P 沟道 MOSFET 中仅空穴导电）、电压控制型开关器件，因此其通断驱动控制功率很小，开关速度快；但它的通态压降大，难以制成高压、大电流开关器件。电力晶体管是双极型（其中，电子、空穴两种多数载流子都参与导电）、电流控制型开关器件，因此其通断控制驱动功率大，开关速度不够快；但其通态压降低，可制成较高电压和较大电流的开关器件。

为了兼有这两种器件的优点，弃其缺点，20 世纪 80 年代中期出现了将它们的通断机制相结合的新一代半导体电力开关器件——绝缘栅双极型晶体管（Insulated Gate Bipolar Transistor, IGBT）。它是一种复合器件，其输入控制部分为 MOSFET，输出级为双极结型晶体管，因此兼有 MOSFET 和电力晶体管的优点，即高输入阻抗，电压控制，驱动功率小，开关速度快，工作频率可达到 10~40kHz（比电力晶体管高），饱和压降低（比 MOSFET 小得多，与电力晶体管相当），电压、电流容量较大，安全工作区域宽。目前 2500~3000V、800~1800A 的 IGBT 器件已有可选产品，可供几千 kVA 以下的高频电力电子装置选用。

图 2-45 为 IGBT 的图形符号、内部结构等效电路及静态特性，图形符号 1 和 2 分别为最新标准和传统画法。IGBT 也有三个电极：栅极 G、发射极 E 和集电极 C。输入部分是一个 MOSFET，图 2-45c 中，R_{dr} 表示 MOSFET 的等效调制电阻（即漏极、源极之间的等效电阻 R_{DS}）。输出部分为一个 PNP 晶体管 T_1，此外还有一个内部寄生的晶体管 T_2（NPN 管），在 NPN 晶体

管 T_2 的基极与发射极之间有一个体区电阻 R_{br}。

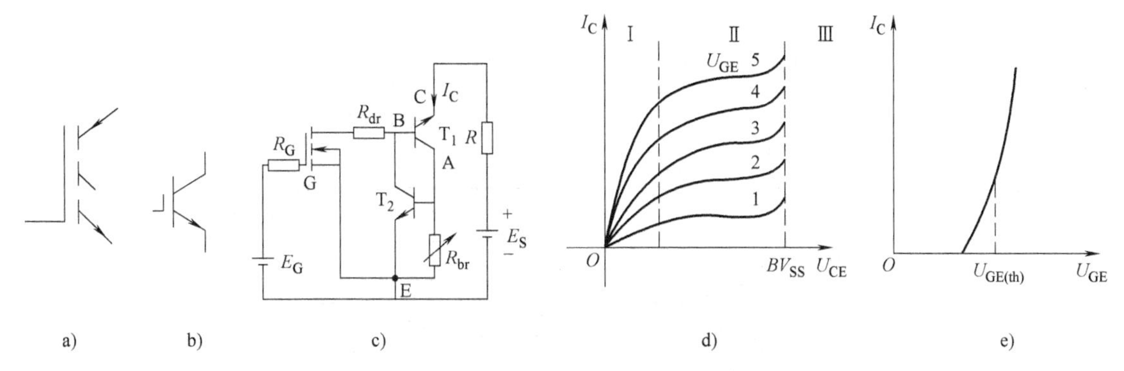

图 2-45　IGBT 的图形符号、等效电路及静态特性

a）图形符号 1　b）图形符号 2　c）等效电路　d）输出特性　e）转移特性

当栅极 G 与发射极 E 之间的外加电压 $U_{GE}=0$ 时，MOSFET 内无导电沟道，其等效调制电阻 R_{dr} 可视为无穷大，$I_C=0$，MOSFET 处于断态。在栅极 G 与发射极 E 之间的外加控制电压 U_{GE} 可以改变 MOSFET 导电沟道的宽度，从而改变等效调制电阻 R_{dr}，这就改变了输出晶体管 T_1（PNP 管）的基极电流，控制了 IGBT 的集电极电流 I_C。当 U_{GE} 足够大时（例如 15V），T_1 饱和导电，IGBT 进入通态。一旦撤除 U_{GE}，即 $U_{GE}=0$，则 MOSFET 从通态转入断态，T_1 截止，IGBT 器件从通态转入断态。

2. IGBT 的基本特性

（1）静态特性

1）输出特性。是 U_{GE} 一定时集电极电流 I_C 与集电极-发射极电压 U_{CE} 的函数关系，即 $I_C=f(U_{CE})$。

图 2-45d 所示为 IGBT 的输出特性。$U_{GE}=0$ 的曲线对应 IGBT 断态。在线性导电区 I，U_{CE} 增大，I_C 增大。在恒流饱和区 II，对于一定的 U_{GE}，U_{CE} 增大，I_C 不再随之增大。

在 U_{CE} 为负值的反压下，其特性曲线类似于晶体管的反向阻断特性。

为了使 IGBT 安全运行，它承受的外加电压、反向电压应小于图 2-45d 中的正反向转折击穿电压 BV_{SS}、U_{GE}。

2）转移特性。即图 2-45e 所示的集电极电流 I_C 与栅极电压 U_{GE} 的函数关系，即 $I_C=f(U_{GE})$。

当 U_{GE} 小于开启阈值电压 $U_{GE(th)}$ 时，等效 MOSFET 中不能形成导电沟道，因此 IGBT 处于断态。当 $U_{GE}>U_{GE(th)}$ 后，随着 U_{GE} 的增大，I_C 显著上升。实际运行中，外加电压 U_{GE} 的最大值 U_{GEM} 一般不超过 15V，以限制 I_C 不超过 IGBT 的允许值 I_{CM}。IGBT 在额定电流时的通态压降一般为 1.5~3V。其通态压降常在其电流较大（接近额定值）时具有正的温度系数（I_C 增大时，压降大），因此在几个 IGBT 并联使用时 IGBT 具有电流自动调节均流的能力，这就使多个 IGBT 易于并联使用。

（2）动态特性

图 2-46 所示为 IGBT 的开通和关断过程。开通过程的特性类似于 MOSFET，因为在开通过程中，IGBT 大部分时间作为 MOSFET 运行。开通时间由四个部分组成。开通延迟时间 t_d 是从外施栅极的脉冲由负到正跳变的开始，到栅-射电压充电到 $U_{GE(th)}$ 的时间。这之后集电极电流从 0 开始上升，到 90%稳态值的时间为电流上升时间 t_r。在这两个时间内，集-射极间电压 U_{CE} 基本不变。此后，U_{CE} 开始下降。下降时间 t_{fu1} 是 MOSFET 工作时的漏-源电压下降时间，t_{fu2} 是 MOSFET 和 PNP 晶体管同时工作时的漏-源电压下降时间。因此，IGBT 的开通时间为

$t_{on}=t_d+t_r+t_{fu1}+t_{fu2}$。

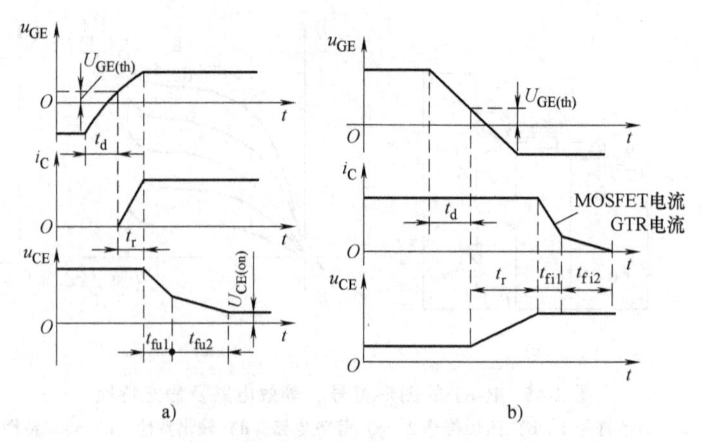

图 2-46　IGBT 的开通和关断过程

a）IGBT 的开通过程　b）IGBT 的关断过程

开通过程中，在 t_d、t_r 时间段内，栅-射极间电容在外施正电压作用下充电，且按指数规律上升，在 t_{fu1}、t_{fu2} 时间段内 MOSFET 开通，流过 GTR 的驱动电流，栅-射极电压基本维持不变，IGBT 完全导通后驱动过程结束，之后栅-射极电压再次按指数规律上升到外施的栅极电压值。

IGBT 关断时，在外施栅极反向电压作用下，MOSFET 输入电容放电，内部 PNP 晶体管仍然导通。在最初阶段里，关断的延迟时间 t_d 和电压 U_{CE} 的上升时间 t_r 由 IGBT 中的 MOSFET 决定。关断时 IGBT 和 MOSFET 的主要差别是前者的电流波形分为 t_{fi1} 和 t_{fi2} 两部分。其中，t_{fi1} 由 MOSFET 决定，对应于 MOSFET 的关断过程；t_{fi2} 由 PNP 晶体管中的存储电荷所决定。因为在 t_{fi1} 末尾 MOSFET 已关断，IGBT 又无反向电压，体内的存储电荷难以被迅速消除，所以漏极电流有较长的下降时间。而此时漏源电压已建立，过长的下降时间会产生较大的功耗，使结温增高，所以下降时间越短越好。

（3）擎住效应

由图 2-45c 所示的电路可以看到，IGBT 内部的寄生晶体管 T_2 与输出晶体管 T_1 等效于一个晶闸管。内部体区电阻 R_{dr} 上的压降为一个正向偏压加在寄生晶体管 T_2 的基极和发射极之间。当 IGBT 处于截止状态和处于正常稳定通态时（I_C 不超过允许值时），R_{dr} 上的压降都很小，不足以产生 T_2 的基极电流，T_2 不起作用。但如果 I_C 瞬时过大，R_{dr} 上压降过大，则可能使 T_2 导通，而一旦 T_2 导通，即使撤除门极电压 U_{GE}，IGBT 仍然会像晶闸管一样处于通态，使门极 G 失去控制作用，这种现象称为擎住效应。在 IGBT 的设计制造中已尽可能地降低体区电阻 R_{dr}，使 IGBT 的集电极电流在最大允许值 I_{CM} 时，R_{dr} 上的压降仍小于 T_2 的起始导电所必需的正偏压。但在实际工作中 I_C 一旦过大，就可能出现擎住效应。如果外电路不能限制 I_C 的增长，则可能损坏器件。

除过大的 I_C 可能产生擎住效应外，当 IGBT 处于截止状态时，如果集电极电源电压过高，使 T_1 漏电流过大，也可能在 R_{dr} 上产生过高的压降，使 T_2 导通而出现擎住效应。

可能出现擎住效应的第三个情况是：在关断过程中，MOSFET 的关断十分迅速，MOSFET 关断后图 2-45c 中的晶体管 T_2 的 J_2 结反偏电压 U_{BA} 增大；MOSFET 关断得越快，集电极电流 I_C 减小得越快，则 $U_{CA}=E_S-RI_C$。

3. IGBT 的性能特点与参数

（1）IGBT 的性能特点

1）IGBT 的开关速度快，开关损耗少。比如，工作电压在 1000V 以上时，开关损耗只有 GTR 的 1/10，与电力 MOSFET 相当。

2）在相同电压和电流定额时，安全工作区较大。

3）具有耐脉冲电流冲击能力。

4）通态压降低，特别是在电流较大的区域。

5）输入阻抗高，输入特性与 MOSFET 类似。

6）耐压高，通流能力强。

7）开关频率高。

8）可实现大功率控制。

（2）IGBT 的主要技术参数

1）最大集-射极间电压 U_{CES}。是指 IGBT 集电极-发射极之间的最大允许电压。此电压通常由内部 PNP 寄生晶体管的击穿电压来确定。

2）最大集电极电流 I_C。是指 IGBT 最大允许的集电极电流的平均值。包括额定直流电流 I_C 和 1ms 脉宽的脉冲电流。

3）最大集电极功率 P_{CM}。是指 IGBT 在正常工作温度下所允许的最大功耗。

4）最大工作频率 f_M。指适合 IGBT 正常工作的最高开关频率。

4. IGBT 对驱动电路的要求

IGBT 是复合了功率场效应管与电力晶体管的优点而派生的一种新型功率器件。

（1）IGBT 对驱动电路的基本要求

1）在 IGBT 的驱动电路中应提供适当的正、反向栅极电压 U_{GE}，使 IGBT 能可靠地导通和关断。一般来说，当正栅偏压 $+U_{GE}$ 的幅值较大时，IGBT 的通态压降和导通损耗均会下降，这是理想的状态。但 $+U_{GE}$ 过大时，负载短路时其集电极电流 I_C 会随 $+U_{GE}$ 的增大而增大，不利于安全。所以，一般取 $+U_{GE}>15V$ 最为合适。同样，负栅偏压 $-U_{GE}$ 的幅值也不能过大，若过大，IGBT 在关断时会产生较大的浪涌电流，从而导致 IGBT 的误导通。所以，通常取 $-U_{GE}=-5V$ 为宜。

2）设计 IGBT 的驱动电路时，其开关时间应综合考虑。IGBT 的快速导通和关断有利于提高其工作频率，并减小工作过程中的损耗，然而应当考虑到在大电感负载下，IGBT 导通和关断的工作频率不宜过高，因为其高速通断会在电感负载两端产生很大的尖峰电压，这种尖峰电压必然会给 IGBT 造成威胁。

3）当 IGBT 导通后，其驱动电路应继续提供规定时间的、足够的栅极电压与电流幅值，也就是说，驱动电路必须输出足够的脉宽，从而使 IGBT 在正常工作及过载情况下不至于退出饱和区而造成损坏。

4）必须重视对 IGBT 驱动电路中的栅极串联电阻 R_G 的取值，因为此电阻值的大小对 IGBT 的工作性能有较大影响。

若 R_G 较大，将有利于抑制电流的变化率 di/dt 和电压的变化率 du/dt，但反过来又会增加 IGBT 的工作时间和开关损耗，这是一个矛盾。

若 R_G 较小，则会使电流变化率 di/dt 和电压变化率 du/dt 增大，有可能引起 IGBT 的误导通或损坏 IGBT。所以，栅极串联电阻 R_G 的值应与具体驱动电路的电路结构和所用 IGBT 的容量、参数综合考虑。通常，R_G 的取值范围在几个欧姆到几十欧姆，对于较小容量的 IGBT，R_G 可稍大一些。

5）IGBT 驱动电路应有较强的抗干扰能力，并应具备对 IGBT 的保护功能。驱动电路、抗干扰电路、过电压、过电流保护和其他保护电路，都应与 IGBT 的开关速度相适应、相匹配。

另外，IGBT 固有着一种对静电敏感的脆弱性，所以 IGBT 驱动电路应具有防静电措施，电路板须设计静电屏蔽。在电路板焊接工艺中，IGBT 必须采取电烙铁无电焊接，并应注意在焊接之前必须保证 IGBT 的栅极 G 与发射极 E 一直保持短路连接，不得开路。

（2）IGBT 驱动电路的分类

IGBT 的驱动电路通常分为以下三大类型。

1）直接驱动法。是指输入信号通过整形，经直流或交流放大后直接“开”“断”IGBT。这种驱动电路的输入信号与被驱动的 IGBT 主回路共地。

2）隔离驱动法。是指输入信号通过变压器或光电耦合器隔离输出后，经直流或交流放大后直接“开”“断”IGBT。这种驱动电路的输入信号与被驱动的 IGBT 主回路不共地，实现了输入与输出电路的电气隔离，并具有较强的共模电压抑制能力。

3）专用集成模块驱动法。是指将驱动电路高度集成化，使其具有比较完善的驱动功能、抗干扰功能、自动保护功能，可实现对 IGBT 的最优驱动。这种驱动电路的输入信号与被驱动的 IGBT 主回路不共地，也实现了输入与输出电路的电气隔离，并具有较强的共模电压抑制能力。

5. IGBT 的直接驱动

直接驱动法的特点是电路结构比较简单。其电路图如图 2-47 所示。

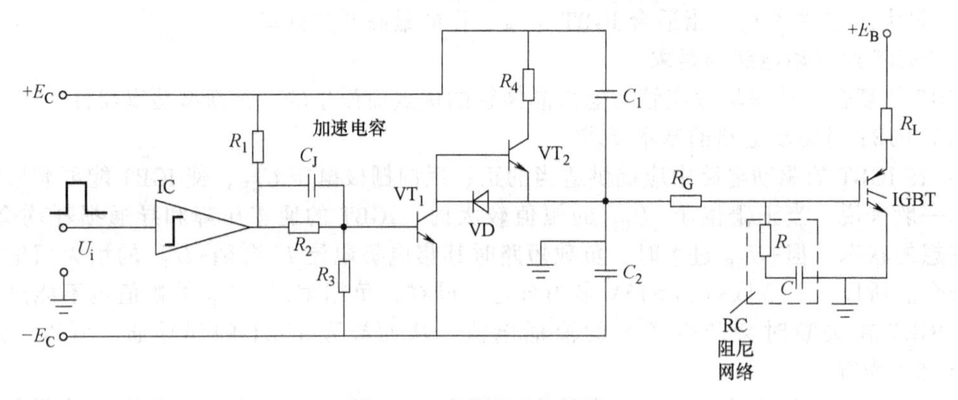

图 2-47　直接驱动电路图

图 2-47 所示电路采用正、负双电源供电。一般来说，对于 IGBT 这样的特殊器件都要采用正、负双电源供电，只有这样才能使 IGBT 稳定工作。该电路的工作原理很简单，即输入信号经集成电路（施密特）IC 整形后再经缓冲限流电阻 R_2、加速电容 C_J 进入由 VT_1、VT_2 组成的有源负载方式放大器进行放大，以提供足够的门极电流。为了消除可能产生的寄生振荡，在 IGBT 栅极 G 与发射极 E 之间接入了 RC 阻尼网络。这种直接驱动电路适合对较小容量的 IGBT 进行驱动。

2.3.3 【任务实施】全控型电力电子器件的识别与基本测试

1. 实训目标

1）能认识全控型器件的外形结构。

2）能辨识全控型器件的型号。

3）会鉴别全控型器件的好坏。

4）掌握全控型器件的测量方法。

2. 实训场所及器材

地点：应用电子技术实训室。

器材：操作台、万用表及装配工具。

3. 实训步骤

（1）认识器件的外形结构

观察各种全控型器件结构，认真查看并记录器件管身上的有关信息，包括型号、电压、电流、结构类型等。

（2）可关断晶闸管（GTO）的测试

普通（单向）晶闸管受门极正信号触发导通后，就处于深度饱和状态维持导通，除非阳、阴极之间的正向电流小于维持电流 I_H 或电源切断之后才会由导通状态变为阻断状态。GTO 的基本结构与普通晶闸管相同，但它的关断原理和方式与普通晶闸管却大不相同。

1）电极的判别。

将万用表置于 $R\times10$k 档或 $R\times100$k 档，测量该器件任意两极的正反向直流电阻值，共有六组读数。完好器件的六组电阻测量值中应有一组呈现低阻值。电阻较小的一对引脚是门极 G 和阴极 K；再测量 G、K 极之间的正反向电阻，电阻指示值较小时，红表笔所接的引脚为阴极 K，黑表笔所接的引脚为门极 G，而剩下的引脚是阳极 A。

2）GTO 好坏的判别。

用万用表 $R\times10$k 档或 $R\times100$k 档测量 GTO 阳极 A 与阴极 K 之间的电阻，或测量阳极 A 与门极 G 之间的电阻，如果读数小于 1kΩ，则说明器件已击穿损坏。

用万用表测量门极 G 与阴极 K 之间的电阻，如果正反向电阻均为无穷大（∞），则说明该管的门极和阴极之间存在断路。

（3）大功率晶体管（GTR）的检测

1）判别 GTR 的电极和类型。

① 定基极。

GTR 的漏电流一般都比较大，所以用万用表来测量其极间电阻时，应采用满刻度电流比较大的低电阻档为宜。

将万用表置于 $R\times1$k 档或 $R\times10$k 档，一个表笔固定接在管子的任一电极，用另一表笔分别接触其他两个电极，如果万用表读数均为小阻值或均为大阻值，则固定接触的那个电极即为基极。如果按上述方法做一次测试判定不了基极，则可换一个电极再试，最多三次即可做出判定。

② 判别类型。

确定基极之后，假设接基极的是黑表笔，而用红表笔分别接触另外两个电极时如果电阻读数均较小，则可认为该管为 NPN 型。如果接基极的是红表笔，用黑表笔分别接触其余两个电极时测出的阻值均较小，则该晶体管为 PNP 型。

③ 判定集电极和发射极

在确定基极之后，再通过测量基极对另外两个电极之间的阻值大小比较，可以区别发射极和集电极。对于 PNP 型晶体管，红表笔固定接于基极，黑表笔分别接触另外两个电极时测出两个大小不等的阻值，以阻值较小的接法为准，黑表笔所接的是发射极。而对于 NPN 型晶体管，黑表笔固定接于基极，用红表笔分别接触另外两个电极进行测量，以阻值较小的这次测量为准，红表笔所接的是发射极。

2）通过测量极间电阻判断 GTR 的好坏。

将万用表置于 $R\times1$k 档或 $R\times10$k 档，测量管子三个极间的正反向电阻，并与参考值比较，便可以判断管子性能好坏。

（4）电力场效应晶体管（MOSFET）的检测方法

由于电力 MOSFET 与一般的 MOSFET 结构不同，因此对它的检测方法也有所不同，下面以 N 沟道为例进行说明。对于内部无保护二极管的电力 MOSFET，可通过测量极间电阻的方法来判别三个电极。

1）电极的判别。

① 确定栅极 G。

以 N 沟道电力 MOSFET 为例，将万用表拨至 $R×1k$ 档，分别测量三个引脚之间的电阻。若发现某引脚与其他两引脚的正反向电阻均呈无穷大，且交换表笔后仍为无穷大，则此引脚为栅极 G，因为栅极 G 和另外两个引脚 S、D 之间是绝缘的，如图 2-48 所示。

② 确定源极 S 和漏极 D。

在确定了栅极 G 之后，根据源极 S 与漏极 D 之间 PN 结正反向电阻存在的差异，进一步识别源极 S 极与漏极 D。将万用表置于 $R×1k$ 档，先将被测管的三个引脚短接一下，接着以交换表笔的方法测两次电阻，在正常情况下，两次所测电阻必定一大一小，其中电阻值较低（一般为几千欧至十几千欧）的一次为正向电阻，此时黑表笔接的是源极 S，则红表笔接的是漏极 D，如图 2-49 所示。

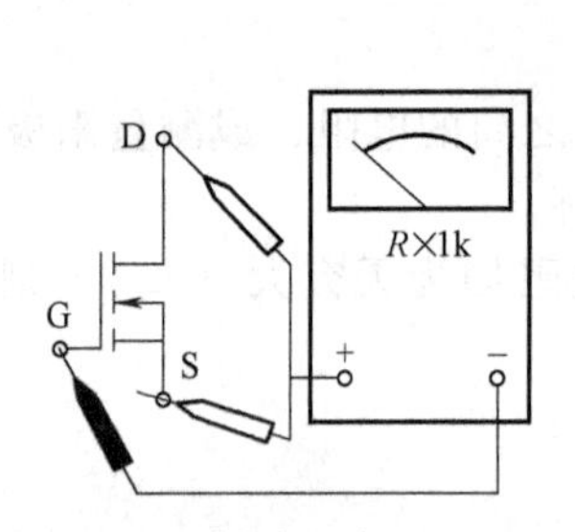

图 2-48　判别电力 MOSFET 栅极 G 的方法

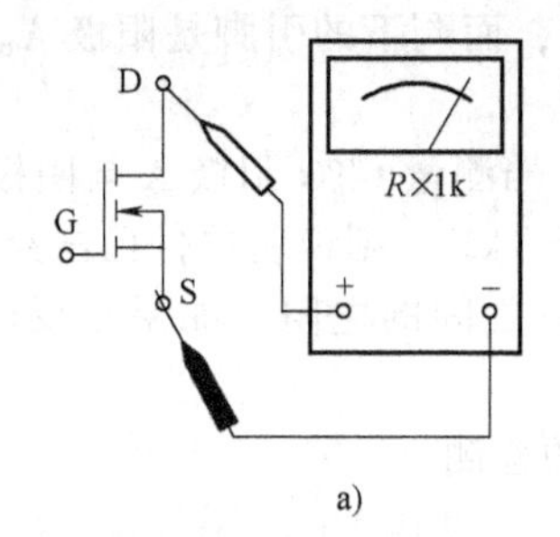

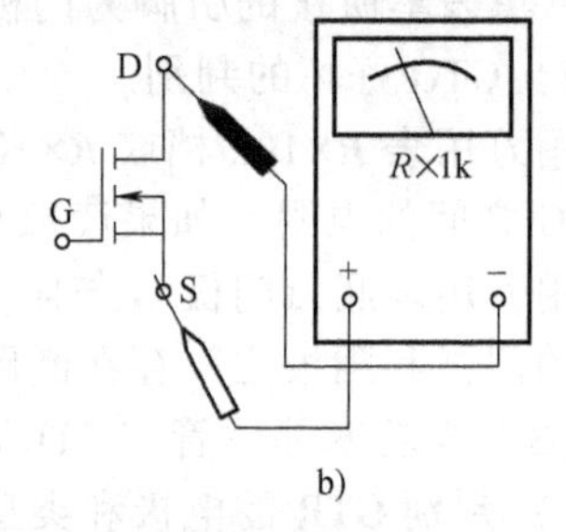

图 2-49　判别电力 MOSFET 的源极 S 和漏极 D
a）电阻较小　b）电阻较大

如果被测管子为 P 沟道型管，则 S、D 极间电阻大小的规律与上述 N 沟道型管相反。因此，通过测量 S、D 极间正向和反向电阻，也就可以判别管子的导电沟道类型。这是因为 MOSFET 的 S 极与 D 极之间有一个 PN 结，其正反向电阻存在差别。

2）判别电力 MOSFET 好坏的简单方法。

下述检测方法不论管子内部有无保护二极管均适用。以 N 沟道电力 MOSFET 为例，具体操作如下。

① 将万用表置于 $R×1k$ 档，再将被测管 G 极与 S 极短接一下，然后将红表笔接被测管的 D 极，黑表笔接 S 极，此时所测电阻应为数千欧，如图 2-50 所示。如果阻值为 0 或∞，则说明管子已坏。

② 将万用表置于 $R×10k$ 档，再将被测管 G 极与 S 极用导线短接好，然后将红表笔接被测管的 S 极，黑表笔接 D 极，此时万用表指示应接近无穷大（∞），如图 2-51 所示。否则说明被测电力 MOSFET 内部 PN 结的反向特性比较差。如果阻值为 0，则说明被测管已经损坏。

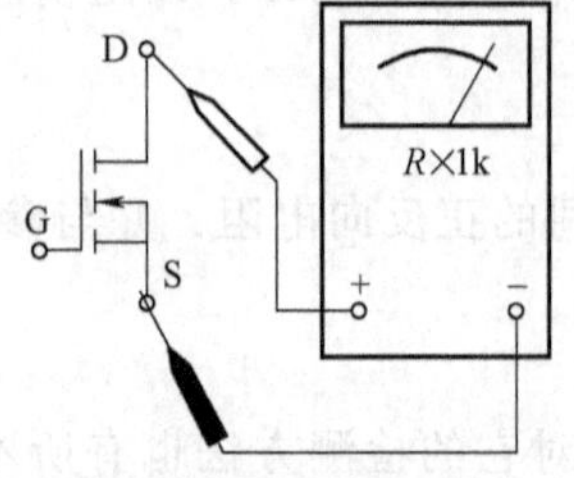

图 2-50　检测电力 MOSFET 源、漏极正向电阻

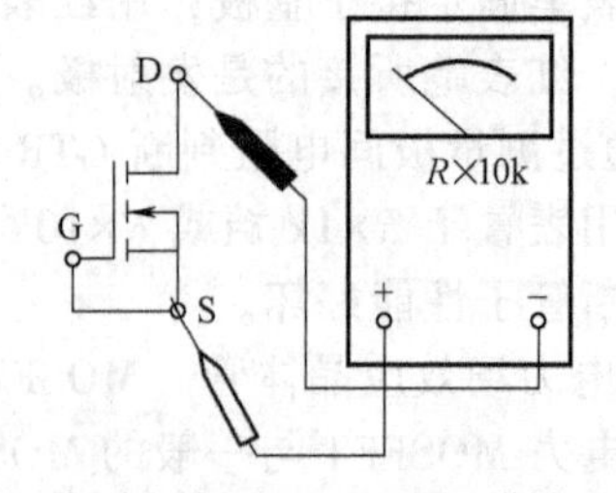

图 2-51　检测电力 MOSFET 源、漏极反向电阻

（5）绝缘栅双极晶体管（IGBT）的检测

1）IGBT 电极判别。

将万用表拨到 $R\times1k$ 档，用万用表测量时，若某一极与其他两极间阻值为无穷大，调换表笔后该极与其他两极间的阻值仍为无穷大，则判断此极为栅极 G。其余两极再用万用表测量，若测量阻值为无穷大，调换表笔后测量阻值较小，则在测量阻值较小的这次测量中，可判断红表笔接的是集电极 C，黑表笔接的是发射极 E。

2）IGBT 好坏测试。

用万用表的 $R\times10k$ 档，将黑表笔接 IGBT 的集电极 C，红表笔接 IGBT 的发射极 E，此时万用表的指针在零位。用手指同时触及一下栅极 G 和集电极 C，这时 IGBT 被触发导通，万用表的指针摆向阻值较小的方向，并能指在某一位置。然后再用手指同时触及一下栅极 G 和发射极 E，这时 IGBT 被阻断，万用表的指针回零。此时即可判断出 IGBT 是好的。

4. 任务考核标准

任务考核标准见表 2-5。

表 2-5　任务考核标准

项目类型	考核项目	考核内容	考核标准				得分
			A	B	C	D	
学习过程（20 分）	认识器件及型号说明	从外形认识全控型器件，错误 1 个扣 5 分	10	8	6	4	
		说明型号含义，错误 1 个扣 5 分					
操作能力（50 分）	GTO 好坏及极性判别	万用表使用，档位错误 1 次扣 5 分	15	12	9	6	
		测试方法，错误扣 10 分					
		测试结果，每错 1 个扣 5 分					
	GTR 好坏及极性判别	万用表使用，档位错误 1 次扣 5 分	15	12	9	6	
		测试方法，错误扣 10 分					
		测试结果，每错 1 个扣 5 分					
	电力 MOSFET 好坏及极性判别	万用表使用，档位错误 1 次扣 5 分	15	12	9	6	
		测试方法，错误扣 10 分					
		测试结果，每错 1 个扣 5 分					
	IGBT 好坏及极性判别	万用表使用，档位错误 1 次扣 5 分	15	12	9	6	
		测试方法，错误扣 10 分					
		测试结果，每错 1 个扣 5 分					
安全文明操作（30 分）	操作规范	违反操作规程 1 次扣 10 分 器件损坏 1 个扣 10 分	10	8	6	4	
	现场整理	经提示后将现场整理干净扣 5 分 不合格，本项 0 分	10	8	6	4	
	综合表现	学习态度、学习纪律、团队精神、安全操作等	10	8	6	4	
总分			100	80	60	40	
遇到的问题							
学习收获							
改进意见及建议							
教师签名		学生签名		班级			

2.3.4 【知识拓展】新型电能变换器件

1. MOS 控制晶闸管（MCT）

MCT（MOS Controlled Thyristor）是将 MOSFET 与晶闸管组合而成的复合型器件。MCT 将 MOSFET 的高输入阻抗、低驱动功率、快速开关过程和晶闸管的高电压、大电流、低通态压降的特点结合起来，也是 Bi MOS 器件的一种。一个 MCT 器件由数以万计的 MCT 元组成，每个元的组成为：一个 PNPN 晶闸管，一个控制该晶闸管开通的 MOSFET 和一个控制该晶闸管关断的 MOSFET。

MCT 具有高电压、大电流、高载流密度、低通态压降的特点。其通态压降只有 GTR 的 1/3 左右，硅片的单位面积连续电流密度在各种器件中是最高的。另外，MCT 可承受极高的 d*i*/d*t* 和 d*u*/d*t*，使得其保护电路可以简化。MCT 的开关速度超过 GTR，开关损耗也小。

20 世纪 80 年代 MCT 曾被认为是一种最有发展前途的电力电子器件，但至今，其关键技术难点仍没有大的突破，电压和电流容量都远未达到预期的数值，未能投入实际应用。而其竞争对手——IGBT 却进展迅速，目前从事 MCT 研究的人不是很多。

2. 静电感应晶体管（SIT）

SIT（Stati_C Induction Transistor）诞生于 1970 年，实际上是一种结型场效应晶体管。将用于信息处理的小功率 SIT 器件的横向导电结构改为垂直导电结构，即可制成大功率的 SIT 器件。SIT 是一种多子导电的器件，其工作频率与电力 MOSFET 相当，甚至超过电力 MOSFET，而功率容量也比电力 MOSFET 大，因而适用于高频、大功率场合，目前已在雷达通信设备、超声波功率放大、脉冲功率放大和高频感应加热等领域获得了较多的应用。

但是 SIT 在栅极不加任何信号时是导通的，在栅极加负偏压时关断，被称为正常导通型器件，使用不太方便。此外，SIT 通态电阻较大，使得通态损耗也大。SIT 可以做成正常关断型器件，但通态损耗将更大。因而 SIT 还未在电力电子设备中得到广泛应用。

3. 静电感应晶闸管（SITH）

SITH（Static Induction Thyristor）诞生于 1972 年，是在 SIT 的漏极层上附加一层与漏极层导电类型不同的发射极层而得到的，就像 IGBT 可以看作是电力 MOSFET 与 GTR 复合而成的器件一样，SITH 也可以看作是 SIT 与 GTO 复合而成。因为其工作原理也与 SIT 类似，门极和阳极电压均能通过电场控制阳极电流，因此 SITH 又被称为场控晶闸管。由于比 SIT 多了一个具有少子注入功能的 PN 结，因而 SITH 本质上是两种载流子导电的双极型器件，具有电导调制效应，通态压降低、通流能力强。其很多特性与 GTO 类似，但开关速度比 GTO 高得多，是大容量的快速器件。

SITH 一般也是正常导通型，但也有正常关断型。此外，其制造工艺比 GTO 复杂得多，电流关断增益较小，因而其应用范围还有待拓展。

4. 集成门极换流晶闸管（IGCT）

IGCT（Integrated Gate-Commutated Thyristor）即集成门极换流晶闸管，有的厂家也称之为 GCT，它是 20 世纪 90 年代后期出现的新型电力电子器件。IGCT 实质上是将一个平板型的 GTO 与由很多个并联的电力 MOSFET 器件和其他辅助元件组成的 GTO 门极驱动电路，采用精心设计的互联结构和封装工艺集成在一起。IGCT 的容量与普通 GTO 相当，但开关速度比普通的 GTO 快 10 倍，而且可以简化普通 GTO 应用时庞大而复杂的缓冲电路，只不过其所需的驱动功率仍然很大。在 IGCT 产品刚推出的几年中，由于其电压和电流容量大于当时 IGBT 的水平而很受关注，但 IGBT 的电压和电流容量很快赶了上来，而且市场上一直只有个别厂家在提供 IGCT 产品，因此 IGCT 的前景目前还很难预料。

5. 基于宽禁带半导体材料的电力电子器件

到目前为止，硅材料一直是电力电子器件所采用的主要半导体材料。其主要原因是人类已掌握了低成本、大批量制造、大尺寸、低缺陷、高纯度的单晶硅材料制造技术以及随后对其进行半导体加工的各种工艺。人类对硅器件不断的研究和开发投入也是巨大的。但是，硅器件的各方面性能已随其结构设计和制造工艺日趋完善而其在继续完善和提高电力电子装置与系统性能的潜力已十分有限。因此，人们将越来越多的注意力投向基于宽禁带半导体材料的电力电子器件。

固体中电子的能量具有不连续的量值，电子都分布在一些相互之间不连续的能带上。价电子所在能带与自由电子所在能带之间的间隙称为禁带或带隙。所以禁带的宽度实际上反映了被束缚的价电子要成为自由电子所必须额外获得的能量。硅的禁带宽度为 1.12 电子伏特（eV），而宽禁带半导体材料是指禁带宽度在 3.0eV 及以上的半导体材料，典型的该种材料有碳化硅（SiC）、氮化镓（GaN）、金刚石等。

由对半导体物理知识，由于具有比硅宽得多的禁带宽度，宽禁带半导体材料一般都具有比硅高得多的临界雪崩击穿电场强度和载流子饱和漂移速度、较高的热导率和相差不大的载流子迁移率，因此，基于宽禁带半导体材料（如碳化硅）的电力电子器件具有比硅器件高得多的耐受高电压的能力、低得多的通态电阻、更好的导热性能和热稳定性以及更强的耐受高温和射线辐射的能力，许多方面的性能都是呈数量级的提高。但是，宽禁带半导体器件的发展一直受制于材料的提炼、制造以及随后半导体制造工艺的困难。

直到 20 世纪 90 年代，碳化硅材料的提炼和制造技术以及随后的半导体制造工艺才有所突破，到 21 世纪初出现了基于碳化硅的肖特基二极管，其性能全面优于硅肖特基二极管，因而在相关的电力电子装置中得到迅速应用，总体效益远远超过这些器件与硅器件之间的价格差异造成的成本增加。氮化镓的半导体制造工艺自 20 世纪 90 年代以来也有所突破，因而也可以在其他材料的基底上制造相应的器件。氮化镓器件因具有比碳化硅器件更好的高频特性而受到关注。金刚石在这些宽禁带半导体材料中性能是最好的，很多人称之为最理想的或最具前景的电力半导体材料。但是金刚石材料的提炼和制造以及随后的半导体制造工艺也是最困难的，距离基于金刚石材料的电力电子器件产品的出现还有很长的路要走。

6. 功率集成电路与集成电力电子模块

自 20 世纪 80 年代中后期开始，在电力电子器件研制和开发中的一个共同趋势是模块化。正如前面有些地方提到的，按照典型电力电子电路所需要的拓扑结构，将多个相同的电力电子器件或多个相互配合使用的不同电力电子器件封装在一个模块中，可以缩小装置体积，降低成本，提高可靠性。更重要的是，对工作频率较高的电路，还可以大大减小线路电感，从而简化对保护和缓冲电路的要求。这种模块被称为功率模块，或者按照主要器件的名称命名，如 IGBT 模块。

更进一步，如果将电力电子器件与逻辑、控制、保护、传感、检测、自诊断等作用的电子电路制作在同一芯片上，则称为功率集成电路。与功率集成电路类似的器件还有其他许多名称，但实际上各自有所侧重。为了强调功率集成电路是所有器件和电路都集成在一个芯片上而又称之为电力电子电路的单片集成。高压集成电路一般指横向高压器件与逻辑或模拟控制电路的单片集成。智能功率集成电路一般指纵向功率器件与逻辑或模拟控制电路的单片集成。

同一芯片上高低压电路之间的绝缘问题以及温升和散热的有效处理，是功率集成电路的主要技术难点，短期内难以有大的突破。因此，目前功率集成电路的研究、开发和实际产品应用主要集中在小功率的场合，如便携式电子设备、家用电器、办公设备电源等。在这种情况下，前面所述的功率模块中所采用的将不同器件和电路通过专门设计的引线或导体连接起来并封装在一起的思路，则在很大程度上回避了这两个难点，有人称之为电力电子电路的封装集成。

采用封装集成思想的电力电子电路也有其他许多名称，也是各自有所侧重。智能功率模块往往专指 IGBT 及其辅助器件与其保护和驱动电路的封装集成，也称为智能 IGBT。电力 MOSFET 也有类似的模块。若是将电力电子器件与其控制、驱动、保护等电子电路都封装在一起，则往往称之为集成电力电子模块。对中、大功率的电力电子装置来讲，往往不是一个模块就能胜任的，通常需要像搭积木一样由多个模块组成，这就是所谓的电力电子积块。封装集成为处理高低压电路之间的绝缘问题以及温升和散热问题提供了有效思路，许多电力电子器件生产厂家和科研机构都投入到有关的研究和开发之中，因而最近几年智能功率模块获得了迅速发展，目前已大量用于电机驱动、汽车电子乃至高速子弹列车牵引这样的大功率场合。

功率集成电路和集成电力电子模块都是具体的电力电子集成技术。电力电子集成技术可以带来很多好处，比如装置体积减小、可靠性提高、用户使用更为方便，以及制造、安装和维护的成本大幅降低等，而且实现了电能和信息的集成，具有广阔的应用前景。

【项目总结】

本项目通过相关任务的引入，对各种主要电力电子器件的基本结构、工作原理、基本特性和主要参数等问题做了全面的介绍。至此，就可以将所介绍过的电力电子器件做一归纳。

按照器件内部电子和空穴两种载流子参与导电的情况，属于单极型电力电子器件的有：肖特基二极管、电力 MOSFET 和 SIT 等；属于双极型电力电子器件的有：基于 PN 结的电力二极管、晶闸管、GTO 和 GTR 等；属于复合型电力电子器件的有：IGBT、SITH 和 MCT 等。由于复合型器件中也是两种载流子导电，因此也有人将它们归为广义的双极型器件。

单极型器件和复合型器件都是电压驱动型器件，而双极型器件均为电流驱动型器件。电压驱动型器件的共同特点是：输入阻抗高，所需驱动功率小，驱动电路简单，工作频率高。电流驱动型器件的共同特点是：通态压降低，导通损耗小，但工作频率较低，所需驱动功率大，驱动电路也比较复杂。

另一个有关器件类型的规律是，从器件所需驱动电路提供的控制信号的波形来看，电压驱动型器件都是电平控制型器件，而电流驱动型器件有的是电平控制型器件（如 GTR），有的是脉冲触发型器件（如晶闸管和 GTO）。

全控型电力电子器件经过多年的技术创新和较量，形成了小功率（10kW 以下）场合以电力 MOSFET 为主，中、大功率场合以 IGBT 为主的局面。电力 MOSFET 和 IGBT 中的技术创新仍然在继续，将不断推出性能更好的产品。IGBT 已先后经历了多代产品的更迭，各方面的性能不断提高，从而广泛应用于中、大功率的各种应用场合。在未来 20 年内 IGBT 将继续保持其在电力电子技术中的重要地位。

在 10MW 以上或者数千瓦以上的应用场合，如果不需要自关断能力，那么晶闸管仍然是目前的首选器件，特别是在高压直流输电装置和柔性交流输电装置等电力系统输电设备中的应用。当然，随着 IGBT 耐受电压和电流能力的不断提升、成本的不断下降和可靠性的不断提高，IGBT 还在不断占领传统上属于晶闸管的应用领域，因为从原理上讲采用全控型器件的电力电子装置，总体性能一般都优于采用晶闸管的电力电子装置。

在新能源领域，如太阳能光伏发电中，电力电子装置作为电能变换的重要一环，全控型电力电子器件更是应用广泛，所以能够熟练运用电力电子器件尤为重要。

【项目训练】

1）使晶闸管导通的条件是什么？

2）维持晶闸管导通的条件是什么？怎样才能使晶闸管由导通变为关断？

3）温度升高时，晶闸管的触发电流、正反向漏电流、维持电流以及正向转折电压和反向击穿电压如何变化？

4）晶闸管的非正常导通方式有哪几种？

5）某晶闸管型号规格为KP200—8D，试问该型号规格代表什么意义？

6）如图2-52所示，试画出负载 R_d 上的电压波形（不考虑管子的导通压降）。

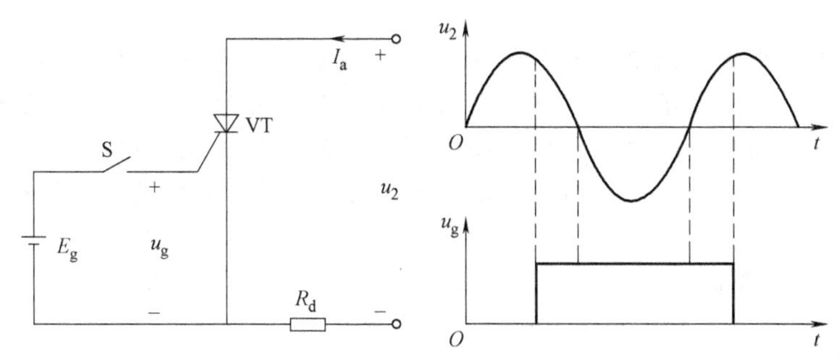

图2-52　晶闸管电路

7）什么叫GTR的一次击穿？什么叫GTR的二次击穿？

8）GTR对基极驱动电路的要求是什么？

9）怎样确定GTR的安全工作区SOA？

10）GTO和普通晶闸管同为PNPN结构，为什么GTO能够自关断，而普通晶闸管不能？

11）试说明电力MOSFET驱动电路的特点。

12）试简述电力MOSFET在应用中的注意事项。

13）IGBT、GTR、GTO和电力MOSFET的驱动电路各有什么特点？

14）表2-6给出了1200V条件下不同等级电流容量IGBT管的栅极电阻推荐值。试说明为什么随着电流容量的增大，栅极电阻值相应减小。

表2-6　1200V条件下不同等级电流容量IGBT管的栅极电阻推荐值

电流容量/A	25	50	75	100	150	200	300
栅极电阻/Ω	50	25	15	12	8.2	5	3.3

15）试说明IGBT、GTR、GTO和电力MOSFET各自的优缺点。

项目3　光伏电源整流器的安装与调试

在光伏发电系统中使用的整流器是指AC-DC整流器，电力电子装置中经常使用的有不可控器件电力二极管整流器、半控型器件晶闸管或全控型器件结构的可控整流器，这些器件应用在不同的场合。本项目通过典型电路的安装制作，使学生快速入门并重点掌握单相可控整流器的电路特点和应用方法，以提高光伏发电系统电能变换装置的整体调试和检测能力。

知识目标：

1）掌握单相可控整流电路的组成、各部分作用、分类、结构及工作过程。

2）了解单相可控整流电路的波形分析及参量计算。

3）了解单相可控整流电路对触发电路的要求。

4）掌握单结晶体管触发电路的工作原理。

5）了解三相全控桥式整流电路的组成、各部分作用及工作原理。

6）了解TCA785集成触发电路的内部结构及使用方法。

能力目标：

1）能够根据实际要求选择合适的整流电路及触发电路。

2）能正确使用示波器观察主电路和触发电路各主要点波形。

3）能根据实际测量的波形判断电路的工作状态，会估算实际输出的电压值。

4）掌握调光灯电路的设计与调试。

5）能正确进行三相全控桥式整流电路的调试。

项目分解：

任务3.1　调光灯电路的制作与调试

任务3.2　三相全控桥式整流器的检测与调试

任务3.1　调光灯电路的制作与调试

3.1.1 【任务描述】

调光灯在日常生活中的应用非常广泛，其种类也很多。图3-1a是常见的调光灯。旋动调光旋钮便可以调节灯泡的亮度。图3-1b为调光灯电路原理图。

如图3-1b所示，调光灯电路由主电路和触发电路两部分构成，主电路主要元器件是晶闸管，控制电路产生使晶闸管导通的触发信号。通过调节触发信号的控制时间控制晶闸管整流输出电压大小，以控制灯的明暗程度。

任务通过搭建电路使学生能够理解电路的工作原理，进而掌握分析电路的方法。下面具体分析与该电路有关的知识，包括晶闸管、单相半波可控整流电路、单结晶体管触发电路等内容。

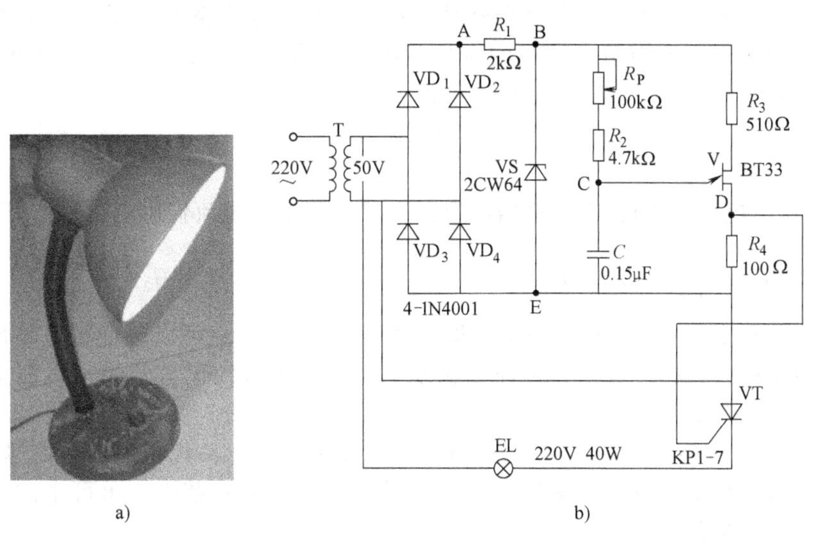

a)　　　　b)

图 3-1　直流调光灯

a）调光灯　b）调光灯电路原理图

3.1.2 【相关知识】单相可控整流电路及驱动电路

3.1.2.1　单相半波可控整流电路

1. 电阻性负载

（1）工作原理

图 3-2a 所示是单相半波可控整流带电阻性负载的电路。图中 TR 称为整流变压器，其二次侧的输出电压为

$$u_2=\sqrt{2}\,U_2\sin\omega t \tag{3-1}$$

在电源正半周，晶闸管 VT 承受正向电压，$\omega t<\alpha$（α 为晶闸管从承受正向电压起到触发导通之间的电角度）期间由于未加触发脉冲 u_g，VT 处于正向阻断状态而承受全部电压 u_2，负载 R_d 中无电流通过，负载上电压 u_d 为 0。在 $\omega t=\alpha$ 时 VT 被 u_g 触发导通，电源电压 u_2 全部加在 R_d 上（忽略管压降）。到 $\omega t=\pi$ 时，电压 u_2 过 0。在上述过程中，$u_d=u_2$。随着电压的下降电流也下降，当电流下降到小于晶闸管的维持电流时，晶闸管 VT 关断，此时 i_d、u_d 均为零。在 u_2 的负半周，VT 承受反压，一直处于反向阻断状态，u_2 全部加在 VT 两端。直到下一个周期的触发脉冲 u_g 到来后，VT 又被触发导通，电路工作情况又重复上述过程，如图 3-2b 所示。

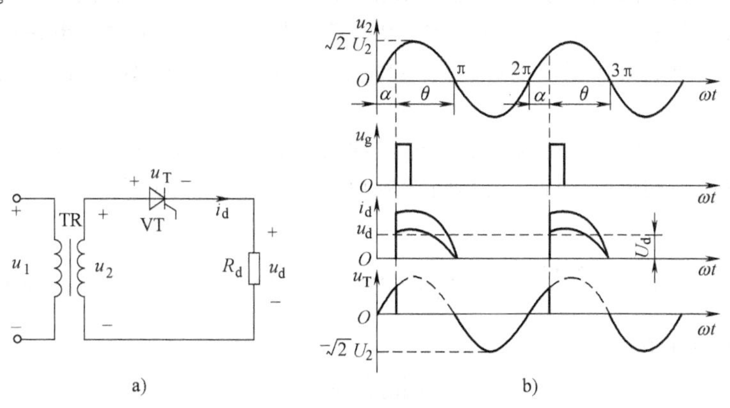

a)　　　　b)

图 3-2　单相半波可控整流电路

在单相可控整流电路中，定义晶闸管从承受正向电压起到触发导通之间的电角度 α 为触发延迟角，晶闸管在一个周期内导通的电角度称为导通角，用 θ 表示。对于图 3-2 所示的电路，若触发延迟角为 α，则晶闸管的导通角为

$$\theta=\pi-\alpha \tag{3-2}$$

（2）参数计算

1）整流输出电压平均值 U_d。根据波形图 3-2b，可求出整流输出电压平均值为

$$U_d=\frac{1}{2\pi}\int_{\alpha}^{\pi}\sqrt{2}U_2\sin\omega t\mathrm{d}(\omega t)=\frac{\sqrt{2}}{\pi}U_2\frac{1+\cos\alpha}{2}=0.45U_2\frac{1+\cos\alpha}{2} \tag{3-3}$$

上式表明，只要改变触发延迟角 α（即改变触发时刻），就可以改变整流输出电压的平均值，达到相控整流的目的。这种通过控制触发脉冲的相位来控制直流输出电压大小的方式称为相位控制方式，简称相控方式。

当 $\alpha=0$ 时，$U_d=0$；当 $\alpha=\pi$ 时，$U_d=0.45U_2$ 为最大值。移相范围：整流输出电压 U_d 的平均值从最大值变化到 0 时，触发延迟角 α 的变化范围为移相范围。单可半波可控整流电路带电阻性负载时移相范围为 π。

2）整流输出电压的有效值 U。根据有效值的定义，整流输出电压的有效值为

$$U=\sqrt{\frac{1}{2\pi}\int_{\alpha}^{\pi}(\sqrt{2}U_2\sin\omega t)^2\cdot\mathrm{d}(\omega t)}=U_2\sqrt{\frac{\sin2\alpha}{4\pi}+\frac{\pi-\alpha}{2\pi}} \tag{3-4}$$

3）整流输出电流的平均值 I_d 和有效值 I 为

$$I_d=\frac{U_d}{R} \tag{3-5}$$

$$I=\frac{U}{R} \tag{3-6}$$

4）变压器二次侧输出的有功功率 P、视在功率 S 和功率因数 PF。

如果忽略晶闸管 VT 的损耗，则变压器二次侧输出的有功功率为

$$P=I^2R_d=UI \tag{3-7}$$

电源输入的视在功率为

$$S=U_2I \tag{3-8}$$

电路的功率因数

$$PF=\frac{P}{S}=\frac{UI}{U_2I}=\frac{U}{U_2}=\sqrt{\frac{\sin2\alpha}{4\pi}+\frac{\pi-\alpha}{2\pi}} \tag{3-9}$$

从上式可知，功率因数是触发延迟角 α 的函数，α 越大，单相可控整流电路的输出电压越低，功率因数 PF 越小。当 $\alpha=0$ 时，$PF=0.707$ 为最大值。这是因为电路的输出电流中不仅存在谐波，而且基波电流与基波电压（即电源输入正弦电压）也不同相，即使是电阻性负载，PF 也不会等于 1。

例 3-1　单相半波可控整流电路中为电阻性负载，$R_d=5\Omega$，由 220V 交流电源直接供电，要求输出直流电压平均值为 50V，求晶闸管的触发延迟角 α、导通角 θ、电源容量及功率因数，并选用晶闸管。

解：由于 $U_d=0.45U_2\frac{1+\cos\alpha}{2}$，把 $U_d=50\text{V}$、$U_2=220\text{V}$ 代入，可得 $\alpha=89°$，导通角 $\theta=\pi-\alpha=180°-89°=91°=1.59\text{rad}$

因为
$$I=\frac{U}{R}\sqrt{\frac{\sin2\alpha}{4\pi}+\frac{\pi-\alpha}{2\pi}}=22\text{A}$$

所以电源容量 $S=U_2I=4840\text{V}\cdot\text{A}$

功率因数 $PF=\dfrac{P}{S}=\dfrac{UI}{U_2I}=\sqrt{\dfrac{\sin2\alpha}{4\pi}+\dfrac{\pi-\alpha}{2\pi}}=0.499$

选用晶闸管承受的最大电压 $U_{TM}=\sqrt{2}U_2=311\text{V}$。

晶闸管的额定电压

$$U_{TN}=(2\sim3)U_{TM}=(2\sim3)\times311\text{V}=622\sim933\text{V}$$

选取 $U_{TN}=800\text{V}$。

流过晶闸管的电流有效值为 $I_T=22\text{A}$

晶闸管的额定电流为

$$I_{TN}=(1.5\sim2)\frac{I_T}{1.57}=(1.5\sim2)\times\frac{22}{1.57}=21\sim28\text{A}$$

选取 I_{TN} 为 30A，所以选用晶闸管的型号为 KP30—8。

2. 电感性负载（等效为电感和电阻串联）

（1）工作原理及参数计算

整流电路的负载常常是电感性负载。电感性负载可以等效为电感和电阻串联。图 3-3a 是带电感性负载的单相半波可控整流电路，图 3-3b 是整流电路各电量的波形图。

正半周时，$\omega t=\omega t_1=\alpha$ 时刻触发晶闸管 T，u_2 加到感性负载上。由于电感中感应电动势的作用，电流 i_d 只能从 0 开始上升，到 $\omega t=\omega t_2$ 时刻达最大值，随后 i_d 开始减小。由于电感中感应电动势要阻碍电流的减小，到 $\omega t=\omega t_3$ 时刻 u_2 过 0 变负时，i_d 并未下降到 0，而在继续减小，此时负载上的电压 u_d 为负值。直到 $\omega t=\omega t_4$ 时刻，电感上的感应电动势与电源电压相等，i_d 下降到 0，晶闸管 VT 关断。此后晶闸管承受反压，到下一周的 ωt_5 时刻，触发脉冲又使晶闸管导通，并重复上述过程。

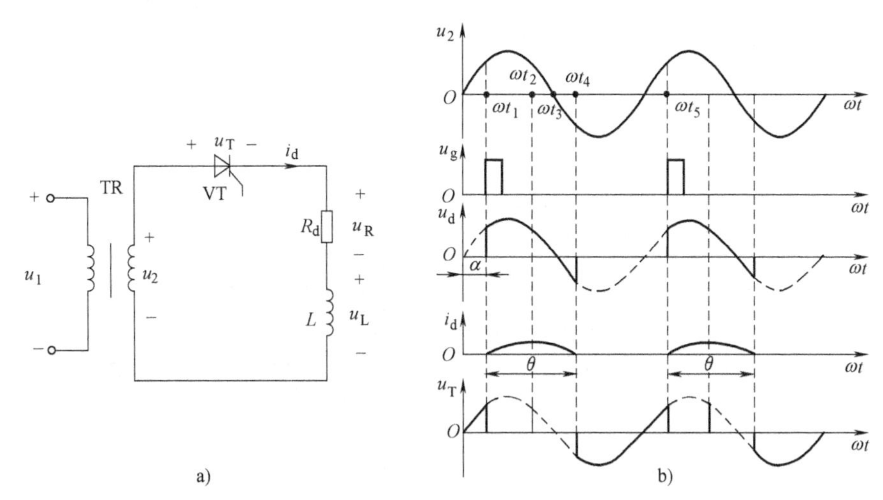

图 3-3　感性负载单相半波可控整流电路及其波形

从图 3-3b 所示的波形可知，在电角度 $\alpha\sim\pi$ 期间，负载电压为正，在 $\pi\sim\theta+\alpha$ 期间负载上电压为负，因此与电阻性负载相比，感性负载上所得到的输出电压平均值变小了，其值可由下式计算

$$U_d=U_{dR}+U_{dL}=\frac{1}{2\pi}\int_{\alpha}^{\alpha+\theta}u_R\text{d}(\omega t)+\frac{1}{2\pi}\int_{\alpha}^{\alpha+\theta}u_L\text{d}(\omega t) \tag{3-10}$$

$$U_{\mathrm{dL}}=\frac{1}{2\pi}\int_{\alpha}^{\alpha+\theta}u_{\mathrm{L}}\mathrm{d}(\omega t)=\frac{1}{2\pi}\int_{\alpha}^{\alpha+\theta}L\frac{\mathrm{d}i}{\mathrm{d}t}\cdot\mathrm{d}(\omega t)=\frac{\omega L}{2\pi}\int_{0}^{0}\mathrm{d}i=0 \tag{3-11}$$

故
$$U_{\mathrm{d}}=\frac{1}{2\pi}\int_{\alpha}^{\alpha+\theta}u_{\mathrm{R}}\mathrm{d}(\omega t) \tag{3-12}$$

（2）续流二极管的作用

由于负载中存在电感，使负载电压波形出现负值部分，晶闸管的导通角 θ 变大，且负载中 L 越大，θ 越大，输出电压波形图上负压的面积越大，从而使输出电压平均值减小。在大电感负载（$\omega L \gg R$）的情况下，负载电压波形图中正负面积相近，即不论 α 为何值，$\theta \approx 2\pi-2\alpha$，都有 $u_{\mathrm{d}}=0$。其波形如图 3-4 所示。

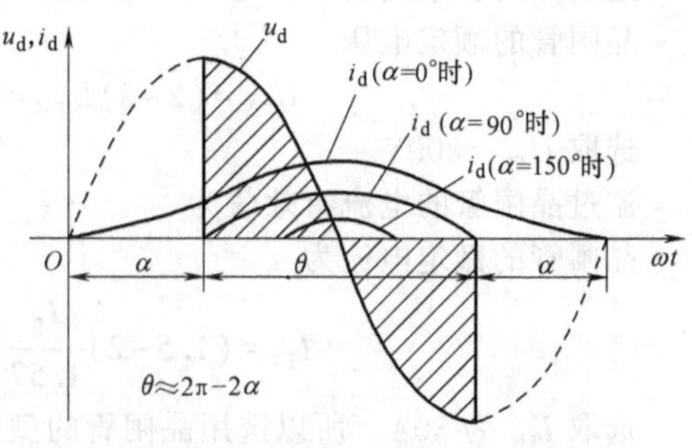

图 3-4　$\omega L \gg R$ 时不同 α 对应的电流波形

在单相半波可控整流电路中，由于电感的存在，整流输出电压的平均值将减小，特别在大电感负载（$\omega L \gg R$）时，输出电压平均值接近于 0，负载上得不到应有的电压。解决的办法是在负载的两端并联续流二极管 VD。

图 3-5a 所示为大电感负载接续流二极管的单相半波可控整流电路。针对图示的电路，在电源电压正半周 $\omega t=\alpha$ 时刻触发晶闸管导通，二极管 VD 承受反压不导通，负载电压波形与不加二极管时相同。当电源电压过零变负时，二极管受正向电压而导通，负载上电感维持的电流经二极管继续流通，故二极管 VD 称为续流二极管。二极管导通时，晶闸管被加上反向电压而关断，此时负载上电压为零且不会出现负电压。

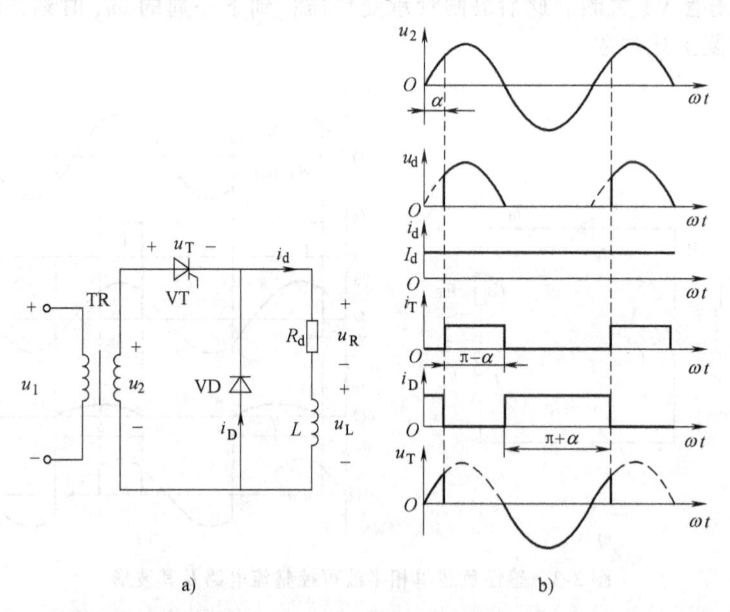

图 3-5　大电感负载接续流二极管的单相半波可控整流电路及其电流、电压波形

由此可见，在电源电压正半周，负载电流由晶闸管 VT 导通提供；电源电压负半周时，续流二极管 VD 维持负载电流；因此负载电流是一个连续且平稳的直流电流。大电感负载时，负载电流波形是一条平行于横轴的直线，其值为 I_{d}。波形图如图 3-5b 所示。

（3）电感性负载（大电感）参数计算

若设 θ_{T} 和 θ_{D} 分别为晶闸管和续流二极管在一个周期内的导通角，则容易得出晶闸管的

电流平均值为

$$I_{dT}=\frac{\theta_T}{2\pi}I_d=\frac{\pi-\alpha}{2\pi}I_d \tag{3-13}$$

流过续流二极管的电流平均值为

$$I_{dD}=\frac{\theta_D}{2\pi}I_d=\frac{\pi+\alpha}{2\pi}I_d \tag{3-14}$$

流过晶闸管和续流二极管的电流有效值分别为

$$I_T=\sqrt{\frac{\theta_T}{2\pi}}I_d=\sqrt{\frac{\pi-\alpha}{2\pi}}I_d \tag{3-15}$$

$$I_D=\sqrt{\frac{\theta_D}{2\pi}}I_d=\sqrt{\frac{\pi+\alpha}{2\pi}}I_d \tag{3-16}$$

晶闸管与续流二极管承受的最大电压均为$\sqrt{2}U_2$。

3. 单相半波可控整流电路特点

（1）优点

线路简单，调整方便。

（2）缺点

1）输出电压脉动大，负载电流脉动大（电阻性负载时）。

2）整流变压器二次绕组中存在直流电流分量，使铁心磁化，变压器容量不能充分利用。若不用变压器，则交流回路有直流电流，使电网波形畸变引起额外损耗。

（3）应用

单相半波可控整流电路只适用于小容量、波形要求不高的场合。

3.1.2.2 晶闸管可控整流驱动电路

对于相控电路这样使用晶闸管的场合，在晶闸管阳极加上正向电压后，还必须在门极与阴极之间加上触发电压，晶闸管才能从截止转变为导通，习惯上称为触发控制。提供这个触发电压的电路称为晶闸管的触发电路。它决定每一个晶闸管的触发导通时刻，是晶闸管装置中不可缺少的一个重要组成部分。晶闸管相控整流电路，通过控制触发延迟角 α 的大小即控制触发脉冲起始位来控制输出电压的大小。为保证相控电路的正常工作，很重要的一点是应保证按触发延迟角 α 的大小在正确的时刻向电路中的晶闸管施加有效的触发脉冲。

1. 对触发电路的要求

晶闸管触发主要有移相触发、过零触发和脉冲列调制触发等。触发电路对其产生的触发脉冲有以下要求。

1）触发信号可为直流、交流或脉冲电压。

2）触发信号应有足够的功率（触发电压和触发电流）。

3）触发脉冲应有一定的宽度，脉冲的前沿尽可能陡，以使器件在触发导通后，阳极电流能迅速上升超过掣住电流而维持导通。

4）触发脉冲必须与晶闸管的阳极电压同步，脉冲移相范围必须满足电路要求。

2. 单结晶体管触发电路

由单结晶体管构成的触发电路具有简单、可靠、抗干扰能力强、温度补偿性能好、脉冲前沿陡等优点，在小容量的晶闸管装置中得到了广泛应用。

（1）单结晶体管

1）单结晶体管的结构。

单结晶体管的结构如图 3-6a 所示，它有三个电极，e 为发射极，b_1 为第一基极，b_2 为第二基极。因为只有一个 PN 结，故称为“单结晶体管”，又因为有两个基极，所以又称为“双基极二极管”。

单结晶体管等效电路如图 3-6b 所示，两个基极间的电阻 $R_{bb}=R_{b1}+R_{b2}$，一般为 2~12kΩ。正常工作时，R_{b1} 随着发射极电流的大小而变化，相当于一个可变电阻。PN 结可等效为二极管 VD，它的正向压降通常为 0.7V。单结晶体管的图形符号如图 3-6c 所示。触发电路中常用

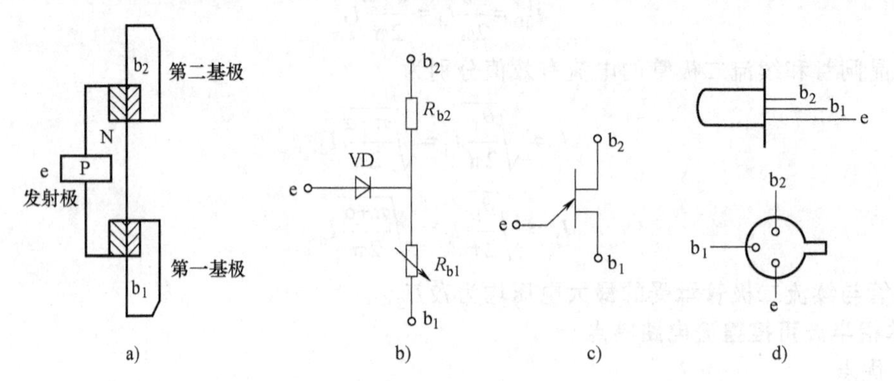

图 3-6　单结晶体管的结构、等效电路、图形符号及引脚排列

a）单结晶体管结构图　b）单结晶体管等效电路　c）单结晶体管图形符号　d）单结晶体管外形与引脚排列

的国产单结晶体管型号主要有 BT31、BT33、BT35，外形与引脚排列如图 3-6d 所示，实物图、引脚如图 3-7 所示。

2）单结晶体管的伏安特性。

单结晶体管的伏安特性是指两个基极 b_1 和 b_2 间加某一固定直流电压 U_{bb} 时，发射极电流 I_e 与发射极正向电压 U_e 之间的关系曲线。实验电路图及特性如图 3-8 所示。当开关 S 断开，I_{bb} 为 0，加发射极电压 U_e 时，得到图 3-8b 中①所示的伏安特性曲线，该曲线与二极管伏安特性曲线相似。

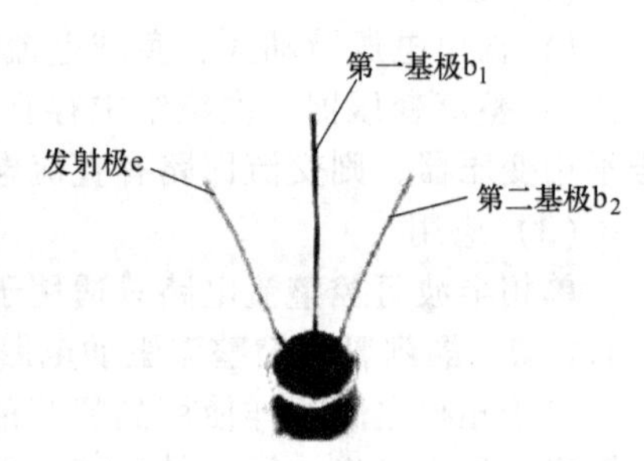

图 3-7　单结晶体管实物及引脚

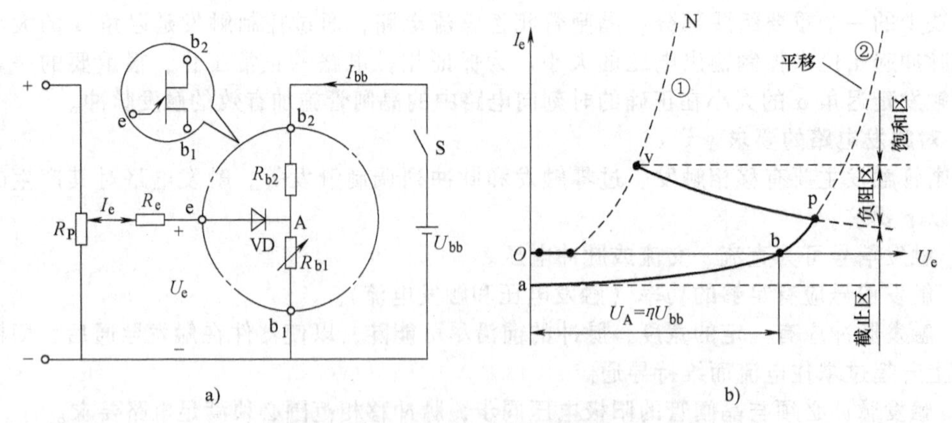

图 3-8　单结晶体管实验电路和伏安特性

a）单结晶体管实验电路　b）单结晶体管伏安特性

在伏安特性曲线上：

① ap 段为截止区。其中 ab 段只有很小的反向漏电流，bp 段出现正向漏电流。p 点为截止状态进入导通状态的转折点。p 点所对应的电压称为峰点电压 U_p，所对应的电流称为峰点电流 I_p。

② pv 段为负阻区。U_e 随着 I_e 增大而下降，R_{b1} 呈现负电阻特性。曲线上的 v 点 U_e 最小，

v 点称为谷点。谷点所对应的电压和电流称为谷点电压 U_v 和谷点电流 I_v。

③ vN 段为饱和区。

3）单结晶体管的主要参数。

单结晶体管的主要参数有基极间电阻 R_{bb}、分压比 $\eta=\frac{R_{b1}}{R_{b1}+R_{b2}}$、峰点电流 I_p、谷点电压 U_v、谷点电流 I_v 及耗散功率等。

（2）单结晶体管张弛振荡电路

利用单结晶体管的负阻特性和电容的充放电，可以组成单结晶体管张弛振荡电路。单结晶体管张弛振荡电路的电路图和波形图如图 3-9 所示。

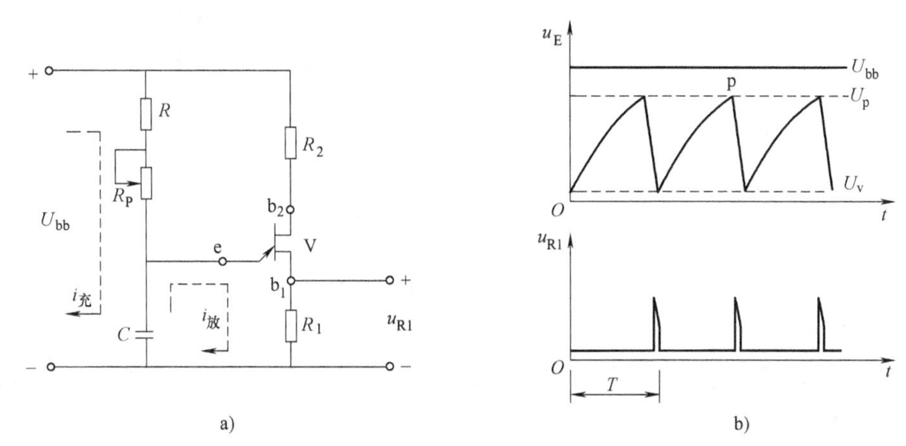

图 3-9 单结晶体管张弛振荡电路的电路图和波形图

a）电路图 b）波形图

设电容器初始没有电压，电路接通以后，单结晶体管是截止的，电源经电阻 R、R_P 对电容 C 进行充电，电容电压从零起按指数规律上升。当电容两端电压达到单结晶体管的峰点电压 U_p 时，单结晶体管导通，电容开始放电，由于放电回路的电阻很小，因此放电很快，放电电流在电阻 R_1 上产生了尖脉冲。随着电容放电，电容电压降低，当电容电压降到谷点电压 U_v 以下，单结晶体管截止，接着电源又重新对电容进行充电，如此周而复始，在电容 C 两端会产生一个锯齿波，在电阻 R_1 两端将产生一个尖脉冲，如图 3-9b 所示。

（3）单结晶体管触发电路

上述单结晶体管张弛振荡电路输出的尖脉冲可以用来触发晶闸管，但不能直接作为触发电路，还必须解决触发脉冲与主电路的同步问题。

图 3-10 所示为单结晶体管触发电路，是由同步电路和脉冲移相与形成电路两部分组成的。

1）同步电路。

触发信号和电源电压在频率和相位上相互协调的关系叫同步。例如，在单相半波可控整流电路中，触发脉冲应出现在电源电压正半周范围内，而且每个周期的 α 角相同，以确保电路输出波形不变，输出电压稳定。

同步电路由同步变压器 TS、整流二极管 VD、电阻 R_3 及稳压管 VS 组成。同步变压器一次绕组与晶闸管整流电路接在同一电源上，交流电压经同步变压器降压、单相半波整流后再经过稳压管稳压削波，形成一梯形波电压，作为触发电路的供电电压。梯形波电压零点与晶闸管阳极电压过零点一致，从而实现触发电路与整流主电路的同步。

单结晶体管触发电路的调试以及使用过程中的检修，主要是通过几个点的典型波形来判断某个元器件是否正常。因此可以通过理论波形与实测波形的比较来进行分析。

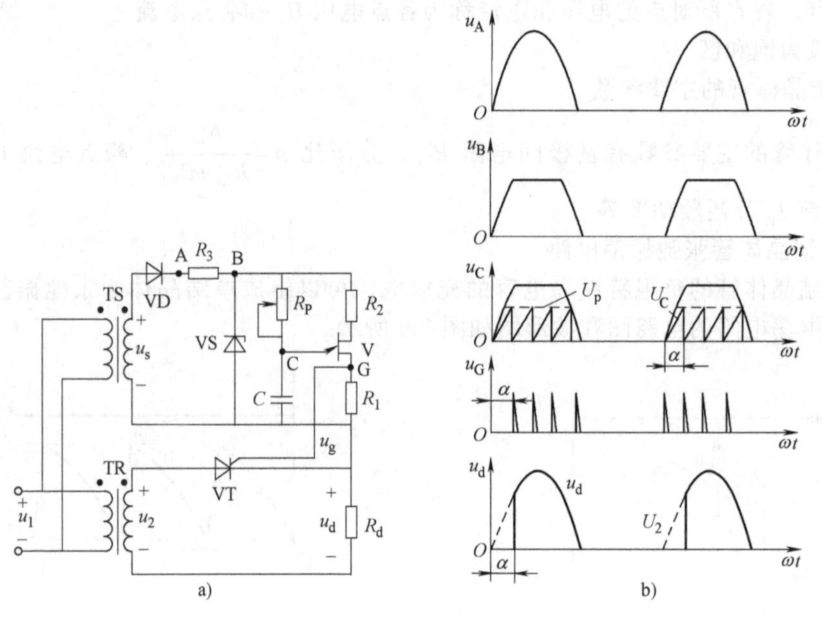

图 3-10　单结晶体管触发电路

a）电路图　b）波形图

① 半波整流后脉动电压的波形（图 3-10a 中的 A 点）。实测波形如图 3-11a 所示，理论波形如图 3-11b 所示，可进行对照比较。

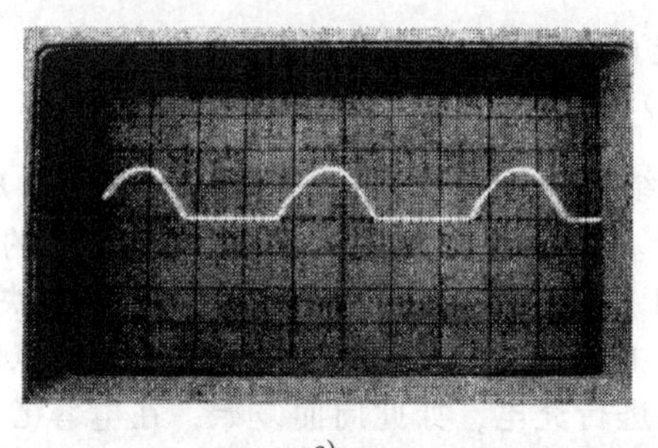

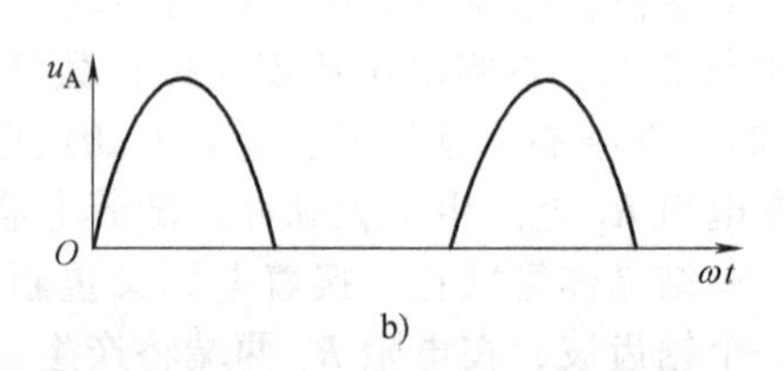

a)　　b)

图 3-11　半波整流后的电压波形

a）实测波形　b）理论波形

② 削波后梯形电压波形（图 3-10a 图中的 B 点）。经稳压管削波后的梯形波如图 3-12 所示，图 3-12a 为实测波形，图 3-12b 为理论波形，可进行对照比较。

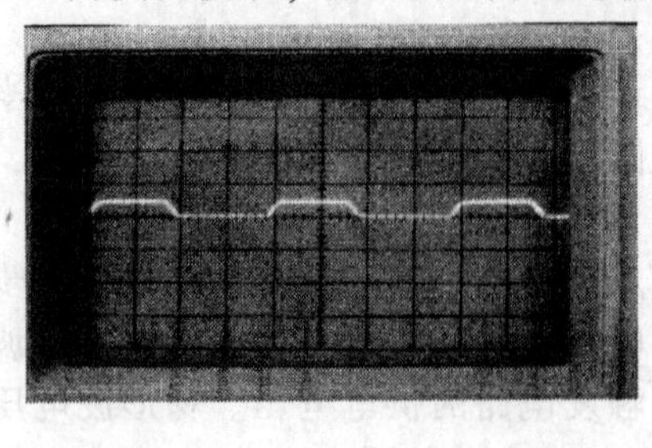

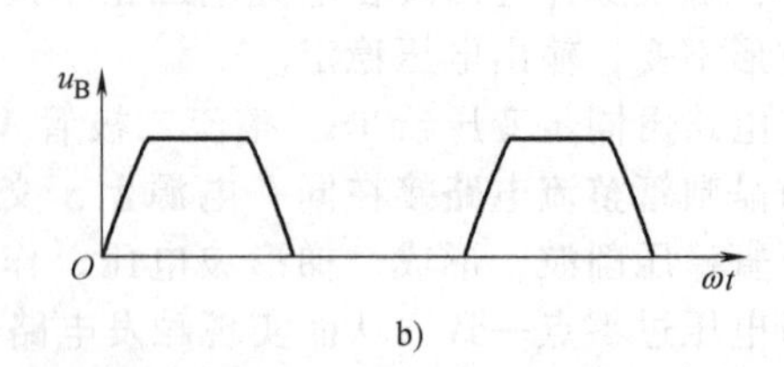

a)　　b)

图 3-12　削波后的梯形电压波形

a）实测波形　b）理论波形

2）脉冲移相与形成电路。

脉冲移相与形成电路实际上就是上述的张弛振荡电路。脉冲移相电路由电阻 R_P 和电容 C 组成，脉冲形成电路由单结晶体管、电阻 R_2、输出电阻 R_1 组成。

改变张弛振荡电路中电容 C 的充电电阻的阻值，就可以改变充电的时间常数，图 3-10a 中用电位器 R_P 来实现这一变化。

波形分析如下。

① 电容电压的波形（图 3-10a 中的 C 点）。C 点的实测波形如图 3-13a 所示。由于电容每半个周期在电源电压过零点从零开始充电，当电容两端的电压上升到单结晶体管峰点电压时，单结晶体管导通，触发电路送出脉冲，电容的容量和充电电阻 R_P 的大小决定了电容两端的电压从零上升到单结晶体管峰点电压的时间，因此本触发电路无法实现在电源电压过零点即 $\alpha=0°$时送出触发脉冲。图 3-13b 所示为理论波形，调节电位器 R_P 的旋钮，可观察 C 点波形的变化范围。

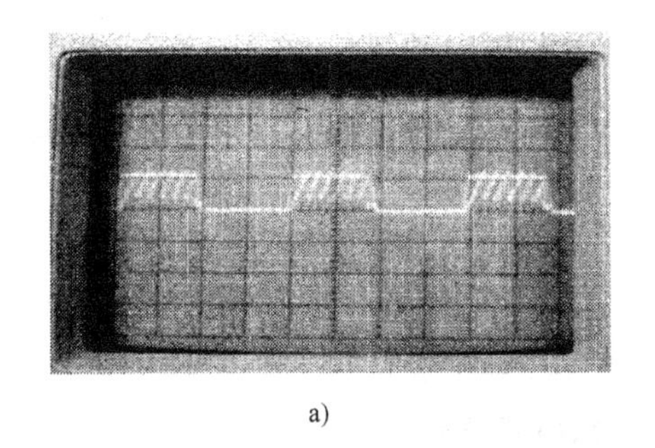

a)

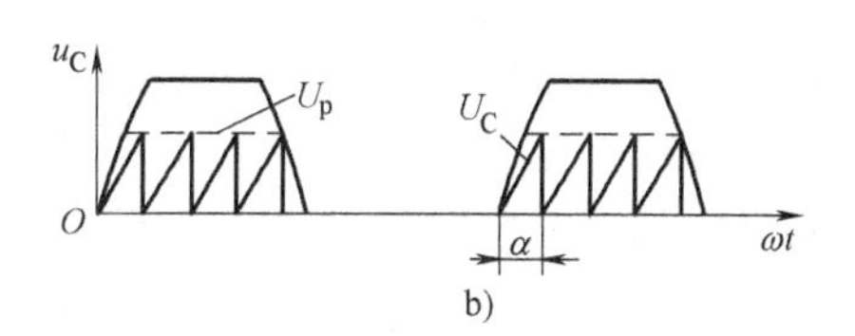

b)

图 3-13 电容两端电压波形
a）实测波形 b）理论波形

② 输出脉冲的波形（图 3-10a 中的 G 点）。测得 G 点的波形如图 3-14a 所示，单结晶体管导通后，电容通过单结晶体管的 e_{b1} 迅速向输出电阻 R_1 放电，在 R_1 上得到很窄的尖脉冲。图 3-14b 所示为理论波形，可对照进行比较。调节电位器 R_P 的旋钮，观察 G 点波形的变化范围。

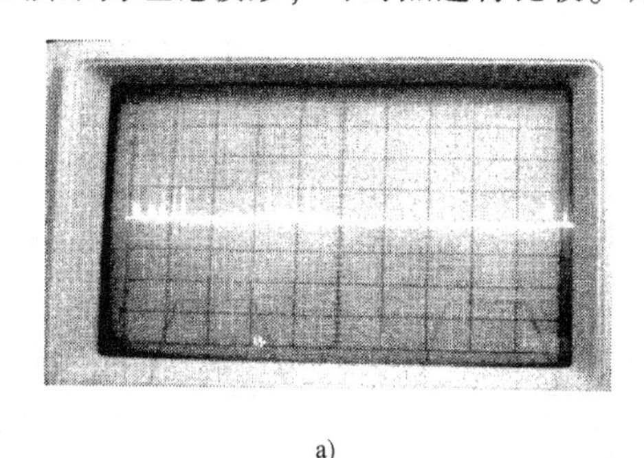

a)

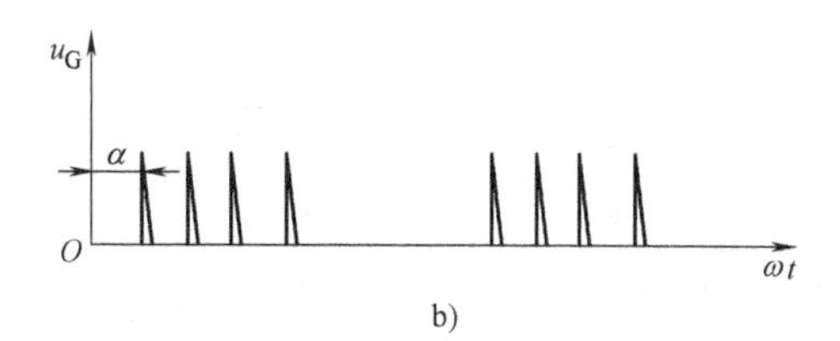

b)

图 3-14 输出波形
a）实测波形 b）理论波形

从图 3-14 可见，单结晶体管触发电路只能产生窄脉冲。对于电感较大的负载，由于晶闸管在触发导通时阳极电流上升较慢，在阳极电流还未达到管子掣住电流时，触发脉冲已经消失，使晶闸管在触发期间导通后又重新关断。所以单结晶体管如不采取脉冲扩宽措施，是不宜触发电感性负载的。

单结晶体管触发电路一般用于触发带电阻性负载的小功率晶闸管。为满足三相桥式整流电路中晶闸管的导通要求，触发电路应能输出双窄脉冲或宽脉冲。

3.1.3 【任务实施】制作与调试调光灯电路

1. 实训目标

1）掌握晶闸管主电路和触发电路结构。

2）能按照工艺要求安装电路。

3）会检测电路中的元器件。

4）掌握触发电路的调试方法，会观测和分析波形。

5）掌握晶闸管主电路测试方法，会测量关键点参数。

6）会分析和排除常见故障。

2. 实训场所及器材

地点：应用电子技术实训室。

器材：操作台、示波器、万用表及装配工具。

3. 实训步骤

（1）晶闸管的选择

在实际使用过程中，往往要根据实际的工作条件进行晶闸管的合理选择，以达到满意的技术经济效果。怎样才能正确地选择晶闸管呢？这主要包括两个方面：一方面要根据实际情况确定所需晶闸管的额定值；另一方面是根据额定值确定晶闸管的型号。

晶闸管的各项额定参数在晶闸管生产后，由厂家经过严格测试而确定，作为使用者，只需要能够正确地选择晶闸管就可以了。表 3-1 列出了一些晶闸管的主要参数。

表 3-1　一些晶闸管的主要参数

型号	通态平均电流/A	通态峰值电压/V	断态正反向重复峰值电流/mA	断态正反向重复峰值电压/V	门极触发电流/mA	门极触发电压/V	断态电压临界上升率/(V/μs)	推荐用散热器	安装力/kN	冷却方式
KP5	5	≤2.2	≤8	100~2000	<60	<3		SZ14		自然冷却
KP10	10	≤2.2	≤10	100~2000	<100	<3	250~800	SZ15		自然冷却
KP20	20	≤2.2	≤10	100~2000	<150	<3		SZ16		自然冷却
KP30	30	≤2.4	≤20	100~2400	<200	<3	50~1000	SZ16		强迫风冷水冷
KP50	50	≤2.4	≤20	100~2400	<250	<3		SL17		强迫风冷水冷
KP100	100	≤2.6	≤40	100~3000	<250	<3.5		SL17		强迫风冷水冷
KP200	200	≤2.6	≤40	100~3000	<350	<3.5		L18	11	强迫风冷水冷
KP300	300	≤2.6	≤50	100~3000	<350	<3.5		L18B	15	强迫风冷水冷
KP500	500	≤2.6	≤60	100~3000	<350	<4	100~1000	SF15	19	强迫风冷水冷
KP800	800	≤2.6	≤80	100~3000	<350	<4		SF16	24	强迫风冷水冷
KP1000	1000	≤2.6	≤80	100~3000	<350	<4		SF13	30	强迫风冷水冷
KP1500	1500	≤2.6	≤80	100~3000	<350	<4		SS16	43	强迫风冷水冷
KP2000	2000	≤2.6	≤80	100~3000	<350	<4		SS14	50	强迫风冷水冷

下面根据图 3-1b 所示的调光灯电路原理图中的参数来确定本项目中晶闸管的型号。

第一步：单相半波可控整流调光电路晶闸管可能承受的最大电压为

$$U_{TM}=\sqrt{2}U_2=\sqrt{2}\times 220V\approx 311V$$

第二步：考虑 2~3 倍的余量

$$(2\sim3)U_{TM}=(2\sim3)\times311V=622\sim933V$$

第三步：确定所需晶闸管的额定电压等级。因为电路无储能元器件，因此选择电压等级为 7 的晶闸管就可以满足正常工作需要了。

第四步：根据白炽灯的额定值计算其阻值

$$R_d=\frac{U_2^2}{P}=\frac{220^2}{40}\Omega=1210\Omega$$

第五步：确定流过晶闸管的电流有效值。

在单相半波可控整流调光电路中，当 $\alpha=0°$时，流过晶闸管的电流最大，且电流的有效值是平均值的 1.57 倍。由前面的分析可以得到流过晶闸管的平均电流为

$$I_d=0.45\frac{U_2}{R_d}=0.45\times\frac{220}{1210}A=0.08A$$

由此可得，当 $\alpha=0°$时流过晶闸管电流的最大有效值为

$$I_{TM}=1.57I_d=1.57\times0.08A=0.126A$$

第六步：考虑 1.5~2 倍的余量

$$(1.5\sim2)I_{TM}=(1.5\sim2)\times0.126A\approx0.189A\sim0.252A$$

第七步：确定晶闸管的额定电流 $I_{T(AV)}$

$$I_{T(AV)}\geqslant0.252A$$

因为电路无储能元器件，因此选择额定电流为 1A 的晶闸管就可以满足正常工作需要了。

由以上分析可以确定晶闸管应选用的型号为 KP1-7。

（2）触发电路元器件的选择

1）充电电阻 R_E 的选择（图 3-1 中 R_2 和 R_P 的和）。

改变充电电阻 R_E 的大小，就可以改变张弛振荡电路的频率，但是频率的调节有一定的范围，如果充电电阻 R_E 选择不当，将使单结晶体管自激振荡电路无法形成振荡。

充电电阻 R_E 的取值范围为

$$\frac{U-U_v}{I_v}<R_E<\frac{U-U_p}{I_p}$$

式中 U——加于图 3-1 中 B、E 两端的触发电路电源电压（V）；

U_v——单结晶体管的谷点电压（V）；

I_v——单结晶体管的谷点电流（A）；

U_p——单结晶体管的峰点电压（V）；

I_p——单结晶体管的峰点电流（A）。

2）电阻 R_3 的选择。

电阻 R_3 用来补偿温度对峰点电压 U_p 的影响，通常取值范围为 200~600Ω。

3）输出电阻 R_4 的选择。

输出电阻 R_4 的大小将影响输出脉冲的宽度与幅值，通常取值范围为 50~100Ω。

4）电容 C 的选择。

电容 C 的大小与脉冲宽窄和 R_E 的大小有关，通常取值范围为 0.1~1μF。

（3）调光电路的安装

1）根据表 3-2 配齐元器件，并用万用表检测元器件。

表 3-2 调光灯元器件列表

序号	符号	名称	型号或规格	件数
1	$VD_1 \sim VD_4$	二极管	IN4001	4
2	VS	稳压二极管	2CW64	1
3	V	单结晶体管	BT33	1
4	VT	晶闸管	KPI-7	1
5	C	电容器	0.15μF	1
6	R_1	电阻器	RJ 2kΩ 1W	1
7	R_2	电阻器	RJ 4.7kΩ 1/2W	1
8	R_3	电阻器	RJ 510Ω 1/2W	1
9	R_4	电阻器	RJ 100Ω 1/2W	1
10	R_P	可变电阻器	100kΩ 1/2W	1
11	EL	指示灯	220V 40W	1
12	T	电源变压器	220/50V	1

2）在 130×105 的万能电路板上试着放置元器件，确定元器件的大约位置。

3）根据元器件的造型工艺，将元器件造型，去氧化层、搪锡（已搪锡的不用），并插在万能电路板上，按逐个元器件的顺序进行。

4）检查元器件的安装位置是否正确，若有错误应调整。

5）按焊接工艺将所有元器件从左到右、从上到下焊好。

6）按工艺尺寸将所有元器件引脚的多余部分剪去。

7）按电气原理图连线。

8）检查安装、焊接、连线的质量，看是否有插错、虚焊、漏焊、错焊、错连的地方。

（4）调光电路的调试

电路装接完毕，经检查无误后，可接通电源进行调试。改变 R_P 阻值观察灯的亮度变化是否正常，如不正常应进行调试。

调试的原则：先调试控制回路（即触发电路），再调试主回路；先调试弱电部分，再调试强电部分。调试方法是采用示波器观察电路中各点波形，从而判断电路的工作是否正常。下面是触发电路的调试方法。触发电路如图 3-15 所示。

单结晶体管触发电路的调试以及在今后的使用过程中的检修主要是通过几个点的典型波形来判断各个元器件是否正常，下面将通过理论波形与实测波形的比较来进行分析。

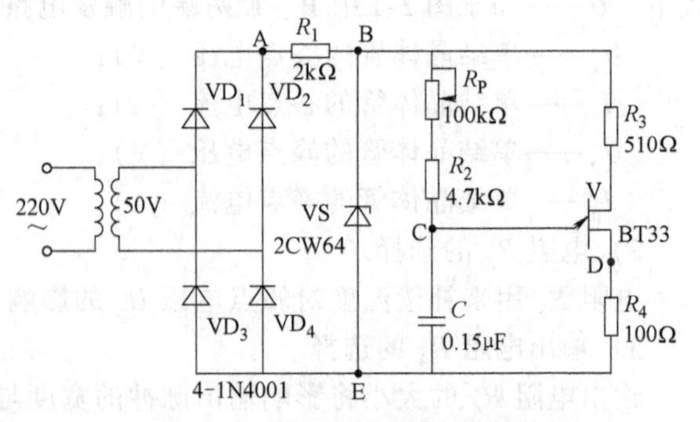

图 3-15 单结晶体管触发电路

1）桥式整流后脉动电压的波形（图 3-15 中的 A 点）。

将 Y_1 探头的测试端接于 A 点，接地端接于 E 点，调节示波器旋钮“t/div”和“v/div”，使示波器稳定显示至少一个周期的完整波形，测得波形如图 3-16a 所示。由电子技术的知识可以知道 A 点为由 $VD_1 \sim VD_4$ 四个二极管构成的桥式整流电路输出波形，图 3-16b 所示为理论波形，对照进行比较。

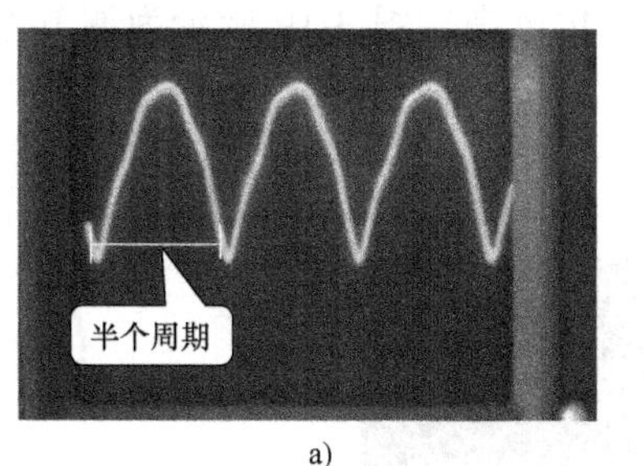

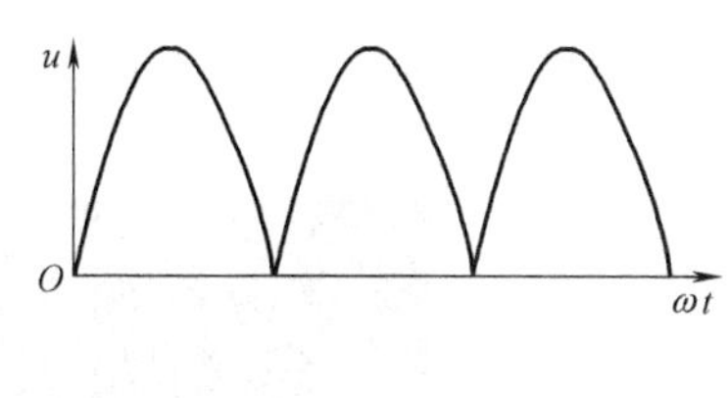

a)　　b)

图 3-16　桥式整流后的电压波形

a）实测波形　b）理论波形

2）削波后梯形波电压波形（图 3-15 图中的 B 点）。

将 Y_1 探头的测试端接于 B 点，测得 B 点的波形如图 3-17a 所示，该点波形是经稳压管削波后得到的梯形波，图 3-17b 所示为理论波形，对照进行比较。

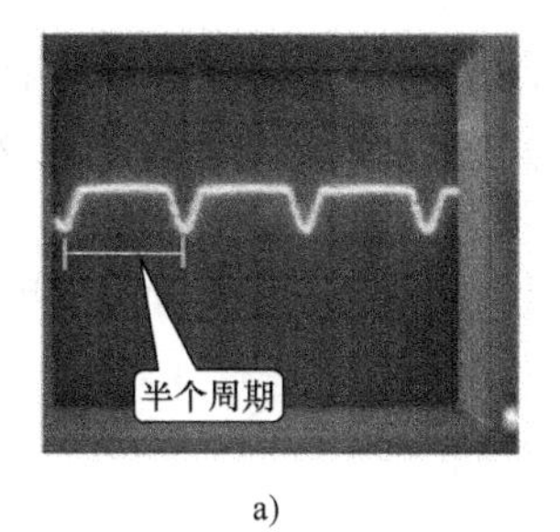

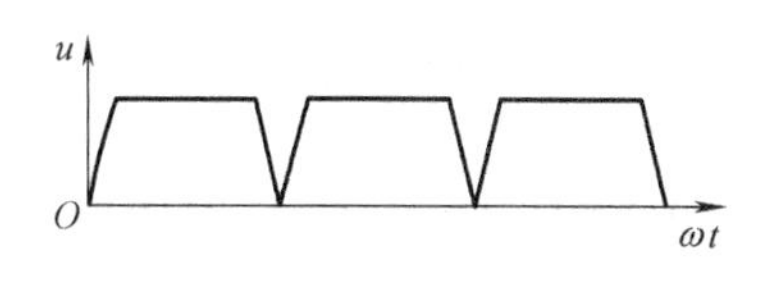

a)　　b)

图 3-17　削波后的电压波形

a）实测波形　b）理论波形

3）电容电压的波形（图 3-15 中的 C 点）。

将 Y_1 探头的测试端接于 C 点，测得 C 点的波形如图 3-18a 所示。由于电容每半个周期在电源电压过零点从零开始充电，当电容两端的电压上升到单结晶体管峰点电压时，单结晶体管导通，触发电路送出脉冲，电容的容量和充电电阻 R_E 的大小决定了电容两端的电压从零上升到单结晶体管峰点电压的时间，因此在本项目中的触发电路无法实现在电源电压过零点即 $\alpha=0°$时送出触发脉冲。图 3-18b 所示为理论波形，对照进行比较。

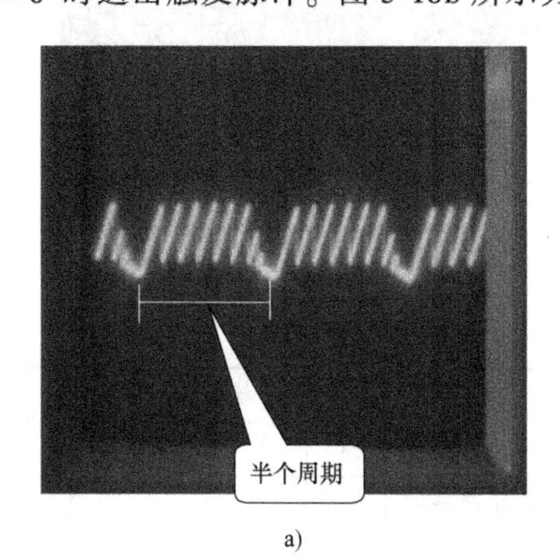

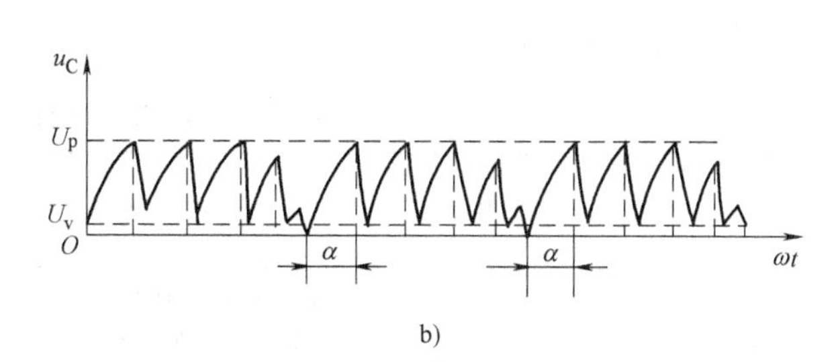

a)　　b)

图 3-18　电容两端的电压波形

a）实测波形　b）理论波形

调节电位器 R_P 的旋钮，观察 C 点的波形变化范围。图 3-19 所示为调节电位器后得到的波形。

4）输出脉冲的波形（图 3-15 中的 D 点）。

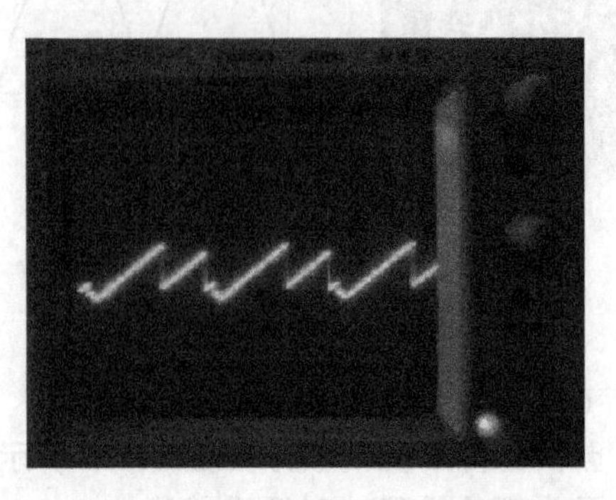

图 3-19　改变 R_P 后电容两端的电压波形

将 Y_1 探头的测试端接于 D 点，测得 D 点的波形如图 3-20a 所示。单结晶体管导通后，电容通过单结晶体管迅速向输出电阻 R_4 放电，在 R_4 上得到很窄的尖脉冲。图 3-20b 所示为理论波形，对照进行比较。

调节电位器 R_P 的旋钮，观察 D 点的波形变化范围。图 3-21 所示为调节电位器后得到的波形。

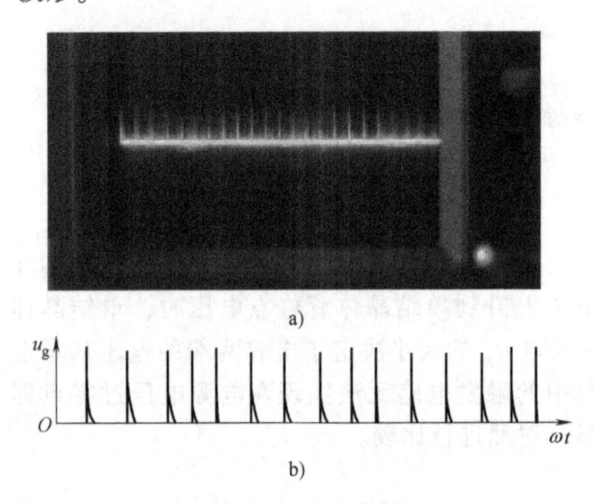

图 3-20　输出波形

a）实测波形　b）理论波形

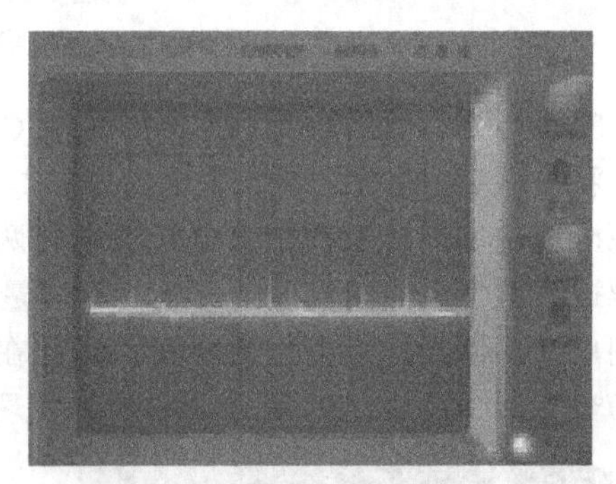

图 3-21　调节 R_P 后输出的波形

4. 任务考核标准

任务考核标准见表 3-3。

表 3-3　任务考核标准

项目类型	考核项目	考核内容	考核标准				得分
			A	B	C	D	
学习过程（20 分）	直流调光灯电路	能正确说出直流调光灯电路各元器件的作用，错误一处扣 3 分	20	16	12	8	
		能正确分析直流调光灯电路的工作原理，错误扣 10 分					

（续）

项目类型	考核项目	考核内容	考核标准				得分
			A	B	C	D	
操作能力（50分）	直流调光灯电路元器件的选取	能正确选择晶闸管，错误扣5分	20	16	12	8	
		能正确选择触发电路元器件，每错一处扣3分					
	直流调光灯电路的安装	能按照电路原理图，安装直流调光灯电路，错误一处扣5分	15	12	9	6	
		能进行正确的元器件插装，注意插装规范，每错一处扣2分					
		能按照正确的焊接规范进行焊接，每漏焊、缺焊一处扣3分					
	直流调光灯电路调试	正确使用示波器，使用方法不当扣10分	15	12	9	6	
		能用示波器检测各点波形，能分析波形是否正确，每错一处扣5分					
		能根据波形分析找到错误之处并改正，每漏一处扣5分					
安全文明操作（30分）	操作规范	违反操作规程一次扣10分 元器件损坏一个扣10分	10	8	6	4	
	现场整理	经提示后将现场整理干净，扣5分 整理不合格，本项0分	10	8	6	4	
	综合表现	学习态度、学习纪律、团队精神、安全操作等	10	8	6	4	
总分			100	80	60	40	

遇到的问题					
学习收获					
改进意见及建议					
教师签名		学生签名		班级	

3.1.4 【知识拓展】单相桥式可控整流电路

1. 电阻性负载（α 的移相范围是 0°～180°）

（1）工作原理

带电阻性负载的单相桥式可控整流电路如图 3-22 所示。负载电阻是纯电阻 R_d。

当交流电压 u_2 进入正半周时，a 端电位高于 b 端电位，两个晶闸管 VT_1、VT_2 同时承受正向电压，如果此时门极无触发信号 u_g，则两个晶闸管仍处于正向阻断状态，其等效电阻远远大于负载电阻 R_d，电源电压 u_2 将全部加在 VT_1 和 VT_2 上，$u_{T1} \approx u_{T2} = 0.5u_2$，负载上的电压 $u_d = 0$。

在 $\omega t = \alpha$ 时刻，给 VT_1 和 VT_2 同时加触发脉冲，则两个晶闸管立即触发导通，电源电压 u_2 将通过 VT_1 和 VT_2 加在负载电阻 R_d 上。在 u_2 的正半周期，VT_3、VT_4 同时承受正向电压，在 $\omega t = \pi + \alpha$ 时，同时给 VT_3、VT_4 加触发脉冲使其导通，电流经 VT_3、R_d、VT_4、TR 二次侧形成回路。在负载 R_d 两端获得与 u_2 正半周相同波形的整流电压和电流，在这期间 VT_1 和 VT_2 均承受反向电压而处于阻断状态。

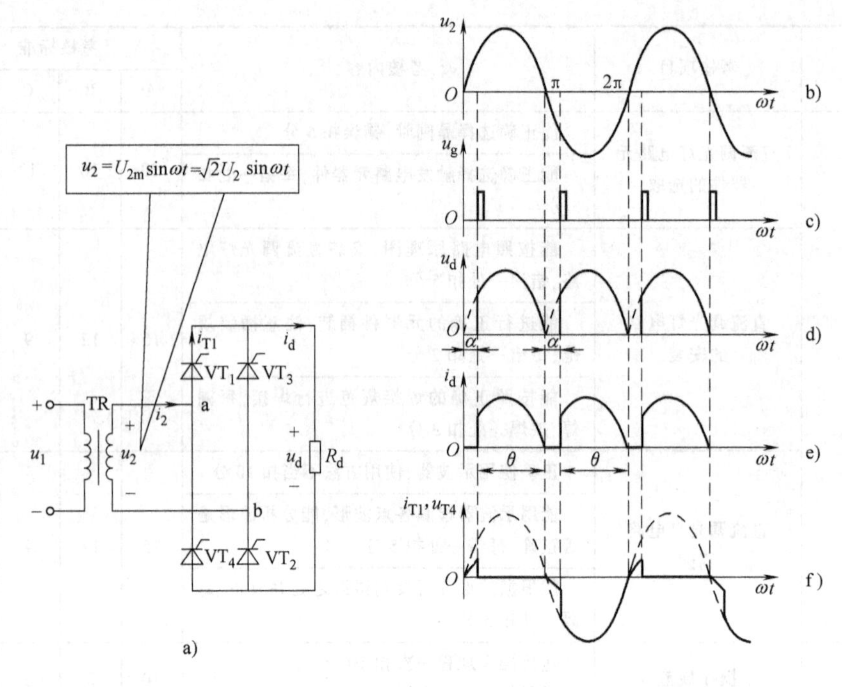

图 3-22　单相桥式可控整流电路带电阻性负载的电路与工作波形

当 u_2 由负半周电压过零变正时，VT_3、VT_4 因电流过零而关断。在此期间 VT_1、VT_2 因承受反压而截止，u_d、i_d 又降为零。一个周期过后，VT_1、VT_2 在 $\omega t=2\pi+\alpha$ 时刻又被触发导通。如此循环下去。很明显，上述两组触发脉冲在相位上相差 180°，这就形成了图 3-22b～图 3-22f 所示单相桥式可控整流电路的输出电压、电流和晶闸管上承受电压 u_{T4} 的波形图。

由以上电路工作原理可知，在交流电源 u_2 的正、负半周里，VT_1、VT_2 和 VT_3、VT_4 两组晶闸管轮流触发导通，将交流电源变成脉动的直流电。改变触发脉冲出现的时刻，即改变 α 的大小，u_d、i_d 的波形和平均值随之改变。

（2）参数计算

整流输出电压的平均值为

$$U_d=\frac{1}{\pi}\int_{\alpha}^{\pi}\sqrt{2}U_2\sin\omega t\mathrm{d}(\omega t)=\frac{\sqrt{2}}{\pi}U_2(1+\cos\alpha)=0.9U_2\frac{1+\cos\alpha}{2} \tag{3-17}$$

即 U_d 为最小值时，$\alpha=180°$，U_d 为最大值时，$\alpha=0°$，所以单相桥式可控整流电路带电阻性负载时，α 的移相范围是 0°～180°。

整流输出电压的有效值为

$$U=\sqrt{\frac{1}{\pi}\int_{\alpha}^{\pi}(\sqrt{2}U_2\sin\omega t)^2\mathrm{d}(\omega t)}=U_2\sqrt{\frac{\sin2\alpha}{2\pi}+\frac{\pi-\alpha}{\pi}} \tag{3-18}$$

输出电流的平均值和有效值分别为

$$I_d=\frac{U_d}{R_d}=0.9\frac{U_2}{R_d}\cdot\frac{1+\cos\alpha}{2} \tag{3-19}$$

$$I=\frac{U}{R_d}=\frac{U_2}{R_d}\sqrt{\frac{\sin2\alpha}{2\pi}+\frac{\pi-\alpha}{\pi}} \tag{3-20}$$

流过每个晶闸管的平均电流为输出电流平均值的一半，即

$$I_{dT}=\frac{1}{2}I_d=0.45\frac{U_2}{R_d}\cdot\frac{1+\cos\alpha}{2} \tag{3-21}$$

流过每个晶闸管的电流有效值为

$$I_T=\sqrt{\frac{1}{2\pi}\int_{\alpha}^{\pi}\left(\frac{\sqrt{2}U_2}{R_d}\sin\omega t\right)^2 d(\omega t)}=\frac{U_2}{\sqrt{2}R_d}\sqrt{\frac{\sin2\alpha}{2\pi}+\frac{\pi-\alpha}{\pi}}=\frac{I}{\sqrt{2}} \tag{3-22}$$

晶闸管承受的最大反向电压为$\sqrt{2}U_2$。

在一个周期内，电源通过变压器 TR 两次向负载提供能量，因此负载电流有效值 I 与变压器二次电流有效值 I_2 相同。那么电路的功率因数可以按下式计算

$$PF=\frac{P}{S}=\frac{U}{U_2}=\sqrt{\frac{\sin2\alpha}{2\pi}+\frac{\pi-\alpha}{\pi}} \tag{3-23}$$

通过上述数量关系的分析，带电阻性负载时，对单相全控桥式整流电路与半波整流电路可做如下比较。

1）α 的移相范围相等，均为 0°~180°。

2）输出电压平均值 U_d 是半波整流电路的 2 倍。

3）在相同的负载功率下，流过晶闸管的平均电流减小了一半。

4）功率因数提高了一半。

例 3-2 单相桥式可控整流电路给电阻性负载供电，要求整流输出电压 U_d 能在 0~100V 内连续可调，负载最大电流为 20A。①由 220V 交流电网直接供电时，计算晶闸管的触发延迟角 α 和电流有效值 I_T、电源容量 S 及 $U_d=30V$ 时电源的功率因数 PF。②采用降压变压器供电，并考虑最小控制角 $\alpha_{min}=30°$，求变压器电压比 K 及 $U_d=30V$ 时电源的功率因数 PF。

解：①当 $U_d=100V$ 时，由 $U_d=0.9U_2\frac{1+\cos\alpha}{2}$可得

$$\cos\alpha=\frac{2U_d}{0.9U_2}-1=\frac{2\times100}{0.9\times220}-1=0.0101,\quad \alpha=89.4°$$

当 $U_d=0V$ 时，$\alpha=180°$。所以控制角在 89.4°~180°内变化。

负载电流有效值
$$I=\frac{U_2}{R_d}\sqrt{\frac{1}{2\pi}\sin2\alpha+\frac{\pi-\alpha}{\pi}}$$

其中
$$R_d=\frac{U_{dmax}}{I_{dmax}}=\frac{100}{20}\Omega=5\Omega$$

当 $\alpha=89.4°$时，$I=31A$，流过晶闸管的电流有效值为

$$I_T=\sqrt{\frac{1}{2}}I=22A$$

电源容量
$$S=U_2I=6820V\cdot A$$

当 $U_d=30V$ 时，$\alpha=134.2°$，此时电源的功率因数为

$$PF=\sqrt{\frac{1}{2\pi}\sin2\alpha+\frac{\pi-\alpha}{\pi}}=0.31$$

②当采用降压变压器，$U_1=220V$，$\alpha_{min}=30°$时，$U_{dmax}=100V$

所以变压器二次电压为

$$U_2=\frac{U_d}{0.45(1+\cos\alpha)}=119V$$

电压比

$$K=\frac{U_1}{U_2}=\frac{220}{119}\approx 2$$

当 $U_d=30\text{V}$ 时，$\alpha=116°$，此时电源的功率因数为

$$PF=\sqrt{\frac{1}{2\pi}\sin 2\alpha+\frac{\pi-\alpha}{\pi}}=0.48$$

由此可见，在计算晶闸管、变压器电流时应计算最大值。整流变压器不仅能使整流电路与交流电网隔离，还可以通过合理选择 U_2 来提高电源功率因数、降低晶闸管所承受电压的最大值和减小电源容量，防止单相桥式可控整流电路中高次谐波对电网的影响。

2. 带电感性负载工作原理

当负载由电感与电阻组成时被称为电感性负载，例如各种电机的励磁绕组，整流输出端接有平波电抗器的负载等。如图 3-23 所示为单相桥式可控整流电路带电感性负载电路与波形图。

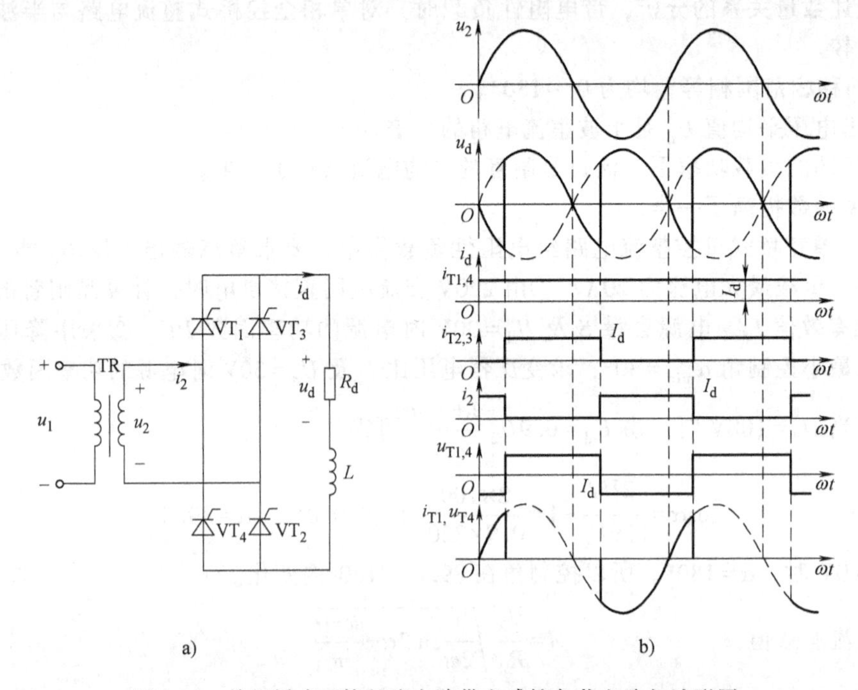

图 3-23 单相桥式可控整流电路带电感性负载电路与波形图

在电源电压 u_2 正半周期间，VT_1、VT_2 承受正向电压，若在 $\omega t=\alpha$ 时刻触发 VT_1、VT_2 导通，电流经 VT_1、负载、VT_2 和 TR 二次回路，但由于大电感的存在，u_2 过零变负时，电感上的感应电动势使 VT_1、VT_2 继续导通，直到 VT_3、VT_4 被触发导通时，VT_1、VT_2 承受反压而关断。输出电压的波形出现了负值部分。

在电源电压 u_2 负半周期，晶闸管 VT_3、VT_4 受正向电压，在 $\omega t=\pi+\alpha$ 时刻触发 VT_3、VT_4 导通，VT_1、VT_2 受反压而关断，负载电流从 VT_1、VT_2 中换流至 VT_3、VT_4 中。在 $\omega t=2\pi$ 时电压 u_2 过零，VT_3、VT_4 因电感中的感应电动势并没有关断，直到下个周期 VT_1、VT_2 导通时，VT_3、VT_4 加上反压才关断。

值得注意的是，只有当 $\alpha\leqslant\frac{\pi}{2}$ 时，负载电流 i_d 才连续，当 $\alpha>\frac{\pi}{2}$ 时，负载电流不连续，而且输出电压的平均值均接近于 0，因此这种电路控制角的移相范围是 $0\sim\frac{\pi}{2}$。

在电流连续的情况下整流输出电压的平均值为

$$U_{\mathrm{d}}=\frac{1}{\pi}\int_{\alpha}^{\pi+\alpha}\sqrt{2}U_2\sin\omega t\mathrm{d}(\omega t)=\frac{2\sqrt{2}}{\pi}U_2\cos\alpha=0.9U_2\cos\alpha\ (0°\leqslant\alpha\leqslant90°) \tag{3-24}$$

整流输出电压有效值为

$$U=\sqrt{\frac{1}{\pi}\int_{\alpha}^{\pi+\alpha}(\sqrt{2}U_2\sin\omega t)^2\mathrm{d}(\omega t)}=U_2 \tag{3-25}$$

晶闸管承受的最大正反向电压为$\sqrt{2}U_2$。

在一个周期内每组晶闸管各导通 180°，两组轮流导通，变压器二次绕组中的电流是正负对称的方波，电流的平均值 I_{d} 和有效值 I 相等，其波形系数为 1。

在电流连续的情况下整流输出电压的平均值为

$$I_{\mathrm{dT}}=\frac{\theta_{\mathrm{T}}}{2\pi}I_{\mathrm{d}}=\frac{\pi}{2\pi}I_{\mathrm{d}}=\frac{1}{2}I_{\mathrm{d}} \tag{3-26}$$

$$I_{\mathrm{T}}=\sqrt{\frac{\theta_{\mathrm{T}}}{2\pi}}I_{\mathrm{d}}=\sqrt{\frac{\pi}{2\pi}}I_{\mathrm{d}}=\frac{1}{\sqrt{2}}I_{\mathrm{d}} \tag{3-27}$$

在大电感负载情况下，α 接近 $\pi/2$ 时，输出电压的平均值接近于 0，负载上的电压太小。理想的大电感负载是不存在的，故实际电流波形不可能是一条直线，而且在 $\alpha=\pi$ 之前，电流就出现断续。电感量越小，电流开始断续的 α 值就越小。

3. 反电动势负载

对于可控整流电路来说，被充电的蓄电池、电容器、正在运行的直流电动机的电枢（电枢旋转时产生感应电动势 E）等本身是一个直流电压的负载，被称为反电动势负载。

整流电路接有反电动势负载时，如果整流电路中电感 L 为 0，如图 3-24 所示，当整流电压的瞬时值 u_{d} 小于反电动势 E 时，晶闸管承受反压而关断。只有当电源电压 u_2 的瞬时值大于反电动势 E 时，晶闸管才会有正向电压，才能触发导通。导通期间，只有当 u_2 的绝对值等于 E，电流 i 的值降至 0 时，晶闸管才关断。导通角 $\theta<\pi$ 时，整流电流波形出现断流。其波形如图 3-24 所示，图中的 δ 为停止导通角。也就是说与电阻性负载时相比，晶闸管提前了 δ 电角度停止导通。

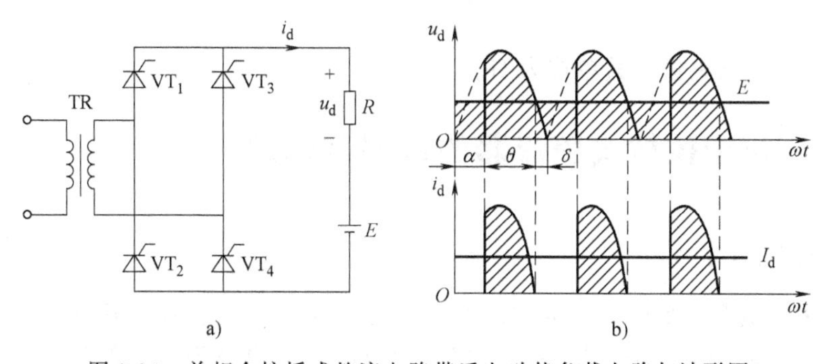

图 3-24　单相全控桥式整流电路带反电动势负载电路与波形图

$\alpha<\delta$ 时，若触发脉冲到来，则晶闸管因承受负电压而不可能导通。为了使晶闸管可靠导通，要求触发脉冲有足够的宽度，保证当 $\omega t=\delta$ 时刻晶闸管开始承受电压时，触发脉冲仍然存

在。这样就要求触发延迟角 $\alpha \geq \delta$。

整流器输出端直流电压平均值

$$U_{\mathrm{d}} = E + \frac{1}{\pi}\int_{\alpha}^{\pi-\delta}(\sqrt{2}U_2\sin\omega t - E)\mathrm{d}(\omega t)$$

$$= E + \frac{1}{\pi}[\sqrt{2}U_2(\cos\delta+\cos\alpha) - E(\pi-\delta-\alpha)] \tag{3-28}$$

$$= \frac{1}{\pi}[2\sqrt{2}U_2(\cos\delta+\cos\alpha)] + \frac{\delta+\alpha}{\pi}E$$

整流电流平均值

$$I_{\mathrm{d}} = \frac{1}{\pi}\int_{\alpha}^{\pi-\delta} i_{\mathrm{d}}\mathrm{d}(\omega t) = \frac{1}{\pi}\int_{\alpha}^{\pi-\delta}\frac{\sqrt{2}U_2\sin\omega t - E}{R_{\mathrm{d}}} \tag{3-29}$$

$$= \frac{1}{\pi R_{\mathrm{d}}}[\sqrt{2}U_2(\cos\delta+\cos\alpha) - \theta E]$$

停止导通角

$$\delta = \arcsin\frac{E}{\sqrt{2}U_2} \tag{3-30}$$

整流输出直接接反电动势负载时，由于晶闸管导通角减小，电流不连续，而负载回路中的电阻又很小，在输出同样的平均电流时，峰值电流大，因而电流有效值将比平均电流大很多。这对直流电动机负载来说，将使其换向电流加大，易产生火花。对于交流电源来说，则因为电流有效值大，要求电源的容量大，其功率因数会降低。因此，一般反电动势负载回路中常串联平波电抗器，这样可以增大时间常数，延长晶闸管的导通时间，使电流连续。只要电感足够大，就能使导通角 $\theta=180°$，使得输出电流波形变得连续且平直，从而改善了整流装置及电动机的工作条件。

在上述条件下，整流电压 u_{d} 的波形和负载电流 i_{d} 的波形与电感性负载电流时的波形相同，u_{d} 的计算公式也一样。针对电动机在低速轻载运行时电流连续的临界情况，可计算出需要的电感量 L

$$L = \frac{2\sqrt{2}U_2}{\pi\omega I_{\mathrm{dmin}}} \tag{3-31}$$

式中，L 为主电路总电感量，其单位为 H。

任务 3.2　三相全控桥式整流器的检测与调试

3.2.1　【任务描述】

整流电路中当负载容量较大，或要求直流电压脉动较小时，应采用三相整流电路。三相可控整流电路中，最基本的是三相半波可控整流电路，应用最为广泛的是三相全控桥式整流电路、双反星形可控整流电路以及十二脉波可控整流电路等。本任务重点介绍三相全控桥式整流电路（电阻性负载）及集成触发电路。三相全控桥式整流电路的主电路如图 3-25 所示，三相晶闸管集成触发电路如图 3-26 所示（均源于本任务将使用的实训装置）。

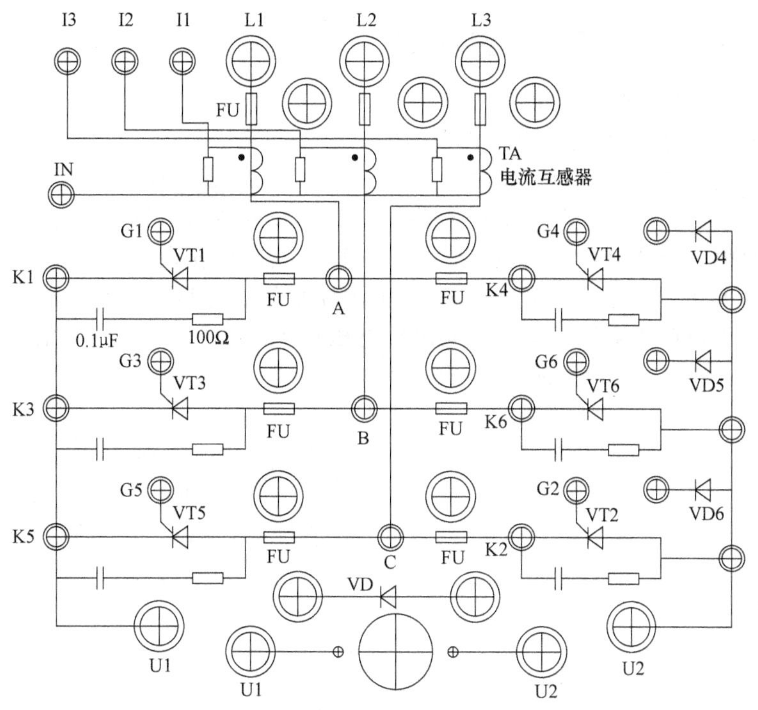

图 3-25　三相全控桥式整流电路主电路

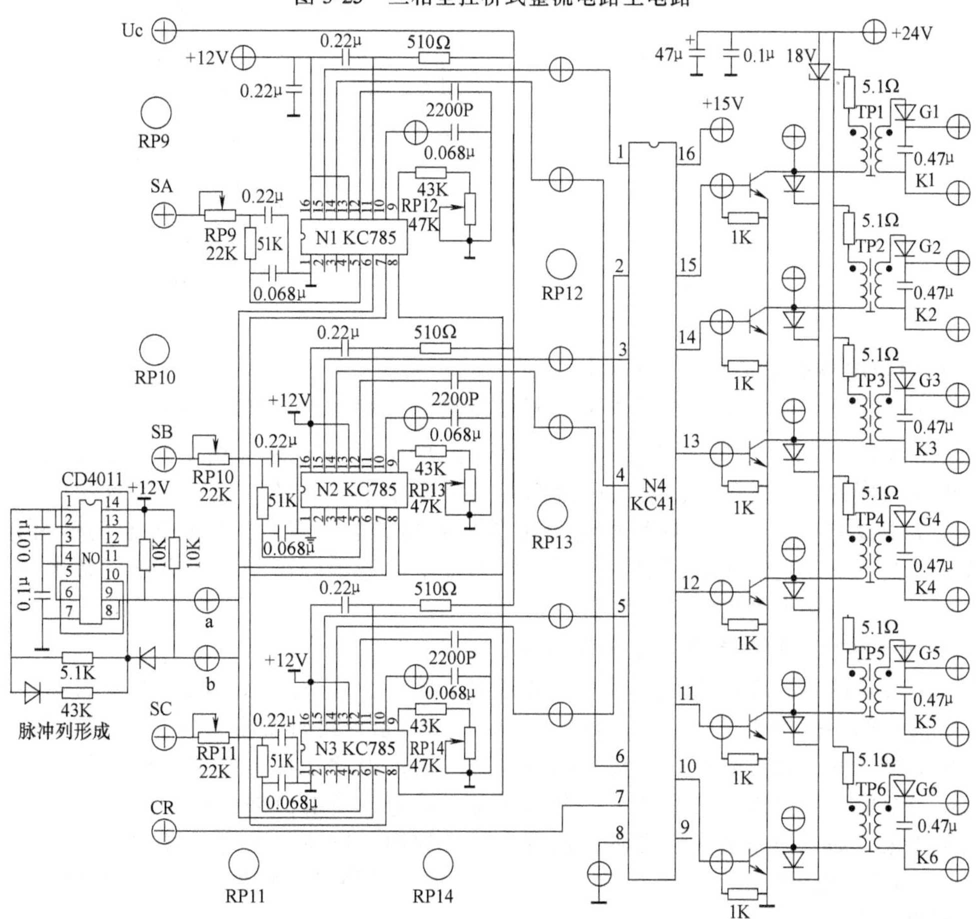

图 3-26　三相晶闸管集成触发电路

3.2.2 【相关知识】三相可控整流电路

3.2.2.1 三相可控整流电路原理图

1. 三相半波可控整流电路（电阻性负载）

三相半波可控整流电路原理图如图3-27a所示，为了得到零线，整流变压器TR的二次绕组接成星形；为了给三次谐波电流提供通路，减少高次谐波对电网的影响，变压器一次绕组接成三角形。图中三个晶闸管的阴极连在一起，称为共阴极接法。三个晶闸管的触发脉冲互差120°，在三相整流电路中，通常规定$\omega t=30°$为控制角α的起点，称为自然换相点。三相半波共阴极整流电路的自然换相点是三相电源相电压正半周波形的交点（如图3-27b），在各相相电压的30°处，即ωt_1、ωt_2、ωt_3点。自然换相点之间互差120°。

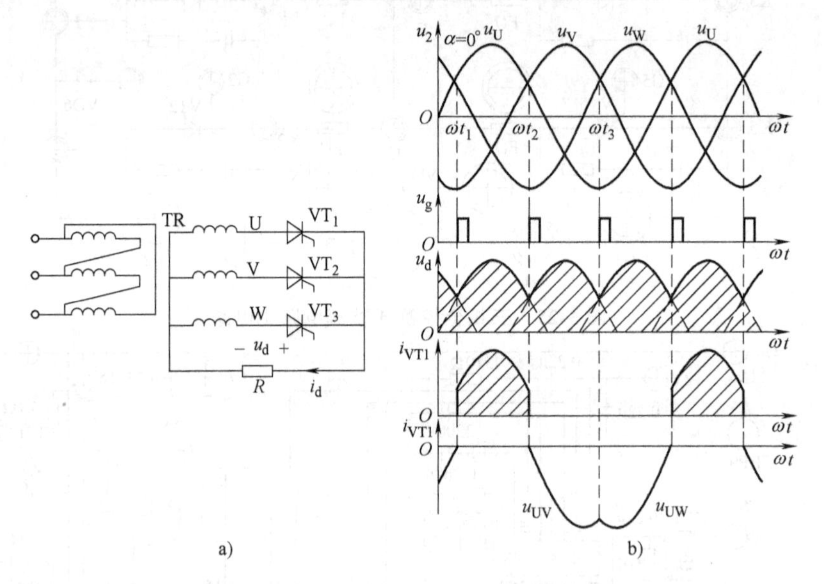

图3-27 三相半波可控整流电路（电阻性负载）原理图及波形图
a）电路图 b）波形图

2. 三相全控桥式整流电路（电阻性负载）

三相全控桥式整流电路可以看作是共阴极接法的三相半波（VT_1、VT_3、VT_5）和共阳极接法的三相半波（VT_4、VT_6、VT_2）的串联组合，如图3-28a所示。由于共阴极组在正半周导电，流经变压器的是正向电流；而共阳极组在负半周导电，流经变压器的是反向电流。因此变压器绕组中没有直流磁通，且每相绕组正负半周都有电流流过，提高了变压器的利用率。共阴极组的输出电压是输入电压的正半周，共阳极组的输出电压是输入电压的负半周，总的输出电压是正、负两个输出电压的串联。

3. 三相半控桥式整流电路（电阻性负载）

在中等容量的整流装置或不要求可逆的电力拖动中，可采用比三相全控桥式整流电路更简单经济的三相半控桥式整流电路，如图3-29a所示。它由共阴极接法的三相半波可控整流电路与共阳极接法的三相半波不可控整流电路串联而成，因此这种电路兼有可控与不可控的特性。共阳极组的三个整流二极管总是在自然换流点换流，使电流换到阴极电位更低的一相中去；而共阴极组的三个晶闸管则要在触发后才能换到阳极电位高的那一相中去。输出整流电压u_d的波形是二组整流电压波形之和，改变共阴极组晶闸管的控制角α，可获得$0\sim2.34U_2$的直流可调电压。

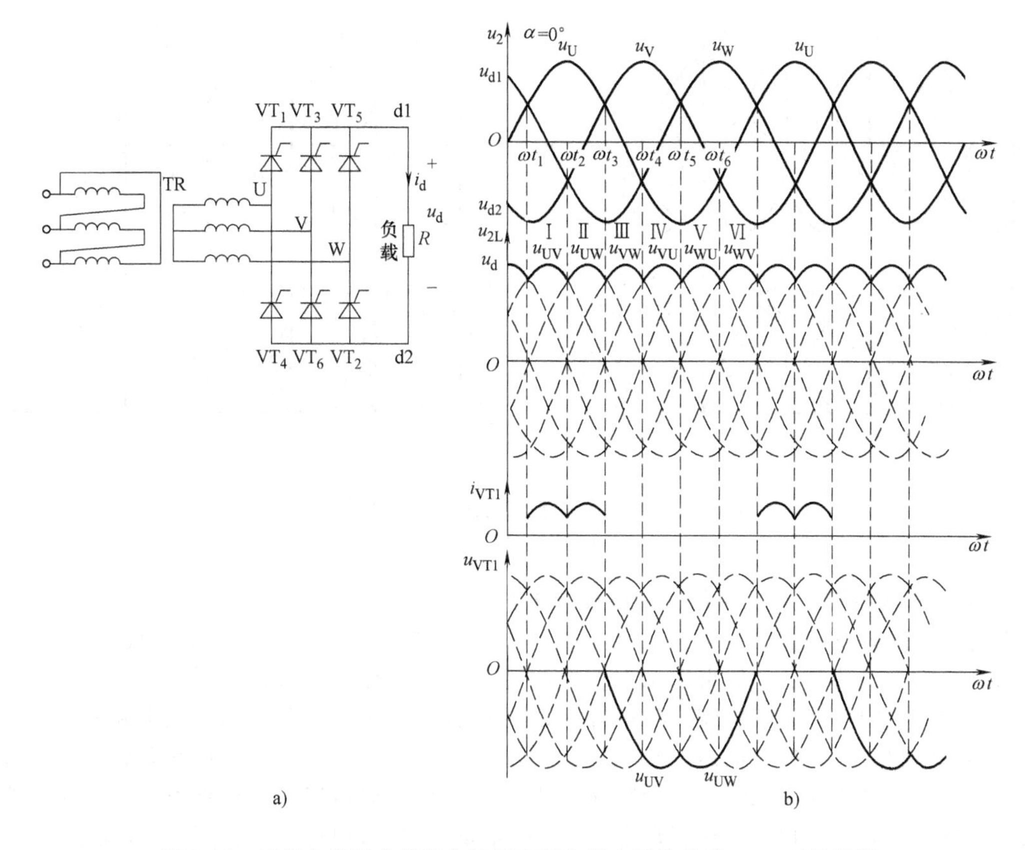

图 3-28　三相全控桥式整流电路原理图和带电阻性负载 α=0°时的波形

a）电路图　b）波形图

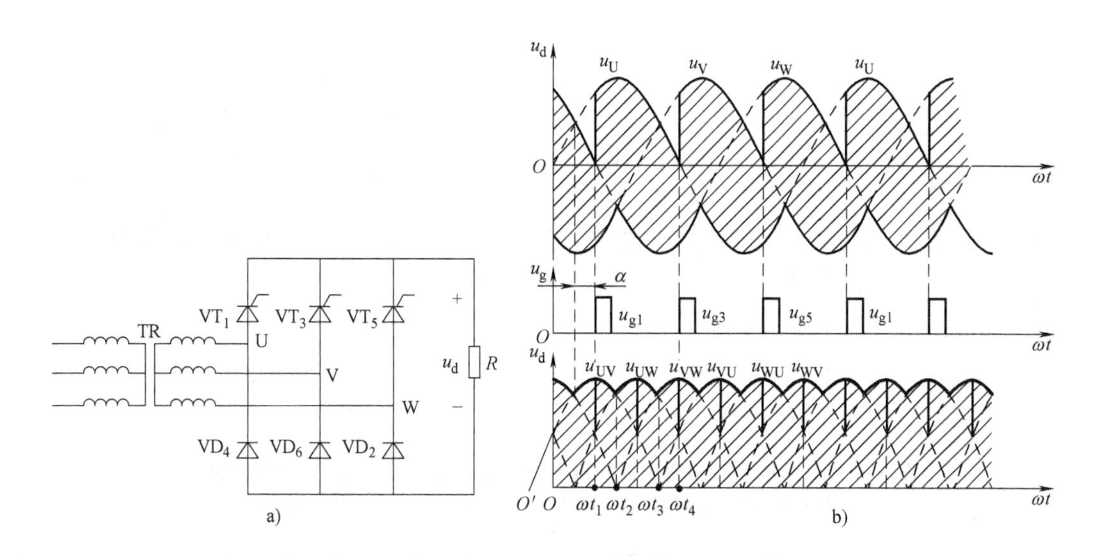

图 3-29　三相半控桥式整流电路及其电压波形

a）电路图　b）α=30°

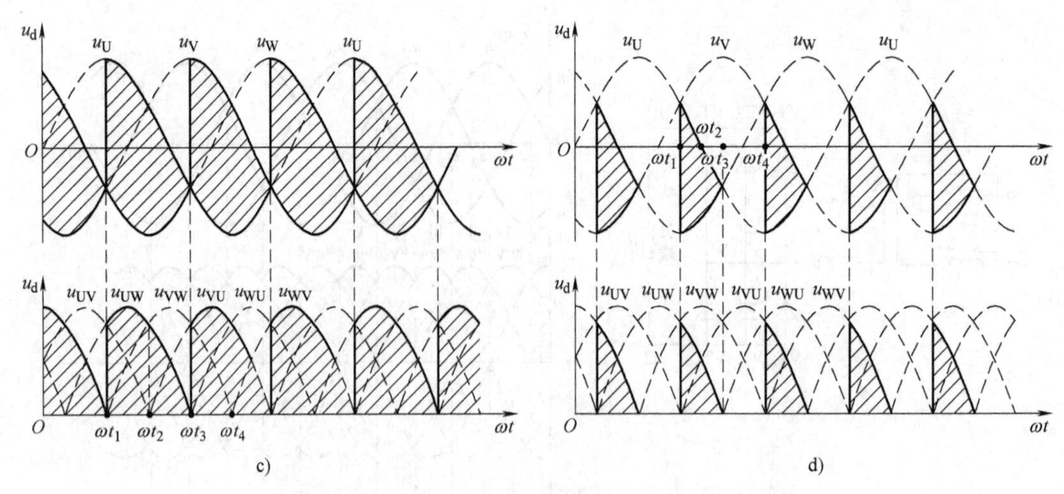

图 3-29　三相半控桥式整流电路及其电压波形（续）

c）$\alpha=60°$　d）$\alpha=120°$

4. 带平衡电抗器的双反星形大功率整流电路

电解、电镀等设备需要低电压、大电流可控直流电源，这些电源电压一般只有几十伏，而电流高达几千至几万安。如果采用三相半波可控整流电路，则每相需要十几个晶闸管并联才能满足这么大的电流，使均流、保护等一系列问题复杂化。由于三相桥式电路是两个三相半波电路的串联，适宜在高电压、小电流的情况下工作。对于低压、大电流负载，能否用两组三相半波整流电路并联工作，利用整流变压器二次侧的适当连接，达到消除三相半波整流电路变压器直流磁化的缺点，这就是带平衡电抗器的双反星形可控整流电路的形成思路。

图 3-30a 所示为有两组二次绕组的双反星形变压器，图 3-30b 所示为带平衡电抗器 L_B 的双反星形可控整流电路原理图。

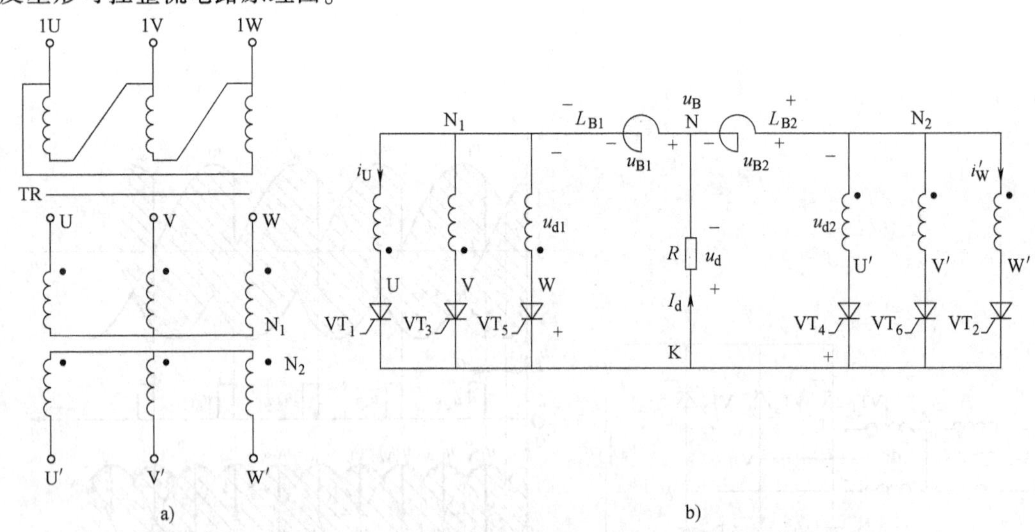

图 3-30　双反星形三相变压器和带平衡电抗器的双反星形可控整流电路

a）双反星形三相变压器　b）带平衡电抗器的双反星形可控整流电路

电路中整流变压器一次绕组接成三角形，两组二次绕组 U—V—W 和 U′—V′—W′接成星形，但接到晶闸管的两绕组同名端相反，画出的电压矢量图是两个相反的星形，故称双反星形。在两个中点 $N_1 \sim N_2$ 之间接有平衡电抗器 $L_B(L_{B1}+L_{B2})$。平衡电抗器就是一个带有中心抽头的铁心线圈，抽头两侧的绕组匝数相等，二次侧电感量 $L_{B1}=L_{B2}$，在任一一次侧线圈中有交变电流流过时，在 L_{B1} 与 L_{B2} 中均会有大小相同、方向一致的感应电动势产生。

可见双反星形整流电路由两个三相半波整流电路并联而成，每组供给总负载电流的一半。它与由两个三相半波电路串联而成的三相桥式电路相比，输出电流可增大一倍。变压器二次侧两绕组的极性相反是为了消除变压器中的直流磁势。

3.2.2.2 TCA785（国产型号为 KJ785 或 KC785）集成触发电路

1. TCA785 内部结构

TCA785 是西门子公司开发的第三代晶闸管单片移相触发集成电路，它的输入和输出与 CMOS 及 TTL 电平兼容，具有较宽的电压范围和较大的负载驱动能力，每路可直接输出 250mA 的驱动电流。其电路结构决定了自身较宽的锯齿波电压范围，对环境温度较强的适应性。该集成电路的工作电源电压范围为-0.5～+18V。TCA785 的引脚和内部原理示意图如图 3-31 所示。

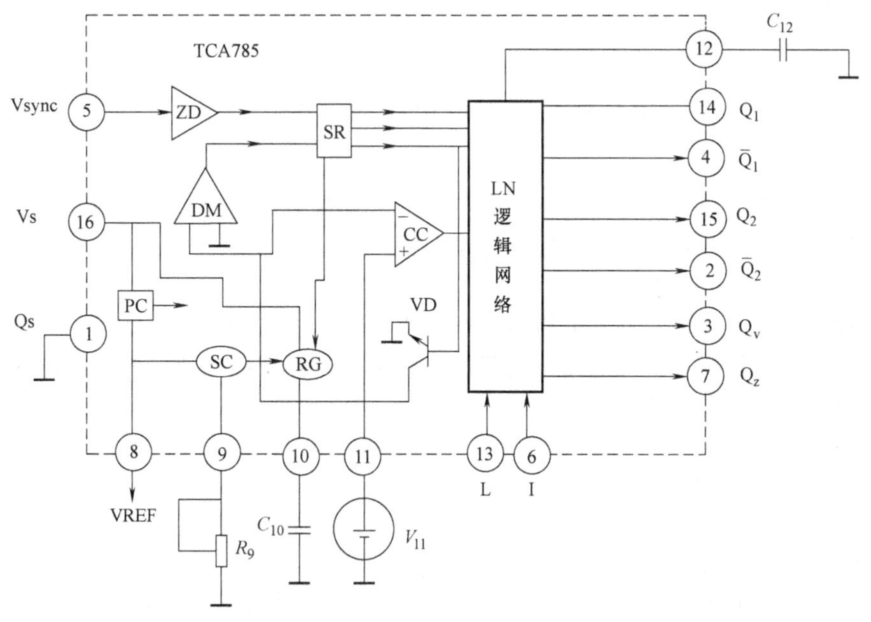

图 3-31　TCA785 的引脚内部原理示意图

TCA785 的内部结构包括零点鉴别器 ZD、同步寄存器 SR、恒流源 SC、控制比较器 CC、放电晶体管 VD、放电监控器 DM、电平转换及稳压电路 PC、锯齿波发生器 RG 及输出逻辑网络 LN 共九个单元。

TCA785 是双列直插式的 16 脚大规模集成电路，其各引脚功能如下：16 脚为电源端，1 脚为接地端，4 脚和 2 脚为输出脉冲 Q_1、Q_2 的反相端，14 脚和 15 脚为输出脉冲 Q_1、Q_2 端，13 脚为输出脉冲 Q_1、Q_2 宽度控制端，12 脚为输出 Q_1、Q_2 脉宽控制端，11 脚为移相控制直流电压输入端，10 脚为外接锯齿波电容连接端，9 脚为锯齿波电阻连接端，8 脚为 TCA785 自身输出的高稳定基准电压端，7 脚和 3 脚为 TCA785 输出的两个逻辑脉冲信号端，6 脚为脉冲信号禁止端，5 脚为同步电压输入端。

工作过程如下。来自同步电压源的同步电压，经高阻值的电阻后，送给电源零点鉴别器 ZD，经 ZD 检测出其过零点后，送同步寄存器 SR 寄存。同步寄存器 SR 中的零点寄存信号控制锯齿波的产生，对锯齿波发生器的电容 C_{10} 充电，由电阻 R_9 决定恒流源 SC 对其充电的电压上升斜率，当电容 C_{10} 两端的锯齿波电压大于移相控制电压 V_{11} 时，便产生一个脉冲信号送到输出逻辑网络。由此可见，触发脉冲的移相受移相控制电压 V_{11} 的大小控制，因而触发脉冲可在 0°~180°范围内移相。对每一个半周，在输出端 Q_1、Q_2 出现大约 30ms 宽度的窄脉冲。该脉冲宽度可由 12 脚的电容 C_{12} 决定。如果 12 脚接地，则输出脉冲 Q_1、Q_2 的宽度为 180°的宽脉冲。

2. KC785 主要技术数据

电源电压：直流+15V（允许工作范围为 12~18V）

电源电流：≤10mA

同步输入端允许最大同步电流：200μA

移相范围：≥170°

输出脉冲幅度：高电平≥电源电压-2.5V

低电平≤2V

最大输出能力：55 mA

封装：采用 16 脚塑料双列直插封装

允许使用温度：-10℃~+70℃

3.2.3 【任务实施】三相全控桥式整流电路的调试

1. 实训目标

1）掌握三相全控桥式整流主电路（见图 3-25）和触发电路（见图 3-26）的结构特点。

2）掌握整流变压器及同步变压器的连接方法。

3）会检测电路中的元器件。

4）掌握三相晶闸管集成触发电路的工作原理与调试方法，会观测和分析波形。

5）掌握三相全控桥式整流电路（电阻性负载时）在不同控制角下的电压与电流波形。

6）会分析和排除常见故障。

2. 实训场所及器材

地点：光伏发电技术实训室。

器材：亚龙 YL-209 型电力电子实训装置、双踪示波器、万用表、变阻器。

3. 实训步骤

1）整流变压器采用 DY11 联结（见图 3-32a），同步变压器采用 YY10 联结（见图 3-32b），不接负载接线方式如图 3-32c 所示。将它们的一次侧接上 220V/380V 电源，用示波器测量 U_{A1}、U_A 和 U_{SA} 的幅值与波形，观察后者是否较前者超前 30°。同时测量±12V 电源电压是否正常。

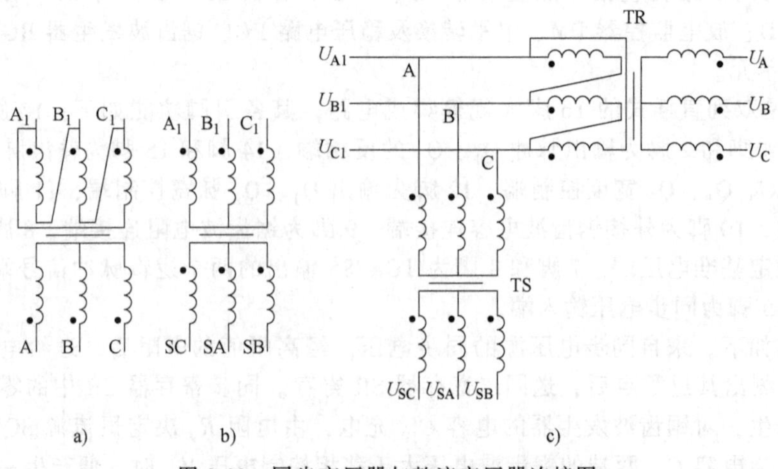

图 3-32 同步变压器与整流变压器连接图

2）切断电源，将整流变压器的输出 U_A、U_B、U_C 分别接入主电路的输入端 L_1、L_2、L_3。在主电路的输出端 U_1 和 U_2 间接上一个电阻负载（变阻器）。

3）触发电路接+12V、+15V 及+24V 电源，输入同步电压（16.5V），控制电压 U_C 端接在稳压电源上，U_C 在 0~8V 间进行调节。先使 U_C 为 4V 左右，用万用表及示波器观测 N_1 的 10 脚（锯齿波）及 14 脚、15 脚的输出（双脉冲列）幅值与波形。

4）当控制电压 U_C 为最小时，控制角最小，此时输出电压为最大。反之，当 $U_C=8V$ 时，触发脉冲消失，$U_d=0$。调节 R_{P1}，使 N_1 锯齿波的幅值为 7.8~7.9V，当 U_{C1} 增大到最大（8V 左右）时，再适当调节 R_{P1}，使 N_1 的脉冲刚好消失。

5）再以 N_1 的锯齿波为基准，调节 R_{P2} 和 R_{P3}，使 N_2 和 N_3 锯齿波的斜率与 N_1 相同（用示波器观察）。

6）调节控制电压 U_C，使 U_C 由 0 变到 8V，观察脉冲的移相范围，并测量六个触发脉冲是否互差 60°，记录触发脉冲的波形。

7）测量 N_4 的 10 脚~15 脚输出脉冲的幅值与相位，若各触发脉冲正确无误。则在切断电源后，将脉冲变压器的输出接到对应的六个晶闸管的 G、K 极。

8）合上电源，观测电阻负载两端电压的数值与波形，调节 U_C 的大小，使控制角分别为 30°、60°、90°及 120°，记录电压的平均值与波形。

9）测量 $\alpha=60°$时 VT_1 的 K、A 极间电压波形。

10）若六只晶闸管中有一只损坏（假设 VT_2 损坏，除去它的触发脉冲），重新测量 U_d 的幅值与波形，并从晶闸管的波形去判断器件是否正常。

4. 实验注意事项

1）由于此实验为一大型实验，涉及许多理论知识，因此实验前要复习新能源变换技术课程的相关基础知识，并仔细阅读实验指导书，列出实验步骤。

2）由于实验连线较多，因此应连好一单元，检查一单元，并测试是否正常。只有在确保各单元工作正常无误的情况下，才可将各单元联结起来。

3）实验中有多处要用示波器进行比较测量，要注意找出两个探头公共端的接线处，否则很容易造成短路。

5. 任务考核标准

任务考核标准见表 3-4。

表 3-4 任务考核标准

项目类型	考核项目	考核内容	考核标准				得分
			A	B	C	D	
学习过程（20 分）	三相全控桥式整流电路	正确说出三相全控桥式整流电路各元器件的作用，错误一处扣 3 分 正确分析 KC785 集成触发电路各引脚的功能，错误一处扣 3 分	20	16	12	8	
操作能力（50 分）	三相全控桥式整流电路主电路的联结	掌握整流变压器、同步变压器的联结方式，错误一处扣 5 分	20	16	12	8	
	KC785 集成触发电路的应用	将触发电路连接到整流电路上，完成电路的连接，每错一处扣 5 分	15	12	9	6	

（续）

项目类型	考核项目	考核内容	考核标准				得分
			A	B	C	D	
操作能力（50分）	三相全控桥式电路的调试	调节控制角为30°、60°、90°、120°，分别观察输出电压的波形及平均值，每错一处扣3分 测量控制角为60°时，晶闸管 VT_1 上的电压波形，每错一处扣3分 正确使用示波器，测试方法错误扣10分	15	12	9	6	
安全文明操作（30分）	操作规范	违反操作规程一次扣10分 元器件损坏一个扣10分	10	8	6	4	
	现场整理	经提示后将现场整理干净扣5分 不合格，本项0分	10	8	6	4	
	综合表现	学习态度、学习纪律、团队精神、安全操作等	10	8	6	4	
总分			100	80	60	40	

遇到的问题					
学习收获					
改进意见及建议					
教师签名		学生签名		班级	

3.2.4 【知识拓展】其他类型的触发电路

1. 同步信号为锯齿波的触发电路

同步信号为锯齿波的触发电路，由于采用锯齿波同步电压，所以不受电网电压波动的影响，电路的抗干扰能力强，在触发200A以下的晶闸管变流电路中得到广泛应用。锯齿波触发电路主要由脉冲形成与放大、锯齿波形成和脉冲移相、同步、双窄脉冲形成、强触发等环节组成，如图3-33所示。下面对该电路进行简单介绍。

（1）脉冲形成与放大环节

如图3-33所示，脉冲形成环节由 V_4、V_5 构成；放大环节由 V_7、V_8 组成。控制电压 u_{co} 加在 V_4 的基极上，电路的触发脉冲由脉冲变压器TI的二次绕组输出。脉冲前沿由 V_4 的导通时刻确定，V_5（或 V_6）的截止持续时间即为脉冲宽度。

（2）锯齿波的形成和脉冲移相环节

锯齿波的形成采用了恒流源电路方案，由 V_1、V_2、V_3 和 C_2 等元器件组成，其中 V_1、VS、R_{P2} 和 R_3 为一恒流源电路。

1）当 V_2 截止时，恒流源电流 I_{1C} 对电容 C_2 充电，u_c（u_{b3}）按线性规律增长，形成锯齿波上升沿；调节电位器 R_{P2}，可改变 C_2 的恒定充电电流 I_{1C}。可见 R_{P2} 是用来调节锯齿波上升沿斜率的。

2）当 V_2 导通时，因 R_4 很小，所以 C_2 迅速放电，使得 u_{b3}（u_c）迅速降到0附近。当 V_2 周期性地导通和关断时，u_{b3} 便形成一锯齿波，同样 u_{e3} 也是一个锯齿波。

3）V_4 基极电压由锯齿波电压 u_{e3}、控制电压 u_{co}、直流偏移电压 u_p 三者的叠加作用决定，它们分别通过电阻 R_6、R_7、R_8 与 V_4 的基极连接。

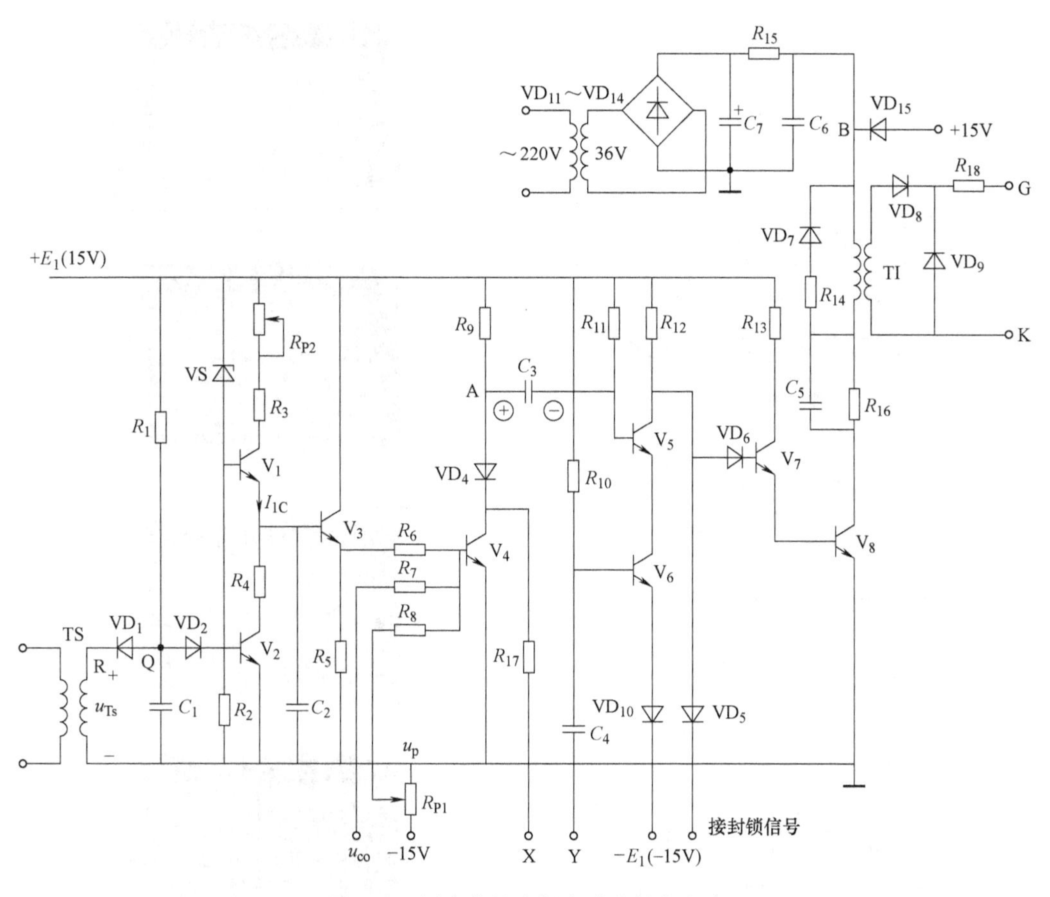

图 3-33　同步信号为锯齿波的触发电路

根据叠加原理，先设 u_h 为锯齿波电压 u_{e3} 单独作用在 V_4 基极时的电压，u_h 仍为锯齿波，但斜率比 u_{e3} 低。直流偏移电压 u_p 单独作用在 V_4 基极时的直流偏移电压 u'_p 也为一条与 u_p 平行的直线，但绝对值比 u_p 小。控制电压 u_{co} 单独作用在 V_4 基极时的控制电压 u'_{co} 仍为一条与 u_{co} 平行的直线，但绝对值比 u_{co} 小。

如果 $u_{co}=0$，u_p 为负值，u_{b4} 的波形由 $u_h+u'_p$ 确定。当 u_{co} 为正值时，u_{b4} 的波形由 $u_h+u'_p+u'_{co}$ 确定。实际波形如图 3-34 所示，图中 M 点是 V_4 由截止到导通的转折点，也就是脉冲的前沿。V_4 经过 M 点时电路输出脉冲。因此当 u_p 为某固定值时，改变 u_{co} 便可以改变 M 点的坐标，即改变了脉冲的产生时刻，脉冲被移相。可见施加 u_p 的目的是确定控制电压 $u_{co}=0$ 时脉冲的初始相位。

(3) 同步环节

对于同步信号为锯齿波的触发电路，与主电路同步是指要求锯齿波的频率与主电路电源的频率相同且相位关系确定。从图 3-33 可知，锯齿波是由开关管 V_2 控制的，V_2 由导通变截止期间产生锯齿波，V_2 截止状态维持的时间就是锯齿波的宽度，V_2 的开关频率就是锯齿波的频率。图 3-33 中的同步环节由同步变压器 TS、VD_1、VD_2、C_1、R_1 和作为同步开关用的晶体管 V_2 组成。同步变压器和整流变压器接在同一电源上，这就保证了触发脉冲与主电路电源同步。用同步变压器的二次电压来控制 V_2 的通断，V_2 在一个正弦波周期内，有截止与导通两

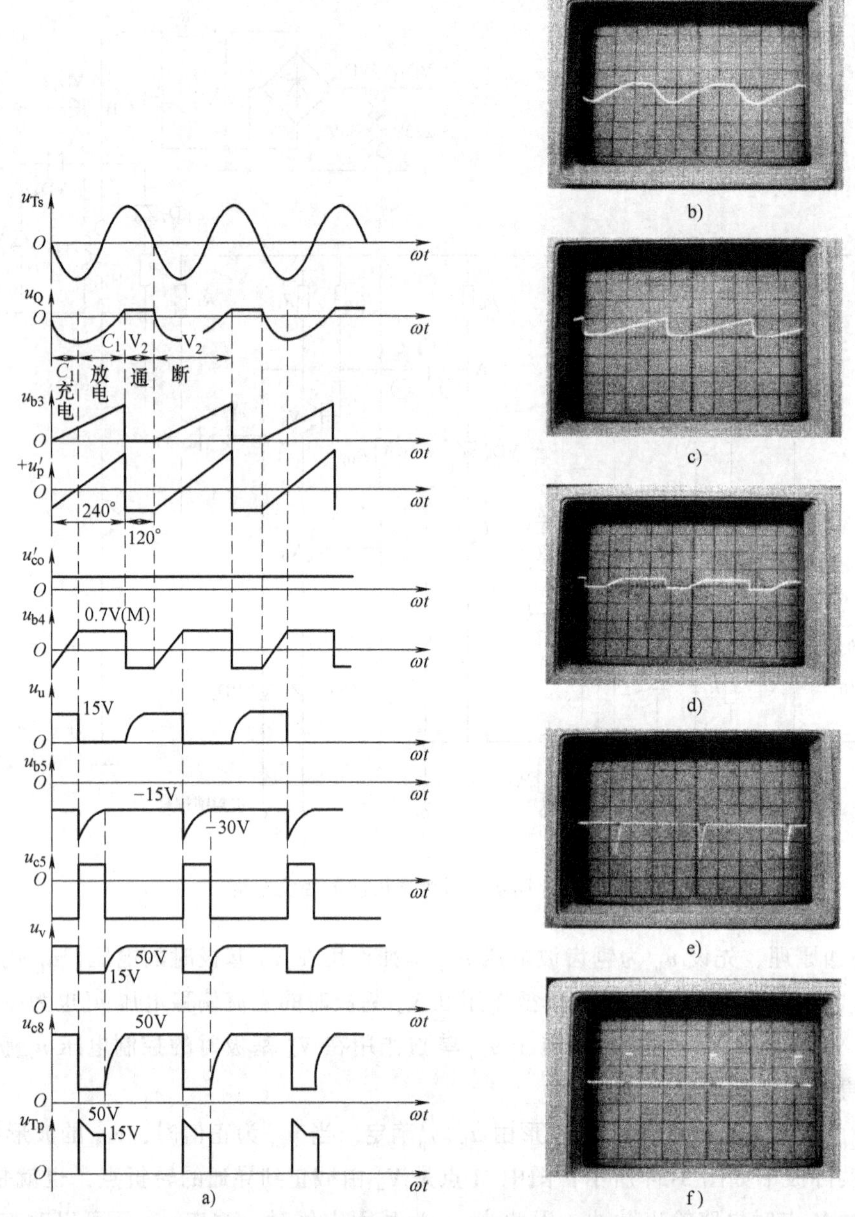

图 3-34　同步信号为锯齿波的触发电路的工作波形

a）理论波形　b）u_Q 波形　c）u_{b3} 锯齿波波形　d）u_{b4} 波形　e）u_{b5} 波形　f）u_{c5} 波形

个状态，对应的锯齿波波形恰好是一个周期，与主电路电源频率和相位完全同步，达到同步的目的。可以看出，锯齿波的宽度是由充电时间常数 R_1C_1 决定的。

（4）双窄脉冲形成环节

图 3-33 所示的触发电路在一个周期内可输出两个间隔 60°的脉冲，称为内双脉冲电路。

而在触发器外部通过连接脉冲变压器得到的双脉冲称为外双脉冲。内双脉冲电路的一个脉冲由本触发单元的 u_{co} 控制产生。隔 60°的第二个脉冲由滞后 60°的后一相触发单元生成一个控制信号引至本单元，使本触发单元第二次输出触发脉冲。

在三相全控桥式整流电路中，要求晶闸管的触发导通彼此间隔60°，顺序为VT_1→VT_2→VT_3→VT_4→VT_5→VT_6，相邻器件为双触发导通。因此双脉冲形成环节的接线可按图3-35进行。六个触发器的连接顺序是：1Y2X、2Y3X、3Y4X、4Y5X、5Y6X、6Y1X。

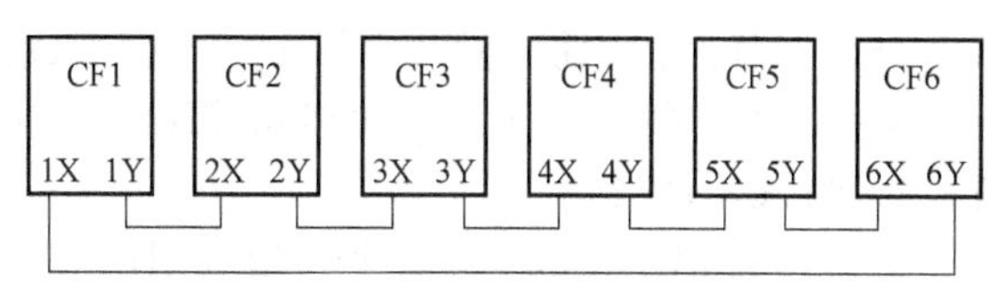

图3-35 触发器的连接顺序

(5) 强触发环节

如图3-33所示，强触发环节中的36V交流电压经整流、滤波后得到50V直流电压，然后经R_{15}对C_6充电，B点电位为50V。当V_8导通时，C_6经脉冲变压器一次侧R_{16}、V_8迅速放电，形成脉冲尖峰，由于R_{16}阻值很小，B点电位迅速下降。当B点电位下降到14.3V时VD_{15}导通，B点电位被15V电源箝位在14.3V，形成脉冲平台。R_{14}、C_5组成加速电路，用来提高触发脉冲前沿陡度。

强触发可以缩短晶闸管开通时间，提高电流上升率承受能力，有利于改善串、并联元器件的均压和均流，提高触发可靠性。

2. 集成触发电路

使用集成触发器可使触发电路更加小型化，结构更加标准统一，大大简化触发电路的生产、调试及维修。目前国内生产的集成触发器有KJ系列和KC系列，下面简要介绍KC系列中的KC04移相触发器。

(1) 主要技术指标

电源电压为DC±15 V，允许波动为±5%；电源电流中正电流不大于15mA，负电流不大于8mA；移相范围不小于170°；脉冲宽度为400μs～2ms；脉冲幅值不小于13V；最大输出能力为100mA；正负半周脉冲不均衡度不超过±3°；环境温度为-10℃～+70℃。

(2) 内部结构与工作原理

KC04移相触发器的内部线路与分立元器件组成的锯齿波触发电路相似，也是由锯齿波形成、移相控制、脉冲形成及放大、脉冲输出等基本环节组成。由于集成触发电路内部无法看到，作为使用者来说，更关注的是芯片外部引脚的功能。KC04移相触发器的引脚分布如图3-36所示，各引脚的波形如图3-37所示。

引脚1和引脚15之间输出双路脉冲，两路脉冲相位互差180°，它可以作为三相全控桥式主电路同一相上下两个桥臂晶闸管的触发脉冲。可以与KC41双脉冲形成器、KC42脉冲列形成器构成六路双窄脉冲触发器。其16

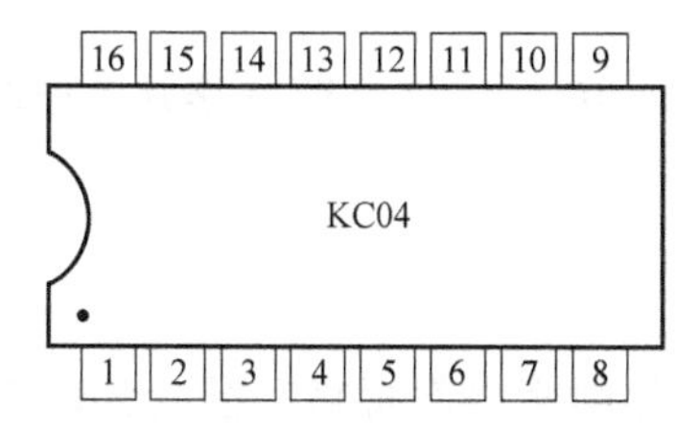

图3-36 KC04移相触发器的引脚分布

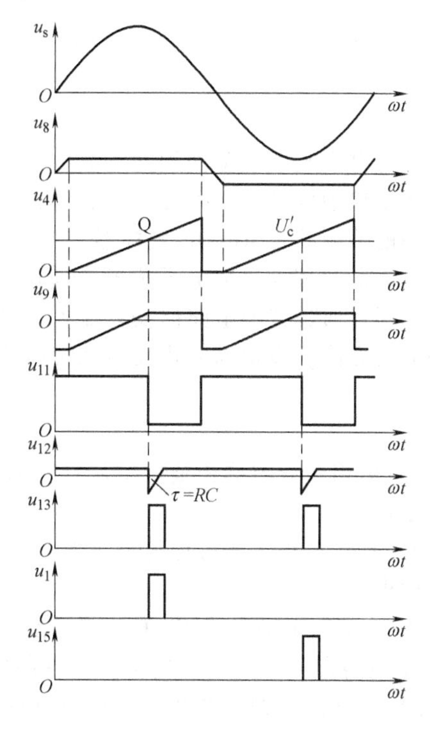

图3-37 KC04移相触发器各引脚的波形

脚接+5V 电源，8 脚输入同步电压 u_s。4 脚形成的锯齿波可以通过调节电位器改变斜率。9 脚为锯齿波、直流偏移电压 $-U_b$ 和移相控制直流电压 U_c 的综合比较输入。13 脚可提供脉冲列调制和脉冲封锁的控制。

图 3-38 给出了 KC04 的一个典型应用电路，从芯片与外围电路的连接也可以看出部分引脚的功能。

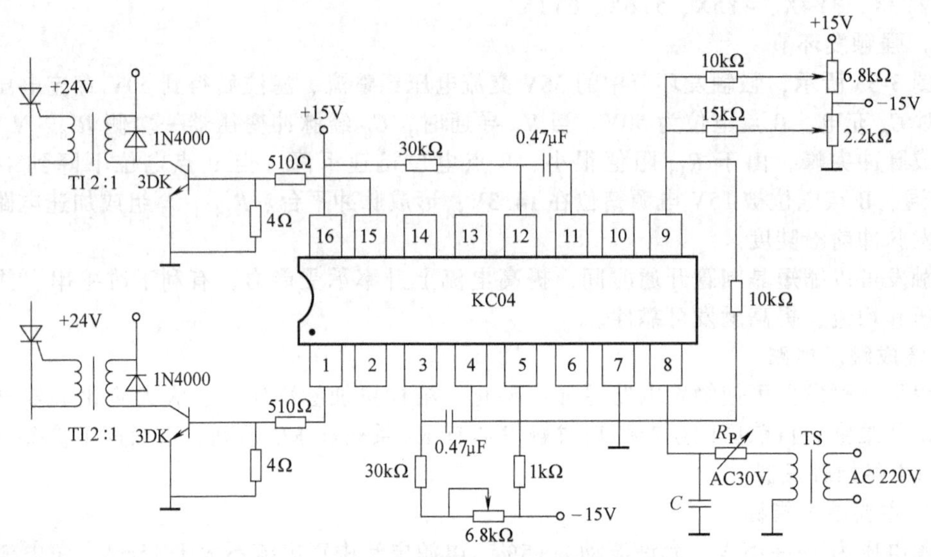

图 3-38　KC04 典型的应用电路

KC04 移相触发器主要用于单相或三相全控桥式装置。KC 系列中还有 KC01、KC09 等。KC01 主要用于单相、三相半控桥等整流电路的移相触发，可获得 60°的宽脉冲。KC09 是 KC04 的改进型，两者可互换，适用于单相、三相全控式整流电路中的移相触发，可输出两路相位差 180°的脉冲。它们都具有输出负载能力大、移相性能好以及抗干扰能力强的特点。

【项目总结】

电力电子装置经常使用的整流电路形式有不可控器件电力二极管整流器，半控型器件晶闸管和全控型器件，又可分为单相整流和三相整流器，应用在不同的场合。在光伏发电系统中使用的整流器是 AC-DC 变换器，主要是单相可控或不可控整流器，由电力二极管构成的不可控整流器原理与过去电子技术中使用的整流电路基本相同，因而在本项目中并没有展开学习。本项目通过典型电路的安装制作，使学生快速入门并重点掌握单相可控整流器的电路特点和应用方法，以提高光伏发电系统电能变换装置的整体调测能力。

【项目训练】

1）单相全波与单相全控桥从直流输出端或从交流输入端看都是基本一致的，两者的区别是什么？

2）有一单相半波可控整流电路，带电阻性负载 $R_d=10\Omega$，交流电源直接从 220V 电网获得，试求：

① 输出电压平均值 U_d 的调节范围。

② 计算晶闸管电压与电流并选择晶闸管。

3）试分析单相半波整流电路中门极不加触发脉冲、晶闸管内部短路和晶闸管内部断开三种情况下晶闸管两端电压和负载两端电压的波形。

4）画出当 $\alpha=60°$时，单相半波可控整流电路中以下三种情况的 u_d、i_T 及 u_T 的波形。

① 带电阻性负载。

② 带大电感负载、不接续流二极管。

③ 带大电感负载、接续流二极管。

5）单相全控桥式整流电路中，若有一只晶闸管因过电流而烧成短路，结果会怎样？若这只晶闸管烧成断路，结果又会怎样？

6）在单相全控桥式整流电路带大电感负载的情况下，输出电压平均值突然变得很小，且电路中各整流器件和熔断器都完好，试分析故障发生在何处。

7）单相全控桥式整流电路带大电感负载，交流侧电压有效值为 220V，负载电阻 R_d 为 4Ω，计算当 $\alpha=60°$时，直流输出电压平均值 U_d、输出电流的平均值 I_d；若在负载两端并联接上续流二极管，其 U_d、I_d 又是多少？此时流过晶闸管和续流二极管的电流平均值和有效值又是多少？画出上述两种情形下的电压、电流波形。

8）单相全控桥式整流电路带大电感负载时，它与单相半控桥式整流电路中的续流二极管的作用是否相同？为什么？

项目4　光伏直流变换器的安装与调试

光伏发电系统中的直流变换对应电力电子技术中的直流斩波，直流斩波技术是随着电力电子技术的进步而发展起来的一门新技术，通过直流斩波器可以实现直流电压或电流的调整，即DC-DC变换。本项目将通过应用实例，让学生掌握变换器的电路特点及应用，从中发现直流斩波器技术的优势，提高大家的专业学习兴趣，然后利用实训配置的发电系统平台，结合光伏电子工程的设计与实施过程，进一步讲解直流斩波器在光伏发电系统电能变换环节的作用，通过应用实例，提高大家对直流变换器的分析应用能力。

知识目标：

1）认识直流变换电路的类型和特点。

2）熟悉基本变换电路的工作原理。

3）熟悉小型直流变换电路的结构和特点。

能力目标：

1）能够独立完成小型直流电源变换器的制作。

2）能够在教师指导下正确安装和调试直流变换模块。

项目任务：

小型电源升压器的制作与调试

4.1 【任务描述】

对照图4-1所示的参考原理图制作一个小型电源升压器，进而掌握直流斩波器的应用。完

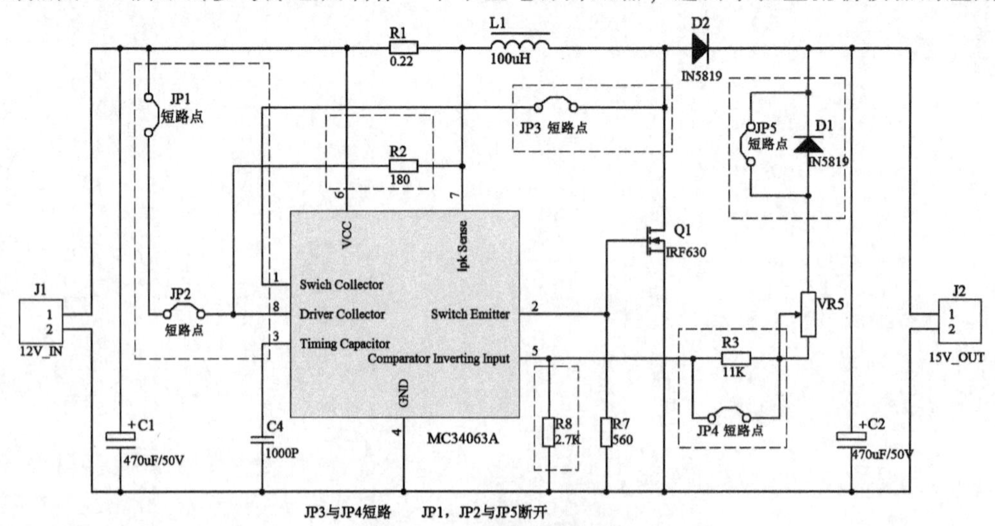

图4-1　小型电源升压器

成的电源升压器参见图 4-2。

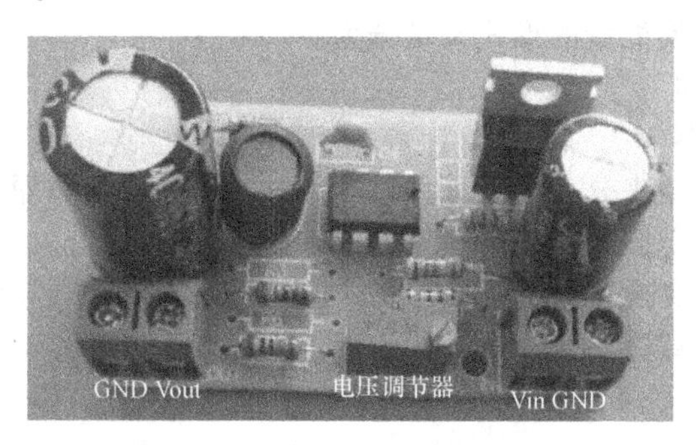

图 4-2　完成的电源升压器

4.2 【相关知识】直流变换器（斩波器）

将某一幅值的直流电压变换成另一幅值固定或大小可调的直流电压的过程称为直流-直流电压变换。它的基本原理是通过对电力电子器件的通断控制，将直流电压断续地加到负载上，通过改变占空比 D 来改变输出电压的平均值。它是一种开关型 DC-DC 变换电路，俗称斩波器（Chopper）。直流变换技术被广泛应用于可控直流开关稳压电源、焊接电源和直流电机的调速控制。

在直流斩波器中，因输入电源为直流电，电流无自然过零点，半控器件的关断只能通过强迫换流措施来实现。强迫换流电路需要较大的换流电容等，造成了线路的复杂化和成本的提高。因此，直流斩波器多以具有自关断能力的全控型电力电子器件作为开关器件。

4.2.1　直流斩波器的基本工作原理

1. 直流斩波器的基本结构和工作原理

图 4-3 所示为直流斩波器的原理图。图中开关 S 可以是各种全控型电力电子开关器件，输入电压 E 为固定的直流电压。当开关 S 闭合时，直流电流经过 S 给负载 R 和 L 供电；开关 S 断开时，直流电源供给负载 R、L 的电流被切断，L 的储能经二极管 VD 续流，负载 R、L 两端的电压接近于 0。

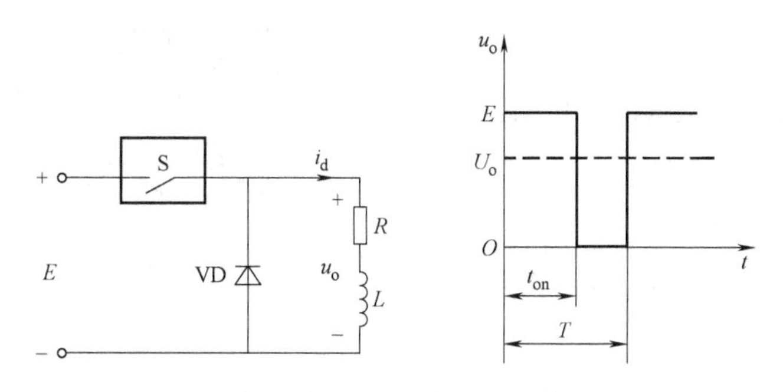

图 4-3　直流斩波器的原理图

2. 直流斩波器的分类

直流斩波器按照调制形式可分为：

1）脉冲宽度调制（PWM）。

2）脉冲频率调制（PFM）。

3）混合调制。

按直流电源和负载交换能量的形式又可分为：

1）单象限直流斩波器。

2）二象限直流斩波器。

直流斩波器按变换电路来分有以下五种基本形式，下一小节将重点讲解。

1）降压式直流-直流变换。

2）升压式直流-直流变换。

3）升压-降压复合型直流-直流变换。

4）库克直流-直流变换。

5）全桥式直流变换。

4.2.2 直流斩波电路

1. 降压式直流斩波电路

（1）电路的结构

电路中的 VT 采用 IGBT，VD 起续流作用，在 VT 关断时为电感 L 储能提供续流通路；L 为能量传递电感，C 为滤波电容，R 为负载；E 为输入直流电压，u_o 为输出直流电压。

（2）工作原理

1）图 4-4b 中，u_g 指 VT 的栅极控制电压。在控制开关 VT 导通期间，二极管 VD 反偏，则电源 E 通过 L 向负载供电，此间 i_L 增加，电感 L 的储能也增加，这导致在电感端有一个正向电压 $U_L=E-U_o$，这个电压引起电感电流 i_L 线性增加，如图 4-4a 所示。

2）在开关管 VT 关断时，电感中储存的电能产生感应电动势，使二极管导通，故电流 i_L 经二极管 VD 续流，$U_L=-U_o$，电感 L 向负载供电，电感 L 的储能逐步消耗在 R 上，电流 i_L 下降，如图 4-4b 所示。

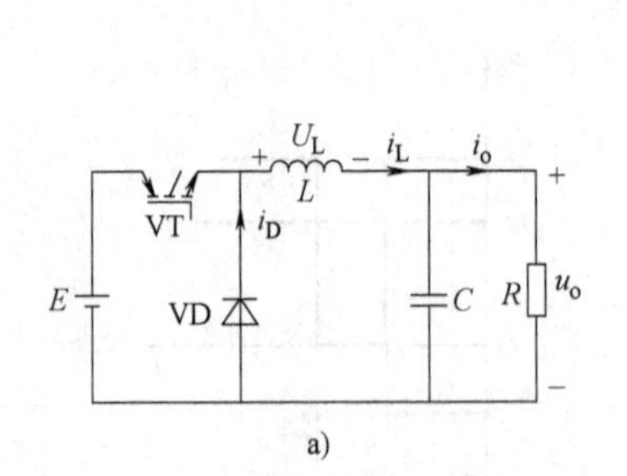

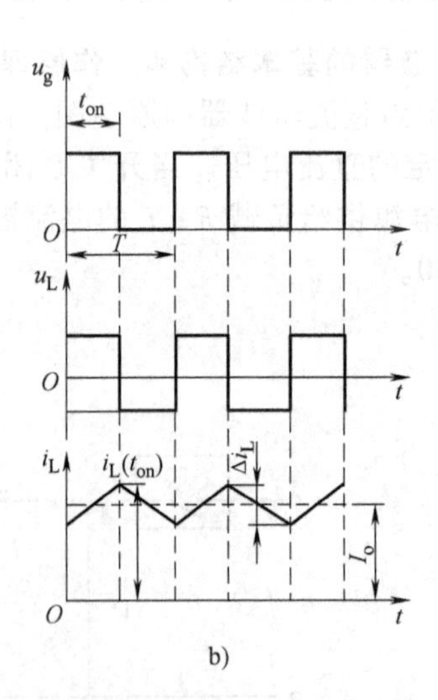

图 4-4　降压式直流斩波电路

（3）基本数量关系

在稳态情况下，电感电压波形是周期性的，电感电压在一个周期内的积分为 0，即

$$\int_0^T u_L \mathrm{d}t = \int_0^{t_{on}} u_L \mathrm{d}t + \int_{t_{on}}^T u_L \mathrm{d}t = 0 \tag{4-1}$$

设输出电压的平均值为 U_o，则在稳态时，上式可以表达为：

$$(E-U_o)/t_{on}=U_o(T-t_{on}) \tag{4-2}$$

即

$$U_{o(AV)}=\frac{t_{on}}{T}E=DE \tag{4-3}$$

式中 D 为导通占空比；t_{on} 为 VT 的导通时间；T 为开关周期。

通常 $t_{on}\leqslant T$，所以该电路是一种降压直流变换电路。当输入电压 E 不变时，输出电压 U_o 随导通占空比 D 的线性变化而线性改变，而与电路其他参数无关。

2. 升压式直流斩波电路

(1) 电路的结构

升压式直流波电路如图 4-5 所示，升压式斩波开关 VT 与负载并联，储能电感与负载串联。

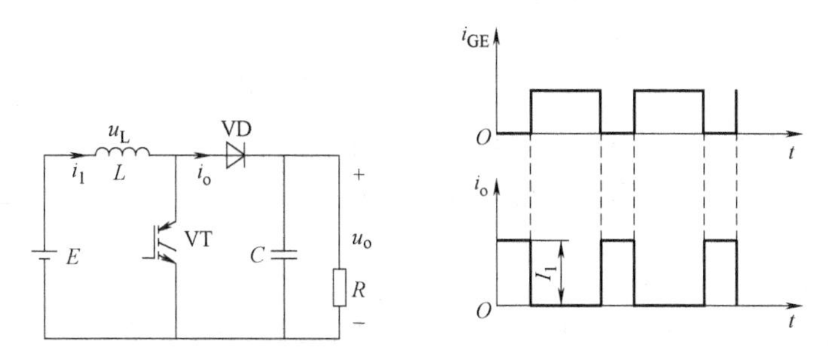

图 4-5 升压式直流斩波电路

(2) 工作原理

1) 当 VT 导通时，输入电压 E 使串联在回路中的电感 L 充电，电感电压为左正右负，而负载电压为上正下负，此时在 R 与 L 之间的二极管 VD 被反偏截止。由于电感 L 的恒流作用，此充电电流为恒值 I_1。另外，VD 截止时 C 向负载 R 放电，由于 C 已经被充电且 C 容量很大，所以负载电压保持为一恒值，记为 U_o。设 VT 的导通时间为 t_{on}，则此阶段电感 L 上的储能可以表示为 EI_1t_{on}。

2) 在 VT 关断时，储能电感 L 两端电压变成左负右正，VD 转为正偏，电感电压与输入电压叠加共同使电容 C 充电，向负载 R 供能。如果 VT 的关断时间为 t_{off}，则此时间内电感 L 释放的能量可以表示为

$$(U_o-E)I_1t_{off} \tag{4-4}$$

(3) 基本数量关系

当电路处于稳态时，一个周期内电感 L 储存的能量与释放的能量相等，即

$$EI_1t_{on}=(U_o-E)I_1t_{off} \tag{4-5}$$

由上式可求出负载电压 U_o 的表达式，即

$$U_o=\frac{t_{on}+t_{off}}{t_{off}}E=\frac{T}{t_{off}}E \tag{4-6}$$

由斩波电路的工作原理可看出，周期 $T\geqslant t_{off}$ 或 $T/t_{off}\geqslant 1$，负载上的输出电压 U_o 高于电路输入电压 E，该变换电路称为升压式斩波电路。

3. 升降压式直流斩波电路

(1) 电路的结构

该电路的结构是储能电感 L 与负载 R 并联，续流二极管 VD 反向串接在储能电感与负载之间。

(2) 工作原理

1）当开关 VT 导通时，输入电压经 VT 使电感 L 充电储能，电感电压上正下负，此时 VD 被负载电压（下正上负）和电感电压反偏，流过 VT 的电流为 i_1（等于 i_L），方向如图 4-6a 所示。由于此时 VD 反偏截止，电容 C 向负载 R 供能并维持输出电压 u_o 基本恒定，记为 U_o，负载 R 及电容 C 上的电压极性为上负下正，与输入电压极性相反。

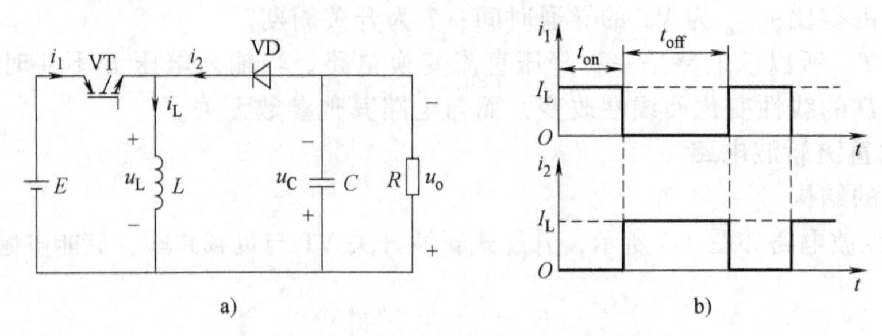

图 4-6　升降压式直流斩波电路

2）当开关 VT 关断时，电感 L 电压极性变反（上负下正），VD 正偏导通，电感 L 中的储能通过 VD 向负载 R 和电容 C 释放，放电电流为 i_2，电容 C 充电储能，负载 R 也得到电感 L 提供的能量。

（3）基本数量关系

电路处于稳态时，每个周期内电感电压 u_L 对时间的积分值为 0，即

$$\int_0^T u_L \mathrm{d}t = 0 \tag{4-7}$$

在开关 VT 导通期间，有 $u_L = E$；而在 VT 截止期间，$u_L = -U_o$。于是有

$$Et_{on} = U_o t_{off} \tag{4-8}$$

输出电压表达式可写成

$$U_o = \frac{t_{on}}{t_{off}}E = \frac{t_{on}}{T - t_{on}}E = \frac{D}{1-D}E \tag{4-9}$$

通过改变 D，输出电压既可高于输入电压，也可低于输入电压。

1）当 $0<D<1/2$ 时，斩波器输出电压低于输入电压，此时为降压变换。

2）当 $1/2<D<1$ 时，斩波器输出电压高于输入电压，此时为升压变换。

4. Cuk 直流斩波电路

（1）电路的特点

Cuk 斩波电路是升降压式斩波电路的改进电路，其原理图及等效电路如图 4-7 所示。优点是直流输入电流和负载输出电流连续，脉动成分较小。

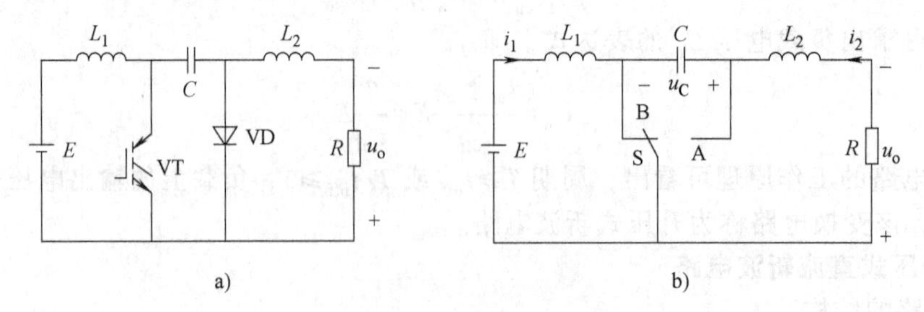

图 4-7　Cuk 直流斩波电路

（2）工作原理

1）当控制开关 VT 导通时，输入电压 E 经 $L_1 \rightarrow$VT 回路使 L_1 充电储能，C 通过 $C \rightarrow L_2 \rightarrow$

$R\rightarrow$VT 回路向负载 R 输出电压，负载电压极性为下正上负。

2）当控制开关 VT 截止时，输入电压 E 经 $L_1\rightarrow C\rightarrow$VD 回路使电容 C 充电，电容电压极性为左正右负；L_2 通过 $L_2\rightarrow$VD$\rightarrow R\rightarrow L_2$ 回路向负载 R 输出电压，负载电压的极性为下正上负，与电源电压方向相反。

（3）基本数量关系

稳态时，电容 C 在一个周期内的平均电流为 0，即

$$\int_0^T i_C \mathrm{d}t = 0 \tag{4-10}$$

设输入电流 i_1 的平均值为 I_1，负载电流 i_2 的平均值为 I_2，开关 S 接通 B 点时相当于 VT 导通，如果导通时间为 t_{on}，则电容电流和时间的乘积为 $I_2 t_{on}$；开关 S 接通 A 点时相当于 VT 关断，如果关断时间为 t_{off}，则电容电流和时间的乘积为 $I_1 t_{off}$。由电容 C 在一个周期内的平均电流为 0 的原理可写出表达式

$$I_2 t_{on} = I_1 t_{off} \tag{4-11}$$

忽略 Cuk 直流斩波电路内部元器件 L_1、L_2、C 和 VT 的电能损耗，根据图 4-7b 所示等效电路，可得到：电源输出的电能 EI_1 等于负载上得到的电能 $U_o I_2$，即

$$EI_1 = U_o I_2 \tag{4-12}$$

由此可以得出输出电压 U_o 与输入电压 E 的关系为

$$U_o = \frac{I_1}{I_2}E = \frac{t_{on}}{t_{off}}E = \frac{t_{on}}{T-t_{on}}E = \frac{D}{1-D}E \tag{4-13}$$

可见，Cuk 直流斩波电路与升降压式直流斩波电路的输出表达式完全相同。

5. 全桥式直流斩波电路

（1）电路的特点

全桥式直流斩波电路如图 4-8 所示。此电路有两个桥臂，每个桥臂由两个斩波控制开关 VT 及与它们反并联的二极管组成。优点是变换器可以在四象限运行。

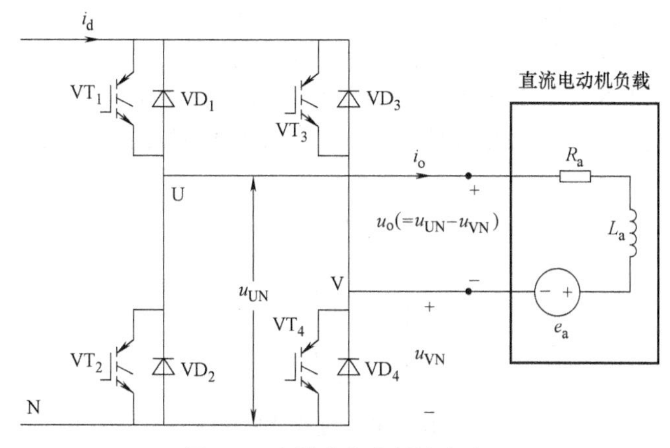

图 4-8　全桥式直流斩波电路

（2）工作原理

如果同一桥臂的两个开关 VT 在任一时刻都不同时处于断开状态，则输出电压 u_o 完全由开关 VT 的状态决定。以负直流母线 N 为参考点，U 点的电压 u_{UN} 由如下的开关状态决定：当 VT_1 导通时，正的负载电流 i_o 将流过 VT_1；或当 VD_1 导通时，负的负载电流 i_o 将流过 VD_1，则 U 点的电压为 E。类似地，当 VT_2 导通时，负的负载电流 i_o 将流入 VT_2；或当 VD_2 导通时，正的负载电流 i_o 将流过 VD_2，则 U 点的电压为 0。

综上所述，u_{UN} 仅取决于左侧桥臂是上半部分导通还是下半部分导通，而与负载电流 i_o 的方向无关，因此 u_{UN} 为

$$u_{UN}=\frac{Et_{on}+0\cdot t_{off}}{T}=ED_{VT1} \tag{4-14}$$

式中，t_{on} 和 t_{off} 分别是 VT_1 的导通和断开时间，D_{VT1} 是开关 VT_1 的占空比。由此可知，u_{UN} 仅取决于输入电压 E 和 VT_1 的占空比 D_{VT1}。类似地，$u_{VN}=ED_{VT3}$。因此，输出电压 $u_o=u_{UN}-u_{VN}$ 也与输入电压 E、开关占空比 D_{VT1} 和 D_{VT3} 有关，而与负载电流 i_o 的大小和方向无关。如果同一桥臂的两个开关 VT 同时处于断开的状态，则输出电压 u_o 由输出电流 i_o 的方向决定。这将引起输出电压平均值和控制电压之间的非线性关系，所以应该避免两个开关同时断开的情况发生。

(3) 全桥式斩波器 PWM（脉冲宽度调制）的控制方式

1）双极性 PWM 控制方式

在该控制方式下，图中的（VT_1、VT_4）和（VT_2、VT_3）被当作两对开关，每对开关都是同时导通或断开的。

2）单极性 PWM 控制方式

在该控制方式下，每个桥臂的开关是单独控制的。

全桥式直流-直流斩波器的输出电流即使在负载较小的时候，也没有电流断续现象。

4.2.3 变压器隔离的直流变换器

若要求输入、输出间实现电隔离，可在基本 DC-DC 变换电路中加入变压器，得到用变压器实现电隔离的直流变换器。变压器可放在基本变换电路中的不同位置，从而得到多种形式的变换器主电路。常见的有单端正激变换器、反激变换器，半桥及全桥式降压变换器等。

1. 正激变换器

(1) 电路结构

在降压变换器中，将变压器插在 VT 的右侧和 VD 的左侧，即得图 4-9 所示的正激变换器。变压器一次侧流过单向脉动电流，铁心易饱和，须采取防饱和措施，即将变压器铁心磁场周期性复位。另外，开关器件位置可稍做变动，使其发射极与电源相连，便于设计控制电路。图 4-10 所示为采用能量消耗法磁场复位方案的正激变换器原理图。N_1、N_2 分别为一次侧、二次侧绕组匝数。

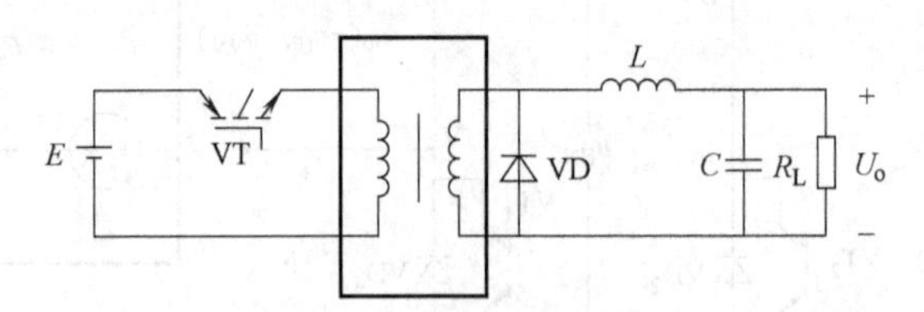

图 4-9　正激变换器原理图

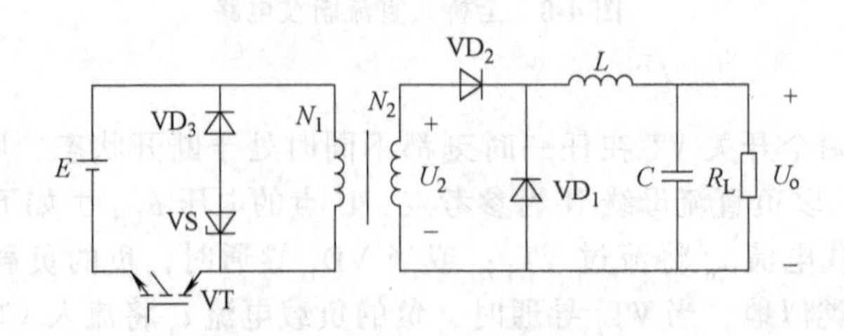

图 4-10　采用能量消耗法磁场复位方案的正激变换器原理图

（2）工作原理

1）VT 导通时，有 $U_2=(N_2/N_1)E$，电源能量经变压器传递到负载侧。

2）VT 截止时，变压器一次侧电流经 VD_3 和 VS 续流，磁场能量消耗在稳压管 VS 上。VT 承受的最高电压为 $E+U_{DW}$，U_{DW} 为 DW 的稳压值。

正激变换器是具有隔离变压器的降压变换器，因而具有降压变换器的一些特性。

2. 反激变换器

（1）电路结构

反激变换器电路原理图如图 4-11 所示。与升-降压变换器相比，反激变换器用变压器代替了升-降压变换器中的储能电感。变压器除了具有输入、输出间电隔离作用外，还具有储能电感的作用。

（2）工作原理

1）当 VT 导通时，由于 VD_1 承受反向电压，变压器二次侧相当于开路，此时变压器一次侧相当于一个电感。输入 E 向变压器一次侧输送能量，并以磁场形式存储起来。

2）当 VT 截止时，线圈中磁场储能不能突变，将在变压器二次侧产生上正下负的感应电动势，该感应电动势使 VD_1 承受正向电压而导通，从而使磁场储能转移到负载上。增加滤波电感 L 及续流二极管 VD_2 的实用反激变换器电路如图 4-12 所示。

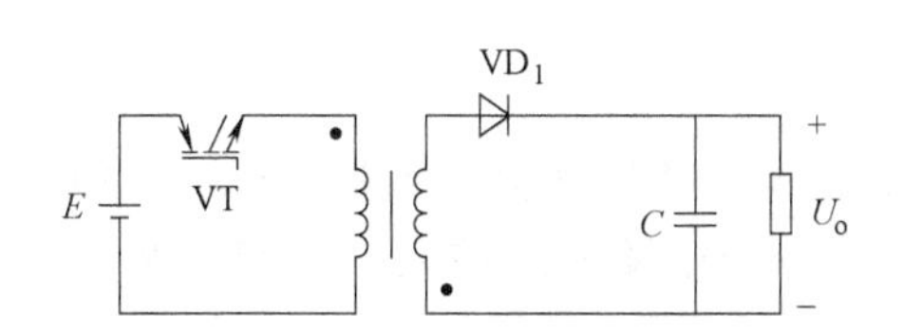

图 4-11　反激变换器电路原理图

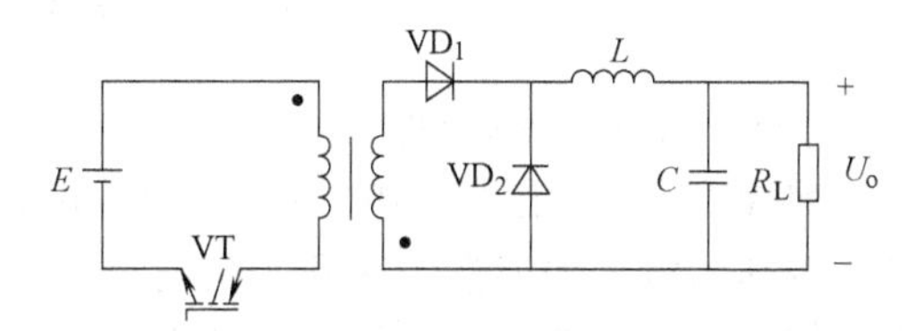

图 4-12　带 LC 滤波的实用反激变换器电路

反激变换器电路简单，无需磁场复位电路，在小功率场合应用广泛。其缺点是铁心磁场直流成分大，为防止铁心磁场饱和，铁心磁路气隙较大，铁心磁场体积较大。

3. 半桥式隔离的降压变换器

在正激、反激变换器中，变压器存在磁场饱和时，须加磁场复位电路。另外，主开关器件承受的电压高于电源电压。半桥式和全桥式隔离的变换器则可以克服这些缺点。

（1）电路结构

半桥式降压变换器电路如图 4-13 所示，C_1、C_2 为滤波电容，VD_1、VD_2 为 VT_1、VT_2 的续流二极管，VD_3、VD_4 为整流二极管，LC 为输出滤波电路。

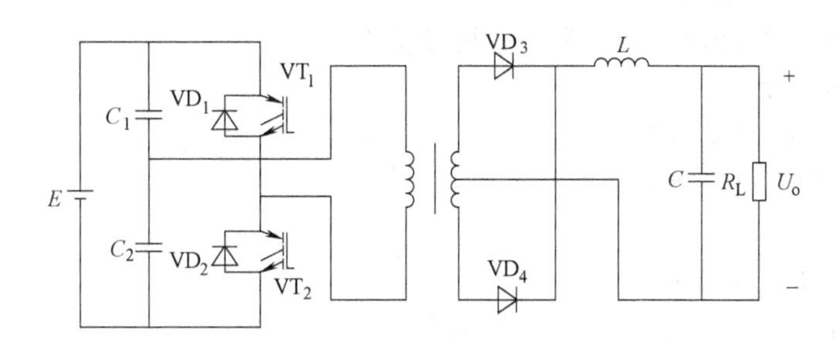

图 4-13　半桥式降压变换器

（2）工作原理

设滤波电容 C_1、C_2 上的电压近似直流，且均为 $E/2$。

1）当 VT_1 关断、VT_2 导通时，电源及电容 C_2 上的储能经变压器传递到二次侧。同时，电源经变压器→VT_2 向 C_1 充电，C_1 储能增加。

2）当 VT_1 导通、VT_2 关断时，电源及电容 C_1 上的储能经变压器传递到二次侧，同时，电源经 VT_1→变压器向 C_2 充电，C_2 储能增加。

变压器二次侧电压经 VD_3 及 VD_4 整流、LC 滤波后即得到直流输出电压。通过交替控制 VT_1、VT_2 的开通与关断，并控制其占空比，即可控制输出电压的大小。

4. 全桥式隔离的降压变换器

全桥式隔离的降压变换器电路如图 4-14 所示。

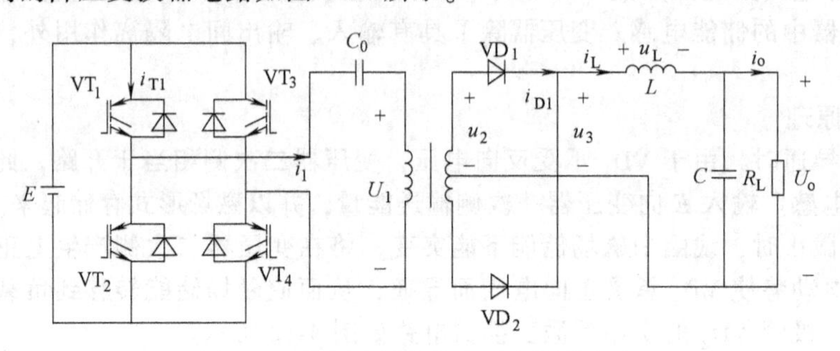

图 4-14 全桥式隔离的降压变换器电路

（1）电路的工作原理

将 VT_1、VT_4 作为一组，VT_2、VT_3 作为另一组，交替控制两组开关的关断与导通，即可利用变压器将电源能量传递到二次侧。变压器二次侧电压经 VD_1 及 VD_2 整流、LC 滤波后即得直流输出电压。改变占空比可控制输出电压的大小。

（2）电容 C_0 的作用

电容 C_0 为防止变压器流过直流电流分量而设置。由于正负半波控制脉冲宽度难以做到绝对相同，同时开关器件特性难以完全一致所以电路工作时流过变压器一次侧的电流正负半波难以完全对称，因此加上 C_0 以防止铁心磁场饱和。

4.3 【任务实施】小型电源升压器的组装

1. 实训目标

1）了解直流斩波器的实际产品。

2）了解直流斩波器电路及应用。

3）了解直流斩波器的简单调试及一般故障排除方法。

2. 实训场所及器材

地点：应用电子技术实训室。

器材：焊台、常用仪表及装配工具。

3. 实训步骤

（1）了解变换器技术要求

基本特性：输入工作电压为 7.5~20V 直流。

最大输出开关电流：2A。

电压范围：7.5~51.5V 直流（可调节），建议工作电压不大于 50V。

最高工作频率：100kHz。

最高工作效率：87.7%（理论值，实际达不到）。

(2) 识读原理图

实训使用的小型 DC-DC 电源升压器电路原理图如图 4-15 所示。

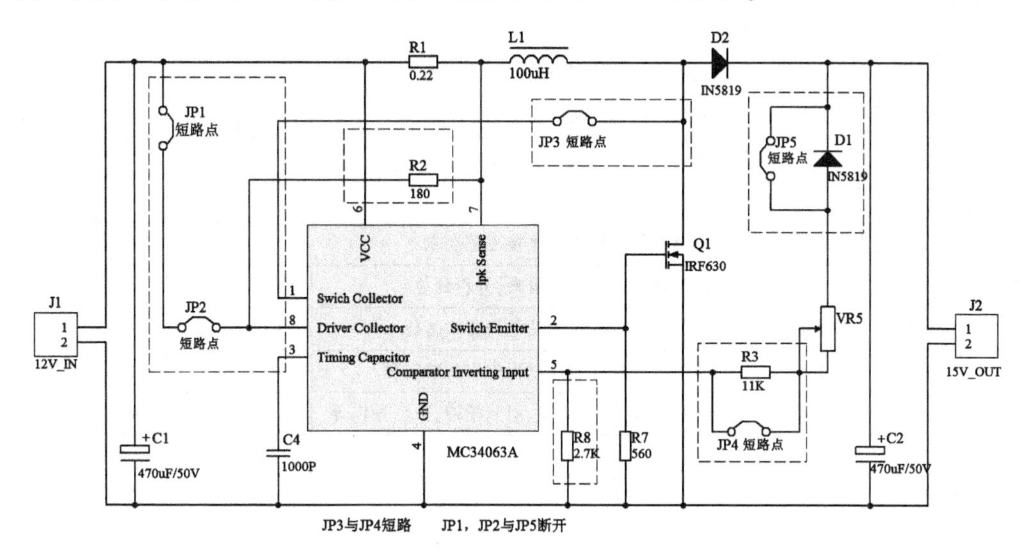

图 4-15　小型 DC-DC 电源升压器

(3) 清点元器件，焊接装配完成制作

装接完成的电路板如图 4-16 所示。

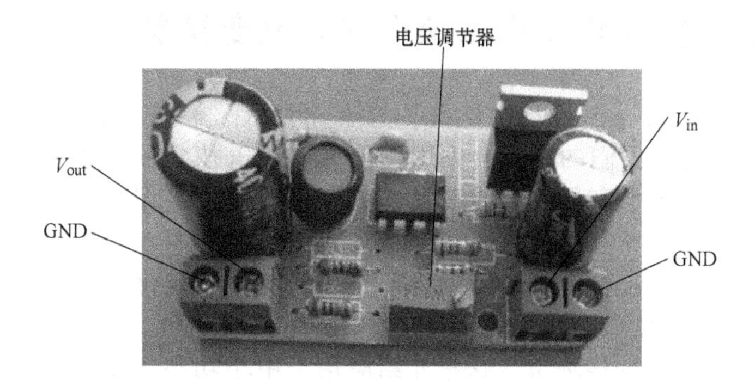

图 4-16　装接完成的电路板

(4) 调试变换器

调试要求如下（电性能）。

测试条件：V_{in} = 12V DC；调节 VR_5（100kΩ 电位器）。

当 VR_5 = 0kΩ 时：最低 V_{out} = 12V DC；纹波系数：小于 50mV。

当 VR_5 = 100kΩ 时：最高 V_{out} = 51.5V DC；纹波系数：小于 100mV。

输出电压计算：$V_{out} = 1.25 \times (1+(VR_5+10)/2.7)$ [VR_5 电位器阻值单位为 kΩ]

(5) 直流斩波器应用技术讨论

建议讨论的题目有：

1) 直流斩波器对电力电子器件的要求。

2) 直流斩波器的作用。

4. 任务考核标准

任务考核标准见表 4-1。

表 4-1　任务考核标准

项目类型	考核项目	考核内容	考核标准				得分
			A	B	C	D	
学习过程（40分）	小型电源升压器的制作	正确分析升压器电路的工作原理	20	16	12	8	
		熟悉升压器的结构及类型	20	16	12	8	
操作能力（30分）	电路设计	元器件布局合理、美观，符合电力电子产品规范	10	8	6	4	
	电路板的焊接	电路板的焊接符合焊接工艺要求	10	8	6	4	
	上电调试	通电调试过程步骤清晰，分析到位	10	8	6	4	
实践结果（30分）	系统调试	达到设计所规定的功能和技术指标	10	8	6	4	
	故障分析	能分析并解决调试过程中出现的问题	10	8	6	4	
	综合表现	学习态度、学习纪律、团队精神、安全操作等	10	8	6	4	
		总分	100	80	60	40	
遇到的问题							
学习收获							
改进意见及建议							
教师签名		学生签名		班级			

4.4 【知识拓展】光伏发电系统中的直流变换器

太阳能是一种新型的绿色可再生能源，具有储量大、经济、清洁、环保等优点。因此，太阳能的利用越来越受到人们的重视，而太阳能光伏发电技术的应用更是人们普遍关注的焦点。近年来，随着国内多个多晶硅生产项目的陆续完成，我国即将实现光伏电池原材料的自给，大规模推广光伏并网发电系统的时代即将到来。目前国内实际应用的光伏发电系统仍以独立系统为主。太阳电池的输出特性受外界环境因素光照、温度等的影响，为了跟踪太阳电池的最大功率点，提高太阳电池的利用率，常在光伏发电系统中加入由最大功率点跟踪（MPPT）算法控制的直流变换环节。这里介绍应用于中小功率的多支路、两级式的光伏并网系统的直流变换器。

1. 光伏发电系统直流变换器的特点

直流变换器是使用半导体开关器件，通过控制器件的导通和关断时间，配合电感、电容或高频变压器等元器件实现对输出直流电压进行连续改变和控制的变换电路。近年来，随着高频化和软开关、多电平等电力电子技术的发展，直流变换器具备了体积小、重量轻、效率高等优点，因此越来越多地应用于光伏发电系统中。对比常规直流变换器，光伏发电系统直流变换器具有以下特点。

1）在系统中发挥的作用不同。常规直流变换器的功能是将不可控的、无法满足系统设计要求的直流电能变换为可控的、满足系统设计要求的直流电能；而应用于光伏发电系统中的直流变换器电路，除需要发挥直流电压变换的作用外，还需要实现太阳电池的最大功率点跟踪的功能。

2）控制方法不同。常规的直流变换器要求输出电压保持可控，因此闭环控制时，反馈信号一般为输出电压；而在光伏发电系统中，为了实现太阳电池的最大功率点跟踪控制，直流变换器要通过适当的控制使太阳电池的输出电压稳定在最大功率点电压附近。因此，当系统采取不同的最大功率点跟踪算法时，反馈信号可能是变换器的输入电压、输入电流、输出电流或输入功率、输出功率等不同的状态量，一般多采用前馈方式进行控制。

3）控制芯片性能不同。常规的直流变换器多为专用芯片提供控制信号，其控制过程较简单，使用模拟信号的集成电路芯片即可满足需要；而光伏发电系统中的 DC-DC 变换器，由于需要寻找太阳电池的最大功率点，对控制芯片的计算能力及实时性有较高的要求，因而控制芯片一般为高性能单片机或 DSP（数字信号处理器）。

4）变换器应具备较高的响应速度。根据太阳电池的工作原理，当光照强度、温度等自然条件改变时，太阳电池的输出功率及最大功率点亦相应改变，由于光照强度、温度等自然条件变化剧烈且无法预估，为了使得光伏发电系统最大功率点跟踪算法更好地实现，直流变换器应能够使光伏电池的输出电压稳定，且具备较高的响应速度。

2. 光伏发电系统总体框架

光伏发电系统直流变换器的硬件部分主要由太阳电池、Boost 变换器主电路、电压和电流采样电路、控制电路、驱动电路等五部分构成。其总体框架如图 4-17 所示。

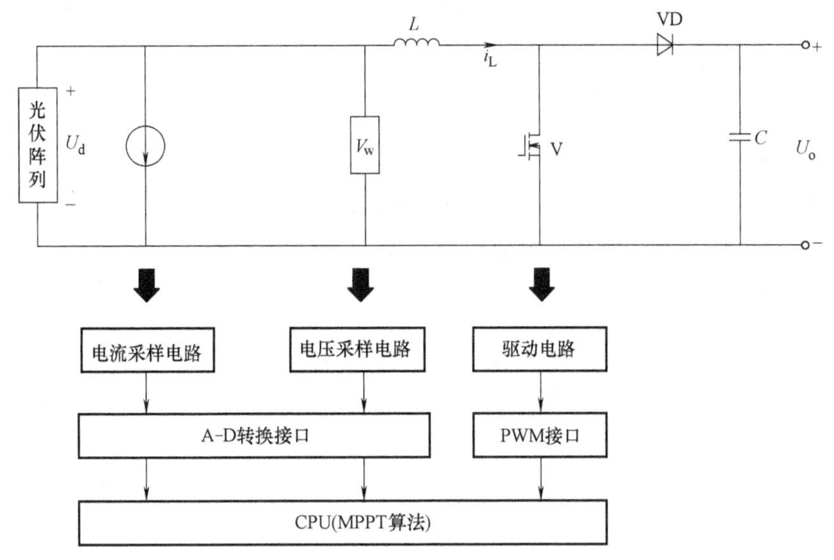

图 4-17　光伏发电系统直流变换器的总体框架

本任务只涉及直流变换器基础部分，即直流变换器主电路。图 4-17 中的数据采集模块、PWM 脉冲触发模块等涉及软件程序方面的内容将在其他课程另行分析。光伏阵列产生的电压、电流经传感器到达采样电路，接着通过 A-D 转换口采样为数字信号，然后经 MPPT 算法和 PWM 接口一系列的转换后驱动 Boost 变换器的主电路。

3. 直流变换器主电路结构

太阳能具有能量密度低的特点，因此在中小功率的光伏发电系统中，一般要求电力电子变换过程中的变换环节尽量少，主电路拓扑结构尽量简单，以尽量提高整个系统的效率。这里介绍了应用于光伏发电系统中的 Buck 变换器、Boost 变换器和 Buck-Boost 变换器三种基本的直流变换器电路结构，并阐述了各基本电路的特点以及在光伏发电系统中可能的应用场合，并在此基础上选择其中一种电路结构应用于系统中。除了这三种基本的直流变换器之外还有多种其他类型的变换器，尽管它们也有诸多优点，但实际应用中不适合作为中小功率光伏发电系统的直流变换器。

1）图 4-18 所示为 Buck 变换器的电路结构，其中 S 为开关元件，它的导通与关断由控制电路决定，L 和 C 为储能和滤波元件。在开关 S 截止时，二极管 VD 可保证其输出电流连续，所以通常称为续流二极管。当开关 S 导通时，续流二极管 VD 截止，电源 U_{in} 向负载供电，同时使电感 L 能量增加，电流流经电感 L，一部分向电容充电，另一部分流向负载供电，电路输出电压为 U_o。当开关 S 关断时，续流二极管 VD 导通，电感 L 和电容 C 放电，电流经二极管 VD 续流，二极管两端电压近似为 0。当电路工作于稳态时，输出电压平均值为

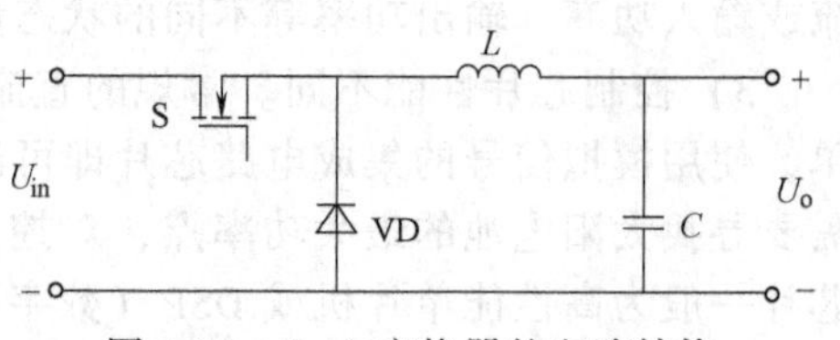

图 4-18 Buck 变换器的电路结构

$$U_o = t_{on} U_{in} / T = DU_{in} \tag{4-15}$$

式中，t_{on} 为开关 S 的导通时间，T 为开关周期，D 为占空比，$0<D<1$，因此 $U_o<U_{in}$。这种变换器适合用于太阳电池输出端电压高而负载电压低的情况。

2）图 4-19 所示为 Boost 变换器的电路结构。当开关 S 导通时，电感 L 电流增加，电源向电感储存能量，二极管 VD 截止，电容 C 单独向负载供电；当开关 S 截止时，电感电流减小，释放能量，由于电感电流不能突变，所以会产生感应电动势，迫使二极管 VD 导通，此时电感 L 与电源一起经二极管 VD 向负载供电，同时向电容 C 充电。当电路工作于稳态时，输出电压平均值为

$$U_o = U_{in} / (1 - t_{on}/T) = U_{in} / (1-D) \tag{4-16}$$

式中，t_{on} 为开关 S 的导通时间，T 为开关周期，D 为占空比，$0<D<1$。由于 $(1-D)>1$，故 $U_o>U_{in}$。这种变换器适用于负载电压高而太阳电池输出电压低的情况。

3）图 4-20 所示为 Buck-Boost 变换器的电路结构。当开关 S 导通时，二极管 VD 截止，电源 U_{in} 向电感 L 供电使其储存能量，负载由电容 C 供电；当开关 S 截止时，二极管 VD 导通，电感 L 中储存的能量向负载释放，同时给电容 C 充电，电源 U_{in} 不向电路提供能量。当电路进入稳态后，输出电压平均值为

$$U_o = DU_{in} / (1-D) = MU_{in} \tag{4-17}$$

式中，M 为 Buck-Boost 变换器的电压升压比。由式（4-17）可知：$0<M<\infty$，因此，通过适当控制开关器件的占空比，既可以实现升压变换，也可以实现降压变换。从原理上说，Buck-Boost 变换电路具有更广泛的适用范围。

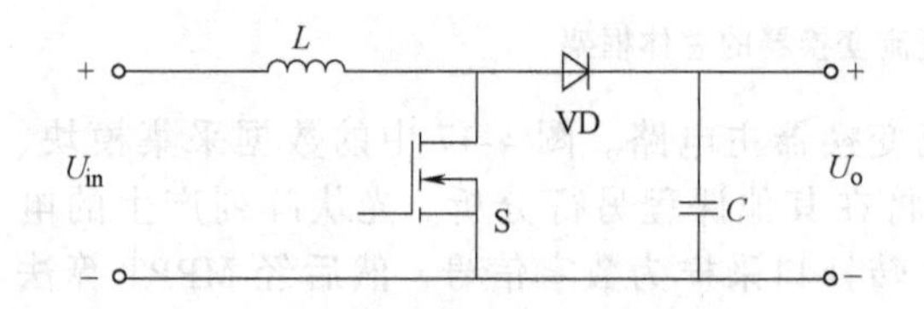

图 4-19 Boost 变换器的电路结构

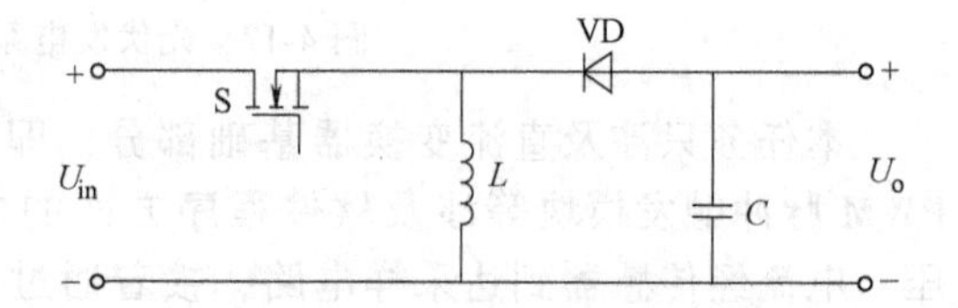

图 4-20 Buck-Boost 变换器的电路结构

在光伏发电系统中，这三种基本电路广泛应用于太阳电池的最大功率点跟踪、蓄电池充电、基于直流电动机的光伏水泵系统、离网光伏发电系统中的直流光伏照明以及光伏直流输电系统等。它们都具有结构简单、效率高、控制易实现等优点，但各自的缺点也显而易见：Buck 电路局限于降压输出的场合；Boost 电路与 Buck 电路互补，它只能实现太阳电池输出电压升高的变换，同时需要有合适的开关控制以免使输出电压升压过高；Buck-Boost 电路虽然可以得到较宽的输出电压范围，但增加了开关的电压应力。

在光伏发电系统的逆变环节，直流侧母线电压 U_d 与交流侧输出电压 U_o 满足如下关系

$$U_{o1M} \approx mU_d \tag{4-18}$$

式中，U_{o1M} 为输出电压基波分量的峰值，m 为逆变器的调制比（$m \leqslant 1$）。因此，直流母线电

压要大于输出电压基波分量的峰值，通常选为400V，而太阳电池的输出电压一般较低，由此可知，直流变换器稳定工作在升压状态可以使不同功率的太阳电池得到灵活配置，从而增大光伏发电系统的适用范围。

此外，在早上和傍晚两个时间段，太阳辐射的强度很低，光伏电池的输出电压和电流均较低，采用工作在升压状态的直流变换器可以显著提高系统的运行时间，提高对光能的利用率。

Boost变换器具有变换环节少、效率高的优点，且由于功率开关管一端接地，其驱动电路设计更为方便；由于Buck-Boost变换电路的开关管位于电路的干路上，所以当开关关断时，太阳电池输出的电能事实上无法利用。因此，在同等配置下，Boost变换器的实际运行效率高于后者。基于以上分析，相对于Buck变换器和Buck-Boost变换器，Boost变换器更适合作为多支路、两级式光伏并网发电系统的直流变换器。

4. 直流变换器电路元器件的选择

（1）光伏发电系统直流变换器的性能分析

一般而言光伏阵列电池的输出电压较低，特别是在早上和傍晚，因此前级Boost变换器必须具有高升压的电压比和高效率的特点。

根据太阳电池的工作原理，当光照强度、温度等自然条件改变时，太阳电池的输出功率及最大功率点亦相应改变，所以目前的光伏发电系统普遍应用了最大功率点跟踪算法以提高系统对光能的利用率。由于光照强度、温度等自然条件变化剧烈且无法预估，为了更好地配合光伏发电系统最大功率点跟踪算法的实现，Boost变换器应能够使光伏电池的输出电压稳定，且具备较高的响应速度。

综上所述，光伏发电系统的工作条件要求Boost变换器具备高升压的电压比、高效率和较高的系统动态响应速度的特点。

（2）光伏发电系统直流变换器的元器件选择

电感是Boost变换器的储能元器件之一，对于变换器在开关断开期间保持流向负载的电流方面发挥着关键的作用。Boost电路中的电感设计有两个基本要求：一是要使电路工作在电流连续工作状态下，二是要保证电感中流过峰值电流时磁场不能饱和。

在Boost变换器工作过程中，电感中电流的波动会导致输入电压即太阳电池的输出电压也随之波动，这必然会影响太阳电池最大功率点的稳定性。输入电容具有存储能量、减少输入纹波的作用，电容值越大则输入端电压的波动越小。可以由所需要的输出纹波电压峰-峰值确定输出滤波电容的最小值。

Boost变换器的开关器件可选用国际整流器公司的IRFP250N型MOSFET，其最大工作电流为30A，最高可承受电压为500V，导通阻抗为0.075Ω。续流二极管可选用S20LC40型快速恢复二极管，其最大工作电流为20A，可承受的最大反向电压为400V，反向恢复时间为50ns。

本节首先介绍了光伏发电系统直流变换器的特点，并给出了系统总体框架，接着详细说明了应用于光伏发电系统中的Buck变换器、Boost变换器和Buck- Boost变换器的性能，阐述了各个基本电路的特点和在光伏发电系统中适用场合，并在此基础上给出了适合的变换器。

【项目总结】

本项目首先通过任务实例，讲解了变换器的电路特点及应用，让同学们从中发现直流斩波器技术的优势，提高了大家的专业学习兴趣，为今后进入相关岗位奠定基础。通过对实用变换器的安装和调试，以进一步掌握变换器的电路特点及应用，提高对直流变换器的分析和应用能力。

【项目训练】

1）什么是直流斩波器？它有哪些方面的应用？

2）直流斩波器主要有哪几种控制方式？

3）直流斩波器的种类有哪些？常用的基本电路有哪几种？

4）用全控型电力电子器件组成的斩波器与普通晶闸管组成的斩波器相比有哪些优点？

5）光伏发电系统直流斩波的特点是什么？

6）简述光伏发电系统直流斩波的总体构成。

7）简述光伏发电系统的组成。

项目5 智能离网微逆变系统的安装与调试

逆变器是光伏发电系统中的核心设备，它的作用在于将光伏组件产生的直流电转化成交流电。通过逆变电路，一般采用 SPWM（处理器经过调制、滤波、升压等，得到与照明负载频率、额定电压等相匹配的标准正弦交流电，从而用于日常生活和生产。在光伏电池本身效率并不高的情况下，逆变器的能源转化效率决定了光伏发电系统的电能转换效率和投资回报率。

本项目利用实训配置的 INVT322A 型光伏发电实训系统平台，结合光伏电子工程的设计与实施国赛的要求，着重讲述单相逆变电路的工作原理和三相逆变电路的工作原理，由简单到复杂，兼顾各平行课程的应用技术，最终以循序渐进的方式让学生掌握逆变器的工作原理与技术应用。

知识目标：

1）了解逆变的概念和分类。

2）了解换流的方式及特点。

3）掌握基本逆变电路的工作原理。

4）掌握控制技术在逆变电路中的应用。

5）掌握逆变技术在光伏发电系统中的应用。

能力目标：

1）能够分析逆变系统的工作原理及各部分元器件的作用。

2）能够正确地安装与调试智能离网微逆变器。

项目任务：

智能离网微逆变系统的制作与调试

5.1 【任务描述】

对照智能离网微逆变实训设备，熟悉智能离网微逆变实训系统中的逆变器结构，及其各部分的作用和原理，掌握该实训系统的制作和调试方法。

光伏发电智能离网微逆变系统 INVT322A 产品外观如图 5-1 所示，系统总体框图如图 5-2 所示。

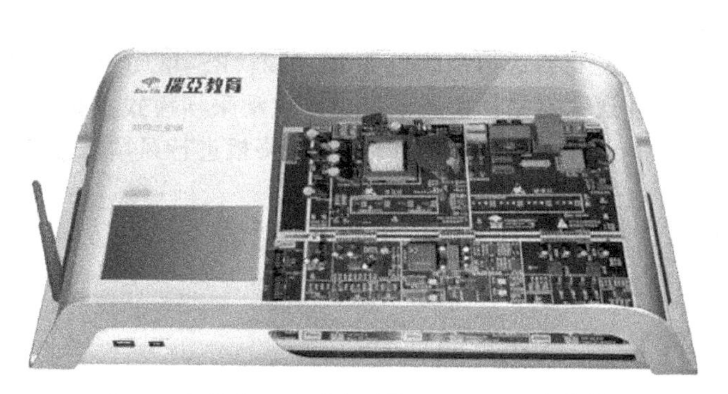

图 5-1 智能离网微逆变系统 INVT322A 产品外观

INVT322A 是小工位光伏发电实训系统的一个重要部件，它是一

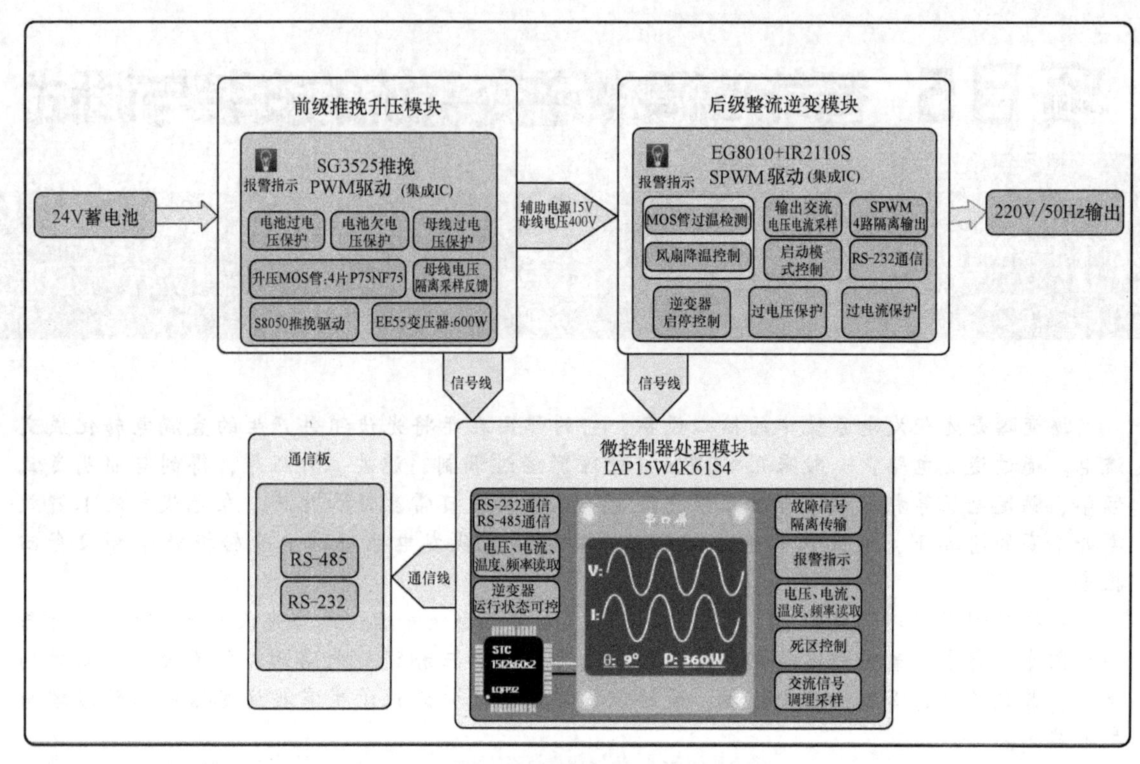

图 5-2 智能离网微逆变实训系统总体框图

款功率变换装置，可将光伏电池板的输出能量转换为交流 220V 市电。部件结构分为前级升压电路、后级逆变电路和主控驱动检测电路。产品特点如下。

1）INVT322A 中的前级升压、后级逆变和主控驱动检测电路完全实现电气隔离，能够消除高低压之间的电磁干扰，提高系统的稳定性。

2）按 PCB 模块划分和功能注解便于学生进行单模块学习和研究。

3）PCB 电路板中关键信号全部引出，测试点丰富。

4）前级输入具有过电压、过电流硬件智能保护及软件报警指示，后级母线有过电压保护，后级逆变有过电压、过电流硬件智能保护及指示。增加保护模块可降低逆变系统的损坏率。

5）具备逆变电压、电流波形显示功能，能够形象显示逆变系统的交流输出特性。

6）逆变输出电压的频率支持上位机可调，输出电压同时也支持硬件可调，体现了调压调频的灵活性。

7）具有逆变电压、电流有效值计算的显示，有功功率计算的显示及电压、电流实时相位的显示功能。

8）逆变器通信系统包含 RS-232、RS-485、WiFi、以太网协议。

9）逆变器数据监控系统包含主动采样模式及智能数据回传模式。

10）逆变器根据工作温度对电路板进行风扇智能降温。

5.2 【相关知识】光伏逆变器

5.2.1 光伏逆变器简介

逆变器也称为逆变电源，是将直流电能转变成交流电能的变流装置。光伏逆变器就是应用于太阳能光伏发电系统中的逆变器，是光伏系统中的一个重要部件。逆变器效率的高低影响着光伏发电系统效率的高低，因此，逆变器的选择非常重要。随着技术的不断发展，光伏逆变器也将向着体积更小、效率更高、性能指标更优越的方向发展。逆变器在光伏发电系统中的应用如图 5-3 所示。

逆变器不仅具有直-交流变换功能，还具有最大限度地发挥太阳电池性能的功能和系统故障保护功能。归纳起来有自动运行和停机功能、最大功率跟踪控制功能、防单独运行功能(并网系统用)、自动电压调整功能（并网系统用)、直流检测功能（并网系统用)、直流接地检测功能（并网系统用)。这里简单介绍自动运行和停机功能及最大功率跟踪控制功能。

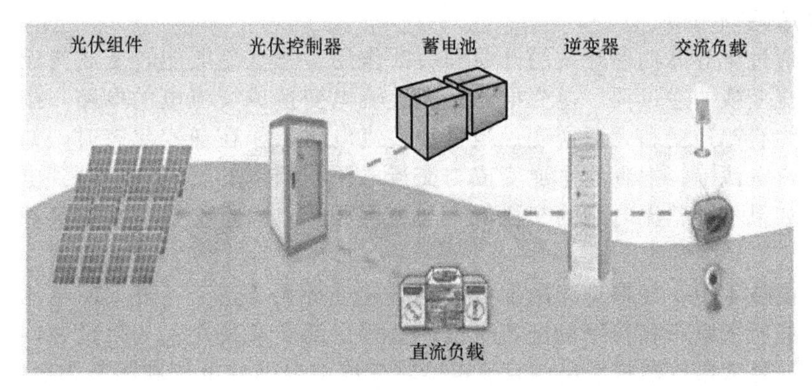

图 5-3 逆变器在光伏发电系统中的应用

1. 自动运行和停机功能

早晨日出后，太阳辐射强度逐渐增强，太阳电池的输出也随之增大，当达到逆变器工作所需的输出功率后，逆变器自动开始运行。进入运行后，逆变器时时刻刻监视光伏组件的输出，只要光伏组件的输出功率大于逆变器工作所需的输出功率，逆变器就持续运行，直到日落停机。即使阴雨天逆变器也能运行。当光伏组件输出变小，逆变器输出接近 0 时，逆变器便形成待机状态。

2. 最大功率跟踪控制功能

光伏组件的输出是随太阳辐射强度和光伏组件自身温度（芯片温度）变化而变化的。另外由于光伏组件具有电压随电流增大而下降的特性，所以能获取最大功率的最佳工作点。太阳辐射强度是变化的，显然最佳工作点也是在变化的。相对于这些变化，始终让光伏组件的工作点处于最大功率点，系统始终从光伏组件获取最大功率输出，这种控制就是最大功率跟踪控制。光伏发电系统用的逆变器的最具特色的地方就是含有最大功率点跟踪（MPPT）这一功能。

5.2.2 逆变器的发展方向

从 1948 年美国西屋电气公司研制出第一台 3kHz 感应加热逆变器至今，逆变技术已有近 60 年历史了。晶闸管（SCR）的诞生为正弦波逆变器的发展创造了条件，到了 20 世纪 70 年代，可关断晶闸管（GTO)、电力晶体管（BJT）的问世使得逆变技术得到发展应用。到了 20 世纪 80 年代，场效应晶体管（MOSFET)、绝缘栅极晶体管（IGBT)、MOS 控制晶闸管(MCT）以及静电感应功率器件的诞生为逆变器向大容量方向发展奠定了基础，因此，电力电子器件的发展为逆变技术的高频化、大容量创造了条件。进入 20 世纪 80 年代后，逆变技术从采用低速器件、低开关频率逐渐向采用高速器件、提高开关频率的方向发展。逆变器的体积进一步减小，逆变效率进一步提高，正弦波逆变器的品质也得到很大提高。

另一方面，微电子技术的发展为逆变技术的实用化创造了平台。传统的逆变技术需要通过许多的分立元器件或模拟集成电路来完成，随着逆变技术复杂程度的增加，所需处理的信息量越来越大，而微处理器的诞生正好满足了逆变技术的发展要求，从8位的带有PWM接口的微处理器到16位单片机，再发展到今天的32位DSP器件，使先进的控制技术，如矢量控制技术、多电平变换技术、重复控制、模糊逻辑控制等在逆变领域得到了较好的应用。

总之，逆变技术的发展是随着电力电子技术、微电子技术和现代控制理论的发展而发展的，进入21世纪以后，逆变技术继续向频率更高、功率更大、效率更高、体积更小的方向发展。

5.2.3 逆变器的基本概念及分类

1. 逆变器的基本概念

逆变器是通过半导体功率开关的开通和关断作用，把直流电能转变成交流电能的一种变换装置，是整流变换的逆过程。逆变电路是把直流电变换成交流电的电路。按照负载性质的不同，逆变分为有源逆变和无源逆变。当可控整流电路工作在逆变状态时，如果把该电路的交流侧接到交流电源上，把直流电逆变成与交流电源同频率的交流电返送到电网上去，则称作有源逆变。如果可控整流电路的交流侧不与电网相接，而直接接到无源负载，则称为无源逆变或变频。

在光伏发电技术中，如果是离网发电，则需要进行无源逆变，将太阳电池板发出的直流电能转变成负载所需电压和频率的交流电能，直接供给负载使用；如果是并网发电，则需要进行有源逆变，将太阳电池板发出的直流电能转变成与电网的电压和频率相适应的交流电能，送到电网中去。

2. 逆变器的分类

逆变器及逆变技术可按输出波形、主电路拓扑结构、输出相数等方式来分类，具体如下。

1）按输出电压波形分类：方波逆变器、正弦波逆变器、阶梯波逆变器。

2）按输出交流电的相数分类：单相逆变器、三相逆变器。

3）按输入直流电源性质分类：电压源型逆变器、电流源型逆变器。

4）按主电路拓扑结构分类：推挽逆变器、半桥逆变器、全桥逆变器。

5）按功率流动方向分类：单向逆变器、双向逆变器。

6）按输出交流电的频率分类：低频逆变器、工频逆变器、中频逆变器、高频逆变器。

7）按直流环节特性分类：低频环节逆变器、高频环节逆变器。

5.2.4 逆变电路的工作原理及换流方式

1. 逆变电路的基本工作原理

以图5-4所示的单相桥式逆变电路为例说明最基本的工作原理，S_1~S_4是桥式电路的四个臂，由电力电子器件及辅助电路组成。当开关S_1、S_4闭合，S_2、S_3断开时，负载电压u_o为正；当开关S_1、S_4断开，S_2、S_3闭合时，u_o为负，这样就把直流电变成了交流电。改变两组

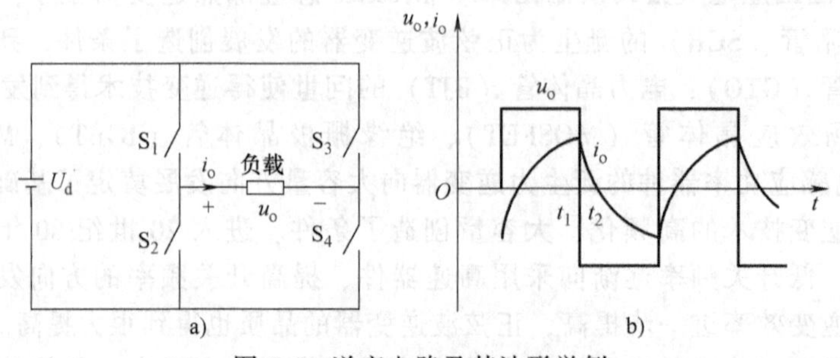

图5-4 逆变电路及其波形举例

开关的切换频率，即可改变输出交流电的频率。这就是逆变电路的基本工作原理。

当负载为电阻时，负载电流 i_o 和 u_o 的波形相同，相位也相同。电感性负载时，i_o 相位滞后于 u_o，波形也不同。设 t_1 时刻以前 S_1 和 S_4 导通，u_o 和 i_o 均为正。在 t_1 时刻断开 S_1 和 S_4，同时合上 S_2 和 S_3，则 u_o 的极性立刻变为负值。但是，因为负载中有电感，其电流方向不能立刻改变而仍然维持原方向。这时负载电流从直流电源负极流出，经过 S_2、负载和 S_3 流回正极，负载电感中储存的能量向直流电源反馈，负载电流逐渐减小，到 t_2 时刻降为 0，之后电流才反向并逐渐增大。S_2 和 S_3 断开，S_1 和 S_4 闭合时的情况类似。本例中开关均为理想开关，实际电路的工作情况要复杂一些。

2. 换流方式

电流从一个支路向另一个支路转移的过程称为换流，也称为换相。研究换流方式主要是研究如何使器件关断。

一般来说，换流方式分为以下几种。

（1）器件换流（Device Commutation）

利用全控型器件的自关断能力进行换流称为器件换流。采用 IGBT、电力 MOSFET、GTO、GTR 等全控型器件的电路的换流方式是器件换流。

（2）电网换流（Line Commutation）

由电网提供换流电压的换流方式。在换流时，将负的电网电压施加在需要关断的晶闸管上即可使其关断，不需要器件具有门极可关断能力，但不适用于没有交流电网的无源逆变电路。

（3）负载换流（Load Commutation）

由负载提供换流电压的换流方式称为负载换流。在负载电流的相位超前于负载电压的场合，都可实现负载换流，如电容性负载和同步电动机。图 5-5 是基本的负载换流逆变电路，整个负载工作在接近并联谐振状态而略呈容性，直流侧串联大电感，工作过程中可认为 i_d 基本没有脉动。负载对基波的阻抗大而对谐波的阻抗小，所以 u_o 接近正弦波。注意触发 VT_2、VT_3 的时刻 t_1 必须在 u_o 过零前并留有足够的裕量，以便使换流顺利完成。

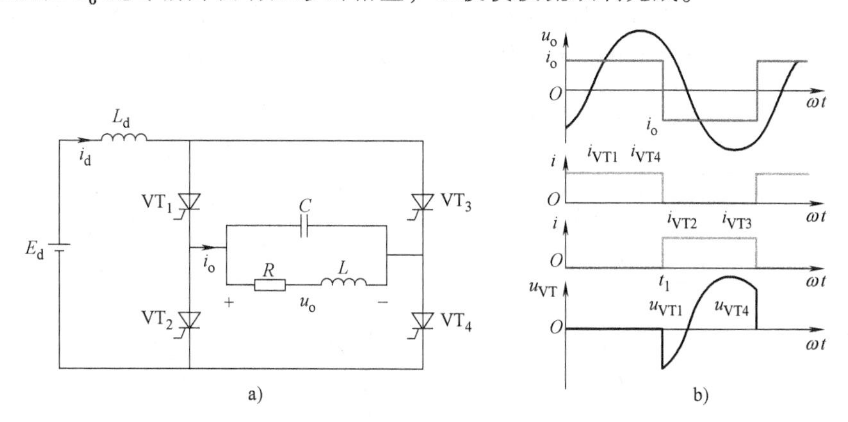

图 5-5　采用负载换流的逆变电路及其波形举例

（4）强迫换流（Forced Commutation）

设置附加的换流电路，为需要关断的晶闸管强制施加反向电压或反向电流的换流方式称为强迫换流。通常利用附加电容上储存的能量来实现，因此也称为电容换流。

在强迫换流方式中，由换流电路内电容直接提供换流电压的方式称为直接耦合式强迫换流。通过换流电路内电容和电感的耦合来提供换流电压或换流电流的方式称为电感耦合式强迫换流。

1）直接耦合式强迫换流。如图 5-6 所示，当晶闸管 VT 处于通态时，预先给电容充电。

当 S 合上时，就可使 VT 被施加反向电压而关断。这种换流方式又可称为电压换流。

2）电感耦合式强迫换流。图 5-7a 中的晶闸管在 *LC* 振荡第一个半周期内关断，图 5-7b 中的晶闸管在 *LC* 振荡第二个半周期内关断，注意两图中电容所充的电压极性不同。在这两种情况下，晶闸管都是在正向电流减至 0 且二极管开始流过电流时关断，二极管上的压降就是加在晶闸管上的反向电压。这种换流方式也称为电流换流。

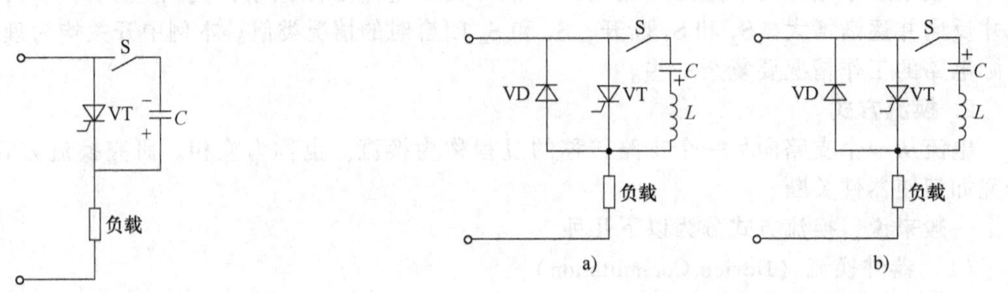

图 5-6 直接耦合式强迫换流原理图　　图 5-7 电感耦合式强迫换流原理图

对换流方式总结如下。

1）器件换流只适用于全控型器件，其余三种方式主要是针对晶闸管的。

2）器件换流和强迫换流属于自换流，电网换流和负载换流属于外部换流。

3）电流不是从一个支路向另一个支路转移，而是在支路内部终止流通而变为 0 的现象，称为熄灭。

5.2.5 有源逆变电路的工作原理及应用

1. 单相全波有源逆变电路

（1）工作原理

根据触发角 α 的不同取值范围，单相全波有源逆变电路可以工作在整流状态和逆变状态，单相全波有源逆变电路原理图和波形图如图 5-8 所示，u_g 为晶闸管的控制电压。

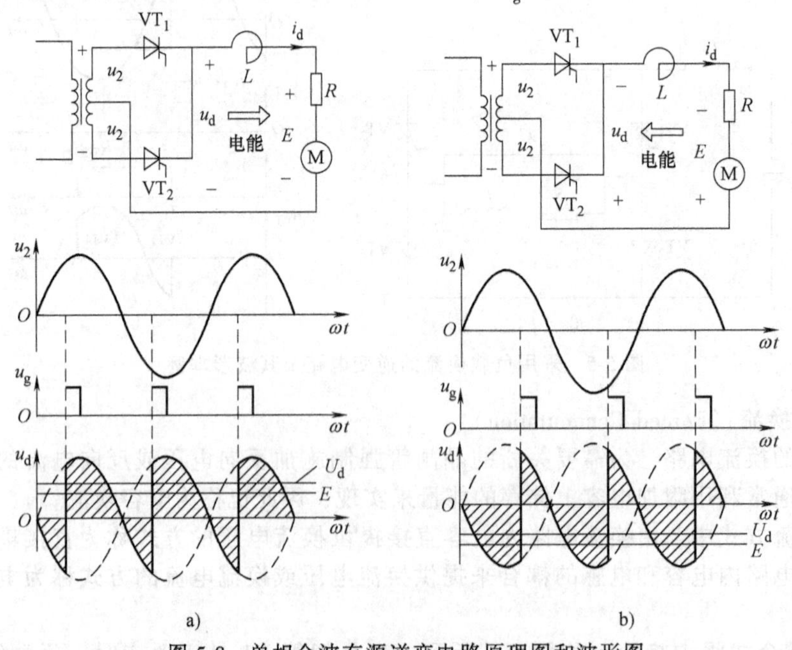

图 5-8 单相全波有源逆变电路原理图和波形图

1）整流状态（$0 \leqslant \alpha < 90°$）。

当 $\alpha = 0$ 时，输出电压瞬时值 u_d 在整个周期内全部为正；当 $0 < \alpha < 90°$ 时，u_d 在整个周期内有正有负，但正面积总是大于负面积，故平均值 U_d 为正值，其极性是上正下负，如图 5-8a 所示。通常 U_d 略大于 E，此时负载电流 I_d 从 U_d 的正端流出，从 E 的正端流入。电机 M 吸收电能，作为电动机运行，电路把从交流电网吸收的电能转变成直流电能输送给电动机，电路工作在整流状态。

2）逆变状态（$90° < \alpha \leqslant 180°$）。

由于晶闸管的单向导电性，负载电流 I_d 不能改变方向，只有将 E 反向，即电机作为发电机运行才能回馈电能；为避免 U_d 与 E 顺接，此时将 U_d 的极性也反过来，如图 5-8b 所示。要使 U_d 反向，α 应该大于 90°。

当 α 在 90°~180°间变动时，输出电压瞬时值 u_d 在整个周期内有正有负，但负面积大于正面积，故平均值 U_d 为负值，如图 5-8b 所示。此时 $|E|$ 略大于 $|U_d|$，负载电流是从 E 的正端流出，从 U_d 的正端流入，逆变电路吸收从电机返回的直流电能，并将其转变成交流电能反馈回电网，这就是该电路的有源逆变状态。

在逆变工作状态下，虽然晶闸管的阳极电位大部分处于交流电压为负的半周期，但由于有外接直流电压 E 的存在，使晶闸管仍能承受正向电压而导通。

（2）产生逆变的条件

要使整流电路工作在逆变状态，必须满足两个条件。

1）变流器的输出 U_d 能够改变极性（内部条件）。由于晶闸管的单向导电性，电流 I_d 不能改变方向，为实现有源逆变，必须改变 U_d 的极性，即使变流器的控制角 $\alpha > 90°$。

2）须外接的提供直流电能的电压 E。E 也要能改变极性，且有 $|E| > |U_d|$（外部条件）。

（3）逆变角 β

逆变状态时的控制角称为逆变角 β，规定以 $\alpha = \pi$ 处作为计量 β 的起点，大小由计量起点逆时针旋转的角度。满足如下关系

$$\beta = \pi - \alpha \tag{5-1}$$

2. 逆变失败与最小逆变角的限制

（1）逆变失败的定义及原因

可控整流电路运行在逆变状态时，一旦发生换相失败，电路又重新工作在整流状态，外接的直流电源就会通过晶闸管电路形成短路，使变流器的输出电压平均值 U_d 和直流电压 E 变成顺向串联，由于变流电路的内阻很小，将有很大的短路电流流过晶闸管和负载，这种情况称为逆变失败，或称为逆变颠覆。

造成逆变失败的原因有以下几点。

1）触发电路工作不可靠。不能适时、准确地给各晶闸管分配触发脉冲，如脉冲丢失、脉冲延时等，导致晶闸管无法正常换相，致使交流电源与直流电动势顺向串联，造成短路。

2）晶闸管发生故障。在应该阻断期间，器件失去阻断能力，或器件不能导通。

3）交流电源异常。在逆变工作时，电源发生缺相或突然消失而造成逆变失败。

4）换相裕量角不足，引起换相失败。应考虑变压器漏抗引起的换相重叠角、晶闸管关断时间等因素的影响。

为了防止换相失败，要求逆变电路有可靠的触发电路，选用可靠的晶闸管，设置快速的电流保护环节，同时还应对逆变角进行严格的限制。

（2）最小逆变角 β 的确定方法

最小逆变角 β 的大小要考虑以下因素。

1）换相重叠角 γ。该值与电路形式、工作电流大小、触发角大小有关，即

$$\cos\alpha-\cos(\alpha+\gamma)=\frac{I_d X_B}{\sqrt{2}U_2\sin\frac{\pi}{m}} \tag{5-2}$$

式中，X_B 为变压器的漏抗；m 为一个周期内的波头数（换相次数），在三相半波电路中 $m=3$，对于三相桥式全控电路 $m=6$；U_2 为变压器二次相电压有效值，对于三相桥式全控电路，U_2 应以线电压的有效值代入计算。

根据 $\alpha=\pi-\beta$，设 $\beta=\gamma$，则

$$\cos\gamma=1-\frac{I_d X_B}{\sqrt{2}U_2\sin\frac{\pi}{m}} \tag{5-3}$$

式中，γ 约为 15°~20°电角度。

2）晶闸管关断时间 t_q 所对应的电角度 δ。折算后的电角度约为 4°~5°。

3）安全裕量角 θ'。考虑到脉冲调整时不对称、电网波动、畸变与温度等影响，还必须留一个安全裕量角。一般取 θ'为 10°左右。

综上所述，最小逆变角为

$$\beta_{\min}=\delta+\gamma+\theta'\approx30°\sim35° \tag{5-4}$$

为了可靠防止 $\beta<\beta_{\min}$，在要求较高的场合，可在触发电路中加一套保护线路，或在 $\beta_{\min}$ 处设置产生附加安全脉冲的装置，当 $\beta<\beta_{\min}$ 时从而在，由安全脉冲在 $\beta_{\min}$ 处触发晶闸管，防止逆变失败。

3. 有源逆变的应用——两组晶闸管变流器的反并联可逆电路

图 5-9 所示为两组晶闸管变流器的反并联可逆电路的工作原理图。设 P 为正组晶闸管（简称为正组），N 为反组晶闸管（简称为反组），电路有四种工作状态。

1）正转，电机作为电动机运行，正组工作在整流状态，$\alpha_P<\pi/2$，$E<U_{d\alpha}$（P 表示正组）。

图 5-9 第一象限为正组整流工作状态。设 P 在控制角 α 作用下输出整流电压 $U_{d\alpha}$，加于电动机 M 使其正转。当正组 P 处于整流工作状态时，反组 N 不能也工作在整流状态，否则会使电流 I_{d1} 不经过负载 M，而只在两组晶闸管之间流通，这种电流称为环流，实质上是两组晶闸管电源之间的短路电流。因此，当正组整流时，反组应关断或处于待逆变状态。所谓待逆变，就是 N 组由逆变角 β 控制处于逆变状态但无逆变电流。要做到这一点，可使 $U_{d\beta}\geqslant U_{d\alpha}$。这样，正组 P 的平均电流供电动机正转，反组 N 处于待逆变状态。由于 $U_{d\beta}\geqslant U_{d\alpha}$，故没有平均电流流过反组，不产生真正的逆变。

2）正转，电机作为发电机运行，反组工作在逆变状态，$\beta_N<\pi/2(\alpha_N>\pi/2)$，$E>U_{d\beta}$（N 表示反组）。

如图 5-9 所示的第二象限，当要求正向制动时，流过发电机 M 的电流 I_d 必须反向才能得到制动转矩，由于晶闸管的单向导电性，这只能利用反组 N 的逆变来实现。为此，可以降低 $U_{d\beta}$ 且使 $E>U_{d\beta}(=U_{d\alpha})$，使得 N 组产生逆变，流过电流 I_{d2}，发电机 M 电流 I_d 反向，反组有源逆变将电能通过反组 N 送回电网，实现回馈制动。

3）反转，电机作为电动机运行，反组工作在整流状态，$\alpha_N<\pi/2$，$E<U_{d\alpha}$。

N 组整流，使电动机反转，其过程与正组整流类似，如图 5-9 所示的第三象限。

4）反转，电机作为发电机运行，正组工作在逆变状态，$\beta_P<\pi/2(\alpha_P>\pi/2)$，$E>U_{d\beta}$。

P 组逆变，产生反向制动转矩，其过程与反组逆变类似，如图 5-9 所示的第四象限。

在该系统中，正组作为整流供电，反组提供有源逆变制动。正转时可以利用反组晶闸管实现回馈制动，反转时可以利用正组晶闸管实现回馈制动，正反转和制动的装置合而为一。

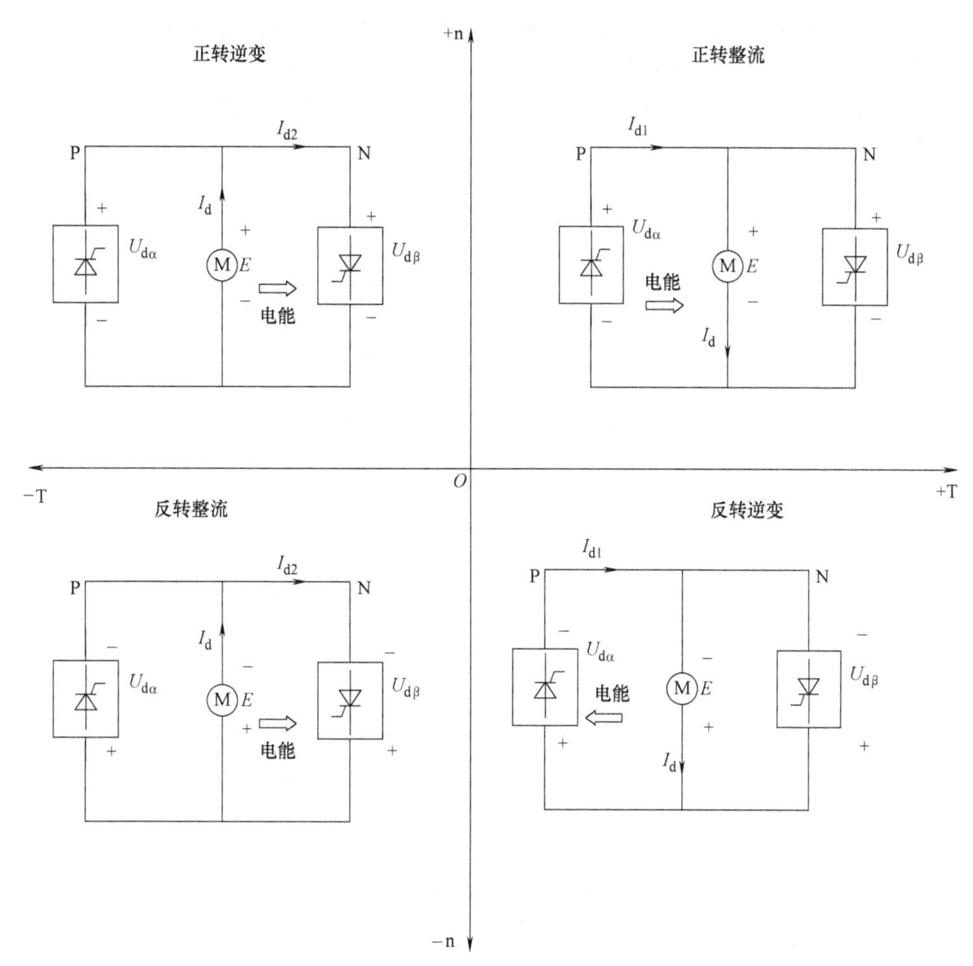

图 5-9　两组晶闸管变流器的反并联可逆电路

注：下标中有 α 表示整流，下标中有 β 表示逆变。

5.2.6　无源逆变电路的工作原理

将直流电能变换成交流电能供给无源负载的过程称为无源逆变。如果用于逆变的直流电能是由电网提供的交流电整流得来的，就把将电网提供的恒压恒频 CVCF（Constant Voltage Constant Frequency）交流电变换为变压变频 VVVF（Variable Voltage Variable Frequency）交流电供给负载的过程称为变频，实现变频的装置叫变频器。本节主要介绍由蓄电池等直流电源提供的直流电能进行的逆变。

蓄电池输出的直流电压一般比较低，所以要经过相应的变换，把较低的直流电压变为较高的直流电压，然后再进行逆变。为满足不同需要，无源逆变电路种类很多，最常见的有单相半桥逆变电路、单相全桥逆变电路、三相全桥逆变电路，而这些电路又各有电压型和电流型两种形式。

电压型逆变电路中直流侧并联大电容滤波，电压波形比较平直，相当于一个内阻抗为 0 的恒压源；电流型逆变电路中直流侧串联大电感滤波，电流波形比较平直，因而电源内阻抗很大，对负载来说基本上是一个恒流源。

1. 电压型逆变电路

（1）单相半桥电压型逆变电路

1）单相半桥电压型逆变电路的结构。单相半桥电压型逆变电路原理如图 5-10a 所示。它有两个桥臂，每个桥臂由一个可控器件和一个反并联二极管组成。在直流侧接有两个相互串联的足够大的电容，两个电容的联结点为直流电源的中点。负载接在直流电源中点和两个桥臂连接点之间。

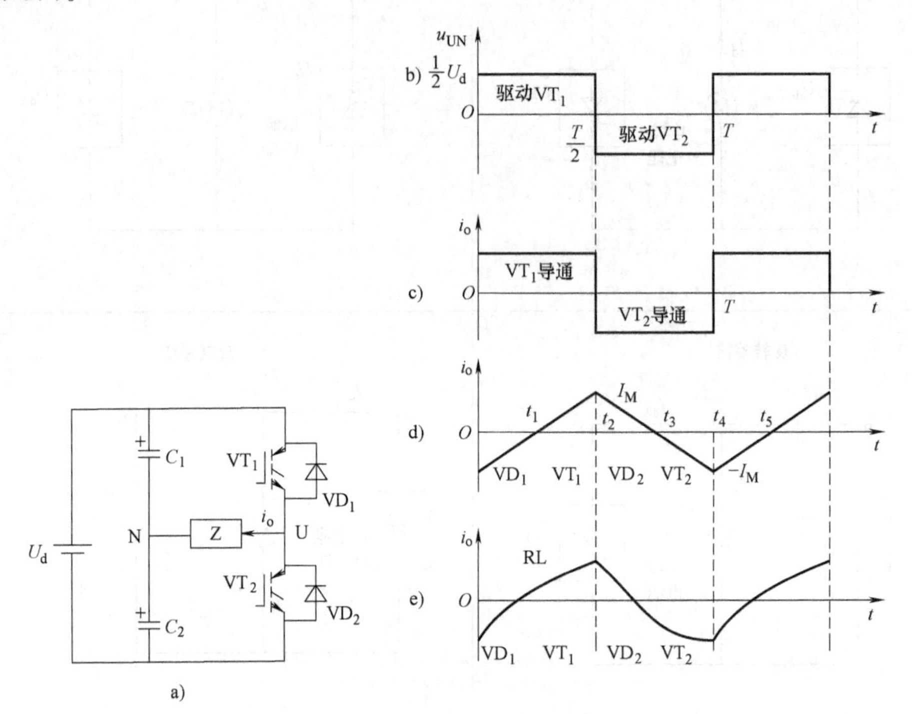

图 5-10 电压型半桥逆变电路

a）电路 b）电压波形 c）电阻负载电流波形 d）电感负载电流波形 e）RL 负载电流波形

2）单相半桥电压型逆变电路的工作原理。设开关器件 VT_1 和 VT_2 的栅极信号在一个周期内各有半周正偏，半周反偏，且二者互补。其工作波形如图 5-10b ~ 图 5-10e 所示。当负载为感性时，输出电压 u_o 为矩形波，其幅值为 $U_o=U_d/2$。输出电流 i_o 波形随负载情况而异。在 t_2 时刻以前 VT_1 为通态、VT_2 为断态。t_2 时刻给 VT_1 关断信号，给 VT_2 开通信号，则 VT_1 关断，但感性负载中的电流 i_o 不能立即改变方向，于是 VD_2 导通续流。当 t_3 时刻 i_o 降为 0 时，VD_2 截止，VT_2 开通，i_o 开始反向。同样，t_4 时刻给 VT_2 关断信号，给 VT_1 开通信号后，VT_2 关断，VD_1 先导通续流，t_5 时刻 VT_1 才导通。

当 VT_1 或 VT_2 为通态时，负载电流和电压同方向，直流侧向负载提供能量；当 VD_1 或 VD_2 为通态时，负载电流和电压反向，负载电感中储存的能量向直流侧反馈，即负载电感将其吸收的无功能量反馈回直流侧。反馈回的能量暂时储存在直流侧电容器中，直流侧电容器起着缓冲无功能量的作用。二极管 VD_1 和 VD_2 有两个作用：一是提供负载向直流侧反馈能量的通道；二是使负载电流连续。所以它们既是反馈二极管，又是续流二极管。

3）单相半桥电压型逆变电路的特点。当可控器件是不具有门极可关断能力的晶闸管时，必须附加强迫换流电路才能正常工作。为了防止上下桥臂的可控器件同时导通导致直流侧电源的短路，要先给需要关断的器件送出关断信号，然后再给应导通的器件发出开通信号，即在两者之间留一个死区时间。死区时间的长短要视器件的开关速度而定，器件的开关速度越快，所留的死区时间就可以越短。

半桥逆变电路的优点是电路简单，使用器件少。缺点是电源的利用率低，输出交流电压

的幅值 U_o 仅为 $U_d/2$，且直流侧需要两个电容器串联分压，工作时还要控制两个电容器电压的均衡。因此，半桥电路常用于几千瓦以下的小功率逆变电源。

单相全桥逆变电路、三相桥式逆变电路都可以看成由多个半桥逆变电路组合而成。同样，单相全桥逆变电路、三相桥式逆变电路也必须遵守“先断后通”的原则。

（2）单相全桥电压型逆变电路

1）单相全桥电压型逆变电路的结构。全桥逆变电路是单相逆变电路中应用最多的。单相全桥电压型逆变电路原理图如图 5-11 所示，它共有四个桥臂，可以看成由两个半桥电路组合而成。把桥臂 VT_1 和 VT_4 作为一对，桥臂 VT_2 和 VT_3 作为另一对，成对的两个桥臂同时导通，两对交替各导通 180°。其输出电压波形如图 5-12 所示，与半桥电路的波形形状相同，也是矩形波，但其幅值高出一倍，$U_{om}=U_d$。在直流电压和负载都相同的情况下，其输出电流的波形与半桥电路输出电流波形形状相同，仅幅值增加一倍。

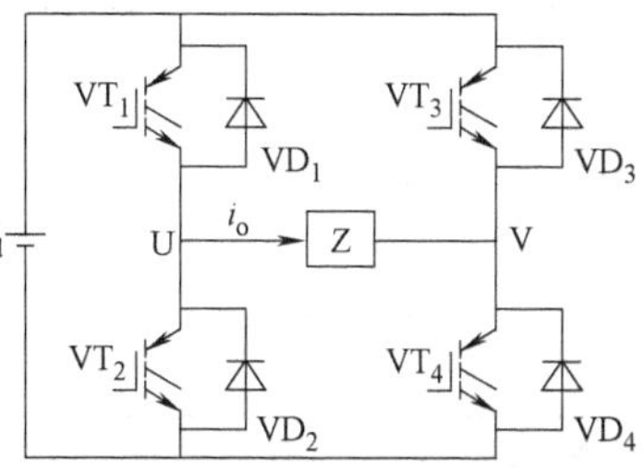

图 5-11　单相全桥电压型逆变电路原理图

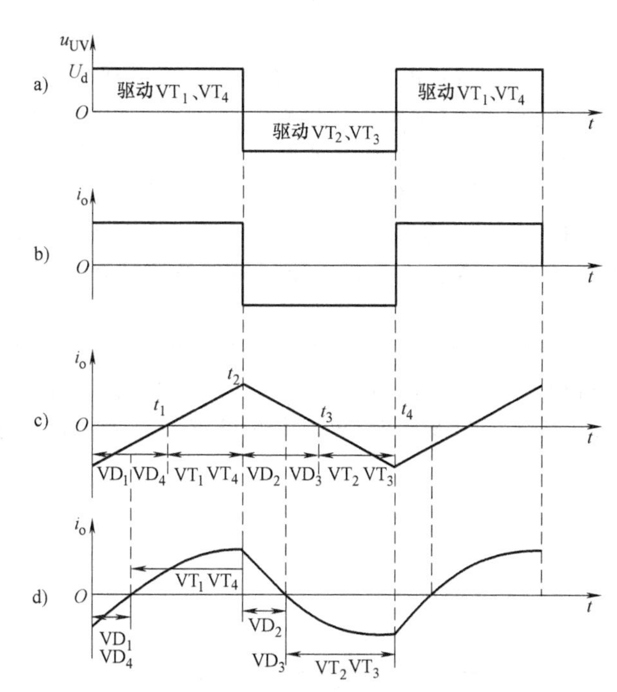

图 5-12　单相全桥电压型逆变电路波形图

a）负载电压　b）电阻负载电流波形

c）电感负载电流波形　d）RL 负载电流波形

2）单相全桥电压型逆变电路的工作原理。单相全桥电压型逆变电路的工作波形如图 5-12 所示。输出电压 u_o 为矩形波，其幅值为 $U_{om}=U_d$。输出电流 i_o 波形随负载情况而异。当负载为纯电阻负载时，输出电流波形为矩形波，如图 5-12b 所示；当负载为感性时，在 t_2 时刻以前 VT_1 和 VT_4 为通态、VT_2 和 VT_3 为断态。t_2 时刻给 VT_1 和 VT_4 关断信号，给 VT_2 和 VT_3 开通信号，则 VT_1 和 VT_4 关断，但感性负载中的电流 i_o 不能立即改变方向，于是 VD_2 和 VD_3 导通续流。当 t_3 时刻 i_o 降为 0 时，VD_2 和 VD_3 截止，VT_2 和 VT_3 开通，i_o 开始反向。同样，t_4 时刻给 VT_2 和 VT_3 关断信号，给 VT_1 和 VT_4 开通信号后，VT_2 和 VT_3 关断，VD_1 和 VD_4 先导通续流，t_5 时刻 VT_1 和 VT_4 才导通。

单相全桥逆变电路输出电压基波分量的幅值 U_{o1m} 和基波有效值 U_{o1} 分别为：

$$U_{o1m}=\frac{4U_d}{\pi}=1.27U_d \tag{5-5}$$

$$U_{o1}=\frac{2\sqrt{2}\,U_d}{\pi}=0.9U_d \tag{5-6}$$

（3）三相桥式电压型逆变电路

1）三相桥式电压型逆变电路的结构。图 5-13 所示为三相桥式电压型逆变电路，电路由三个单相半桥电路构成。为了分析方便，电路中的电容器画成了两个，并有一个假想的中性点 N′，在实际中可用一个电容器。由于输入端施加的是直流电源、IGBT 类型的 $VT_1 \sim VT_6$ 始终保持正相偏置，所以 $VD_1 \sim VD_6$ 分别与 $VT_1 \sim VT_6$ 反并联，从而为感性负载提供续流回路。

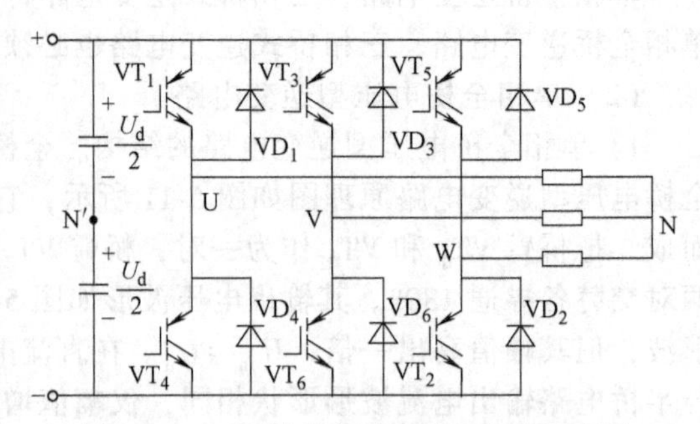

图 5-13　三相桥式电压型逆变电路原理图

2）三相桥式电压型逆变电路的工作原理。与单相半桥、全桥逆变电路相同，三相桥式电压型逆变电路的基本工作方式也是 180°导通，即每个桥臂的导通角度为 180°，同一相（同一半桥）的上下两个桥臂交替导电。如图 5-14 所示，在 $u_{G1} \sim u_{G6}$ 的控制下，$VT_1 \sim VT_6$ 以 60°的间隔依次导通和关断，各相开始导电的角度依次相差 120°，任一瞬间有三个桥臂同时导通，可能是上面一个桥臂、下面两个桥臂，也可能是上面两个桥臂、下面一个桥臂，在逆变器输出端形成 U、V、W 三相电压。每次换流都是在同一相上下两个桥臂之间进行，也称为纵向换流。

下面来分析三相桥式电压型逆变电路的工作波形。如图 5-15 所示，对于 U 相输出来说，当桥臂 VT_1 导通时，$u_{UN'}=U_d/2$，当桥臂 VT_4 导通时，$u_{UN'}=-U_d/2$。因此，$u_{UN'}$的波形是幅值为 $U_d/2$ 的矩形波。V、W 两相的情况与 U 相类似，输出电压波形与 U 相相同，只是相位依次相差 120°。

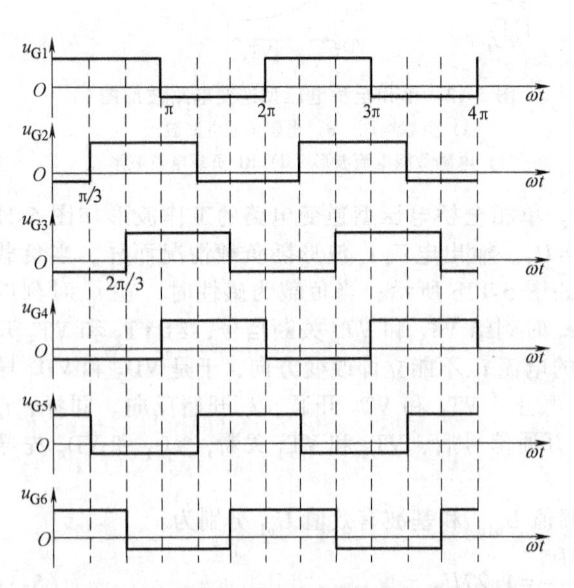

图 5-14　三相桥式电压型逆变电路触发脉冲图

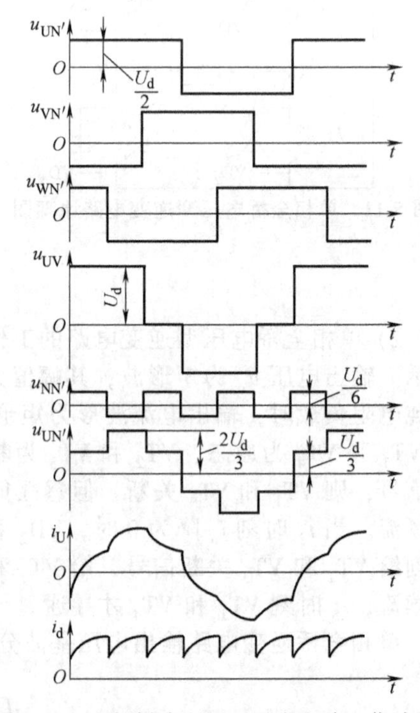

图 5-15　三相桥式电压型逆变电路工作波形

负载线电压 u_{UV}、u_{VW}、u_{WU} 可由下式求出

$$\left.\begin{aligned}u_{UV}&=u_{UN'}-u_{VN'}\\u_{VW}&=u_{VN'}-u_{WN'}\\u_{WU}&=u_{WN'}-u_{UN'}\end{aligned}\right\}\tag{5-7}$$

根据以上公式画出的 u_{UV} 波形如图 5-15 所示。

设负载中性点 N 与假想的中性点 N′之间的电压为 $u_{NN'}$，则负载各相的相电压分别为

$$\left.\begin{aligned}u_{UN}&=u_{UN'}-u_{NN'}\\u_{VN}&=u_{VN'}-u_{NN'}\\u_{WN}&=u_{WN'}-u_{NN'}\end{aligned}\right\}\tag{5-8}$$

把上面各式相加、整理后可求得

$$u_{NN'}=\frac{1}{3}(u_{WN'}+u_{VN'}+u_{UN'})-\frac{1}{3}(u_{WN}+u_{VN}+u_{UN})\tag{5-9}$$

设负载为三相对称负载，则有 $u_{WN}+u_{VN}+u_{UN}=0$，所以可得出

$$u_{NN'}=\frac{1}{3}(u_{WN'}+u_{VN'}+u_{UN'})\tag{5-10}$$

根据公式（5-10）画出的 $u_{NN'}$的波形为矩形波，频率为 $u_{UN'}$的 3 倍，幅值为 $u_{UN'}$幅值的 1/3，即为 $U_d/6$。根据公式（5-8）和公式（5-10）可以画出 u_{UN} 的波形，u_{VN} 和 u_{WN} 的波形形状和 u_{UN} 相同，只是相位相差 120°。$VT_1\sim VT_6$ 各开关导通状态见表 5-1。

表 5-1　三相桥式电压型逆变器导通状态

状态	1	2	3	4	5	6
电角度	0°～60°	60°～120°	120°～180°	180°～240°	240°～300°	300°～360°
导通开关	VT_5、VT_6、VT_1	VT_6、VT_1、VT_2	VT_1、VT_2、VT_3	VT_2、VT_3、VT_4	VT_3、VT_4、VT_5	VT_4、VT_5、VT_6
u_{UN}	$1/3U_d$	$2/3U_d$	$1/3U_d$	$-1/3U_d$	$-2/3U_d$	$-1/3U_d$

负载参数已知时，可以由 u_{UN} 的波形求出 U 相电流 i_U 的波形。桥臂 VT_1 和桥臂 VT_4 之间的换流过程和半桥电路相似。上桥臂中的 VT_1 从通态转换到断态时，因负载电感中的电流不能突变，下桥臂中的 VD_4 先导通续流，待负载电流降到 0，桥臂中电流反向时，VT_4 才开始导通。负载阻抗角越大，VD_4 导通时间就越长。i_U 的上升段中（桥臂 VT_1 导电的区间），$i_U<0$ 时 VD_4 导通，$i_U>0$ 时 VT_1 导通；i_U 的下降段中（桥臂 VT_4 导电的区间），$i_U>0$ 时 VT_4 导通，$i_U<0$ 时 VD_4 导通。

i_V、i_W 的波形和 i_U 形状相同，相位依次相差 120°。把流过桥臂 VT_1、VT_3、VT_5 的电流加起来，就可得到直流侧电流 i_d 的波形。i_d 每隔 60°脉动一次，而直流侧电压基本是无脉动的，因此，逆变器从交流侧向直流侧传递的功率是脉动的，且脉动情况和 i_d 的脉动情况大体相同。这也是电压型逆变电路的一个特点。

输出线电压有效值 U_{UV} 为

$$U_{UV}=0.816U_d\tag{5-11}$$

其中，基波幅值 U_{UV1m} 和基波有效值 U_{UV1} 分别为

$$U_{UV1m}=1.1U_d\tag{5-12}$$

$$U_{UV1}=0.78U_d\tag{5-13}$$

负载相电压有效值 U_{UN} 为

$$U_{UN}=0.471U_d\tag{5-14}$$

其中，基波幅值 U_{UN1m} 和基波有效值 U_{UN1} 分别为

$$U_{\mathrm{UN1m}}=0.637U_{\mathrm{d}} \tag{5-15}$$

$$U_{\mathrm{UN1}}=0.45U_{\mathrm{d}} \tag{5-16}$$

2. 电流型逆变电路

电流型逆变电路（也称逆变器）采用电感作为储能元件，使直流电源近似为恒流源。电流型逆变器是在电压型逆变器之后发展起来的。在变频调速系统中最初采用的是电压型逆变器，但随着晶闸管耐压水平的提高和变频调速系统的发展，电流型逆变器获得了更为广泛的应用。电流型逆变电路比较简单，用于交流电动机调速时可以不附加其他电路而实现再生制动，发生短路时危险较小，对晶闸管关断要求不高，适用于动态要求高、调速范围较大的场合，特别是在经常启、制动和正、反转变化的系统中，它具有更为突出的优点。

（1）单相桥式电流型逆变电路

1）单相桥式电流型逆变电路的结构。单相桥式电流型逆变电路原理图如图 5-16 所示。它由四个桥臂构成，每个桥臂的晶闸管串联一个电抗器。电抗器用来限制晶闸管开通时的 d*i*/d*t*，各桥臂的电抗器之间不存在互感。使桥臂中 VT_1、VT_4、VT_2、VT_3 以 1000~2500 Hz 的中频轮流导通，在负载上得到中频交流电。

该电路是采用负载换流方式工作的，要求负载电流略超前于负载电压，即负载略呈容性。实际负载一般是电流感应线圈，用来加热置于线圈内的钢料。图 5-16 中 R 和 L 串联即为感应线圈的等效电路。因为功率因数很低，所以并联了补偿电容 C。电容 C 和 L、R 构成并联谐振电路，故这种逆变电路也称为并联谐振式逆变电路。

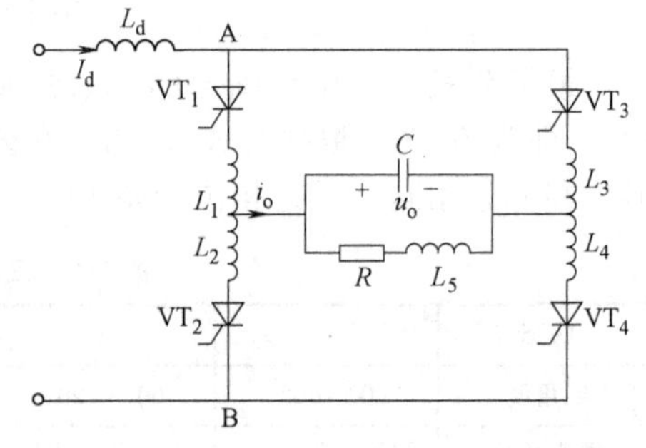

图 5-16　单相桥式电流型逆变电路原理图

因为是电流型逆变电路，如果忽略换流过程，其输出的交流波形接近矩形，其中包含基波和各奇次谐波，且谐波幅值远小于基波。因基波频率接近负载电路谐振频率，故负载电路对基波呈现高阻抗，而对谐波呈现低阻抗，谐波在负载电路上产生的电压降很小，因此负载电压的波形接近正弦波。

2）单相桥式电流型逆变电路的工作原理。在交流电流的一个周期内，有两个稳定导通阶段和两个换流阶段，如图 5-17 所示。

$t_1 \sim t_2$ 为 VT_1 和 VT_4 稳定导通阶段，$i_o=I_d$，t_2 时刻前在电容 C 上建立了左正右负的电压。在 t_2 时刻 VT_2 和 VT_3 开通，开始进入换流阶段。由于换流电抗器 $L_1 \sim L_4$ 的作用，VT_1 和 VT_4 不能立刻关断，其电流有一个减小过程，VT_2 和 VT_3 的电流也有一个增大过程。

t_2 时刻后四个晶闸管全部导通，负载电容经两个并联的放电回路同时放电。一个回路是经 L_1、VT_1、VT_3、L_3 回到电容 C；另一个回路是经 L_2、VT_2、VT_4、L_4 回到电容 C。

当 $t=t_4$ 时，VT_1、VT_4 电流减至 0 而关断，直流侧电流 I_d 全部从 VT_1、VT_4 转移到 VT_2、VT_3，换流阶段结束。

晶闸管一段时间后才能恢复正向阻断能力，t_4 时刻换流结束后还要使 VT_1、VT_4 承受一段反压时间 t_β，$t_\beta=t_5-t_4$，应大于晶闸管的关断时间 t_q。

如果忽略换流过程，i_o 可近似看作矩形波，可以展开成傅里叶级数。其输出电流基波有效值 I_{o1} 为

$$I_{o1}=\frac{4I_d}{\sqrt{2}\pi}=0.9I_d \tag{5-17}$$

负载电压有效值 U_o 和直流电压 U_d 的关系为

$$U_o = 1.11\frac{U_d}{\cos\varphi} \qquad (5\text{-}18)$$

负载参数不变，逆变电路的工作频率也是不变的，这种固定工作频率的控制方式称为他励方式。实际上在中频加热和钢料熔化过程中，感应线圈的参数是随时间而变化的，固定的工作频率无法保证晶闸管的反压时间大于关断时间，可能导致逆变失败。为了保证电路正常工作，必须使工作频率能随着负载的变化自动调整。这种控制方式称为自励方式，即逆变电路的出发信号取自负载端，其工作频率受负载谐振频率的控制而比后者高一个适当的值。采用自励方式时，在刚启动瞬间，即系统还未投入运行时，负载端没有输出，无法取触发信号。解决这一问题通常采取两种办法：一是附加预充电的起动电路，起动时把事先储存的电容能量释放到负载上，形成衰减振荡，检测出振荡信号实现自励；另一种方法是用他励转成自励，即启动时先采用他励方式，等开始正常工作时再转为自励方式。

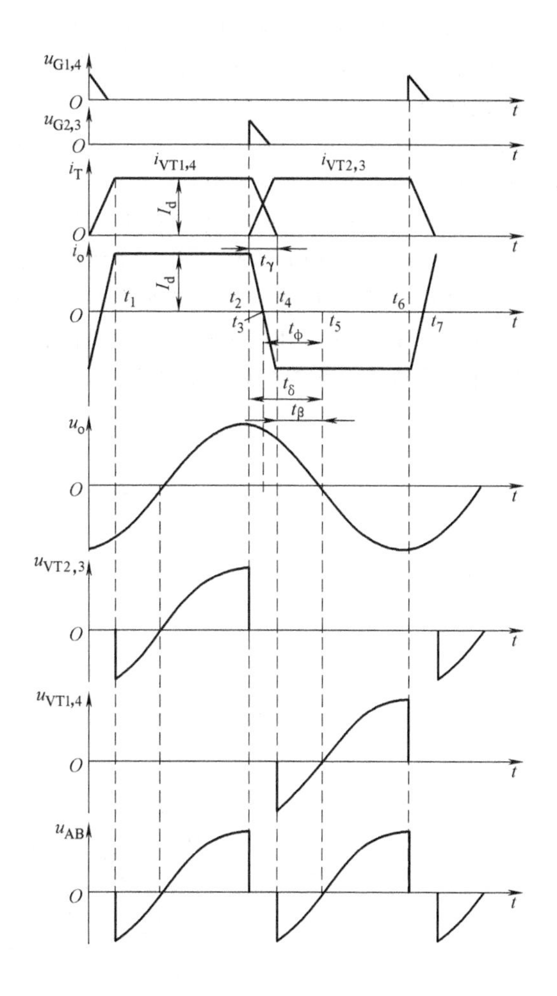

图 5-17　单相桥式电流型逆变电路工作波形图

γ—换向重叠角　δ—晶闸管关断时间所对应的电角度

i_T—通态平均电流

（2）三相桥式电流型逆变电路

开关器件采用晶闸管的三相桥式电流型逆变电路原理图如图 5-18a 所示，三相桥式电流型逆变电路的基本工作方式是 120°导通，即每个晶闸管的导通角度为 120°，$VT_1 \sim VT_6$ 依次间隔 60°导通。任何时候只有两个桥臂导通，不会发生同一桥臂两器件直通现象。换流时，在上桥臂组或下桥臂组内依次换流，每个时刻上下桥臂组各有一个桥臂导通，换流方式为横向换流。三相桥式电流型逆变电路的输出电流波形如图 5-18b 所示。

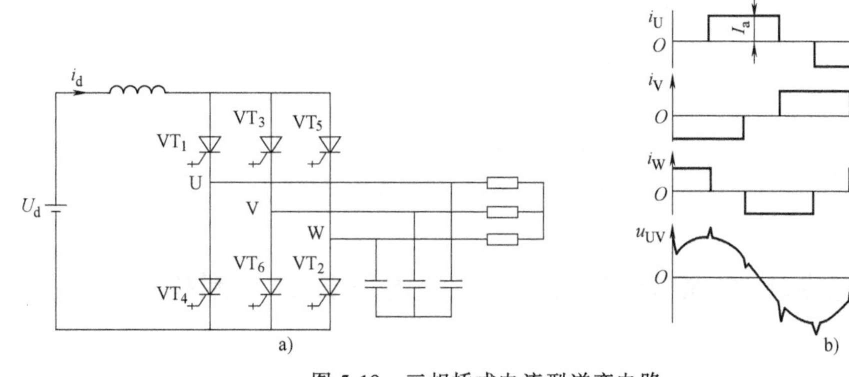

图 5-18　三相桥式电流型逆变电路

a）电路原理图　b）输出的波形图

采用晶闸管作为开关器件的三相桥式电流型逆变器还可以驱动同步电动机，利用滞后于电流相位的反电动势可以实现换流。因为同步电动机是逆变器的负载，因此这种换流方式也属于负载换流。

用逆变器驱动同步电动机时，其工作特性和调速方式都与直流电动机相似，但没有换向器，因此被称为无换向器电动机。

无换向器电动机的基本电路如图 5-19 所示，它由三相可控整流电路为逆变电路提供直流电源。逆变电路采用 120°导通方式，利用电动机反电动势实现换流。例如从 VT_1 向 VT_3 换流时，因 V 相电压高于 U 相，VT_3 导通时 VT_1 就被关断，这种情况与有源逆变电路的工作情况十分相似。图 5-19a 中，BQ 是转子位置检测器，用来检测磁极位置以决定什么时候给哪个晶闸管发出触发脉冲。无换向器工作机工作状态下电路的工作波形如图 5-19b 所示。

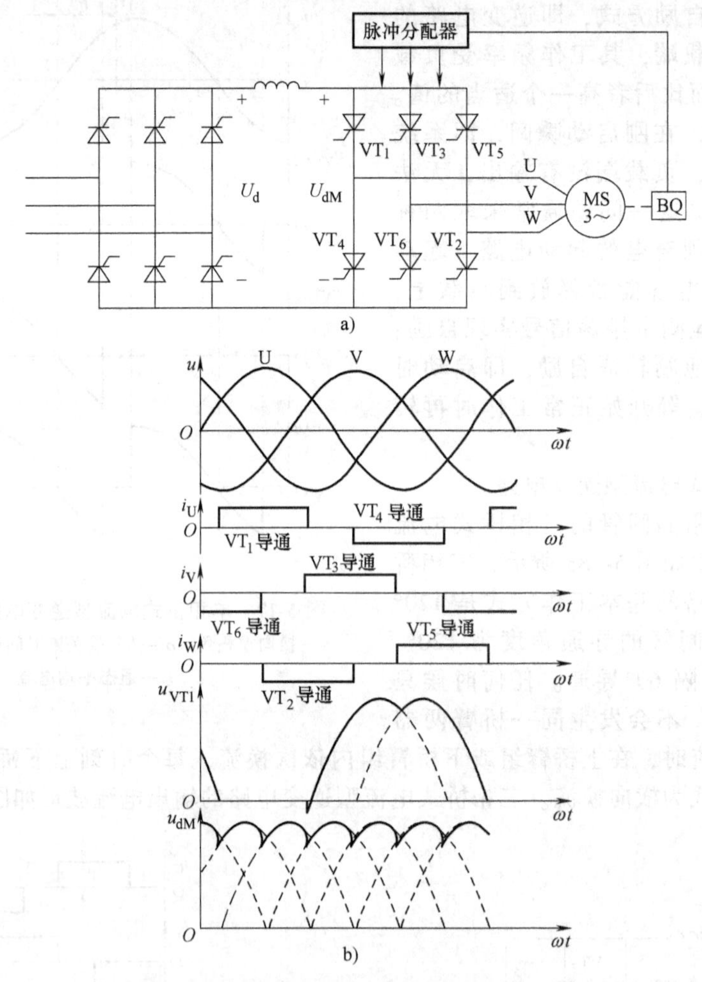

图 5-19　无换向器电动机的基本电路和工作波形

a）基本电路　b）工作波形

5.3 【任务实施】智能离网微逆变系统电路设计与制作

1. 实训目标

1）掌握 PCB（印制电路板）焊接技术，器件安装技术，烙铁、万用表、示波器等常规检测设备的使用方法。

2）掌握软件编程环境的设置，程序烧写流程。

3）掌握逆变器的安装调试方法及一般故障排除方法。

2. 实训场所及器材

地点：电子实训室。

器材：焊台、常用仪表及装配工具。

3. 实训步骤

（1）智能离网微逆变系统 INVT322A 硬件电路的设计与制作

（2）智能离网微逆变系统的焊接与软硬件的基本调试

（3）组态串口屏模块系统的开发

（4）前级输入故障的检测（包含显示）

（5）逆变输出电能信号的曲线显示（包含显示）

（6）逆变输出智能控制系统的设计（包含显示）

（7）智能离网微逆变系统通信系统的设计（RS-485 等上位机通信，包含显示）

（8）智能离网微逆变系统的软件开发与调试（整合）

4. 任务考核标准

任务考核标准见表 5-2。

表 5-2　任务考核标准

项目类型	考核项目	考核内容	考核标准				得分
			A	B	C	D	
学习过程（40分）	组装与调试智能离网微逆变实训系统	掌握智能离网微逆变实训系统各部分工作原理	20	16	12	8	
		熟悉实训系统的安装、调试方法及一般故障排除方法	20	16	12	8	
操作能力（30分）	实训系统电路板的焊接	焊接过程步骤清晰，各部件符合焊接工艺，不符合工艺扣 5 分	10	8	6	4	
	实训系统的组装	组装过程有步骤，各部件组装到位，组装时每错一处扣 2 分	10	8	6	4	
	实训系统的测试	测试系统并正确分析测试结果，根据实际情况酌情扣分	10	8	6	4	
实践结果（30分）	系统调试	达到设计中规定的功能和技术指标，根据实际情况酌情扣分	10	8	6	4	
	故障分析	对调试过程中出现的问题能分析并解决，不能正确解决问题扣 5 分	10	8	6	4	
	综合表现	学习态度、学习纪律、团队精神、安全操作等，根据实际情况酌情扣分	10	8	6	4	
总分			100	80	60	40	
遇到的问题							
学习收获							
改进意见及建议							
教师签名		学生签名		班级			

5.3.1 智能离网微逆变系统 INVT322A 硬件电路的设计与制作

【任务说明】

本任务介绍智能离网微逆变系统的硬件组成、原理及焊接，总体框架如图 5-20 所示。

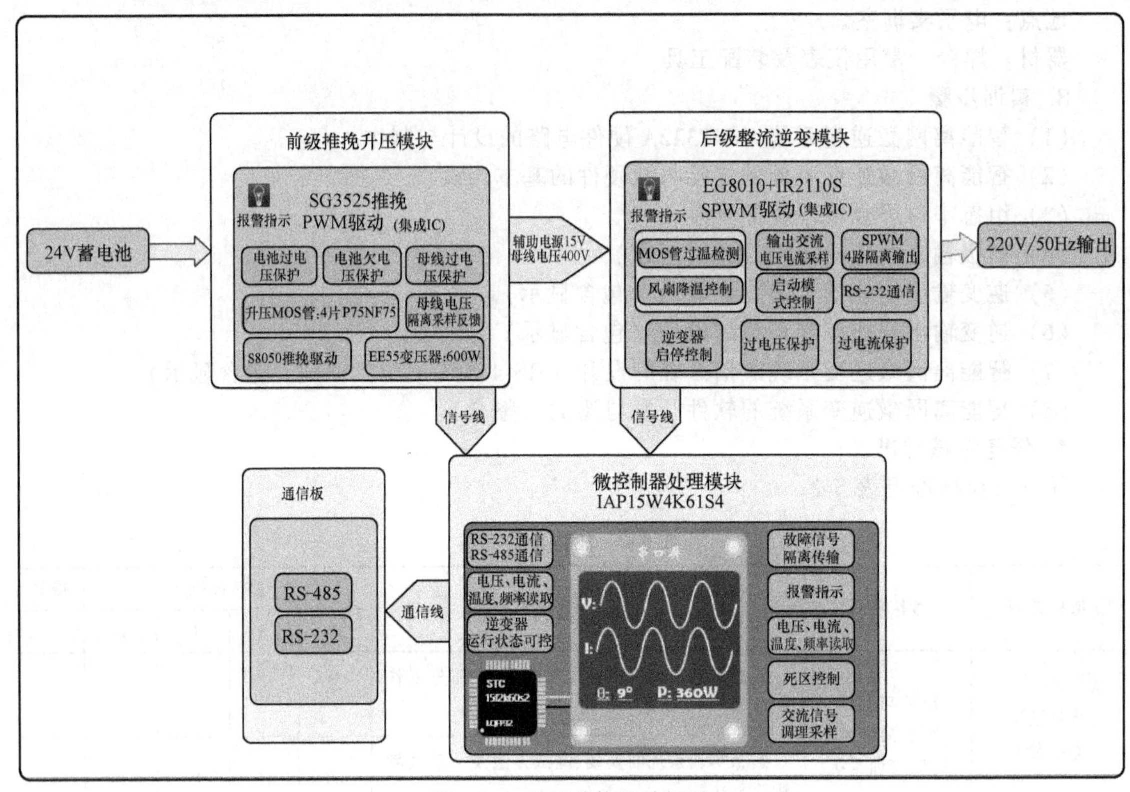

图 5-20 系统总体设计框图

【硬件概述】

智能离网微逆变系统的硬件主要由两大板卡组成，分别为升压逆变主功率板和前后级驱动主控板，主要完成前级 24V 直流电逆变成 220V 交流电。

【技术指标】

技术指标见表 5-3。

表 5-3 相关技术指标

参数名称	参数指标	参数名称	参数指标
最大持续功率	240W	转换效率	>86%
峰值功率	270W	失真率	≤5%
空载电流	<0.5A	保护功能	输入过/欠电压、过电流 输出过/欠电压、过电流，及过热
直流输入电压	$20V<V_{in}<28V$		
输出电压	AC 220V/软硬件可调	工作环境温度	0℃~55℃
输出频率	50Hz/60Hz	储藏温度	0℃~80℃
高压切断	28V	散热方式	风冷
低压报警	20V	产品尺寸	$L\times W\times H$=490mm×250mm×100mm

【技能要求】

掌握 PCB 焊接技术，掌握智能离网微逆变系统前级升压原理、后级逆变原理、前级升压驱动原理、后级逆变驱动原理及驱动主控检测原理。

5.3.1.1 模块单元（前级升压驱动板）的设计与制作

本模块完成智能离网微逆变系统前级升压的驱动模块的电路设计。本模块学习的重点是集成芯片 SG3525 的电路设计及原理分析。

1. 电路原理分析

图 5-21 所示为 PWM（脉宽调制）驱动模块的核心电路。PWM 驱动模块除了 SG3525 信号发生模块，还有四个信号保护功能，分别为电池过电流、电池过电压、电池欠电压和母线过电压保护功能。母线信号通过光耦隔离电路进行检测。SG3525 脉宽调制型控制器是美国通用电气公司的产品。作为 SG3524 的改进型，它更适合以 MOS 管为开关器件的 DC-DC 变换器。它是采用双级型工艺制作的新型模拟数字混合集成电路，性能优异，所需外围器件较少。它的主要特点是：输出级采用推挽输出、双通道输出，占空比在 0~50%之间可调。每一通道的驱动电流最大值可达 200mA，灌拉电流峰值可达 500mA。可直接驱动功率 MOS 管，工作频率高达 400kHz，具有欠电压锁定、过电压保护和软启动等功能。该电路由基准电压源、振荡器、误差放大器、PWM 比较器与锁存器、分相器、欠电压锁定输出驱动级、软启动及关断电路等组成，可正常工作的温度范围是 0~700℃。其基准电压为（5.1±1%）V，工作电压范围很宽，为 8~35V。

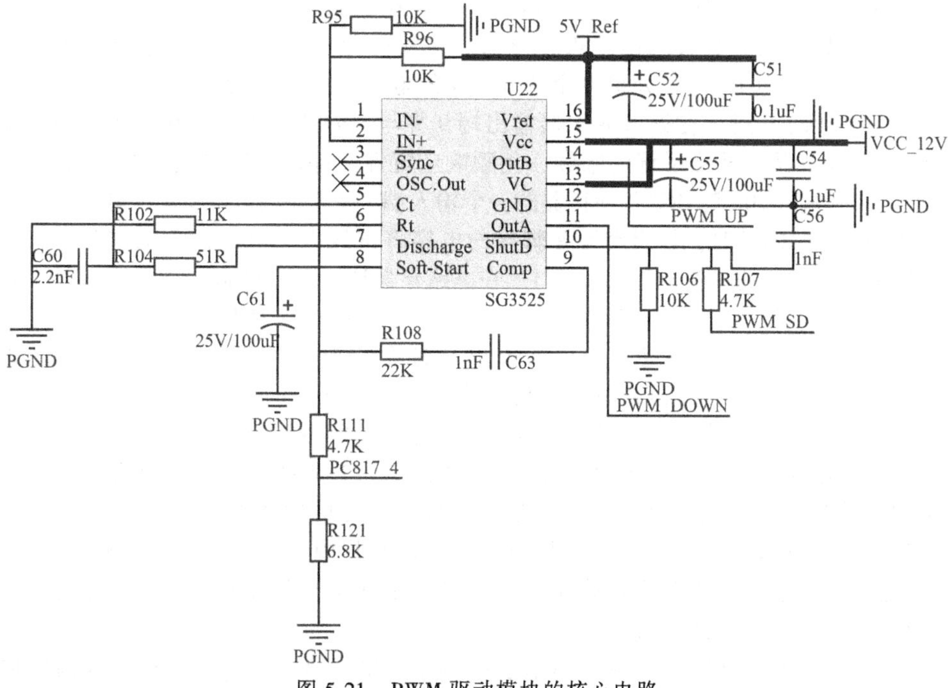

图 5-21 PWM 驱动模块的核心电路

注：MOS 管频率为 30kHz，芯片内部振荡频率为 60kHz。

对 SG3525 的引脚说明如下。

IN+（同相输入端）2 脚：此引脚通常接到基准电压 16 脚的分压电阻上，取得 2.5V 的基准电压与反向端的取样电压相比较。

Sync（同步端）3 脚：同步用。需要多个芯片同步工作时，每个芯片有各自的振荡频率。分别将它们的 4 脚和 3 脚相连，这时所有芯片的工作频率与最快的芯片工作频率同步。也可以使单个芯片以外部时钟频率工作。

OSC. Out（同步输出端）4 脚：同步脉冲输出，多个芯片同步工作时使用。但几个芯片的工作频率不能相差太大，同步脉冲频率应比振荡频率低一些。不需要多个芯片同步工作时，3脚和4脚悬空。4脚输出频率为输出脉冲频率的两倍。输出锯齿波电压范围为0.6~3.5V。

Ct（振荡电容端）5脚：振荡电容一端接至5脚，另一端直接接地。其取值范围为1nF~0.1μF。正常工作时，在其两端可以得到一个0.6~3.5V的锯齿波。

Rt（振荡电阻端）6脚：振荡电阻一端接至6脚，另一端直接接地。它的阻值决定了内部恒流值对振荡电容充电。其取值范围为2~150kΩ。振荡电阻和振荡电容越大充电时间越长，反之则充电时间短。芯片内部振荡频率公式为F=1/[Ct(0.7Rt+3RD)]，MOS管开关频率公式为F=1/2[Ct(0.7Rt+3RD)]，其中的RD即图5-21中的R104，是Ct端的放电电阻。

Discharge（放电端）7脚：Ct的放电由5、7两端的死区电阻决定。把充电和放电电路分开，有利于通过死区电阻来调节死区时间，使死区时间调节范围更宽。其取值范围为0~500Ω。放电电阻RD和Ct越大放电时间越长，反之则放电时间短。

Soft-Start（软启动）8脚：比较器的反相端，即软启动器控制端。8脚可外接软启动电容，该电容由内部Vref的50μA恒流源充电。

Vref（基准电压端）16脚：其上电压由内部控制在（5.1±1%）V。可以分压后作为误差放大器的参考电压。

Out A，Out B（脉冲输出端）11脚，14脚：输出末级采用推挽输出电路，驱动场效应晶体管时关断速度更快。11脚和14脚相位相差180°，拉电流和灌电流峰值可达200mA。由于存在开闭滞后，所以输出和吸收间出现重叠导通。在重叠处有一个电流尖脉冲，其持续时间约为100ns。可以在VC（13脚）处接一个约0.1μf的电容滤去电压尖峰。

Comp（补偿端）9脚：在误差放大器输出端9脚与误差放大器反相输入端1脚间接电阻与电容，构成PI调节器，补偿系统的幅频、相频响应特性。补偿端工作电压范围为1.5~5.2V。

ShutD（关断端）10脚：PWM锁存器的一个输入端，一般在10脚接入过电流检测信号。过电流检测信号维持时间长时，软启动端8脚接的电容将被放电。电路正常工作时，该端呈高电平，其电位高于锯齿波的峰值电位（3.3V）。在电路异常时，只要10脚电压大于0.7V，晶体管导通，反相端的电压将低于锯齿波的谷底电压（0.9V），使得输出PWM信号关闭，起到保护作用。

GND（接地端）12脚：该芯片上的所有电压都是相对于地而言，既是功率地也是信号地。在实验电路中，由于接入误差放大器反向输入端（1脚）的反馈电压是相对于12脚而言的，所以主回路和控制回路的接地端应相连，SG3525必须与控制回路共地。

VCC（芯片电源端）15脚（8~35V）：直流电源从15脚引入后分为两路，一路作为内部逻辑和模拟电路的工作电压，另一路送到基准电压稳压器的输入端，产生（5.1±1%）V的内部基准电压。如果该脚电压低于门限电压（8V），该芯片内部电路将锁定并停止工作（基准源及必要电路除外），其消耗的电流降至很小（约2mA）。该引脚电压最大不能超过35V，使用中应该用电容直接接到GND端。

VC（推挽输出电路电压输入端）13脚：作为推挽输出级的电压源，提高其输出功率。可以和15脚共用一个电源，也可用更高电压的电源。电压范围是12~34V。

IN-（反相输入端）1脚：误差放大器的反相输入端，该误差放大器的增益标称值为80dB，其大小由反馈或输出负载来决定，输出负载可以是纯电阻，也可以是电阻性元件和电容元件的组合。该误差放大器共模输入电压范围是1.5~5.2V。此引脚通常接到与电源输出电压相连接的电阻分压器上。负反馈控制时，将电源输出电压分压后与基准电压相比较。

图5-22所示为前级电路信号检测模块，通过两个高速电压比较器LM393电路来得到检测结果，并把信号传输至SG3525的10号引脚。每一路信号的检测输出互不干扰，输出以“或门”形式得到，其中一路出现保护，PWM SD信号就会置高，SG3525停止PWM的输出。智能离网微逆变系统暂定最大功率为430W，前级电路信号检测模块电流最高达33A，电池电压

的工作范围是 9~14V，图 5-22 中二极管 D24、D26、D29 的作用是隔离每一路比较器的输出。对母线过电压信号的检测通过一个 TLP521-1 光耦隔离传输来进行，设计此电路时应注意限流电阻的选择，因为光耦的驱动需要一定的电流。

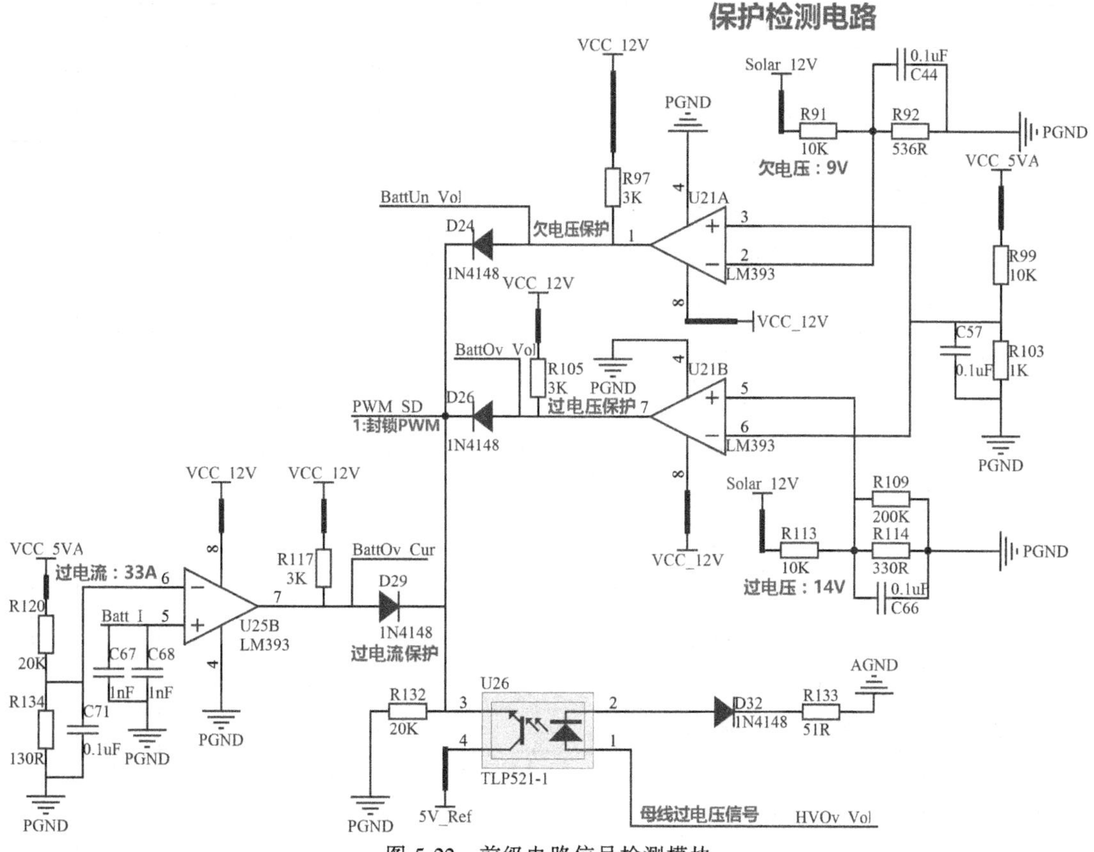

图 5-22　前级电路信号检测模块

2. 电路模块示意图

图 5-23 所示为前级升压驱动 PCB 的实物图及接口图，PCB 上印有较为详细的功能说明，如信号灯说明。升压驱动电路结构上分为三个模块：PWM 发生模块、5V 线性稳压模块，以及过电压、过电流等的故障检测模块。

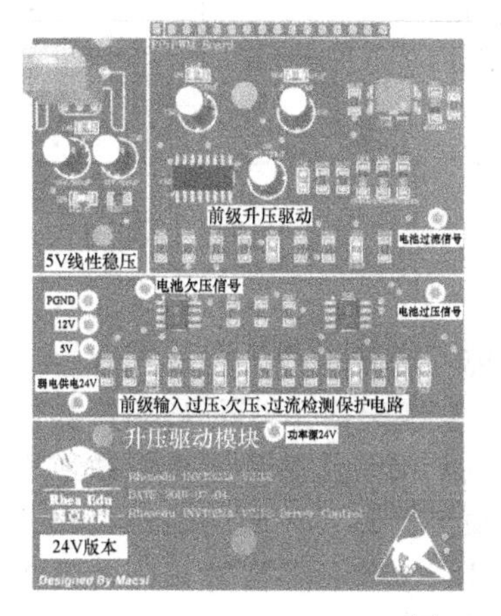

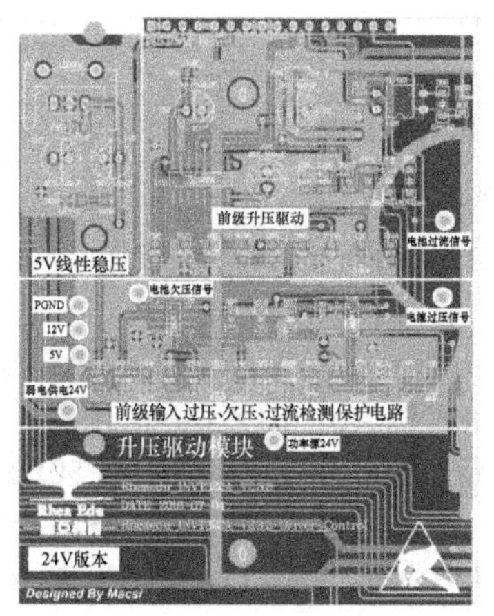

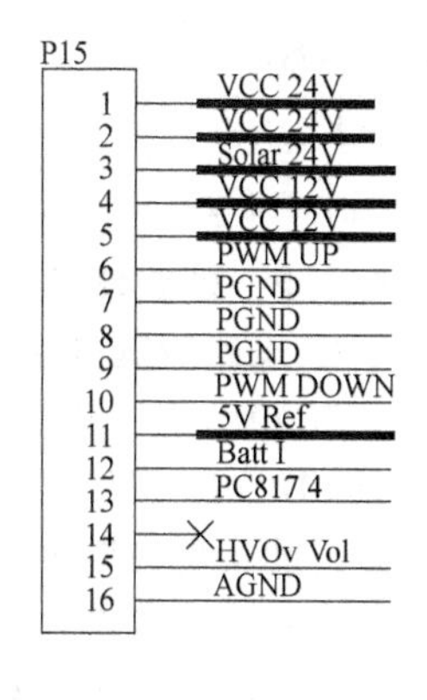

图 5-23　前级升压驱动 PCB 的实物图及接口图

3. 模块材料清单

材料清单见表 5-4。

表 5-4　前级升压驱动模块材料清单

材料名称	规格	位号	单位	用量
贴片电阻	51R/1%/R0805B	R113,R104	个	2
	75R/1%/R0805B	R134	个	1
	536R/1%/R0805B	R92	个	1
	330R/1%/R0805B	R114	个	1
	1kΩ/1%/R0805B	R100,R103	个	2
	3kΩ/1%/R0805B	R97,R105,R117	个	3
	4.7kΩ/1%/R0805B	R107,R111	个	2
	6.8kΩ/1%/R0805B	R121	个	1
	10kΩ/1%/R0805B	R91,R95,R96,R99,R106,R113	个	6
	11kΩ/1%/R0805B	R102	个	1
	20kΩ/1%/R0805B	R120,R132	个	2
	22kΩ/1%/R0805B	R108	个	1
	200kΩ/1%/R0805B	R109	个	1
贴片电容	1nF/5%/C0805B	C56,C63,C67,C68	个	4
	2.2nF/5%/C0805B	C60	个	1
	0.1μF/5%/C0805B	C44,C45,C51,C54,C57,C66,C71	个	7
直插电解电容	25V/100μF/CAP-POL/2.5/6.3	C46,C47,C52,C55,C61	个	5
贴片绿色 LED	LED-G-SMD/D0805	D25	个	1
二极管	1N4148/LL34	D24,D26,D29,D32	个	4
电源芯片	LM7805/TO-220A	U18	个	1
光耦	TLP521-1/DIP4	U26	个	1
驱动芯片	SG3525/SOIC16	U22	个	1
比较器芯片	LM393/SOIC8	U21,U25	个	2
散热片	YK25/15*10*25	U18	个	1
直排针母座	2.55-40Pin/16	P15	个	1

注：严格按照 PCB 上的丝印值进行焊接。

5.3.1.2　模块单元（后级逆变驱动板）的设计与制作

1. 电路原理分析

EG8010 是一款数字化的、功能很完善的自带死区控制的纯正弦波逆变发生器芯片，应用于 DC-DC-AC 两级功率变换架构或 DC-AC 单级工频变压器升压变换架构，外接 12MHz 晶体振荡器，能实现高精度、失真和谐波都很小的纯正弦波（50Hz 或 60Hz），是智能离网微逆变系统专用芯片。该芯片采用 CMOS 工艺，内部集成 SPWM 正弦发生器、死区时间控制电路、幅度因子乘法器、软启动电路、保护电路、RS-232 串行通信接口和 12832 串行液晶驱动模块等功能。EG8010 引脚功能定义、功能详解及原理图分别见图 5-24、表 5-5 和图 5-25。

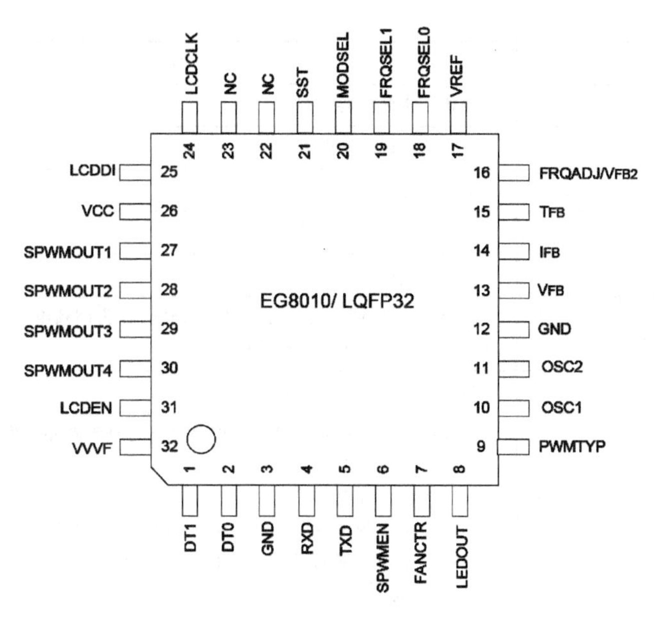

图 5-24　EG8010 引脚功能定义

表 5-5　EG8010 引脚功能详解

引脚序号	引脚名称	I/O	描　　述
26	VCC	VCC	芯片的+5V 工作电源端
3,12	GND	GND	芯片的地端
1	DT1	I	DT1,DT0 用于设置 PWM 输出的上、下 MOS 管死区时间; “00”是 300ns 死区时间 “01”是 500ns 死区时间 “10”是 1.0μs 死区时间 “11”是 1.5μs 死区时间
2	DT0	I	
4	RXD	I	串口通信数据接收端
5	TXD	O	串口通信数据发送端
6	SPWMEN	I	SPWM 输出使能端,“1”是启动 SPWM 输出,“0”是关闭 SPWM 输出
7	FANCTR	O	外接风扇控制,当 T_{FB} 引脚检测到温度高于 45℃时,输出高电平“1”使风扇运行,运行后温度低于 40℃时,输出低电平“0”使风扇停止工作
8	LEDOUT	O	外接 LED 报警输出,当故障发生时输出低电平“0”点亮 LED 正常:长亮 过电流:闪烁 2 下,灭 2s,一直循环 过电压:闪烁 3 下,灭 2s,一直循环 欠电压:闪烁 4 下,灭 2s,一直循环 过温:闪烁 5 下,灭 2s,一直循环
9	PWMTYP	I	PWM 输出类型选择: “0”是正极性 PWM 类型输出,应用于高电平有效驱动 IR2110 等驱动器件,即引脚 SPWMOUT 为高电平时打开功率 MOS 管 “1”是负极性 PWM 类型输出,应用于低电平有效驱动 TLP250 等光耦器件,即引脚 SPWMOUT 为低电平时打开功率 MOS 管 设计时可参考典型应用电路图,根据驱动器件合理配置引脚状态,如不一致会导致上下功率 MOS 管同时导通现象

（续）

引脚序号	引脚名称	I/O	描　述
10	OSC1	I	12M 晶体振荡器引脚 1
11	OSC2	I	12M 晶体振荡器引脚 2
13	V_{FB}	I	正弦波输出电压反馈输入端
14	I_{FB}	I	负载电流反馈输入端
15	T_{FB}	I	温度反馈输入端
16	FRQADJ/V_{FB2}	I	功能复用脚，调频模式时（单极性调制）作为调频电压 0~5V 输入，双极性调制时作为右桥臂输出电压反馈给输入端
17	VREF	I	芯片内部基准电源输入
18	FRQSEL0	I	FRQSEL1（引脚 19），FRQSEL0（引脚 18）是设置频率模式。 “00”是输出 50Hz 频率 “01”是输出 60Hz 频率 “10”是输出频率范围 0~100Hz，由 FRQADJ 引脚调节 “11”是输出频率范围 0~400Hz，由 FRQADJ 引脚调节
19	FRQSEL1	I	
20	MODSEL	I	单极性、双极性调制方式选择： “0”是单极性调制方式 “1”是双极性调制方式
21	SST	I	软启动功能使能输入端： “0”是不支持软启动功能 “1”是支持软启动功能，软启动时间为 3s
22,23	NC	-	空脚
24	LCDCLK	O	串口 12832 液晶显示模块时钟输出端
25	LCDDI	O	串口 12832 液晶显示模块指令和数据的输出端
27	SPWMOUT1	O	右桥臂上管 SPWM 输出，单极性调制时该脚作为右桥臂上管的基波输出，双极性调制时作为 SPWM 调制输出
28	SPWMOUT2	O	右桥臂下管 SPWM 输出，单极性调制时该脚作为右桥臂下管的基波输出，双极性调制时作为 SPWM 调制输出
29	SPWMOUT3	O	左桥臂上管 SPWM 输出，单极性和双极性调制时该脚都作为左桥臂 SPWM 调制输出
30	SPWMOUT4	O	左桥臂下管 SPWM 输出，单极性和双极性调制时该脚都作为左桥臂 SPWM 调制输出
31	LCDEN	O	串口 12832 液晶显示模块使能端输出
32	VVVF	I	变频、变压功能的使能脚 “0”是变频不变压模式 “1”是变频变压模式，应用于变频器及电机控制

EG8010 通过 5V 和 12MHz 晶振驱动，按照指定硬件参数输出逆变驱动 SPWM（正弦脉宽调制）信号。此 SPWM 驱动电路由三个模块组成，分别为 SPWM 主电路、智能离网微逆变系统过电流检测模块和 IR2110S 隔离驱动模块。SPWM 驱动主电路的运行状态可根据引脚功能设置，包括死区时间设定，变频变压、变频不变压模式设置，软启动、硬启动模式设置，单极性调制方式、双极性调制方式设置，输出频率设定等。在外部端口控制模式下，EG8010 的运行状态设定方式可根据表 5-5 中描述解读，此处不重复叙述。

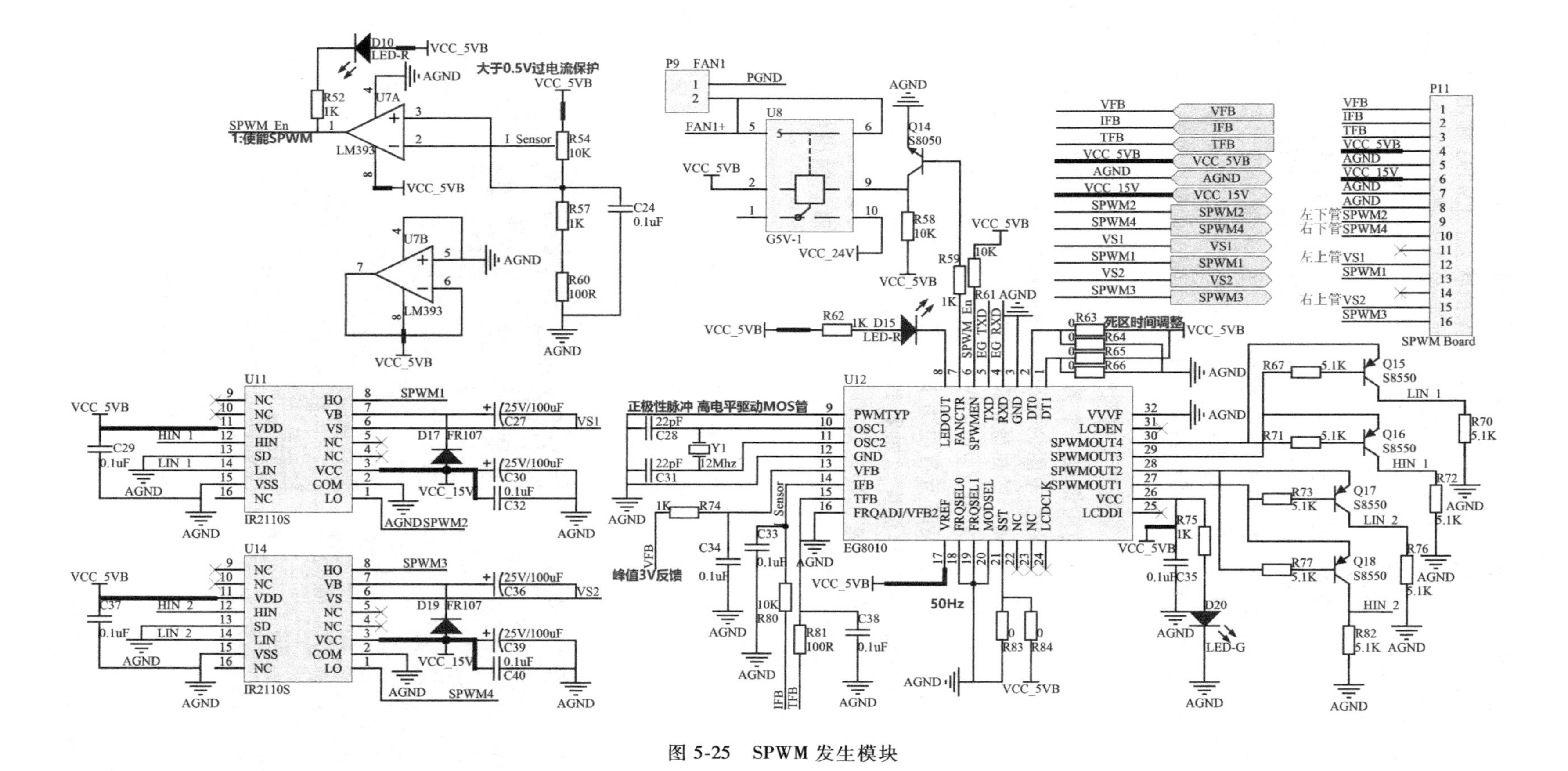

图 5-25　SPWM 发生模块

智能离网微逆变系统过电流检测模块是通过一个高速电压比较器芯片 LM393 来进行监测的，I-Sensor 信号大于 0.5V 时，EG8010 进入过电流保护状态，LM393 输出的信号 SPWM En 输出低电平使 EG8010 进入脉冲封锁状态，保护指示即点亮相应的红色 LED。IR2110S 驱动隔离模块能将 EG8010 输出的四路共地 SPWM 信号进行隔离、放大，电压由原来的 5V 升到 15V，保证后级逆变 MOS 管有效开通。

EG8010 的另一种工作模式是通过与单片机进行 RS-232 串口通信来读/写指令，改变芯片的工作状态。EG8010 的 RS-323 通信接口需要和单片机隔离通信，不能共地，其隔离电路在后续章节中讲解。串口波特率为 2400Bd/S，数据位为 8 位，检验位为 1 位，停止位为 1 位。通信过程中，EG8010 作为从机，单片机是主机。一旦接收到主机发送的命令，从机将立即产生响应，回复数据给主机。具体内部寄存器设置可根据 EG8010 芯片数据手册上的资料进行编程。

EG8010 芯片的引脚 TFB 可以测量智能离网微逆变系统的工作温度，主要用于过温保护检测，NTC 热敏电阻 RT1 和 10kΩ 电阻组成一个简单的分压电路，分压值随着温度值的变化而变化，这个电压的大小将反映出 NTC 电阻的大小，从而得到相应的温度值。NTC 选用 25℃ 对应阻值 10kΩ（B 常数值为 3380）的热敏电阻，TFB 引脚的过温电压设定在 4.3V，当发生过温保护时，EG8010 根据引脚 9（PWMTYP）的设置状态将输出 SPWMOUT1 ~ SPWMOUT4 的“0”或“1”电平，关闭所有电力 MOS 管使输出电压到低电平，一旦进入过温保护后，EG8010 将重新判断工作温度。如果 TFB 引脚的电压低于 4.0V，EG8010 将退出过温保护，智能离网微逆变系统正常工作。当 TFB 引脚检测到温度高于 45℃ 时，输出高电平“1”导通晶体管及继电器使风扇运行，运行后温度低于 40℃ 时，输出低电平“0”使风扇停止工作。

2. 电路模块示意图

后级逆变驱动 PCB 电路分为以下几个小模块：SPWM 隔离模块，SPWM 驱动模块，逆变 MOS 管死区控制模块，逆变故障指示模块，逆变电压电流温度集成检测模块，直接/3S 软启动模块及风扇控制模块。其实物图及接口图如图 5-26 所示。

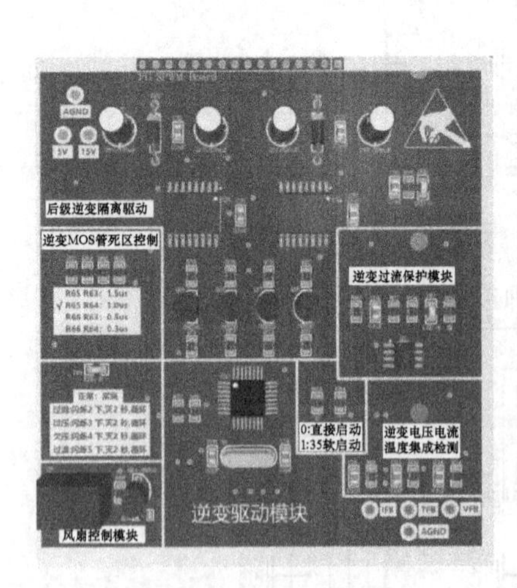

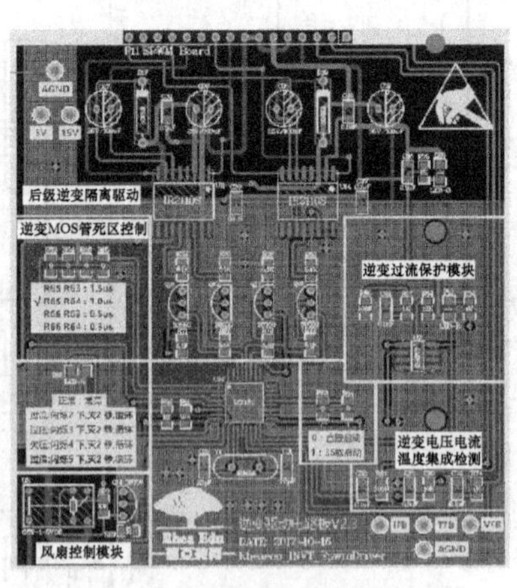

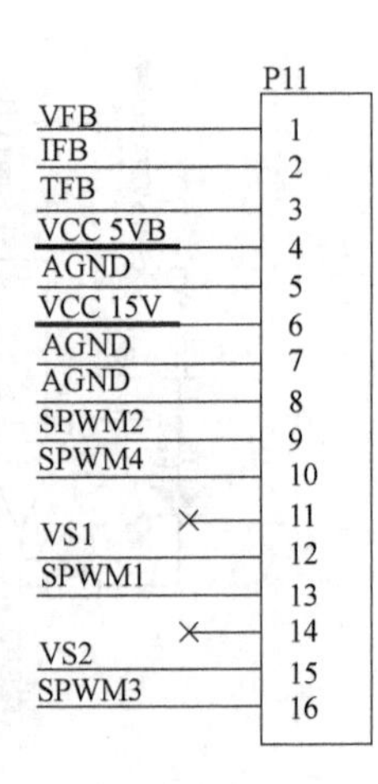

图 5-26 后级逆变驱动 PCB

3. 模块材料清单

逆变驱动模块材料清单见表 5-6。

表 5-6 逆变驱动模块材料清单

材料名称	规格	位号	单位	用量
贴片电阻	0R/1%/R0805B	R64,R65,R84	个	3
	100R/1%/R0805B	R60,R81	个	2
	1kΩ/1%/R0805B	R52,R57,R59,R62,R74,R75	个	6
	5.1kΩ/1%/R0805B	R67,R70,R71,R72,R73,R76,R77,R82	个	8
	10kΩ/1%/R0805B	R54,R58,R61,R80	个	4
贴片电容	22pF/5%/C0805B	C28,C31	个	2
	0.1μF/5%/C0805B	C24,C29,C32,C33,C34,C35,C37,C38,	个	8
直插电解电容	25V/100μF/CAP—POL/2.5/6.3	C27,C30,C36,C39	个	4
贴片绿色 LED	LED—G—SMD/D0805	D20	个	1
贴片红色 LED	LED—R—SMD/D0805	D10,D15	个	2
二极管	FR107/DO—41	D17,D19	个	2
晶体管	S8550/TO—92	Q15,Q16,Q17,Q18	个	4
	S8050/TO—92	Q14	个	1
直插晶振	12MHz/XTAL—49S	Y1	个	1
继电器	G5V—1—5VDC	U8	个	1
驱动芯片	IR2110S/SOIC16—W	U11,U14	个	2
	EG8010/LQFQ32	U12	个	1
比较器芯片	LM393/SOIC8	U7	个	1
直排针母座	2.55—40Pin/16	P11	个	1
弯针插座	CN_XH2.55—2P 弯针	P9	个	1

注：严格按照 PCB 上的丝印值进行焊接，0Ω 电阻的焊接时勿多焊。

5.3.1.3 模块单元（前级升压主电路板）的设计与制作

1. 电路工作原理分析

升压主电路模块的功能是把 12V 电源升压为 400V 左右的直流电源，中间通过 MOS 管的推挽功能变换逆变成 12V 的方波信号，再经过 EE42 卧式推挽变压器升压为 400 的方波信号，经过二极管整流后再通过高频滤波电容和储能滤波电容达到 400V 母线电压。其升压电路如图 5-27 所示。

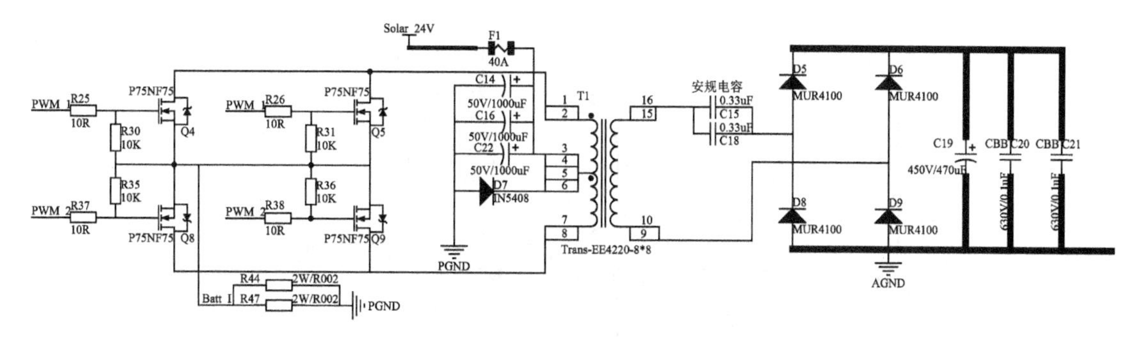

图 5-27 升压主电路

推挽电路通过两组 P75NF75 并联来驱动变压器前级，并联的好处是能减小每对 MOS 管的电压电流应力。MOS 管的驱动通过 S8050 和 S8550 晶体管图腾电路来设计（见图 5-28），前级电流采样电路是通过两个 2mΩ/2W 电阻的并联来取样，过电流设置为 33A。变压器后级主绕组的输出串接 0.33μF 安规电容，以去除逆变电压的高频毛刺信号，再经过 MUR4100 功率整流二极管及储能滤波电容得到母线电压。SPWM 的驱动供电电压模块也在此升压模块里，通过 VRB2415ZP-6WR3 隔离电源模块和 LM7805 芯片分别得到 15V 和 5V 电压。

此模块另一部分重要的电路为母线 400V 直流电压的隔离取样电路，如图 5-29 所示，接 PWM 驱动板的反馈端。母线电压经电阻分压得到 2.5V 电压使得 TL431 处于直通状态，PC817 由于 TL431 的导通而导通，PC817 的 3 脚电压从 0V 变成 5V，使得 PWM 驱动板收到母线的升压状况进入自平衡。

EE42 推挽卧式变压器的制作功率可达 600W，除去开关损耗、热耗、杂散损耗后，能使变压器稳定持续输出 400W，一次侧 6T+6T，二次侧 95T，变压器引脚顺序及匝数比如图 5-30 所示。

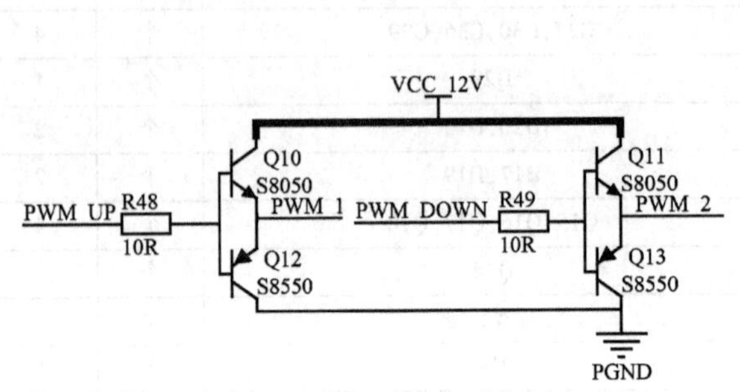

图 5-28　晶体管图腾电路设计

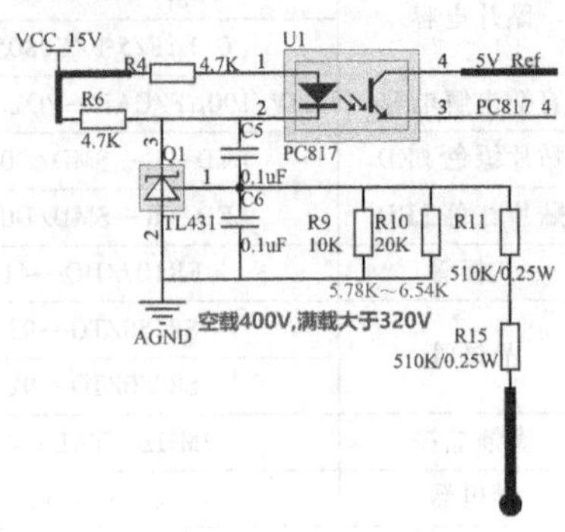

图 5-29　母线稳压反馈

当智能离网微逆变系统的反馈功能失效时，为了保护前级母线电压异常时后级电路不损坏，在此模块中加入母线过电压保护。具体保护电路如图 5-31 所示。智能离网微逆变系统上电工作后，空载情况下，直流母线电压正常维持于 390V 左右；满载情况下，母线电压正常应大于 315V；若母线反馈电路出现异常，尤其当母线电压不受控时，升至 450V 以上超过电容耐压值后就会有炸电容的危险，所以增加母线电压过电压保护，当母线电压大于 408V 时使电路进入保护机制，比较器输出高电平，通过光耦电路关闭前级 PWM 脉冲。

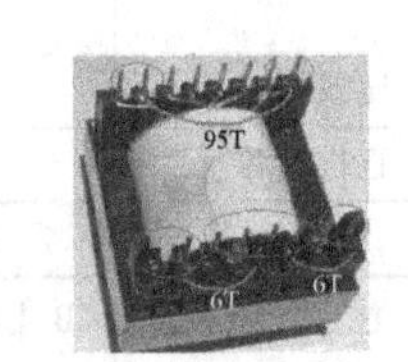

图 5-30　600W EE42 卧式变压器

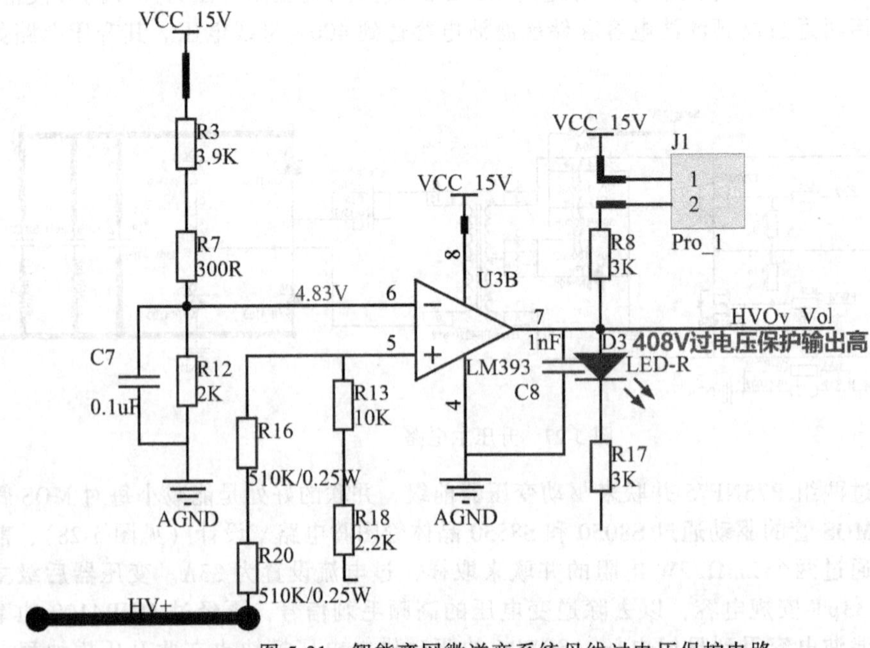

图 5-31　智能离网微逆变系统母线过电压保护电路

升压主电路的供电电路如图 5-32 所示，P4 为板级弱电供电接口，P2 为弱电供电开关接口，P3 为弱电开通指示接口，P5 为直流电主功率输入接口，U2 芯片输出 12V 电压为升压驱动板供电，VRB2415ZP-6WR3 电源模块输出 15V 及 5V 电压为后级逆变驱动板供电。

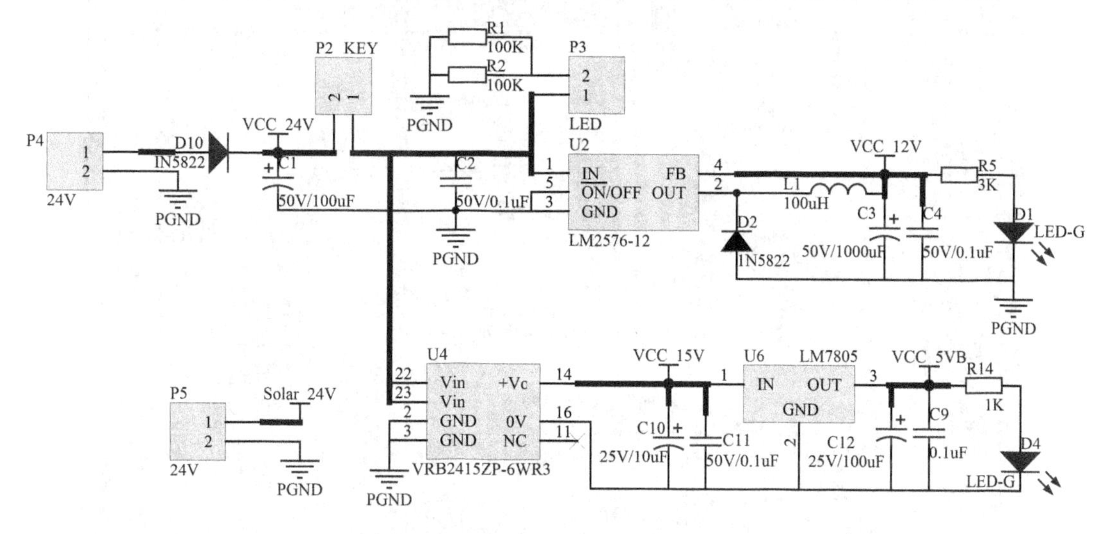

图 5-32　升压主电路中的供电电路

此处用一块 VRB2415ZP-6WR3 电源模块给逆变驱动供电，使逆变驱动上电时功率足够，避免引起逆变过电流、过电压、过温等错误报警。

2. 电路模块示意图

前级升压主功率 PCB 在结构上对强弱电流进行分离，大电流处 PCB 以开窗设计，MOS 管固定于 PCB 背面，表面贴装散热片，每个功能模块在局部进行集中设计，包括晶体管图腾电路、母线稳压反馈电路、母线过电压保护电路、电源供电电路等。前级升压主功率 PCB 的正反面分别如图 5-33 和图 5-34 所示。

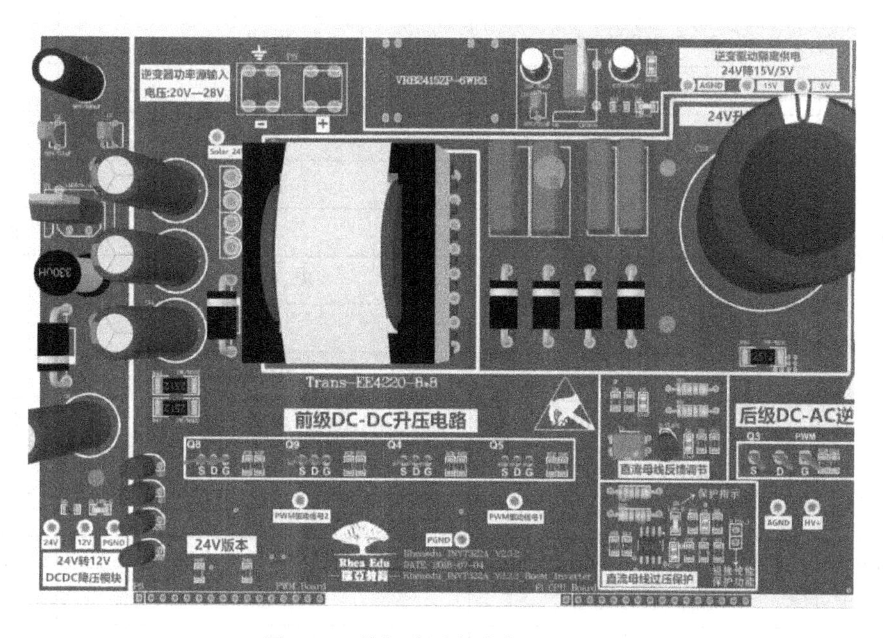

图 5-33　前级升压主功率 PCB（1）

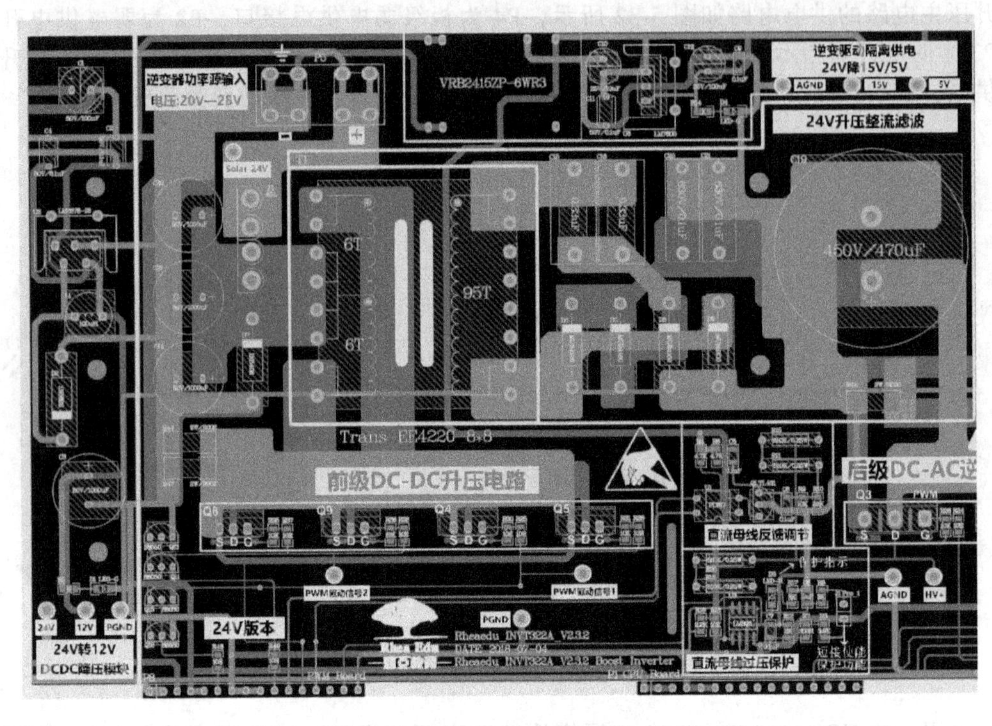

图 5-34 前级升压主功率 PCB（2）

3. 模块材料清单

升压主电路模块材料清单见表 5-7。

表 5-7 升压主电路模块材料清单

材料名称	规格	位号	单位	用量
贴片电阻	10R/1%/R0805B	R25, R26, R37, R38, R48, R49	个	6
	51R/1%/R0805B	R1, R2	个	2
	300R/1%/R0805B	R7	个	1
	1kΩ/1%/R0805B	R14	个	1
	2kΩ/1%/R0805B	R12	个	1
	2. 2kΩ/1%/R0805B	R18	个	1
	3kΩ/1%/R0805B	R5, R8, R17	个	3
	3. 9kΩ/1%/R0805B	R3	个	1
	4. 7kΩ/1%/R0805B	R4, R6	个	2
	10kΩ/1%/R0805B	R9, R13, R30, R31, R35, R36	个	6
	20kΩ/1%/R0805B	R10	个	1
采样电阻	2mOh/2W/1%/R2512	R44, R47	个	2
金属膜电阻	510kΩ/0. 25W/AXIAL—0. 4	R11, R15, R16, R20	个	4
贴片电容	1nF/5%/C0805B	C8	个	1
	0. 1μF/5%/C0805B	C5, C6, C7, C9	个	4

（续）

材料名称	规格	位号	单位	用量
直插电解电容	25V/100μF/CAP—POL/2.5/6.3	C12	个	1
	50V/1000μF/CAP—POL/5.0/13.0	C3,C14,C16,C22	个	4
	450V/470μF/CAP—POL/11.0/35.0	C19	个	1
CBB 电容	50V/0.1μF/CAP—CBB/5.0	C2,C4,C11	个	3
	630V/0.1μF/CAP—CBB/15.0	C20,C21	个	2
安规电容	AC275V/0.33μF/MPX—X2	C15,C18	个	2
工字电感	100μH/GZ/5.0	L1	个	1
变压器	EE42 卧式高频变压器/EE42/20	T1	个	1
贴片绿色 LED	LED—G—SMD/D0805	D1,D4	个	2
贴片红色 LED	LED—R—SMD/D0805	D3	个	1
二极管	1N5822/DO—201AD	D2, D10	个	2
	IN5408/DO—201AD	D7	个	1
	MUR4100/DO—201AD	D5,D6,D8,D9	个	4
晶体管	S8550/TO—92	Q12,Q13	个	2
	S8050/TO—92	Q10,Q11	个	2
光耦合器	PC817/DIP4	U1	个	1
场效应晶体管	P75NF75/TO—220	Q4,Q5,Q8,Q9	个	4
电源芯片	LM2576—12/TO—220/5	U2	个	1
基准电源	TL431/TO—92	Q1	个	1
电源模块	VRB2415ZP—6WR3	U4	个	1
比较器芯片	LM393/SOIC8	U3	个	1
车载保险丝	40A/中型汽车保险丝	F1	个	1
车载保险丝座	40A/中型汽车保险丝座	F1	个	1
直排针母座	2.55—40Pin/16	P8	个	1
菲尼克斯接线端子/2P	MKDS 1.5/2—5.08 连接器	P2,P3,P4	个	3
PCB 压铆端子	PCB—11(M3 四脚端子)/8mm×8mm/脚距(5mm×7.2mm)	P5	个	2
导热矽胶布	TO—247	Q4,Q5,Q8,Q9	个	4
散热片	YK25/15mm×10mm×25mm	U2	个	1
	50mm×7mm×226mm	Q4,Q5,Q8,Q9	个	1
短路帽	2.55—2Pin	J1	个	1

注：严格按照 PCB 上的丝印值进行焊接。

5.3.1.4 模块单元（后级逆变主电路板）的设计与制作

1. 电路工作原理分析

后级逆变电路的主要功能是将直流母线 400V 电压逆变成 220V/50Hz 交流电压，逆变电路由四个 2SK4108 MOS 管桥式电路构成。2SK4108 的参数见表 5-8。

表 5-8　2SK4108 参数

参数名称		符号	值	单位
漏-源电压(Drain-source voltage)		V_{DSS}	500	V
漏-栅电压(Drain-gate voltage), $R_{GS}=20k\Omega$		V_{DGR}	500	V
栅-源电压(Gate-source voltage)		V_{GSS}	±30	V
漏极电流	直流	I_D	20	A
	脉冲	I_{DP}	80	A
漏极耗散功率(Drain power dissipation), $T_C=25℃$		P_D	150	W
单脉冲雪崩能量(Single-pulse avalanche energy)		E_{AS}	960	mJ
雪崩电流(Avalanche current)		I_{AR}	20	A
重复雪崩能量(Repetitive avalanche energy)		E_{AR}	15	mJ
通道温度(Channel temperature)		T_{ch}	150	℃
储存温度范围(Storage temperature range)		T_{stg}	-55~150	℃

此 MOS 管可承受电压 500V，过电流能力达 20A，充分满足 400W 的智能离网微逆变系统后级输出需求。后级逆变主电路如图 5-35 所示。

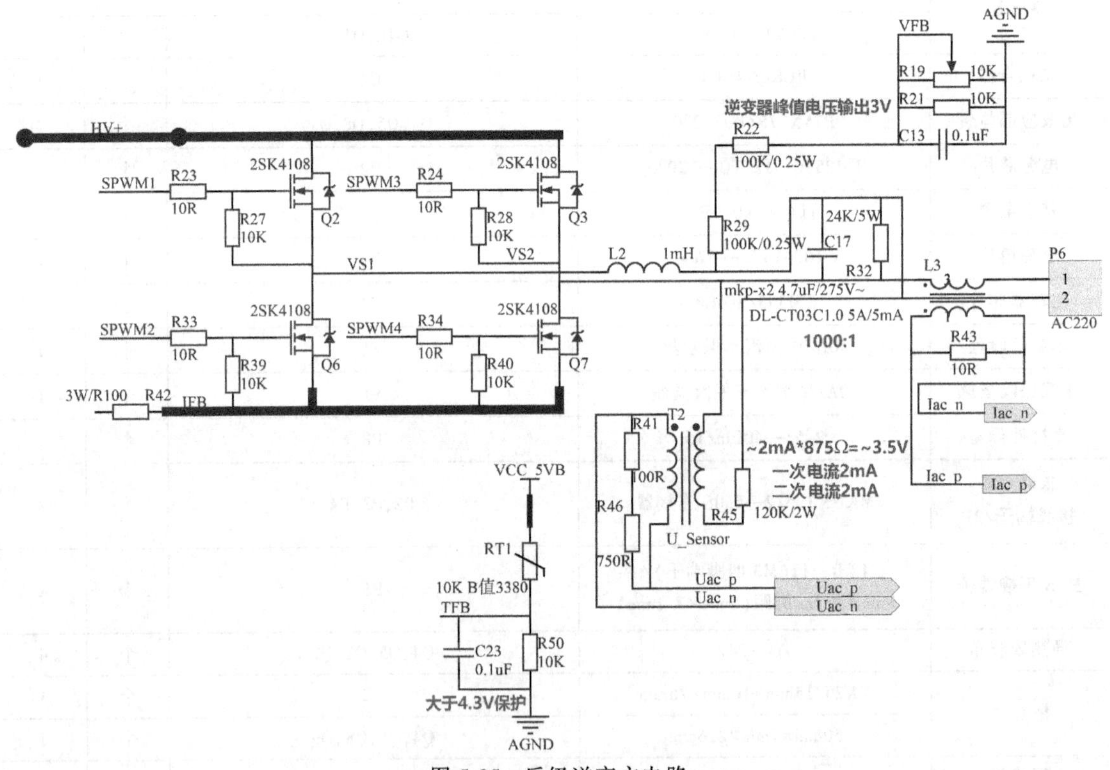

图 5-35　后级逆变主电路

后级逆变主电路模块中后级输出带 LC 滤波，电感参数为 1mH/2A，电容为 mkp/4.7μF 安规电容。逆变输出交流电压、电流采样通过两个互感器电路进行。电流互感器的一次和二次电流比为 1000∶1，以穿心式互感设计，穿心线选 0.5mm^2 的线。按照 400W 功率计算，输出电流的有效值为 400W/220V=1.82A，峰值电流为 2.57A，二次侧绕组电流有效值为 2.57mA，通过一个 10Ω 采样电阻得到有效值为 25.7mV 的交流电压，再经主控监测板信号调理电路输入至 CPU。电压互感器的采样模式是电流采样，最大一次电流是 2mA，最大二次电流也是 2mA，电流比为 1∶1。一次绕组通过 120kΩ 电阻将电流限至 2mA 以下，当逆变输出电压稍高于 220V 时，互感器也可以正常工作，输出电压通过 R_{19} 可调至 220～230V，互感器电压二次最大值为 1.7，具体采集信号调制电路在后续章节详细描述。

后级逆变电流通过一个 0.1Ω/3W 电阻串接进行采样，信号 IFB 反馈至 SPWM 驱动板。交流电压反馈采样采用分压电阻和电位器设计，当 VFB 交流信号峰值达到 3V 时被反馈至 SPWM 驱动板，智能离网微逆变系统输出电压以 220V/50Hz 模式工作。

温度保护模块通过一个热敏电阻和普通 10kΩ 电阻串接而成，热敏电阻选择的是负温度系数特性的电阻，阻值随着温度的升高而降低。当 10kΩ 电阻两端电压大于 4.3V 时，智能离网微逆变系统进入过热保护状态，当热敏电阻所感受的温度超过 45℃时，SPWM 驱动板的芯片使风扇工作。

2. 电路模块示意图

后级逆变主功率 PCB 如图 5-36 和图 5-37 所示。

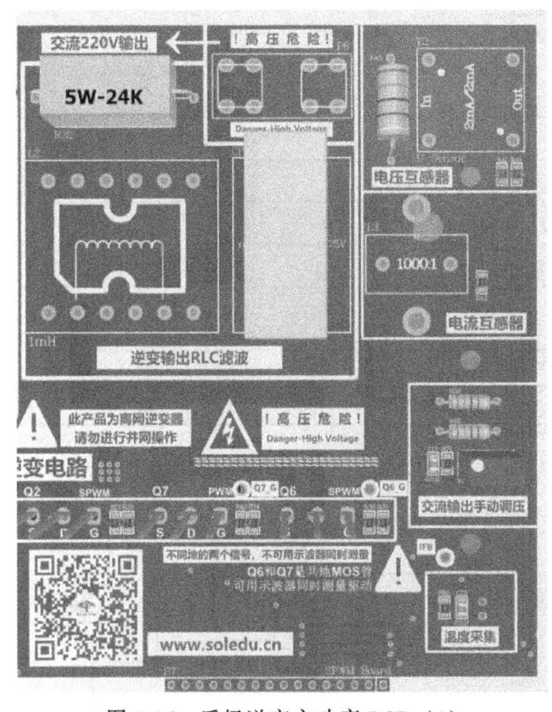

图 5-36　后级逆变主功率 PCB（1）

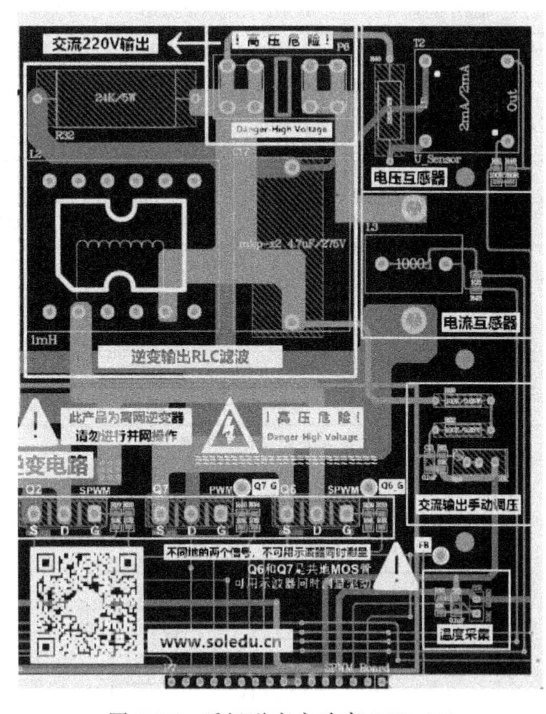

图 5-37　后级逆变主功率 PCB（2）

逆变主功率 PCB 在结构上实现强弱电压分离，在功率过孔处以开窗设计，MOS 管固定于 PCB 背面，表面贴装散热片；每个功能模块在局部进行集中设计，包括逆变输出 RLC 滤波、交流输出手动调压、电压电流互感电路、温度采集等。

3. 模块材料清单

逆变主电路模块材料清单见表 5-9。

5.3.1.5　模块单元（智能离网微逆变系统检测主控板）的设计与制作

1. 电路工作原理分析

智能离网微逆变系统检测主控板的主要功能包括前级故障信号、后级故障信号、电源隔离供电模块、交流电压/电流信号调理模块、串口光耦隔离通信模块和 CPU 主控模块。前、后级故障信号检测模块原理图如图 5-38 所示。

表 5-9　逆变主电路模块材料清单

材料名称	规格	位号	单位	用量
贴片电阻	10R/1%/R0805B	R23,R24,R33,R34,R43	个	5
	100R/1%/R0805B	R41	个	1
	750R/1%/R0805B	R46	个	1
	10K/1%/R0805B	R21,R27,R28,R39,R40,R50	个	6
采样电阻	200mOh/3W/1%/R2512	R42	个	1
金属膜电阻	100kΩ/0.25W/AXIAL—0.4	R22,R29	个	2
	120kΩ/2W/AXIAL—0.7	R45	个	1
水泥电阻	24kΩ/5W/AXIAL—0.95	R32	个	1
热敏电阻	NTC—10K/B 值 3380	RT1	个	1
精密电位器	10kΩ/3296W	R19	个	1
贴片电容	0.1μF/5%/C0805B	C13,C23	个	2
安规电容	AC275V/4.7μF/MKP—X2	C17	个	1
滤波电感	12PIN/1mH/2A	L2	个	1
电压互感器	DL—PT202H1/2mA—2mA	T2	个	1
电流互感器	DL—CT03C1.0 5A/5mA	L3	个	1
场效应管	2SK4108/TO—247	Q2,Q3,Q6,Q7	个	4
直排针母座	2.55—40Pin/16	P8	个	1
PCB 压铆端子	PCB—11（M3 四脚端子）/8mm×8mm/脚距（5mm×7.2mm）	P6	个	1
导热矽胶布	TO—247	Q2,Q3,Q6,Q7	个	4
线束	5cm/0.5^2 黑线	L3	条	1

注：严格按照 PCB 上的丝印值进行焊接。

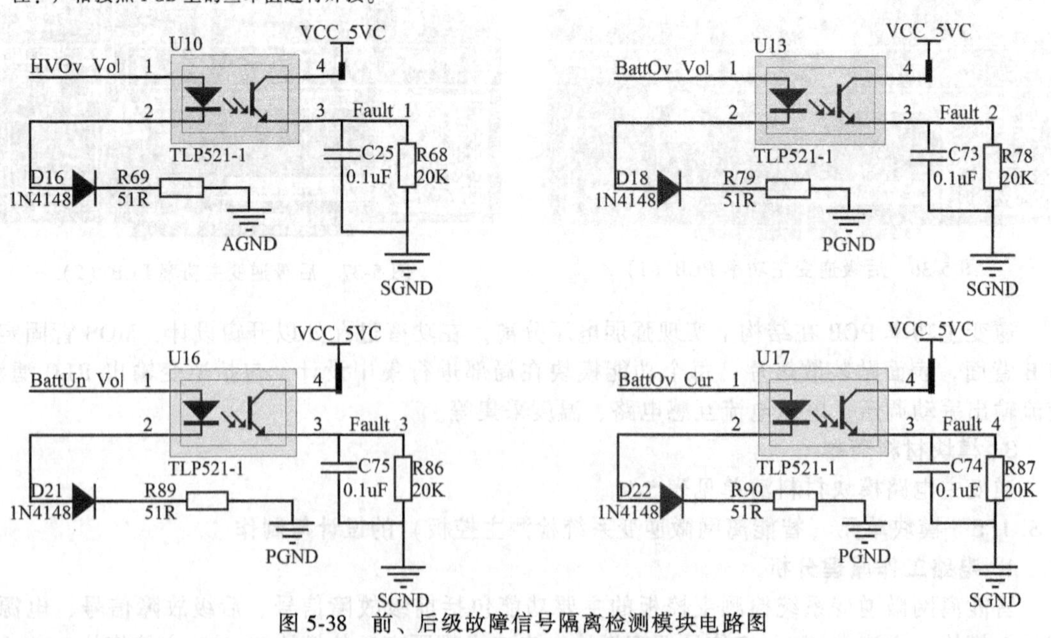

图 5-38　前、后级故障信号隔离检测模块电路图

故障信号隔离检测模块主要检测三个前级电池故障信号及一个母线电压过电压故障信号，

输入到光耦合器端的四个信号均由 LM393 比较器输出。当故障发生时使光耦导通需要一定的电流，所以 LM393 比较器电路的输出上拉电阻不可过大，推荐取 1~3kΩ。增加二极管的作用是抬高保护信号的电压幅度，避免小电压的干扰波动引起误保护。光耦合器型号是常规的 TLP521 单路快速光耦，能保护输出信号传输至 CPU 的 I/O 口。

如图 5-39 所示，LM385B-2.5 是一款 2.5V 的基准电压芯片，此芯片的输出电压在 2.462~2.538V 之间，满足运放的信号偏置要求。WRA1212S-1WR2 和 VRB1205YMD-6WR3 是两款金升阳的电源模块，隔离电压最小为 1000V，功率分别为 1W 和 3W，满足后级的能耗需求。±12V 电源为两块运算放大器 LM324 供电，隔离后输出的 5V 电压为 CPU 等其他芯片供电（可参见后文图 5-178）。

图 5-40 所示为 RS-232 串口隔离通信模块，EG_TXD 和 EG_RXD 信号是芯片 EG8010 的专用串口信号，由于 CPU 的地与逆变的地是隔离的，因此通过两个 PC817 光耦合器将通信信号进行隔离后传输。此处串口电路由于收发信号都是 TTL 电平，所以不需要增加 RS-232 电平转换芯片。

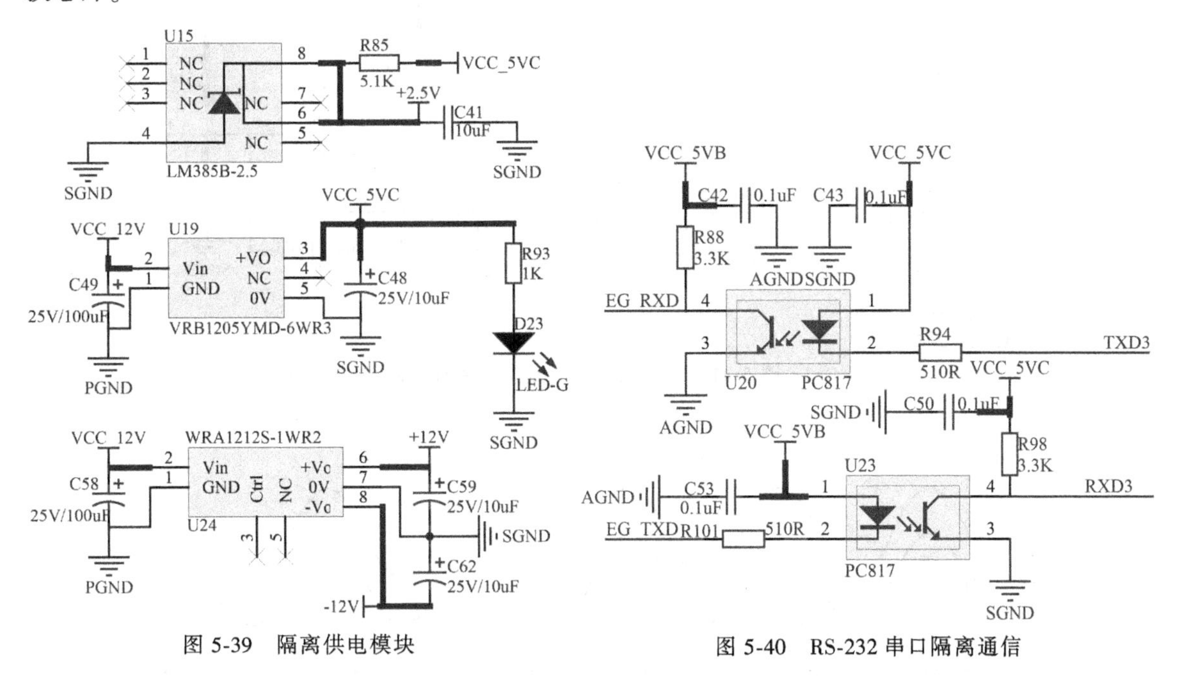

图 5-39　隔离供电模块　　　　图 5-40　RS-232 串口隔离通信

智能离网微逆变系统输出交流的电压、电流通过电压、电流互感器采集电路得到交流小信号，经图 5-41 所示的信号调理电路转换成可被 CPU 采集的电压信号，再通过程序算法还原为真实数据到串口屏上。R122、R123、R124、R125 四个电阻是为了确定电流采样信号的地，保持与电压互感器同相位，由于目前电流互感器的方向不能确定，所以保留选择地的设计，推荐焊接 R123 和 R125。

信号调理时通过比例电路和加法电路将交流信号变成直流信号。先以电压信号为例，Uac_p 电压信号为电压互感器后级输出电压，范围为 0~1.7V，最大峰值为±2.4V，经一级运放跟随后进入二级 1∶1 加法电路，输出电压为 0~4.9V 的直流正弦信号，保留 0.1V 的差值是为了避免智能离网微逆变系统输出电压高于 220V 时对 CPU 的影响。为了使 CPU 可靠稳定地工作，调理电路的输出用两个 SS14 二极管做限压保护。电压调理信号的理想前、后级波形如图 5-42 所示。

电流信号调理电路比电压信号调理电路多了一级，先将电流互感器输出信号以电压形式经一级运放跟随，再经过一级放大，然后进入第三级 1∶1 加法电路。理想的前、中、后级信号波形如图

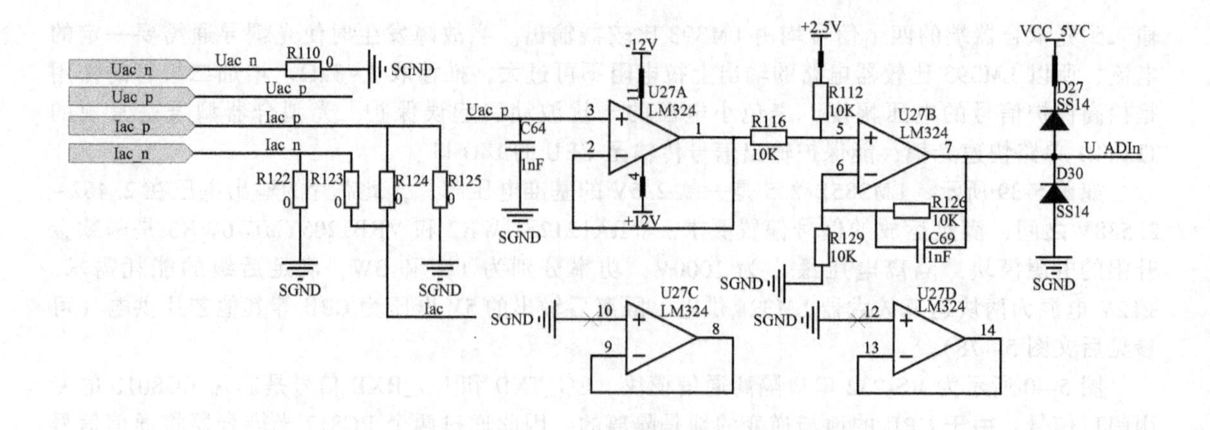

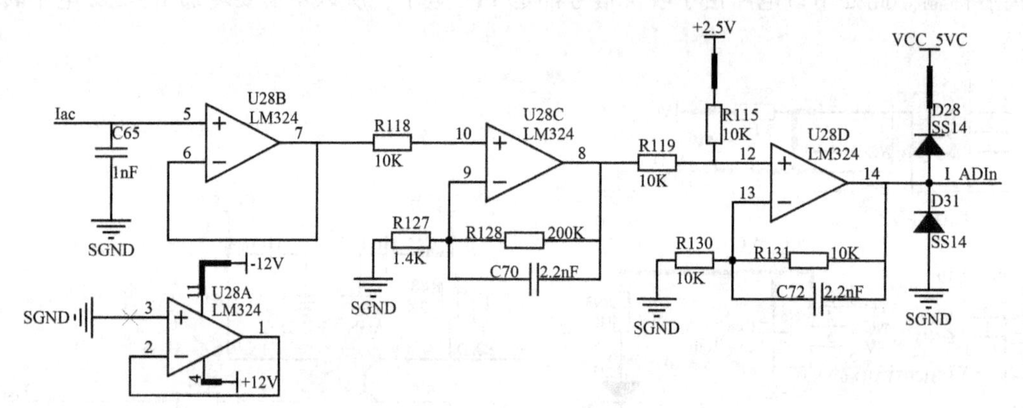

图 5-41　交流电压、电流信号调理电路

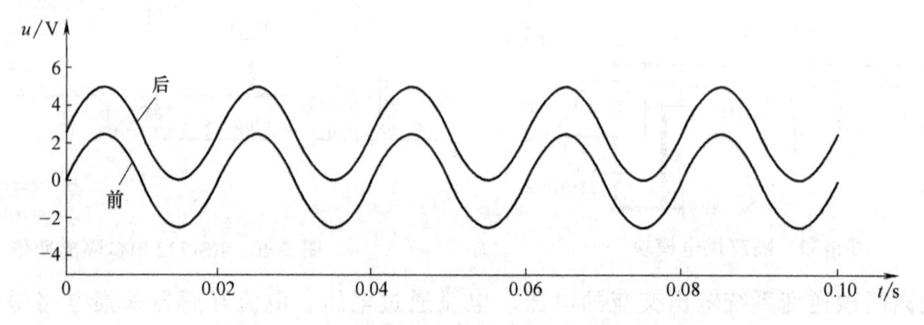

图 5-42　电压信号调理电路前、后级信号波形

5-43 所示。输出保护机制与电压保护模式一致，即用两个 SS14 二极管做限压保护。

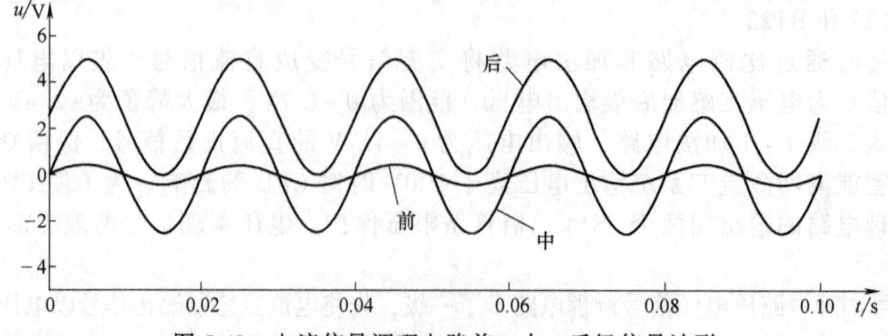

图 5-43　电流信号调理电路前、中、后级信号波形

采样调理电路的元器件参数不可轻易更改，否则会导致采集的波形失真及畸变；调试过程中应注意参数的选择。在设计和分析过程中也可借助仿真软件协助，如 PSIM、Multisim、PSpice、Saber 等电子仿真软件。

2. 电路模块示意图

主控电路的布局根据左右相接 PCB 的功能而设定，左下方是升压驱动及升压故障检测，右下方是逆变系统的通信及前级发生故障时的指示，左上方是隔离供电模块，右上方是交流采样调理电路，如图 5-44 和图 5-45 所示。

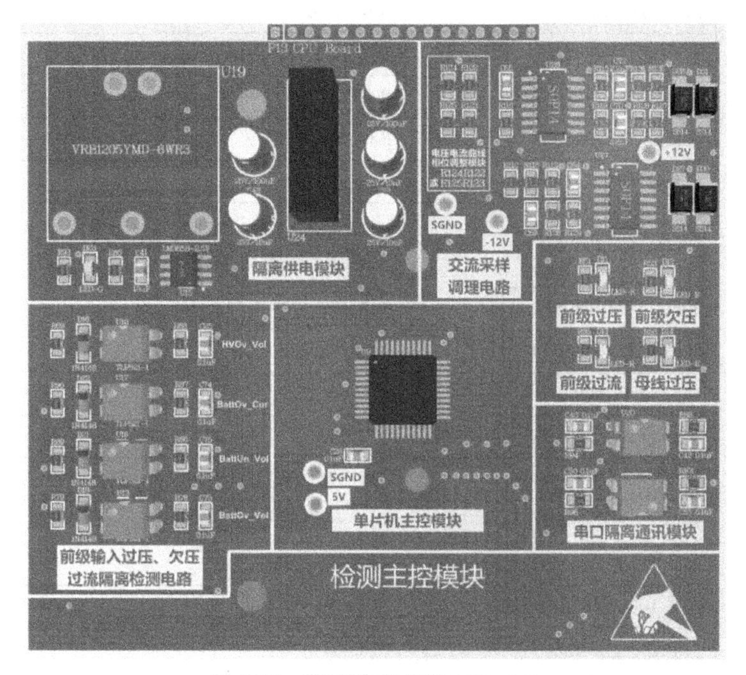

图 5-44　驱动检测主控 PCB（1）

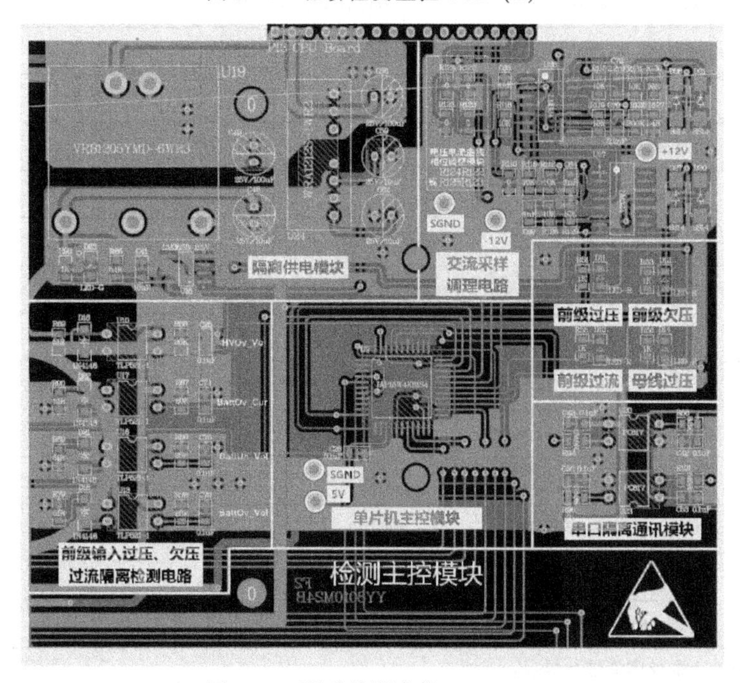

图 5-45　驱动检测主控 PCB（2）

3. 驱动检测主控模块材料清单

驱动检测主控模块材料清单见表5-10。

表5-10 驱动检测主控模块材料清单

材料名称	规格	位号	单位	用量
贴片电阻	0R/1%/R0805B	R110,R123,R125	个	3
	51R/1%/R0805B	R69,R79,R89,R90	个	4
	510R/1%/R0805B	R94,R101	个	2
	1kΩ/1%/R0805B	R51,R53,R55,R56,R93	个	5
	1.4kΩ/1%/R0805B	R127	个	1
	3.3kΩ/1%/R0805B	R88,R98	个	2
	5.1kΩ/1%/R0805B	R85	个	1
	10kΩ/1%/R0805B	R112,R115,R116,R118, R119,R126,R129,R130,R131	个	9
	20kΩ/1%/R0805B	R68,R78,R86,R87	个	4
	200kΩ/1%/R0805B	R128	个	1
贴片电容	1nF/5%/C0805B	C64,C65,C69	个	3
	2.2μF/5%/C0805B	C70,C72	个	2
	0.1μF/5%/C0805B	C25,C26,C42,C43,C50,C53,C74,C75	个	7
	10μF/5%/C0805B	C41	个	1
直插电解电容	25V/10μF/CAP-POL/2.5/6.3	C48,C59,C62	个	3
	25V/100μF/CAP-POL/2.5/6.3	C49,C58	个	2
贴片绿色LED	LED-G-SMD/D0805	D23	个	1
贴片红色LED	LED-R-SMD/D0805	D11,D12,D13,D14	个	4
二极管	1N4148/LL34	D16,D18,D21,D22	个	4
	SS14/DO-214AC	D27,D28,D30,D31	个	4
基准电源	LM385B-2.5V/SOIC8	U15	个	1
电源模块	WRA1212S-1WR2	U24	个	1
	VRB1205/YMD-6WR3	U19	个	1
光耦	TLP521-1/DIP4	U10,U13,U16,U17	个	4
	PC817/DIP4	U20,U23	个	2
处理器芯片	IAP15W4K61S4/LQFP44	U9	个	1
运放芯片	LM324/SOP14	U27,U28	个	2
直排针母座	2.55-40Pin/16	P13	个	1
弯针插座	CN_XH2.55-8P弯针	P14	个	1
简易牛角母座	DC4-10P/2.54弯针	P12	个	1
	DC4-16P/2.54弯针	P10	个	1

注：严格按照PCB上的丝印值进行焊接。

5.3.1.6 4.3in[⊖]彩色液晶触摸屏模块制作

4.3in 彩色液晶触摸屏模块如图 5-46 所示。

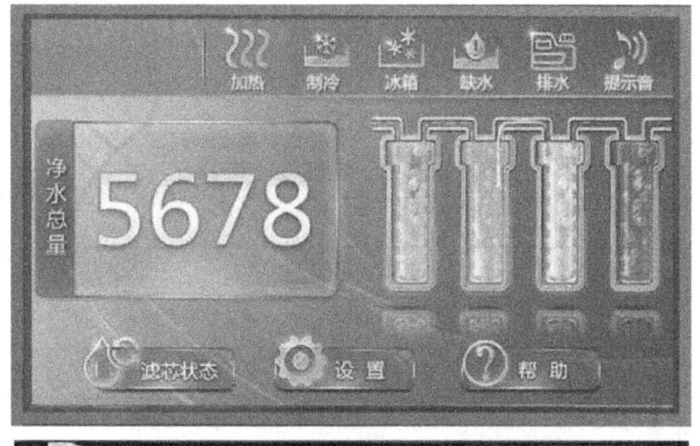

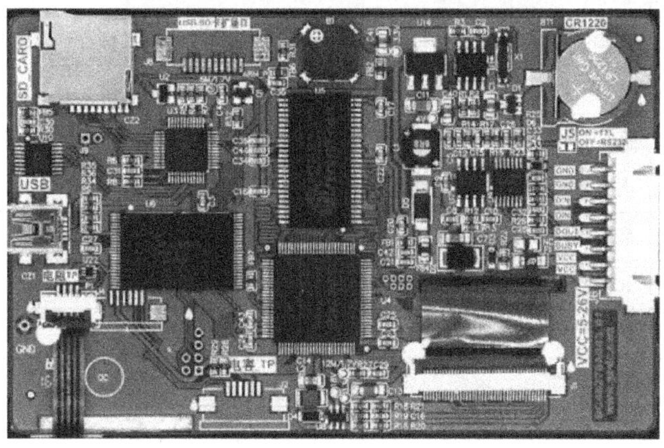

图 5-46 4.3in 彩色液晶触摸屏模块

DC48270A043_01TF/CF/NW（TF：电阻触摸；CF：电容触摸；NW：无触摸）是一款 4.3in 分辨率为 480×272 的商业型组态串口屏。产品结构上采用塑料外框来固定 PCBA（PCB 空板经与 MT 上件或 DIP 插件）、触摸板和液晶屏，降低了安装和售后难度，同时避免了装配时用户机壳挤压触摸板的风险。该产品具备强大的抗干扰能力，适合室内各种恶劣环境使用。对 MCU（微控制单元）只需要一个串口就能轻松实现文本、GUI（图形用户接口）、图片、动画显示和触摸控制等功能。产品支持多种常用组态控件：按钮控件、文本控件、仪表控件、图标控件、动画控件、进度条控件、滑块控件、下拉菜单控件、二维码控件和选择控件等，能为用户节省 99%的程序开发量，实现真正的“所见即所得，零代码编程”，是开发新产品或替换单色屏的最佳选择之一。

操作时，用户首先利用配套的上位机 VisualTFT 软件，用预先设计好的美工图片进行界面排版和控件配置，然后使用内置的“虚拟串口屏”进行模拟仿真，最后通过 USB/UART 或 SD 卡等方式将整个工程图片和配置信息下载到串口屏内部存储器中。下载之前，上位机将会对工程中的每个画面、图片和控件分配一个唯一的 ID。一旦触摸按钮被按下，用户单片机串口就会收到串口屏上传的按钮 ID 值，通过解析 ID 值就可以判断当前哪个按钮被按下，然后发送相应的指令去控制画面显示。串口屏参数规格见表 5-11。

⊖ 1in＝25.4mm，后同。

表 5-11　串口屏参数规格

参数名称	参　数　值
产品型号	DC48270A043_01TF_RTC(电阻触摸)
产品系列	商业型
核心处理器 *	Cortex-M3+高速 FPGA,双核处理器
操作系统	无操作系统,上电即运行,FPGA 纯硬件显示驱动
尺寸	4.3in
分辨率	480×272
颜色	64K 色温,16 位 RGB
电压	5~26V
通信接口	RS-232/TTL
字库	30MB 字库空间,内置常用 ASCII、GBK 和 GB 2323 字库,可自定义任意字体显示
图片存储	1Gbit,支持任意大小图片存储,可存储 457 张全屏图片
图片下载	支持 USB/SD 卡/UART 下载,研发推荐使用 USB 下载,生产建议使用 SD 下载
外部键盘	不支持外扩 4×4 矩阵键盘(出厂默认为不焊接)
实时时钟(RTC)	支持倒计时、定时器、年月日等时间显示
有效显示尺寸	长×宽=95.4mm×54.6mm
产品尺寸	长×宽×高=121.7mm×74.6mm×15.3mm
配套上位机软件	VisualTFT
声音播放	不支持
视频播放	不支持

5.3.2　智能离网微逆变系统焊接与软硬件基本调试

【任务说明】

本任务介绍智能离网微逆变系统的硬件焊接及软硬件测试。智能离网微逆变系统 PCB 整板如图 5-47 所示。

【焊接概述】

1）元器件在电路板上插装的顺序是先低后高，先小后大，先轻后重，先易后难，先一般元器件后特殊元器件，且上道工序安装后不能影响下道工序的安装。

2）元器件插装后，其标志应向着易于认读的方向，并尽可能依照从左到右的顺序读出。

3）元器件的极性应严格按照 PCB 上的丝印指示安装，不能错装。

4）元器件在电路板上的插装应分布均匀，排列整齐美观，不允许斜排、立体交叉和重叠排列；不允许一边高、一边低，也不允许引脚一边长、一边短。

5）具体焊接注意事项见电子资源部分：智能离网微逆变系统“INVT322A 作业指导书.xlsx”文档。

【技能要求】

1）掌握 PCB 焊接技术，元器件安装技术，烙铁、万用表、示波器等常规检测设备的使用方法。

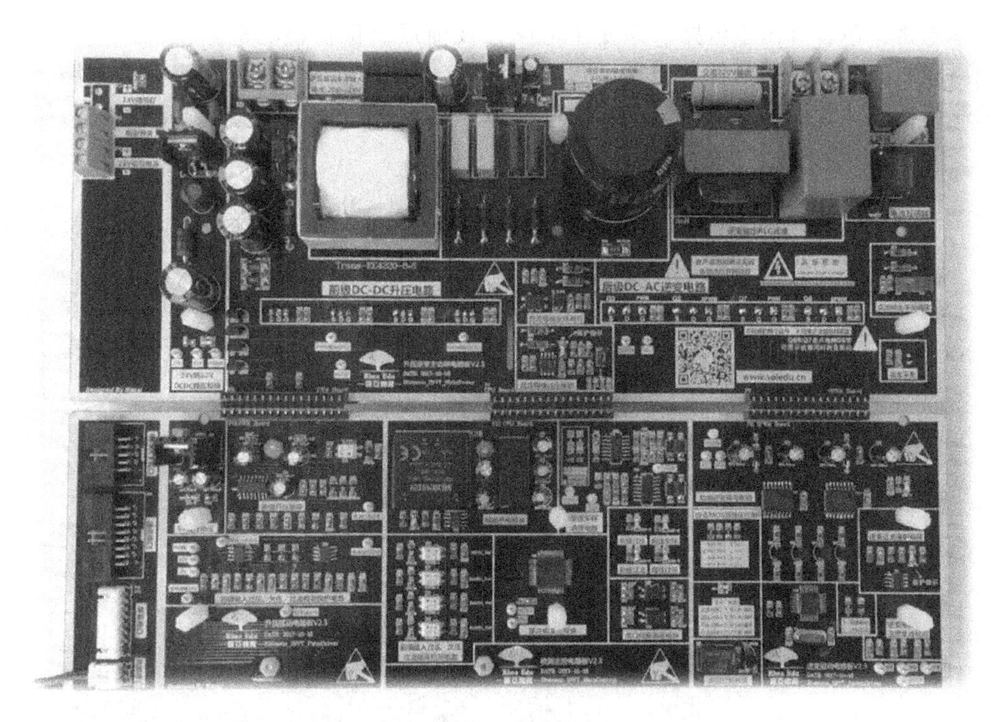

图 5-47　智能离网微逆变系统 PCB 整板

2）掌握软件编程环境的设置，程序烧写流程等。

5.3.2.1　智能离网微逆变系统硬件电路组装

如图 5-48 所示，智能离网微逆变系统 INVT322A 分两大主模块，Boost_Inverter 模块为逆

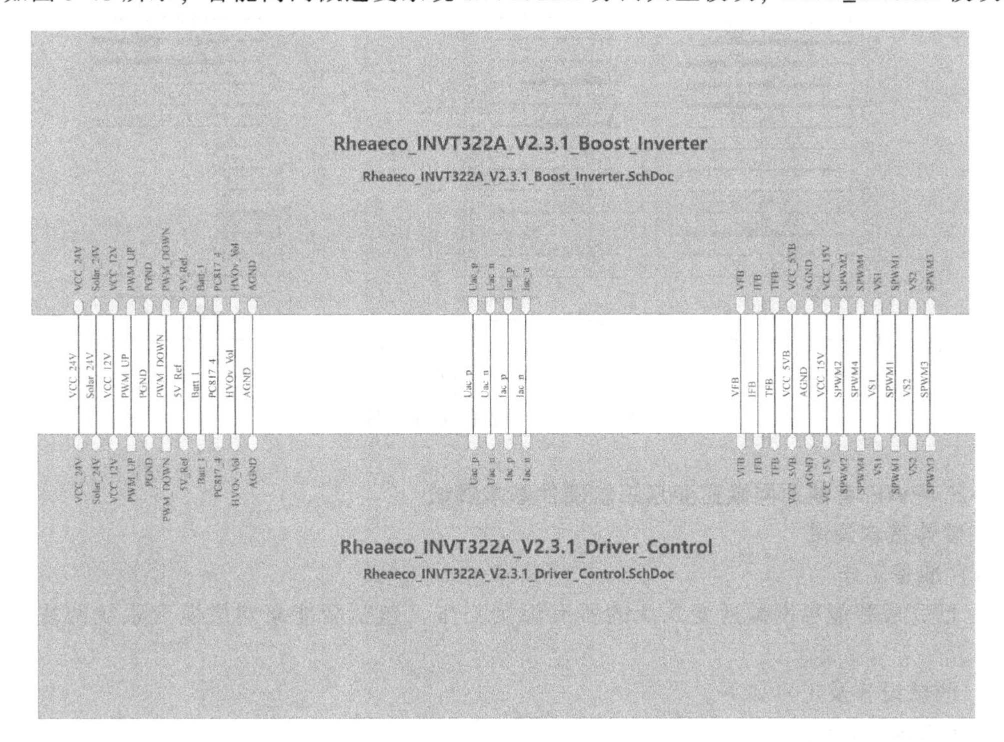

图 5-48　智能离网微逆变系统顶层原理架构

变主功率电路，包含升压主电路、逆变主电路以及前后级保护检测电路；Driver_Control 模块为智能离网微逆变系统弱电控制电路，包含前级升压驱动电路、后级逆变驱动电路、故障检测通信控制电路。智能离网微逆变系统接口说明如图 5-49 所示。U 型插针接口说明如图 5-50 所示。

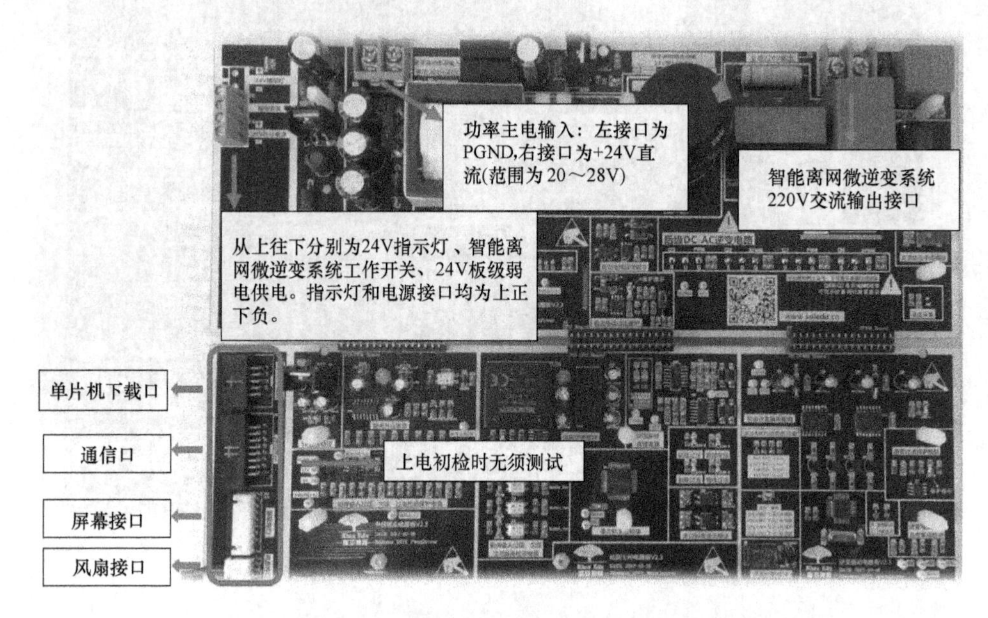

图 5-49　智能离网微逆变系统接口说明

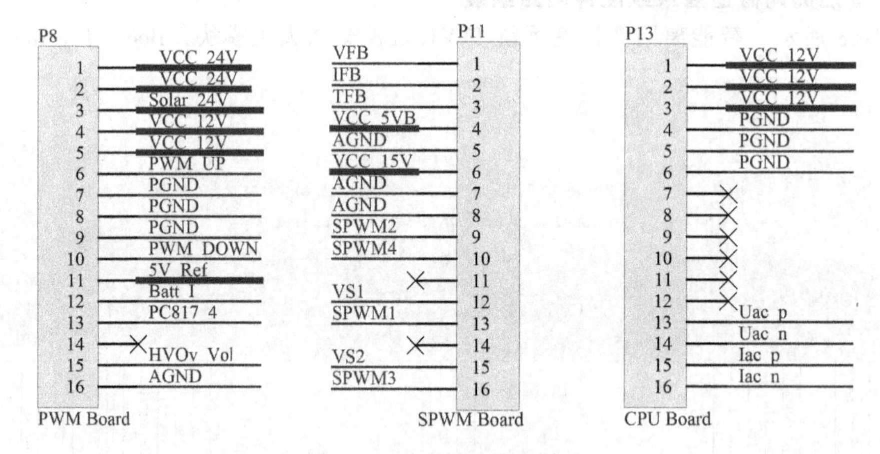

图 5-50　U 型插针接口说明

5.3.2.2　PWR 智能离网微逆变系统软硬件基本调试

1. 硬件基本调试

（1）准备工作

1）已完成智能离网微逆变系统的所有焊接工作（包括智能离网微逆变系统两块板子的拼接）。

2）测试设备及工具如下。

- 0.5mm^2 线束；
- 一字螺钉旋具；

- 24V/0.5A 稳压电源或开关电源；
- 24V/3A 稳压电源或开关电源；
- 万用表；
- 两通道以上示波器（带宽≥100MHz，实时采样率：1GSa/s，存储深度：12Mpts）；
- 船型开关；
- 斜口钳。

3）与外部设备的接线工作请参照图 5-49 和图 5-51 中的说明。

（2）单项功能测试步骤

1）上电工作。

前提条件：按照图 5-49、图 5-51 接线并检查无误。

注意事项：接线过程中三个船型开关均处于关闭状态，防止接线时打火。

步骤：

① 打开弱电供电设备电源按钮，调节电压至 24V。

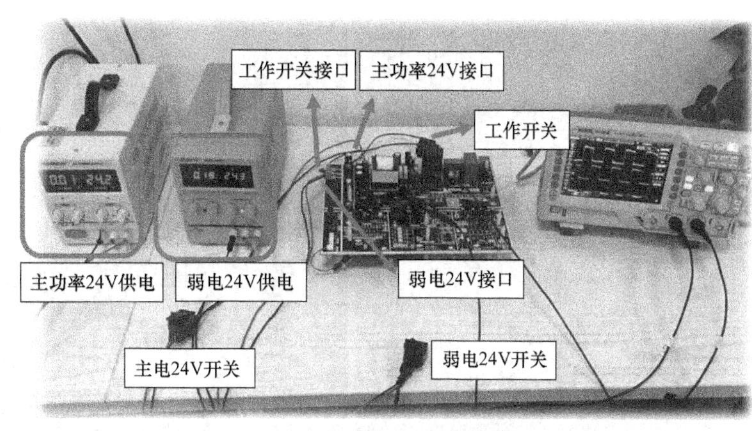

图 5-51 接线说明

② 闭合弱电船型开关。

③ 闭合工作开关。

测试结果判定标准：欠电压指示灯按照欠电压故障模式闪烁。

测试现象：智能离网微逆变系统此时应处在一个欠电压的状态，欠电压指示灯按照欠电压故障模式闪烁，LED 指示如图 5-52 所示。

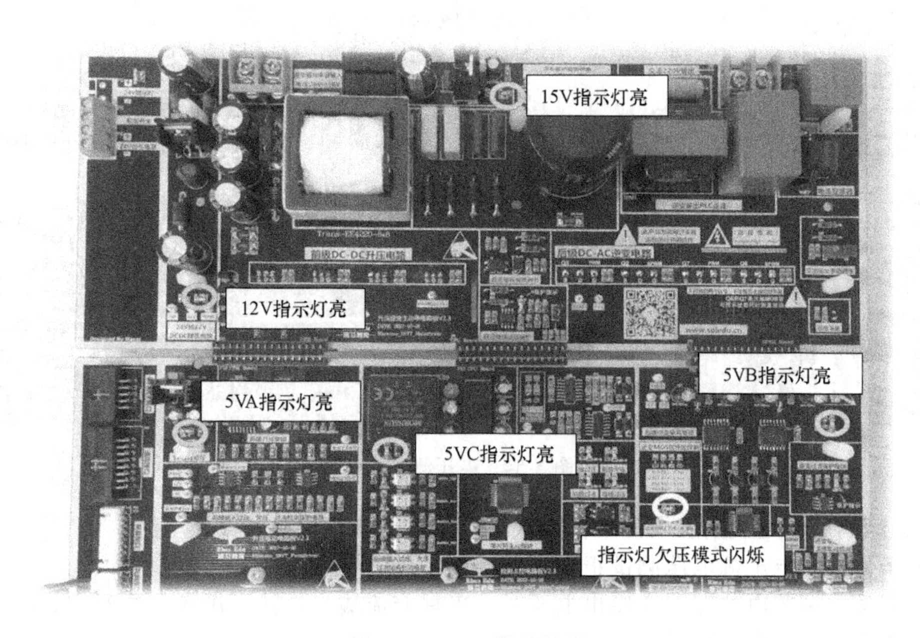

图 5-52 LED 指示显示

2）供电电源电压测试。

前提条件：第一步上电工作，LED 指示灯显示正常。

注意事项：万用表测试电压时，确保表笔与测试点紧密接触。

测试工具：万用表。

步骤：用万用表测试板子上的各个供电电源电压，电压测试点如图 5-53、图 5-54 所示。

测试结果判定标准：万用表测出每个点的电压与丝印标注值一致（电压误差控制在 5%以内）。

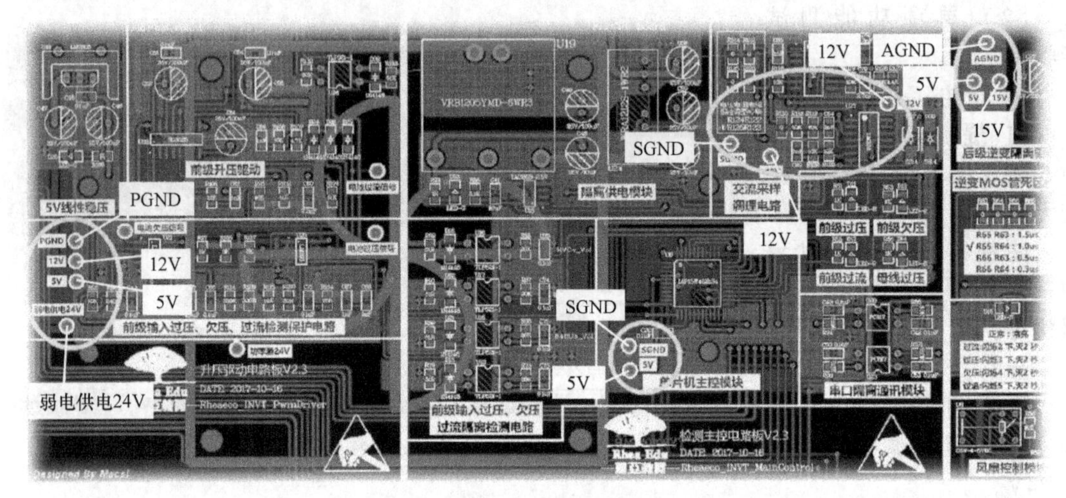

图 5-53　电压测试点 1

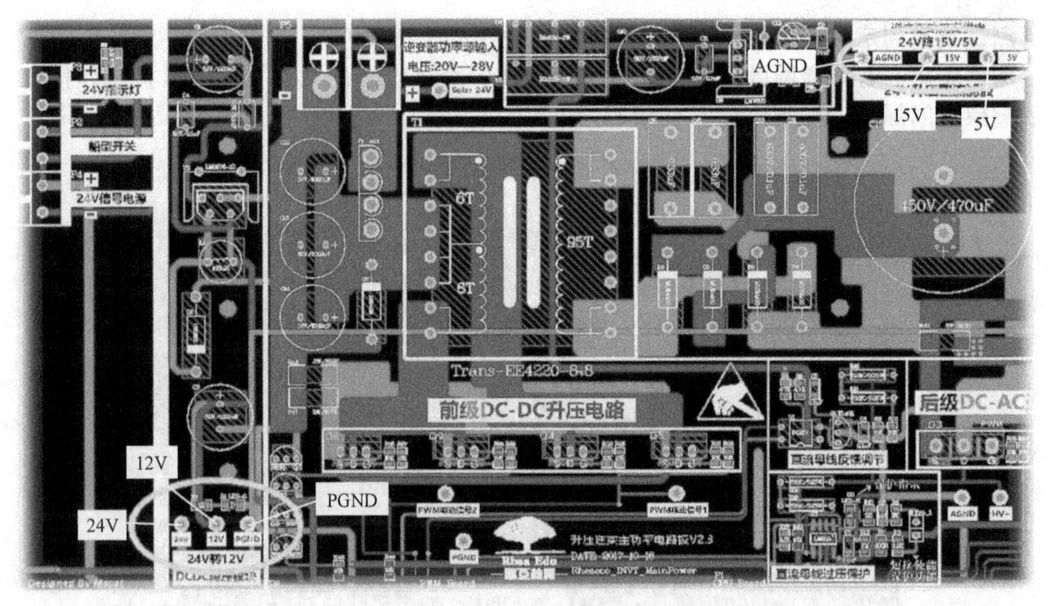

图 5-54　电压测试点 2

3）智能离网微逆变系统硬件工作模式下调节输出交流电压。

前提条件：供电电源电压测试正常。

注意事项：调节电位器改变输出电压时，确保交流输出口接万用表，实时观察输出电压。

测试工具：一字螺钉旋具。

步骤：

① 重新上电。关闭工作开关，再开启工作开关（可消除逆变芯片的超时保护。若智能离网微逆变系统弱电供电中功率电源接口无电，一段时间后 EG8010 就会进入永久保护状态，所以为了消除此状态，须重新上电）。

② 开启主功率供电 24V 并接通功率船型开关，此时智能离网微逆变系统进入正常工作状态。

③ 手动调节电位器使输出电压为 220~230V，电位器的位置为（丝印号 R19），如图 5-55 所示。

说明：顺时针调节电位器可使输出电压变大，逆时针调节可使输出电压变小；若输出小于 200V 的逆变电压，智能离网微逆变系统会进入欠电压保护状态。

测试结果判定标准：万用表测得交流电压显示值在 220~230V 之间。

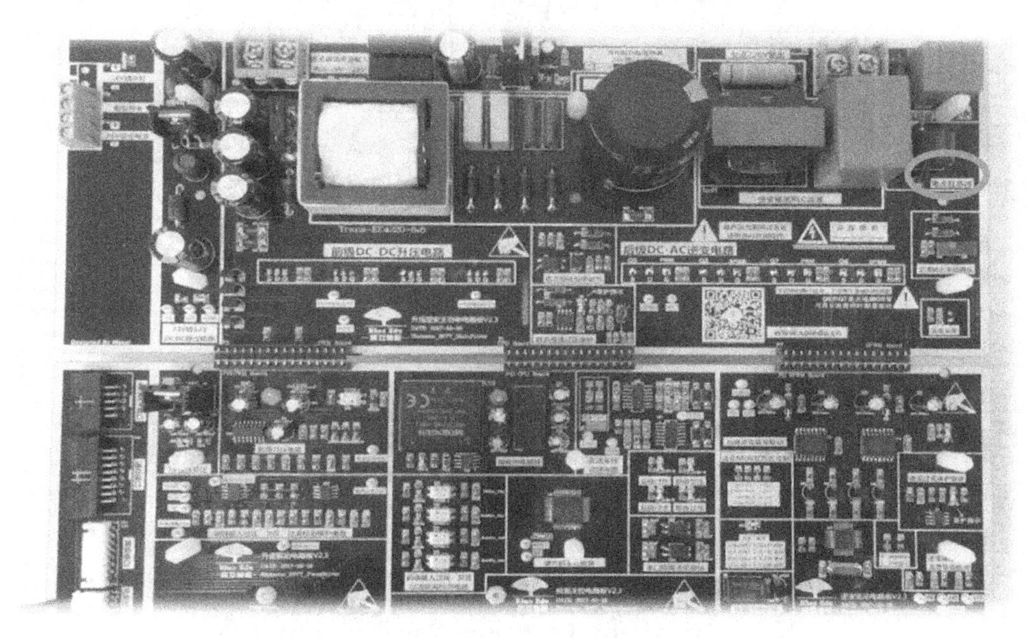

图 5-55　电位器位置

4）智能离网微逆变系统前级保护功能。

前提条件：2）和 3）调试完成。

注意事项：务必缓慢调节功率源稳压电源；万用表始终接智能离网微逆变系统的输出。

测试工具：万用表。

步骤①：测试前级过电压保护，功率电源输入 P5 口并升至 28V 以上。

测试结果判定标准：智能离网微逆变系统逐渐停止工作，万用表上的交流输出电压数值逐渐降为 0，进入逆变过电压保护状态，过电压指示灯按过电压故障闪烁。

步骤②：测试前级欠电压保护，功率电源输入 P5 口并降至 19~20V 之间。

测试结果判定标准：智能离网微逆变系统逐渐减小输出电压并进入逆变欠电压保护状态。

说明：由于过/欠电压保护电路中采用分压电阻采集电压进行比较，所以会存在电阻值的浮动而导致过/欠电压点的电位与设定值不一致。如果出现此情况，若偏差在 1V 左右，可忽略。

5）前后级 MOS 管的驱动波形检测。

前提条件：智能离网微逆变系统前级保护功能测试未出现异常现象。

注意事项：上电前先用示波器探头夹好两个 PWM 驱动信号，接地点为 PGND。

测试工具：示波器。

步骤①：使用示波器测试前级升压 MOS 管的两个上下互补管子的驱动信号，如图 5-56 所示，按图 5-57、图 5-58 调整时基和幅值，观察波形是否一致。

测试结果判定标准：

按图 5-57 所示的电路测试时基模式下显示的 PWM 互补信号，频率为 31kHz。

按图 5-58 所示的电路测试时基模式下显示的 PWM 块状信号，块状时间为 120ms。

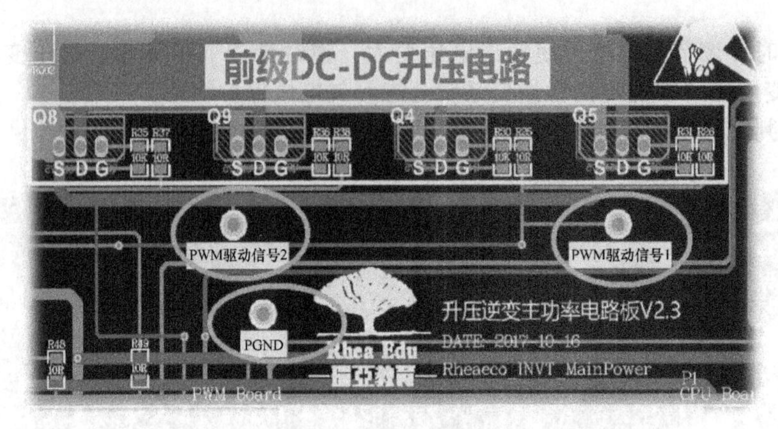

图 5-56　前级升压电路

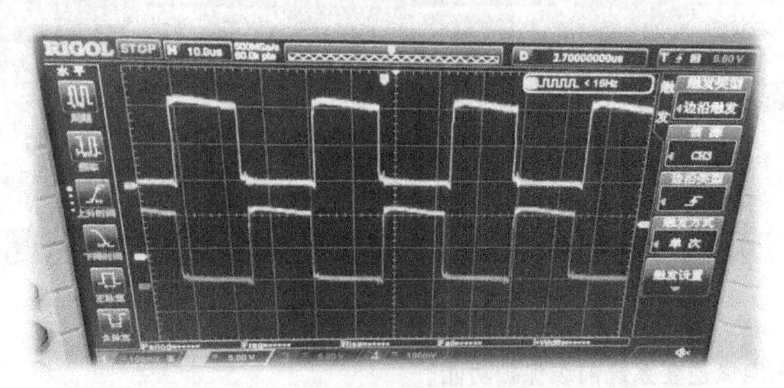

图 5-57　观测波形 1

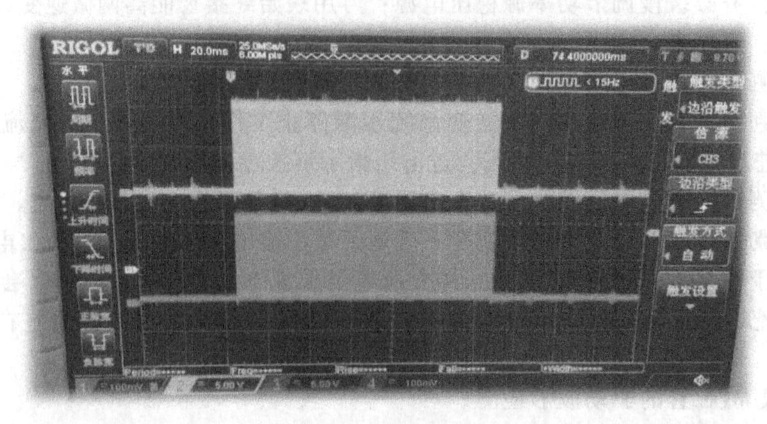

图 5-58　观测波形 2

步骤②：使用示波器测试后级逆变 MOS 管的两个上下互补管子的驱动信号，如图 5-59 所示。按图 5-60、图 5-61 调整时基和幅值，观察波形是否一致。

测试结果判定标准：紫色方波信号的频率为 50Hz，周期 20ms。

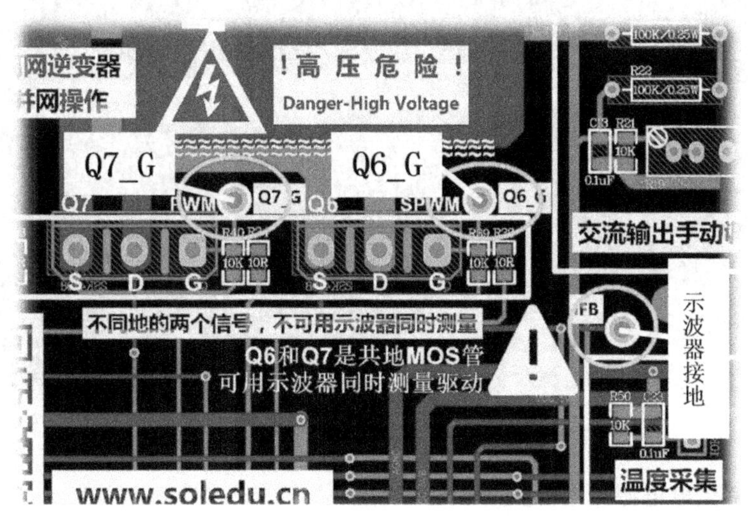

图 5-59　时基模式下测试

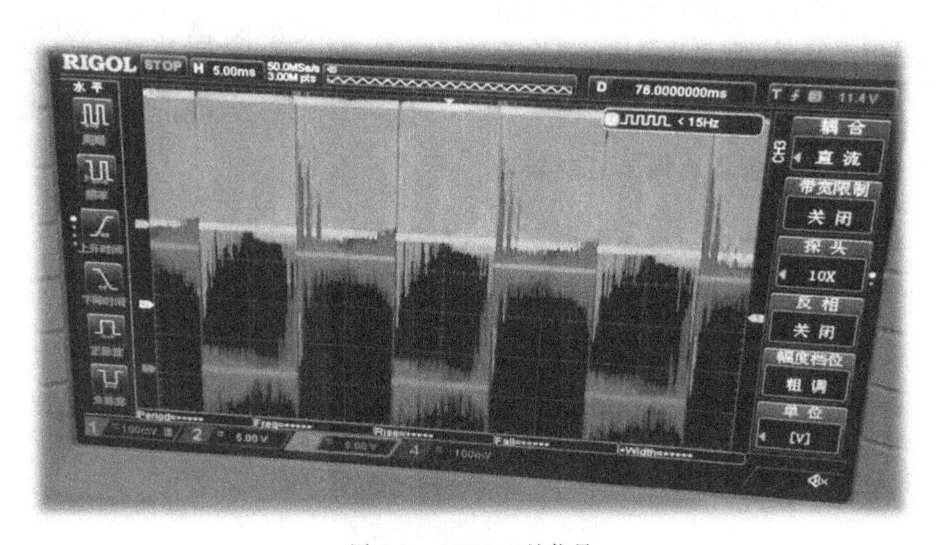

图 5-60　PWM 互补信号

（3）整机测试步骤 1

前提条件：单项功能测试全部顺利通过。

注意事项：后级负载大于 200Ω，功率大于 300W，满功率测试时接 200Ω 负载。

测试工具：0.5mm^2 线束、一字螺钉旋具、24V/0.5A 稳压电源或开关电源、12V/30A 稳压电源或开关电源、万用表、红外测温仪、船型开关、斜口钳。

步骤：

① 按照（2）单项功能测试步骤完成接线，并接 200Ω 功率电阻（大于 300W）。

② 打开弱电供电设备电源按钮，调节电压至 24V。

③ 闭合弱电源电船型开关。

④ 闭合工作开关。

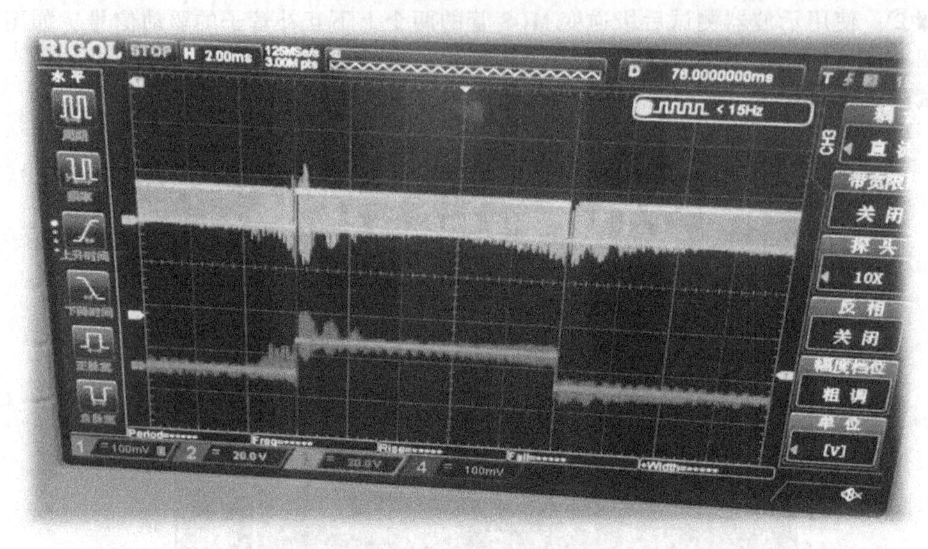

图 5-61 PWM 块状信号

⑤ 闭合-功率供电电源船型开关。

测试结果判定标准：烧机实验时长大于2小时，工作过程中智能离网微逆变系统板未出现刺耳的短路声，散热片温度及其余板级元器件温度未超过120℃。

（4）整机测试步骤2

前提条件：配合智能离网微逆变辅助平台。

平台介绍：智能离网微逆变辅助平台（见图5-62）由三个开关电源、三个灯具负载、交流可调速风扇及若干按钮开关组成，其中，红色急停按钮控制整个平台的电源通断，四个带灯按钮开关分别单独控制三盏灯和一个外接负载通道，还有一个金色旋钮控制交流风扇的转速。

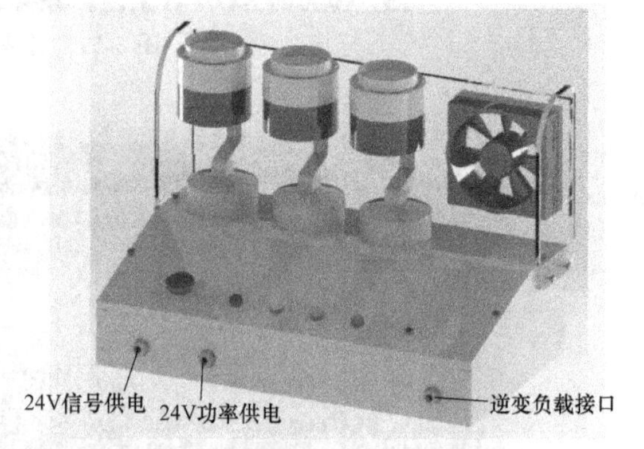

图 5-62 智能离网微逆变辅助平台

测试设备及工具见表5-12。

表 5-12 测试设备及工具

名　称	规　格
开关电源	台湾明纬开关电源 LRS—35—24　薄　24V/1.5A/35W
开关电源	台湾明纬 24V 开关电源 LRS—150—24　薄直流　5~6.5A/150W
开关电源	台湾明纬开关电源 LRS—150—36　直流　36V/4.3A/150W
LED 轨道射灯	220V　15W　正白光/吸顶固定/A 款
LED 轨道射灯	220V　15W　自然光/吸顶固定/A 款
LED 轨道射灯	220V　15W　暖白光/吸顶固定/A 款
交流散热风扇	220V 交流散热风扇　TYPE 2750M　140mm×140mm×50mm
交流调速模块	220V　300W　调速器风机　无级变速开关(金色旋钮)
自锁位圆形带灯按钮开关	LA16—11DZ AB6Y—M　16mm 一开一闭/220V/红灯

（续）

名　　称	规　　格
自锁位圆形带灯按钮开关	LA16—11DZ AB6Y—M　16mm 一开一闭/220V/黄灯
自锁位圆形带灯按钮开关	LA16—11DZ AB6Y—M　16mm 一开一闭/220V/绿灯
自锁位圆形带灯按钮开关	LA16—11DZ AB6Y—M　16mm 一开一闭/220V/蓝灯
急停按钮开关	自锁位　开孔 22mm　LA38—11ZS　蘑菇头紧急按钮/一开一闭/红色

2. 软件基本调试

（1）准备工作

1）编译环境设置。使用 Keil 进行编程，若未添加 STC 芯片到 Keil 中，则在程序编写之前须先将 STC 的芯片加入到 Keil 中，如图 5-63 所示。

在 STC-ISP 中选择“Keil 仿真设置”→“添加型号和头文件到 Keil 中”，弹出“浏览文件夹”窗口，选择 Keil 的安装目录，完成芯片添加。

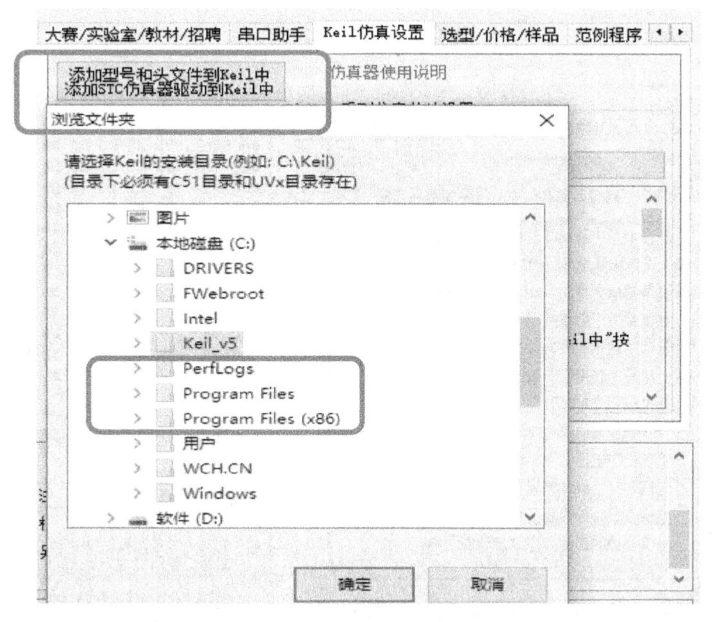

图 5-63　STC 头文件添加

2）程序编译和下载。进入 STC 下载软件，“单片机型号”选择“IAP15W4K61S4”，扫描串口，当单片机连上电脑时串口号会自动并显示，如图 5-64 所示，单击“打开程序文件”按钮加入刚生成的 HEX 文件。

3）其他设置为默认设置，如图 5-65 所示。然后单击“下载/编程”按钮，完成对程序的下载。

（2）组态串口屏功能测试

前提条件：硬件整机测试全部顺利通过。

注意事项：开启智能离网微逆变系统弱电电源开关，开启功率电电源开关，智能离网微逆变系统正常工作。

步骤①：如图 5-66 所示，从主页单击“故障检测”“逆变控制”“采样显示”“设置”“瑞亚学院”可以进入相应子界面，按下各子界面的“返回”按钮可以回到主页。

测试结果判定标准：可以正常进入各子界面，按下各子界面的“返回”按钮可以正常回到主页。

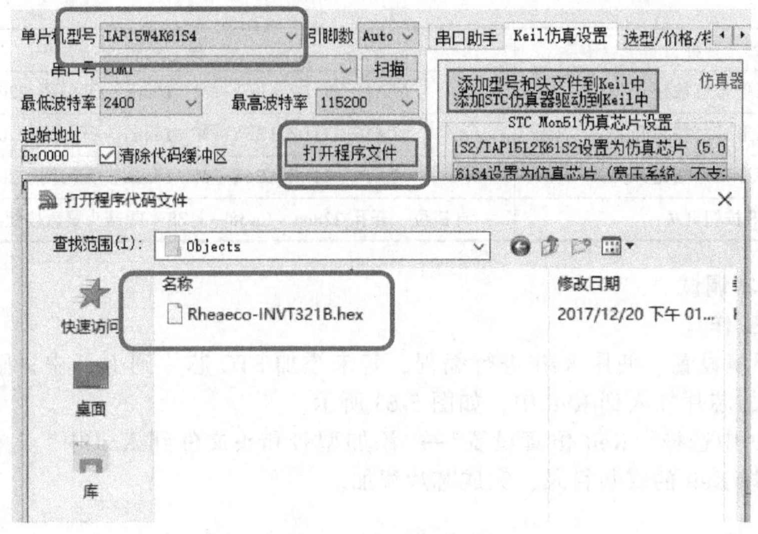

图 5-64　查找 HEX 文件

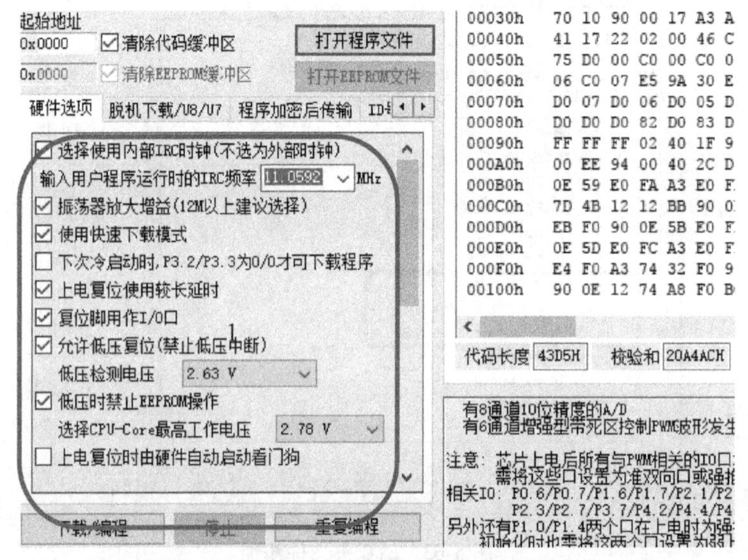

图 5-65　STC 下载

图 5-66　主页

步骤②：如图 5-67 所示，在“设置”界面进行亮度设置。左右拖动滑块，亮度发生变化；单击“体验触屏”，进入“体验触屏”界面；单击“声音”，串口屏将会静音；单击“系统信息”，进入“系统信息”界面。

测试结果判定标准：组态串口屏的亮度发生变化；可以进入“体验触屏”界面；可以静音；可以到“系统信息”界面。

（3）故障检测与显示功能测试

前提条件：上一步功能测试正常。

注意事项：测试时开启智能离网微逆变系统弱电电源开关，先不开启功率电电源开关。

步骤：开启智能离网微逆变系统弱电电源开关，先不开启功率电电源开关，观察组态串口屏故障检测界面能源侧输入的欠电压指示灯颜色与系统主控板上的欠电压指示灯。然后开启功率电电源开关，重新观察。

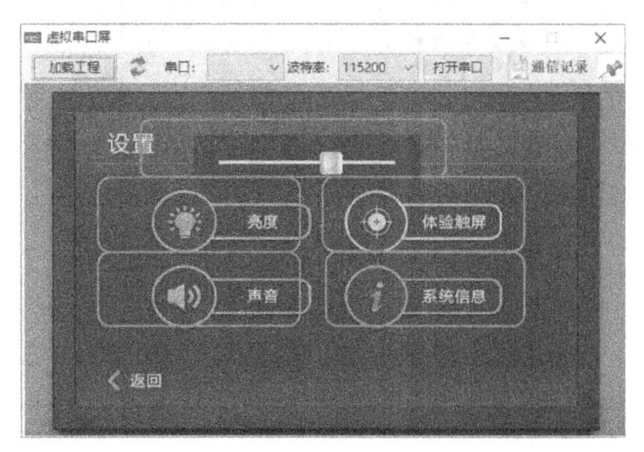

图 5-67　亮度设置

测试结果判定标准：未开启功率电电源开关时，组态串口屏上的“能源侧输入欠压保护（小于 20V）”指示灯显示红色，主控板上的欠电压指示灯亮起，如图 5-68 和图 5-69 所示。

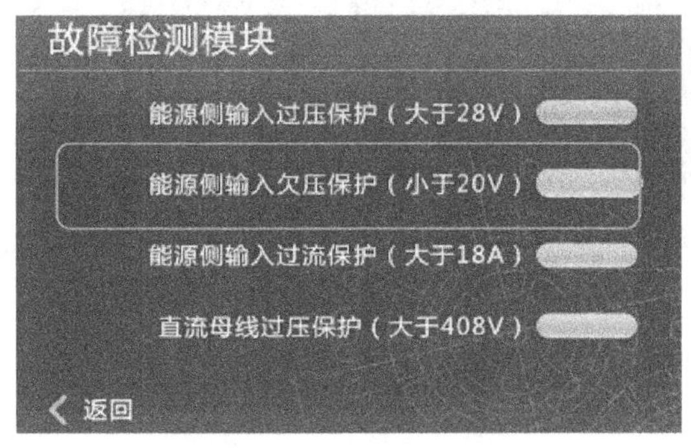

图 5-68　串口屏显示欠电压

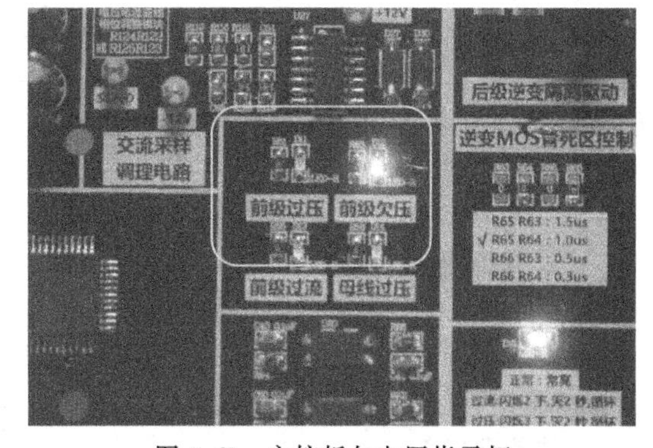

图 5-69　主控板欠电压指示灯

开启功率电电源开关后，组态串口屏上的“能源侧输入欠压保护（小于 20V）”指示灯显示蓝色，主控板上的欠电压指示灯熄灭。

（4）EG8010 控制与波形显示功能测试

前提条件：上一步功能测试正常。

测试工具：万用表，250W 以下负载。

注意事项：若组态串口屏出现通信故障界面且蜂鸣器一直报警，则关闭电源重新启动。所带负载大小改变使电流曲线发生变化，功率值发生变化。如带上 45W 负载后测试。

步骤①：开启智能离网微逆变系统弱电电源与功率电电源开关，在组态串口屏的“逆变控制模块”设置“基波频率”为 50Hz，“输出电压”为 220V 后单击“确定”按钮，如图 5-70 所示。

测试结果判定标准：如图 5-70 所示，返回电压值 220V 左右，频率 50Hz。如图 5-71 所示在波形显示界面出现电压、电流曲线，智能离网微逆变系统输出电压为 220V 左右。

说明：设定电压值与返回值偏差在 10V 以内都为正常。

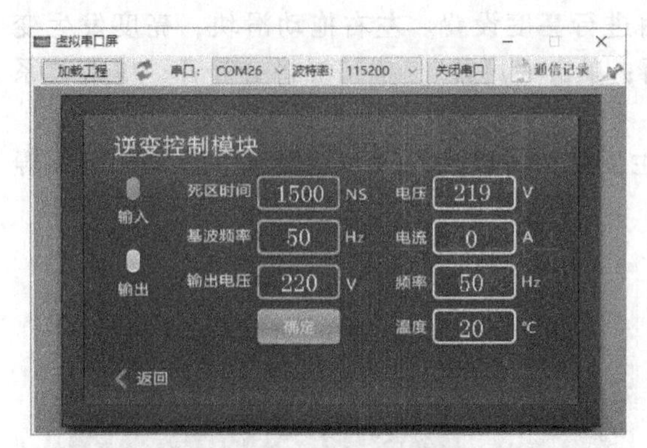

图 5-70　EG8010 控制

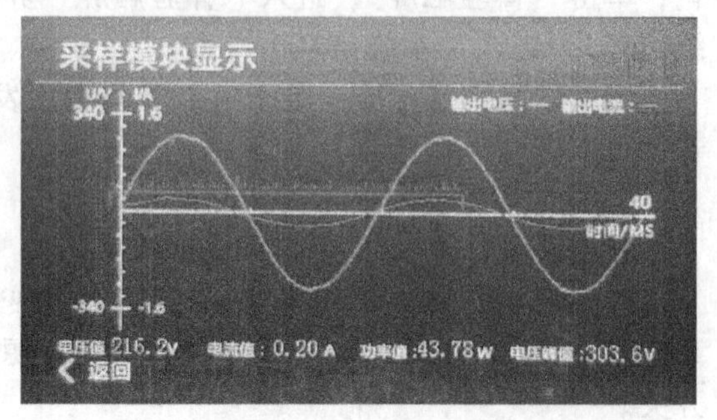

图 5-71　波形显示

步骤②：将设定的频率改为 60Hz，电压为 145V。

测试结果判定标准：返回电压值变为 145V 左右，频率变为 60Hz。如图 5-72 所示，波形显示界面的电压曲线幅值发生变化，电压值显示为 145V，智能离网微逆变系统输出电压为 145V 左右。

说明：设定电压值与返回值偏差在 10V 以内都为正常。

5.3.3　组态串口屏模块系统开发

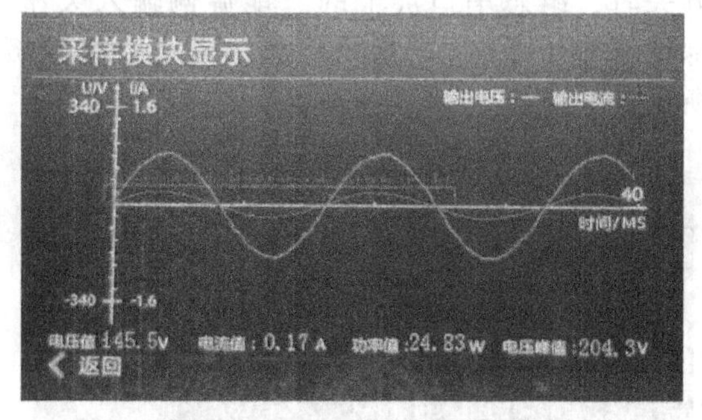

图 5-72　145V 电压波形曲线

【任务说明】

本项目用于实现上位机组态串口触摸屏界面的开发、与虚拟串口屏的通信以及和智能离网微逆变系统主控板的通信调试。

【任务内容】

1）波形界面显示一条横线。

2）蜂鸣器一直报警。

3）EG8010 界面显示 2.5 和 25。

4）故障界面能源侧输入欠电压指示灯显示为蓝色。

【技能要求】

1）掌握组态串口屏界面的开发制作。

2）掌握虚拟串口屏的控制。

3）掌握组态串口屏与主控板的通信，对主控板发送数据的显示。

1. VisualTFT 组态串口屏开发

VisualTFT 组态串口屏的完整操作步骤如图 5-73 所示。

（1）打开软件并新建工程

双击桌面图标，打开 VisualTFT 软件。

单击“文件”→“新建工程”命令，输入工程名称，如“瑞亚智能微逆变系统串口屏”，选择“系列”和“型号”为“商业型”和“DC48270A043”，如图 5-74 所示。

（2）新建画面

如图 5-75 所示，单击“文件”→“新建画面”命令，依次创建 10 个画面，名称分别为主页、故障检测、逆变控制、采样显示、设置、亮度调节、系统信息、瑞亚学院、通信故障和发行履历。

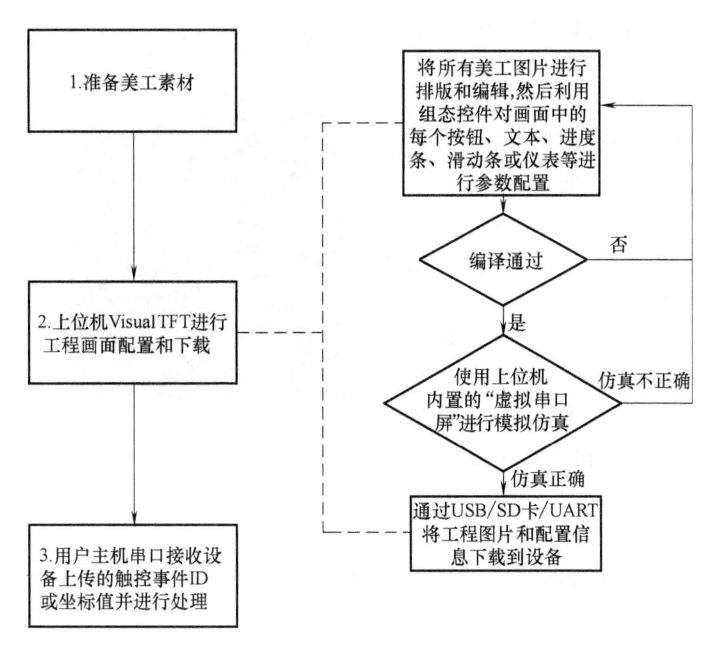

图 5-73　串口屏操作步骤

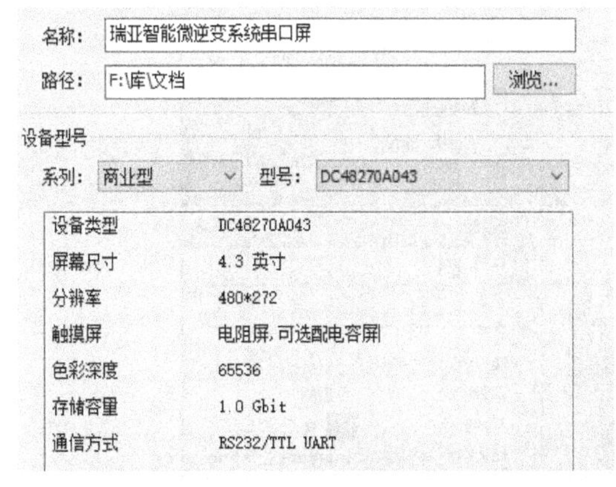

图 5-74　新建工程

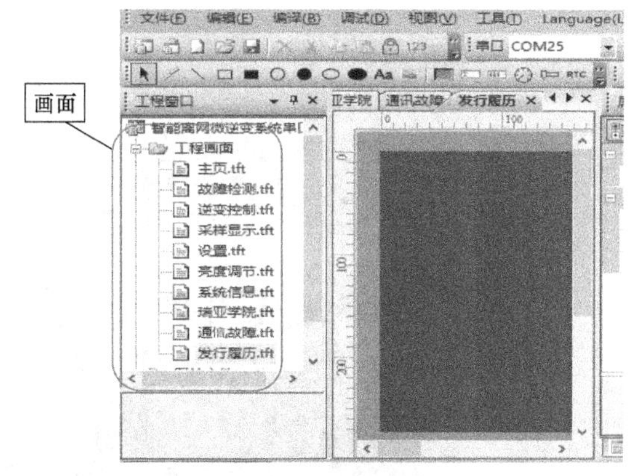

图 5-75　新建画面

（3）配置工程参数

双击工程名称，右边出现对应的工程属性窗口。选择“主页”，设置不上传坐标通知、按下触摸控件时蜂鸣器有响声、屏幕旋转 180°（下载组态串口屏界面时，由于旋转 180°，需要先进行编译，然后在“量产导向” 中将所有配置重新下载后再下载界面）。“波特率”设置为 115200，“自动调节背光”选择“是”，“待机时间”为 20s，“激活亮度”为 170，“待机亮度”为 100，“按钮事件通知”设为“按下和弹起时”，其他为默认设置，如图 5-76 所示。

注意：

① 使用时若组态串口屏发生闪屏，则须降低屏幕亮度。

② 下载组态串口屏下载程序时发生闪屏，则拔出通信板的通信线后再下载。

（4）设置画面背景

1）单击“主页”选项卡内任意空白处，会弹出相应的“属性窗口”，如图 5-77 所示，设置“背景图片”为“主页 . png”（所有图片在电子资源部分“素材文件夹”中）。

2）同上所述，单击画面“故障检测”，设置“背景图片”为“故障检测.png”。

3）同上所述，单击画面“逆变控制”，设置“背景图片”为“逆变控制.png”。

4）同上所述，单击画面“采样显示”，设置“背景图片”为“采样显示.png”。

5）同上所述，单击画面“设置”，设置“背景图片”为“设置.png”。

6）同上所述，单击画面“瑞亚学院”，设置“背景图片”为“瑞亚学院.png”。

7）同上所述，单击画面“系统信息”，设置“背景图片”为“系统信息.png”。

8）同上所述，单击画面“发行履历”，设置“背景图片”为“发行履历.png”。

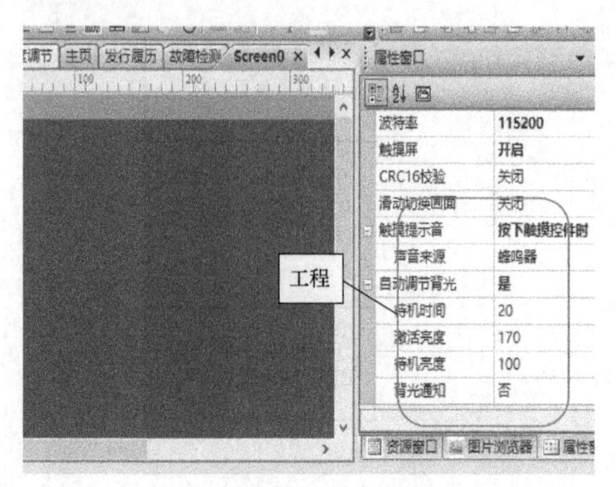

图 5-76　配置工程参数

9）“亮度调节”界面设置同上，单击画面“亮度调节”，将“背景透明”设置为“透明”，“背景图片”不选择。

10）“通信故障”界面设置同上，单击画面“通信故障”，将“背景透明”设置为“透明”，“背景图片”不选择。

（5）画面控件配置

图 5-77　设置画面背景

1）画面 0“主页”控件设置。

先单击按钮控件图标，覆盖“故障检测”图标区域，然后将“属性窗口”中的“触控用途”设置为“切换画面”，“目标画面”设置为“故障检测”。按上述的操作，分别对图标“逆变控制”“采样显示”“设置”“瑞亚学院”进行配置，其目标画面分别设置为“逆变控制”“采样显示”“设置”“瑞亚学院”，如图 5-78 所示（若单击工具栏的显示编号图标

123，就可以看到控件 ID）。

2）画面 1“故障检测”控件设置。

① 使用按钮控件图标，覆盖“返回”图标区域，然后将“属性窗口”中的“触控用途”设置为“切换画面”，“目标画面”设置为“主页”，如图 5-79 所示。其他属性使用默认设置，按相同的方式，对其余界面的“返回”图标进行同样的操作，“目标画面”都为“主页”。

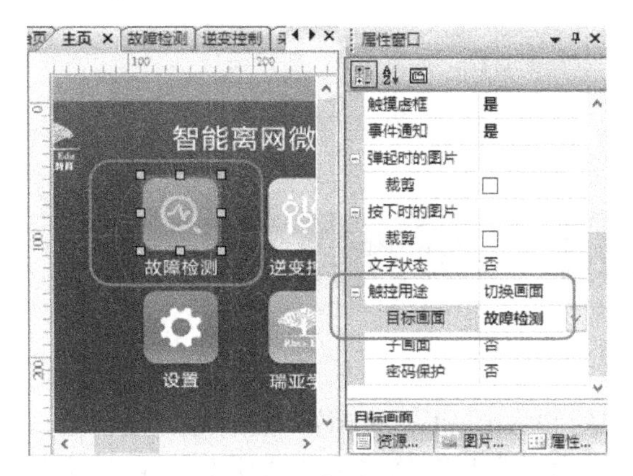

图 5-78 “主页”配置

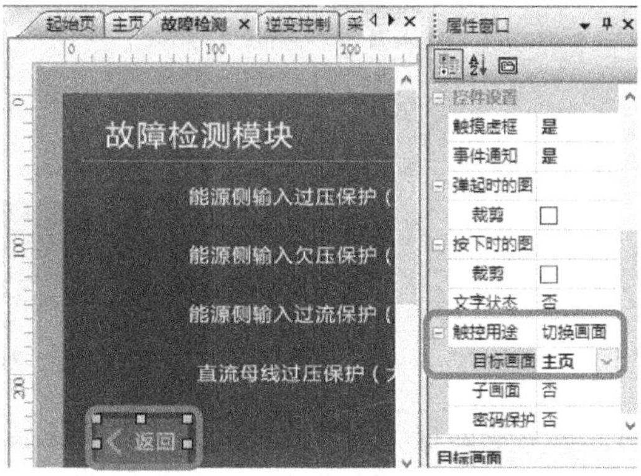

图 5-79 “返回”按钮

② 先制作一个 ICON 文件，选择“工具”→“图标生成”，弹出图 5-80 所示对话框，然后将素材文件夹中预先做好的图片“红色 . png”添加进去，最后单击“生成图标”按钮，命名为“icon1. ICON”（第一帧为红色，其他帧时不会显示红色，而是显示背景的颜色）。

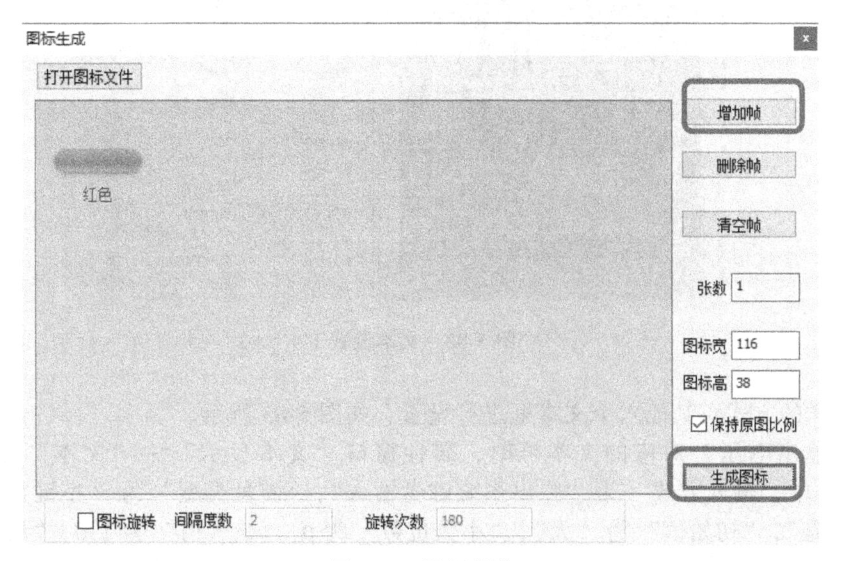

图 5-80 图标制作

单击图标控件，加入刚制作的 ICON 文件“icon1. ICON”，其他选项使用默认配置。然后将图标拉伸到与蓝色背景相同的大小，如图 5-81 所示。按同样的方法完成其他三个图标的制作。

3）画面 2“逆变控制”控件设置。

① 文本显示与输入制作。单击文本控件图标，在界面内将文本控件拖到“死区时

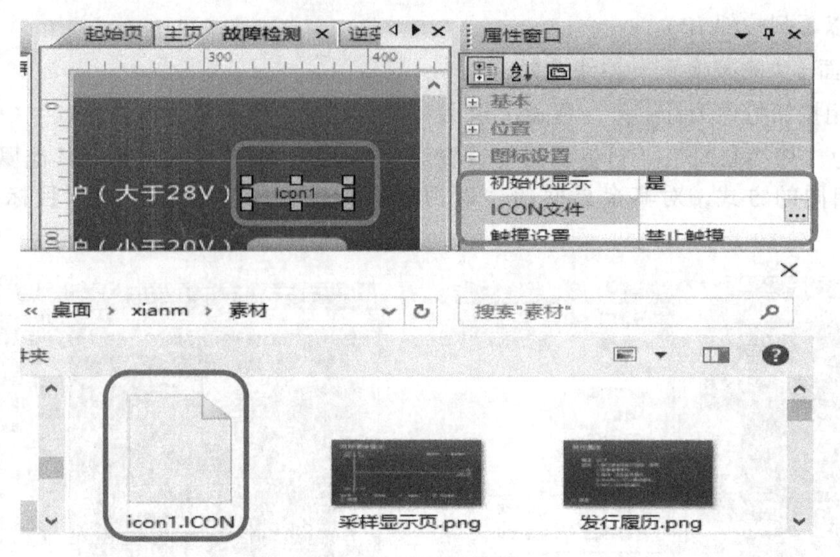

图 5-81　ICON 放置

间”所对应的框，调整大小，控件中默认显示的是“TextDisplay”字符。然后对“属性窗口”进行图 5-82 所示进行设置，“文本”改为 1500，“背景类型”修改为“透明”，“前景颜色”为“248；248；248”，“垂直对齐”为“居中对齐”。其他属性使用默认设置，如“输入方式”为默认的“用户主机输入”。

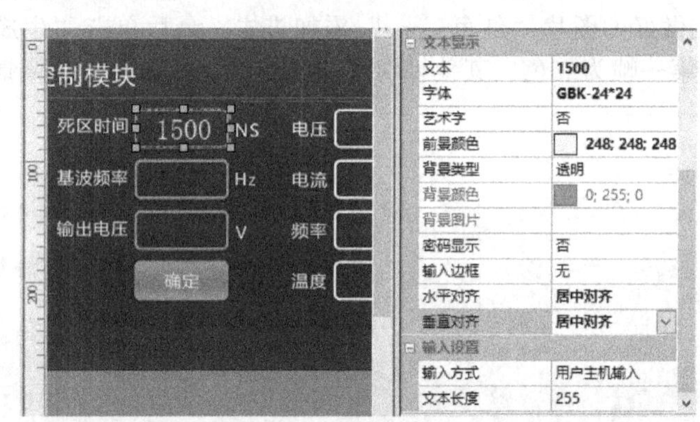

图 5-82　文本设置 1

按照同样的方式对其他六个文本框进行设置，如图 5-83 所示。

设置“输出电压”对应的文本框时，属性窗口“文本显示”中“文本”改为“220”，“输入设置”中“输入方式”为“弹出系统键盘输入”，“键盘类型”为“小键盘”，“数值限定”选择“是”，“初始值”为“无”，“小数位数”为 0，“最大值”为 230，“最小值”为 1。

在设置“基波频率”对应的文本框属性时，“文本”改为 50，其余的三个文本框属性中“文本”不填写任何数值，其他设置与图 5-82 中的设置相同。

设置右侧四个文本框时，“文本显示”中的“文本”不填写任何数值，如图 5-83 所示。

② 文本控件制作完成后制作按钮控件与菜单控件。先使用按钮控件图标　完成按钮控件的制作，覆盖图标“基波频率”文本框所对应的区域，然后进行属性设置。“触控用途”设为“弹出菜单”，“菜单控件 ID”先预留，等菜单制作完成后再进行填写，如图 5-84 所示。按同样的方式完成“死区时间”对应文本框按钮控件的制作。

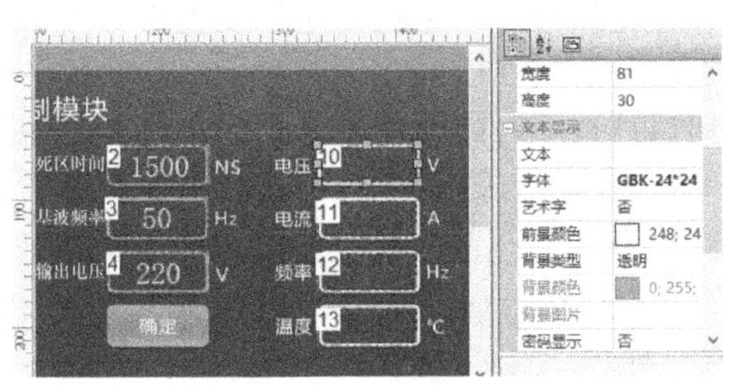

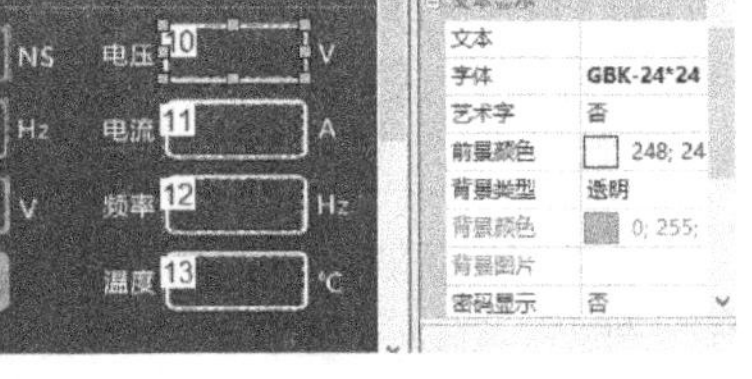

图 5-83　文本设置 2

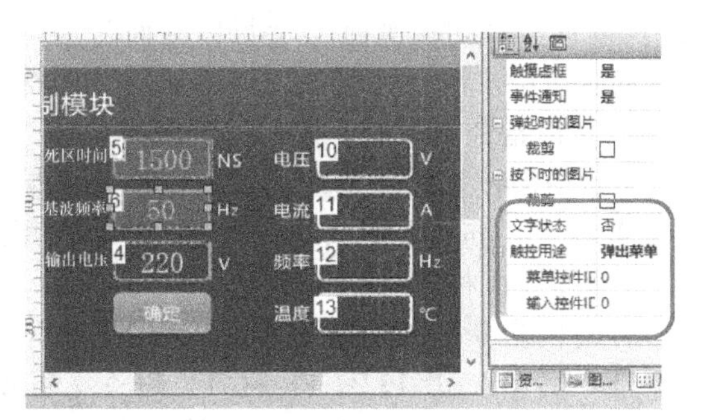

图 5-84　按钮控件

选择菜单控件 ，覆盖“基波频率”文本框所对应的区域。对菜单控件进行属性设置，本例中“基波频率”对应的框中“菜单项数”为 2，“菜单选项”设置为“50；60”；其他属性为默认设置。然后对“死区时间”对应文本框的菜单控件进行设置，“菜单项数”为 3，“菜单选项”设置为“500；1000；1500；”，其他属性为默认设置。

此时对应的按钮控件“属性窗口”中“触控用途”的“菜单控件 ID”，选择已经完成的对应的菜单控件 ID。

③ 使用按钮控件图标 ，覆盖图标“确定”对应区域，然后进行属性设置，“触控用途”为“开关描述”，按下时的图片为“逆变控制页-点击 . png”，对图片进行裁剪。

提示：注意制作的顺序。制作菜单控件与按钮控件时注意制作顺序，不要使按钮控件将菜单控件的内容覆盖。

4）画面 3“采样显示”控件设置。

画面 3“采样显示”界面中的电压值、电流值、功率值、电压峰值使用文本控件，文本控件属性中“字体”选择“ASCII-08 * 16”，“输入方式”为“用户主机输入”，其他属性为默认。

“采样显示”界面需要对曲线进行显示，因此需要使用曲线控件 覆盖曲线显示的区域。在“属性窗口”进行属性设置，根据位置中的宽度 368 设置“采样点数”为 368，“采样深度”为“2Bytes”，并进行缩放显示设置，“起始值”为 0，“终止值”为 1023，“通道数”为 2，如图 5-85 所示。

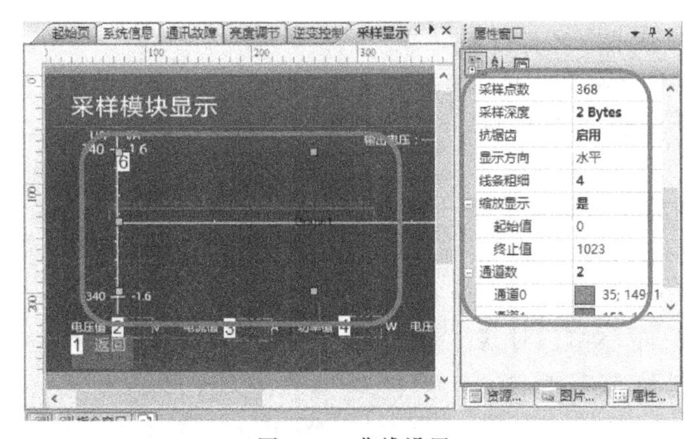

图 5-85　曲线设置

5）画面 4“设置”控件设置。

① 如图 5-86 所示，使用按钮控件覆盖“亮度”图标区域，将其按钮属性中的“触控用

途”设置为“切换画面”，“目标画面”为“亮度调节”。

② 使用按钮控件覆盖“体验触屏”图标区域，按钮属性的“触控用途”设置为“开关描述”，对内指令按下时，发送体验触屏代码“EE 73 FF FC FF FF;”。

③ 使用按钮控件覆盖“声音”图标区域，按钮属性按下时的图片为“素材文件夹”中的“设置-点击 . png”，对其进行裁剪，“触控用途”设置为“开关描述”，“初始状态”为“弹起”，“操作风格”为“开关”。

“对内指令”按钮按下时发送如下指令：

EE 09 DE ED 13 31 FF FC FF FF ；(解除锁定配置)

EE 70 2D FF FC FF FF ；(关闭蜂鸣器)

EE 08 A5 5A 5F F5 FF FC FF FF ；(锁定配置)

“对内指令”按钮弹起时发送如下指令：

EE 09 DE ED 13 31 FF FC FF FF ；(解除锁定配置)

EE 70 2F FF FC FF FF ；(开启蜂鸣器)

EE 08 A5 5A 5F F5 FF FC FF FF ；(锁定配置)

④ 使用按钮控件覆盖“系统信息”图标区域，按钮属性中的“触控用途”设置为“切换画面”，“目标画面”为“系统信息”。

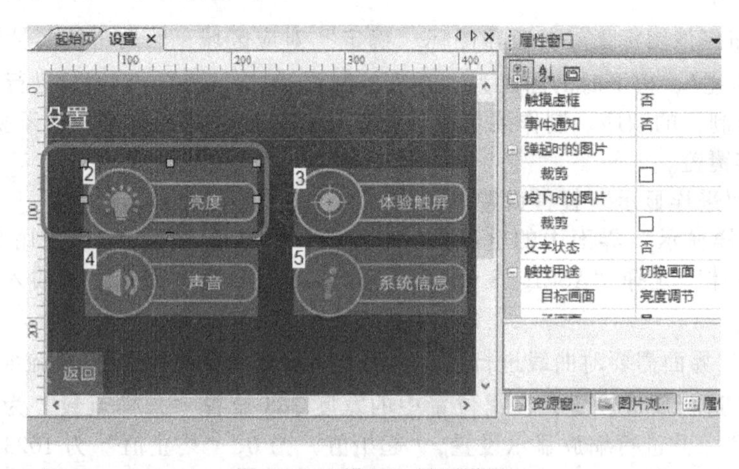

图 5-86 “设置”界面设置

6）画面 5“亮度调节”控件设置。

先使用按钮控件将“亮度”界面全部覆盖（“宽度”为 480，“高度”为 272），按钮属性中“触控用途”设置为“切换画面”，“目标画面”为“设置”界面（亮度调节需要逆变器主控板配合，软件程序下载完成且逆变器正常工作时才可进行）。

然后使用滑块控件，对其属性进行设置“起始值”为 20，“终止值”为 255，“初始值”为 170。“游标类型”为“图片”，“游标图片”为素材文件夹中的“滑块游标 . png”，具体配置如图 5-87

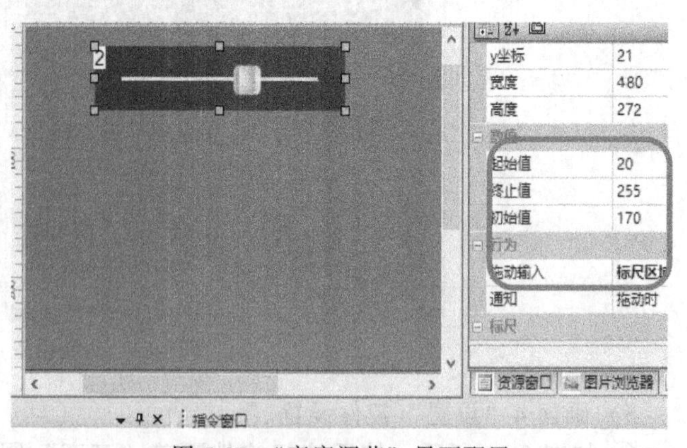

图 5-87 “亮度调节”界面配置

所示。

7）画面 6“系统信息”控件设置。

使用按钮控件图标▇，覆盖“版本”对应区域，然后进行属性设置。“触控用途”为“切换画面”，“目标画面”为“发行履历”。

8）画面 8“通信故障”控件设置。

先使用图片控件▇，在“通信故障”界面中选择一定区域，单击图片区域，出现“属性窗口”，在“属性窗口”中“图片路径”中选择素材为“警告.png”，其他设置为默认，如图 5-88 所示。

图 5-88 “通信故障”界面设置

(6) 编译工程

完成组态串口屏的界面制作后，单击“编译”图标▇查看工程配置是否正确。若编译失败，则根据错误提示重新进行配置。编译成功后，“输出窗口”显示“0 个错误，0 个警告”，如图 5-89 所示。

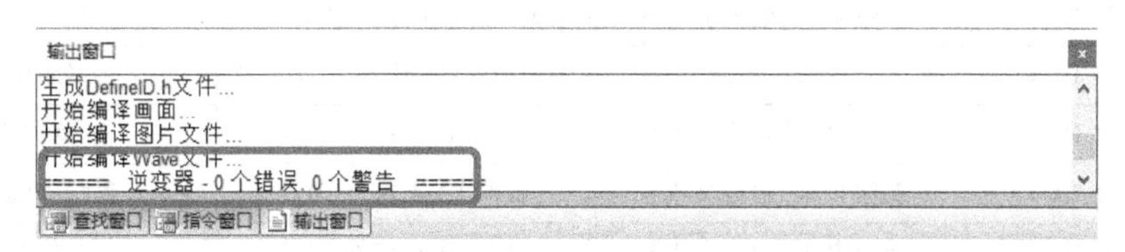

图 5-89 编译

(7) 运行“虚拟串口屏”

单击工具栏中的▶图标，运行“虚拟串口屏”进行功能仿真，检查界面配置是否正确。虚拟串口屏界面如图 5-90 所示。单击“通信记录”就可以随时查看每次按下屏幕时，串口屏下发的指令数据（使用虚拟串口屏时“屏幕旋转”改为 0°）。

提示：“虚拟串口屏”不仅具备简单的模拟仿真功能，还可以直接与用户单片机通信。只需要将单片机的串口通过 RS-232 电平与“虚拟串口屏”相连，就可以发送指令去控制界面显示了。用鼠标单击按钮就相当于触摸动作执行，降低了评估成本，提高了效率。除此之外，还可以与 Keil 开发环境绑定，通过 Keil 来调试屏幕，大大提高效率。

(8) 工程下载

图 5-90 虚拟串口屏

通过 USB/SD 卡/UART 将工程图片和配置信息下载到设备。

(9) 画面 ID、控件 ID 与对应功能(见表 5-13)

表 5-13 画面 ID 和控件 ID 与对应功能

组态串口屏画面 ID、控件 ID	功能	组态串口屏画面 ID、控件 ID	功能
画面 ID:0 控件 ID:1	到"故障检测"界面	画面 ID:3 控件 ID:1	返回主界面
画面 ID:0 控件 ID:2	到"逆变控制"界面	画面 ID:3 控件 ID:2	显示智能离网微逆变系统输出电压
画面 ID:0 控件 ID:3	到"采样显示"界面		
画面 ID:0 控件 ID:4	到"设置"界面	画面 ID:3 控件 ID:3	显示智能离网微逆变系统输出电流
画面 ID:1 控件 ID:1	返回主界面		
画面 ID:1 控件 ID:2	能源侧输入过电压保护指示灯	画面 ID:3 控件 ID:4	显示智能离网微逆变系统输出功率
画面 ID:1 控件 ID:3	能源侧输入欠电压保护指示灯	画面 ID:3 控件 ID:5	显示智能离网微逆变系统输出电压峰值
画面 ID:1 控件 ID:4	能源侧输入过电流保护指示灯		
画面 ID:1 控件 ID:5	直流母线过电压指示灯	画面 ID:3 控件 ID:6 通道 0	显示电压波形
画面 ID:2 控件 ID:1	返回主界面	画面 ID:3 控件 ID:6 通道 1	显示电流波形
画面 ID:2 控件 ID:2	"死区时间"对应文本框	画面 ID:4 控件 ID:1	返回主界面
画面 ID:2 控件 ID:3	"基波频率"对应文本框	画面 ID:4 控件 ID:2	到"亮度调节"界面
画面 ID:2 控件 ID:4	"输出电压"对应文本框	画面 ID:4 控件 ID:3	体验触屏
画面 ID:2 控件 ID:5	"死区时间"对应按钮控件	画面 ID:4 控件 ID:4	声音设置
画面 ID:2 控件 ID:6	"基波频率"对应按钮控件	画面 ID:4 控件 ID:5	系统信息
画面 ID:2 控件 ID:7	"确定"按钮控件	画面 ID:5 控件 ID:1	按钮控件返回到"设置"界面
画面 ID:2 控件 ID:8	"死区时间"对应菜单控件	画面 ID:5 控件 ID:2	"亮度"设置
画面 ID:2 控件 ID:9	"基波频率"对应菜单控件	画面 ID:6 控件 ID:1	返回主界面
画面 ID:2 控件 ID:10	显示 EG8010 返回电压	画面 ID:6 控件 ID:2	到"发行履历"界面
画面 ID:2 控件 ID:11	显示 EG8010 返回电流	画面 ID:7 控件 ID:1	返回主界面
画面 ID:2 控件 ID:12	显示 EG8010 返回频率	画面 ID:8 控件 ID:1	"通信故障"界面显示
画面 ID:2 控件 ID:13	显示 EG8010 返回温度	画面 ID:9 控件 ID:1	返回主界面

2. VisualTFT 组态串口屏系统调试

VisualTFT 组态串口屏可实现对 EG8010 的控制，对智能离网微逆变系统各个数据的显示、故障的报警、智能离网微逆变系统产生的交流电压和电流曲线的显示等功能。

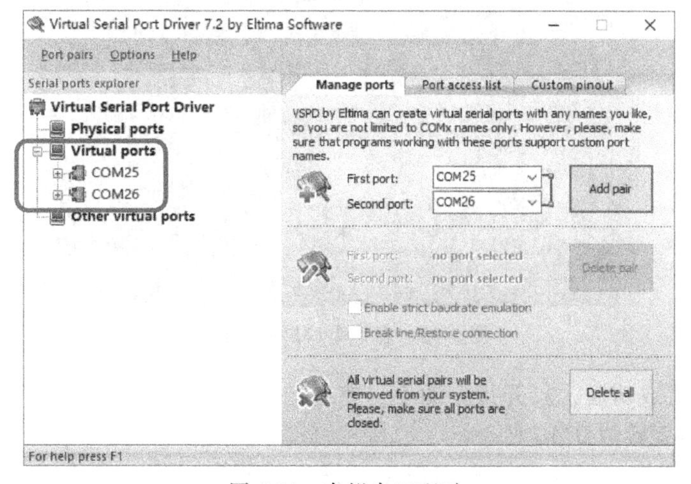

图 5-91　虚拟串口配对

VisualTFT 软件与“虚拟串口屏”联机。

1）安装 VisualTFT 软件。

2）安装虚拟串口 VSPXD 软件。安装完成后打开虚拟串口软件，建立并绑定一对虚拟串口，如图 5-91 所示，在“First port”下拉列表框中选择“COM25”，“Second port”选择“COM26”，然后单击“Add pair”按钮，此时“Virtual ports”目录下会出现这一对被绑定的串口。

3）打开 VisualTFT 软件，刷新串口，通道会新增“COM25”和“COM26”两个选项，即虚拟串口创建完成。然后新建或打开一个现有的 VisualTFT 工程。选择 COM26 串口，如图 5-92 所示。

4）运行虚拟串口屏。打开虚拟串口屏，“串口”选择“COM25”，单击“打开串口”按钮，如图 5-93 所示。这样 VisualTFT 的 COM26 和虚拟串口屏的 COM25 就可以进行匹配了。

图 5-92　软件串口设置

图 5-93　虚拟串口屏串口设置

PC 与屏幕联机成功后，打开指令助手，使用指令助手对虚拟串口屏进行调试（使用虚拟串口屏调试时屏幕旋转为 0°）。

1）实现画面切换。例如在主界面单击“逆变控制”按钮，画面会跳转到“逆变控制”界面中，并且通信记录中会显示发送的指令，如图 5-94 所示。

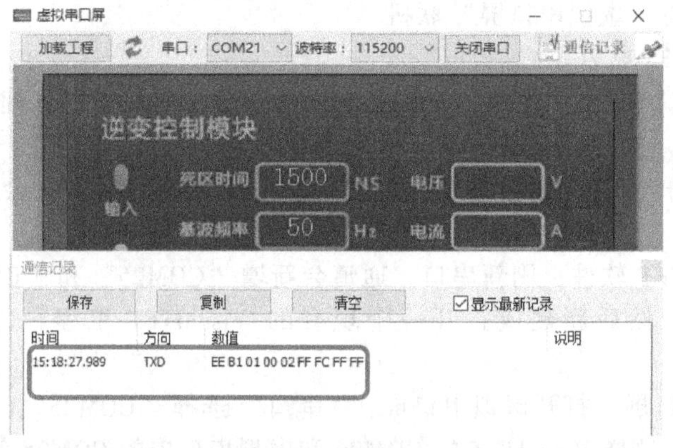

图 5-94　通信记录

2）波形的显示。在串口助手中选择曲线控件，“画面 ID”为采样界面对应的 ID，此处为 3，“控件 ID”为制作的曲线控件的 ID，此处为 6，“曲线通道”为 0，“采样值”为“2 Byte”，具体设置如图 5-95 所示。

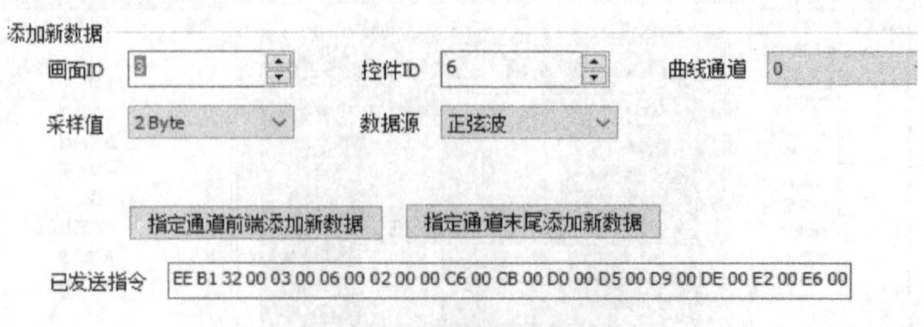

图 5-95　发送波形设置

“数据源”选择“正弦波”时，单击“指定通道前端/末尾添加新数据”，效果如图 5-96 所示，将显示一个完整的正弦波曲线。

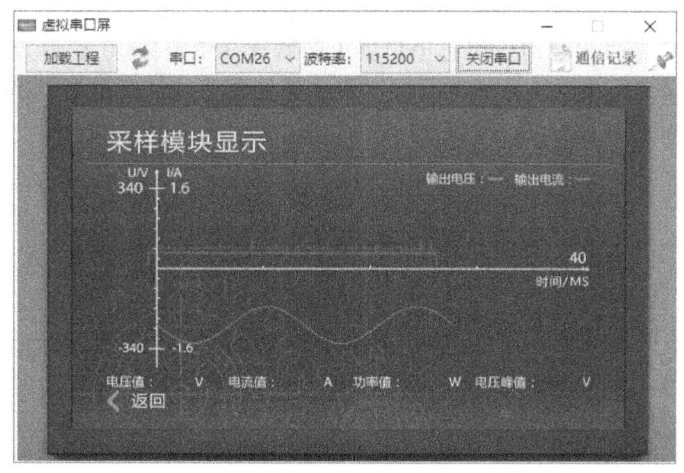

图 5-96　波形

3）图标控件。在指令助手中选择图标控件，“画面 ID”为“故障检测”界面的 ID，此处为 1，“控件 ID”为制作的 ICON 图标的 ID，此处可选范围为 2～5，“指定帧”为 0 时显示红色，其余帧时显示蓝色。“指定帧”为 1，如图 5-97 所示。能源侧输入过电压保护对应的颜色指示为蓝色，如图 5-98 所示。

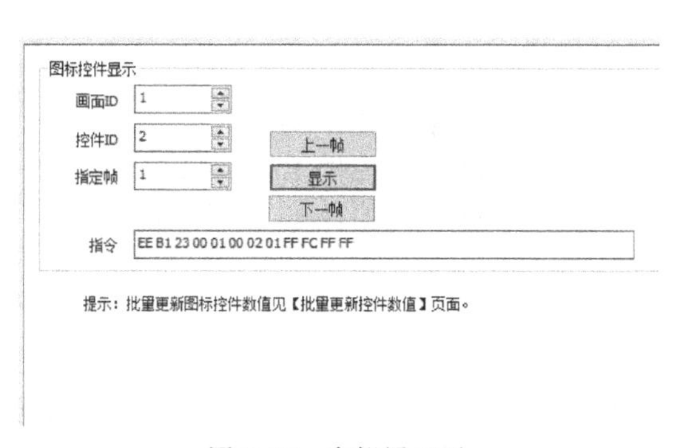

图 5-97　虚拟屏显示

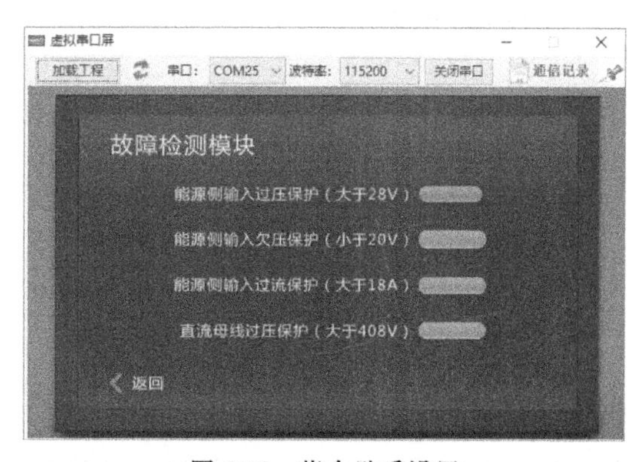

图 5-98　指令助手设置

4）声音。“设置”界面的“声音”按钮按下时，在组态串口屏按下触摸控件时将不会再发出声音；再次按下“设置”界面“声音”按钮，在组态串口屏按下触摸控件时会重新发出声音。

5）体验触屏。单击“体验触屏”按钮时，会发送已经设定的指令“EE 73 FF FC FF FF ;”，从而进入体验触屏界面，可以进行触屏体验（触屏体验时虚拟触控屏不能使用，需要下载程序到组态串口屏上才可以使用）

6）亮度调节。亮度调节需要智能离网微逆变系统主控板的支持。用主控板下载程序后，开启逆变器开关使其正常工作，然后改变滑块的位置，使智能离网微逆变系统主控板接收到滑块的位置信息后，根据该信息改变亮度，如图 5-99 所示。

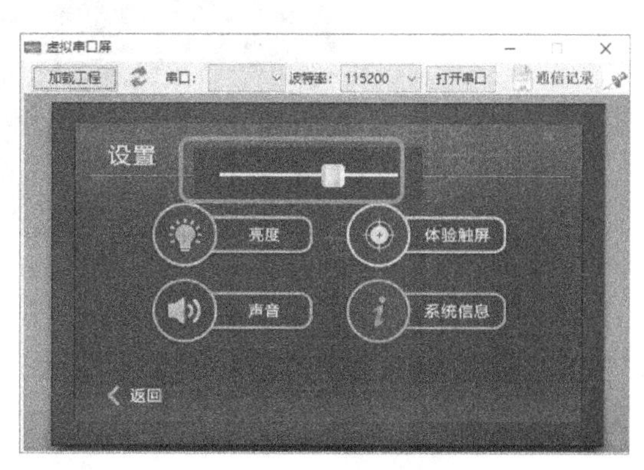

图 5-99　亮度调节

智能离网微逆变系统主控板与组态串口屏联机调试过程如下所述。

功能实现：蜂鸣器发出响声、组态串口屏上的画面 2 中控件 10 显示为 2.55、画面 2 中控件 11 显示为 25，交流电压电流界面波形显示为一条蓝色直线，故障检测界面画面 1 中控件 4 电池欠电压指示灯显示为蓝色。

硬件连接见表 5-14。

表 5-14　硬件连接

功　能	引脚输入端
主控板串口 2 发送数据到组态串口屏	P0.0
主控板串口 2 接收组态串口屏发送的数据	P0.1

控制组态串口屏显示的程序如下。

```
for(i=0;i<368;i++)
{
      tab[i]=100;
}
len=queue_find_cmd(buffer,CMD_MAX_SIZE);                //收到的数据长度
if(len>0)                                               //收到数据
    ProcessMessage((PCTRL_MSG)buffer);//,len);          //对收到的数据进行处理
if(time_count>100)                                      //每隔 100ms
{
    time_count=0;
    SetBuzzer(1);                                       //蜂鸣器发出响声
    SetTextValue_decimal(2,10,2.5);                     //画面 2,控件 10 显示 2.55
    SetTextValue(2,11,25);                              //画面 2,控件 11 显示 25
    GraphChannelDataAdd(3,6,0,tab,368);
    AnimationPlayFrame(1,2,0x01);
}
```

将程序下载到智能离网微逆变系统主控板中，功率电的电源断开，打开弱电供电电源给控制电路供电，此时串口屏上的界面显示如图 5-100~图 5-102 所示，并且蜂鸣器发出响声。

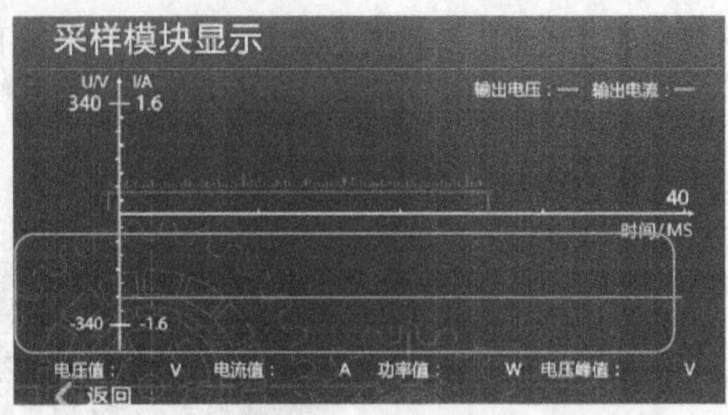

图 5-100　显示波形

5.3.4　前级输入故障检测（包含显示）

【任务说明】

本项目介绍前级输入故障检测后的返回信号，智能离网微逆变系统主控板对接收到的信

号进行处理，同时将是否为故障状态发送到组态串口屏上进行显示。

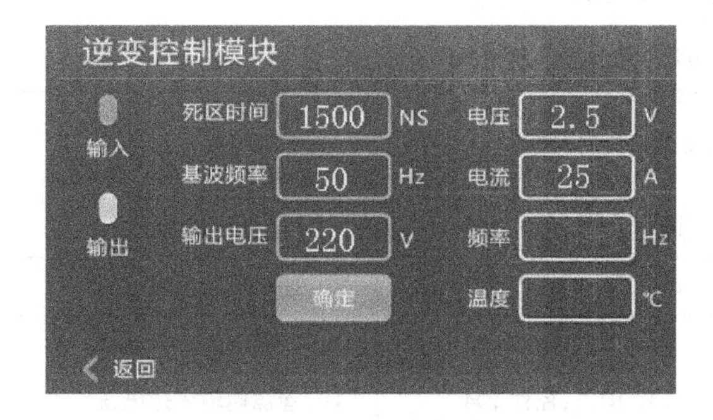

图 5-101　显示数据

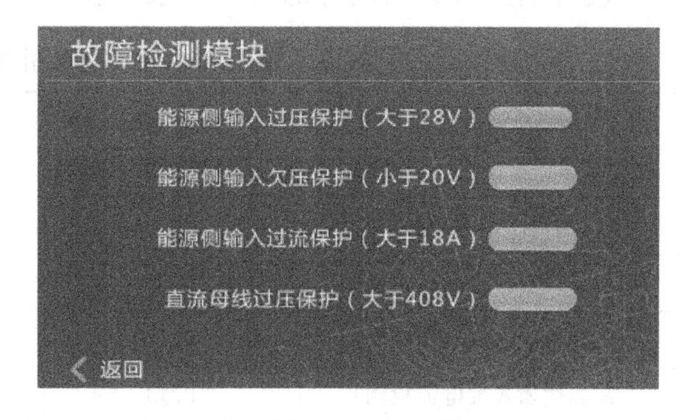

图 5-102　指示灯显示

【任务内容】

完成智能离网微逆变系统故障调节电路测试。

【技能要求】

1）掌握前级输入故障检测控制系统的工作原理。

2）掌握前级输入故障检测控制系统的程序设计方法及编程方法。

3）掌握 Keil5 编程软件及 STC 下载软件的使用方法。

4）掌握前级输入故障检测信号控制系统的调试方法。

5.3.4.1　前级输入故障检测程序设计

1. 系统功能开发

前级输入故障检测主要实现对母线电压、能源侧输入电流和电压进行检测，同时将检测的结果转换成电平信号发送到智能离网微逆变系统主控板中。由智能离网微逆变系统主控板根据接收到的高低电平信号判断母线电压、能源侧输入是否正常，并将检测的结果通过代码指令发送到组态串口屏上并显示，使相应的指示灯显示不同的颜色来表示正常工作或故障状态（红色为故障状态）。

2. 程序设计思想

故障检测流程如图 5-103 所示。智能离网微逆变系统上电后程序开始运行，前级输入故障检测系统检测后返回电平信号到智能离网微逆变系统主控板，智能离网微逆变系统主控板的故障检测 I/O 口接收到故障信号后，隔一定时间再重新检测 I/O 口的电平信号，若还为故障电平（高电平），将会使智能离网微逆变系统主控板上的对应故障指定灯亮起，组态串口屏故障显示界面对应指示灯显示红色。若接收到的是正常电平信号（低电平），智能离网微逆变系统主控板上的故障指示灯熄灭，组态串口屏故障显示界面对应指示灯显示蓝色（正常状态）。

提示：检测到故障电路时给予一定的延时后再重新检测是否出现故障，以防止检测到偶尔误出现的电平变化引起的故障判断，而出现误报警现象。

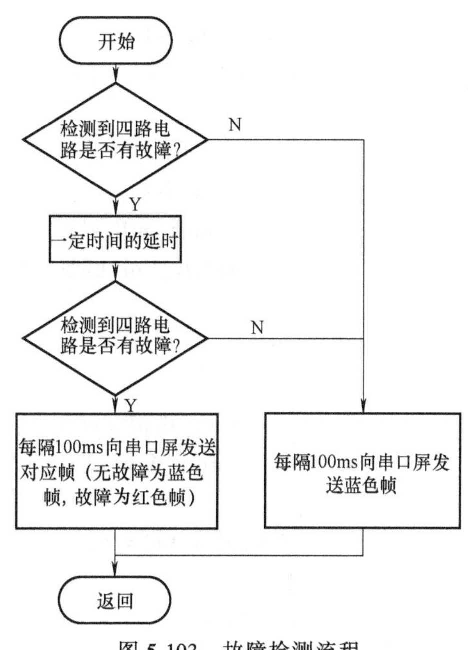

图 5-103　故障检测流程

3. 硬件电路引脚和软件的对应关系

硬件电路引脚和软件的对应关系见表 5-15 和表 5-16。

表 5-15　硬件电路引脚和软件对应关系说明 1

检测输入	检测输入端引脚	组态串口屏对应指示灯编号	串口屏对应指示灯
母线过电压检测	P2.0	画面 ID:1;控件 ID5	母线过电压
能源侧输入过电压检测	P2.1	画面 ID:1;控件 ID2	能源侧输入过电压
能源侧输入欠电压检测	P2.2	画面 ID:1;控件 ID3	能源侧输入欠电压
能源侧输入过电流检测	P2.3	画面 ID:1;控件 ID4	能源侧输入过电流

表 5-16　硬件电路引脚和软件对应关系说明 2

检测输入	检测输入端引脚
母线过电压指示灯	P4.1
能源侧输入过电压指示灯	P4.4
能源侧输入欠电压指示灯	P4.3
能源侧输入过电流指示灯	P4.2

4. 编程说明

四路信号检测的程序如下。

```
void Fault_Display(void)                                  //故障显示
{
        u16 i;
        if(Fault_count>100)
        {
            Fault_count=0;
            if(BattOv_Vol==1)                             //能源输入侧过电压
            {
                i=1000;
                while(i--);
                AnimationPlayFrame(1,2,0X00);             //显示红色,出现故障
                BattOv_Vol_LED=0;
            }
            else
            {
                AnimationPlayFrame(1,2,0X01);             //显示蓝色,正常
                BattOv_Vol_LED=1;
            }
            if(BattUn_Vol==1)                             //能源输入侧欠电压
            {
            i=1000;
            while(i--);
```

```
        AnimationPlayFrame(1,3,0X00);           //显示红色,出现故障
        BattUn_Vol_LED=0;
      }
      else
      {
          AnimationPlayFrame(1,3,0X01);         //显示蓝色,正常
          BattUn_Vol_LED=1;
      }
      if(BattOv_Cur==1)                         //能源输入侧过电流
          {
          i=1000;
          while(i--);
          AnimationPlayFrame(1,4,0X00);         //显示红色,出现故障
          BattOv_Cur_LED=0;                     //能源输入侧过电流指示灯亮
      }
      else
      {
          AnimationPlayFrame(1,4,0X01);         //显示蓝色,正常
          BattOv_Cur_LED=1;                     //能源输入侧过电流指示灯灭
      }
      if(HVOv_Vol==1)                           //母线过电压
      {
          i=1000;
          while(i--);
          AnimationPlayFrame(1,5,0X00);         //显示红色,出现故障
          HVOv_Vol_LED=0;
      }
      else
      {
          AnimationPlayFrame(1,5,0X01);     //显示蓝色,正常
          HVOv_Vol_LED=1;
      }
  }
}
```

5.3.4.2 故障检测信号控制系统调试

1. 编译环境设置

1）使用 Keil5 编写程序，若未添加 STC 芯片到 Keil5 中，则在编写程序之前要先将 STC 的芯片加入 Keil5 中，如图 5-104 所示。

在 STC-ISP 中选择“Keil 仿真设置”→“添加型号和头文件到 Keil 中”，弹出“浏览文件夹”对话框，选择 Keil5 的安装目录，完成芯片添加。

2）新建项目。打开 Keil5，选择“Project”→“New μVision Project”命令，创建一个新项目，并命名为“Rheaedu-INVT321B”，如图 5-105 所示。

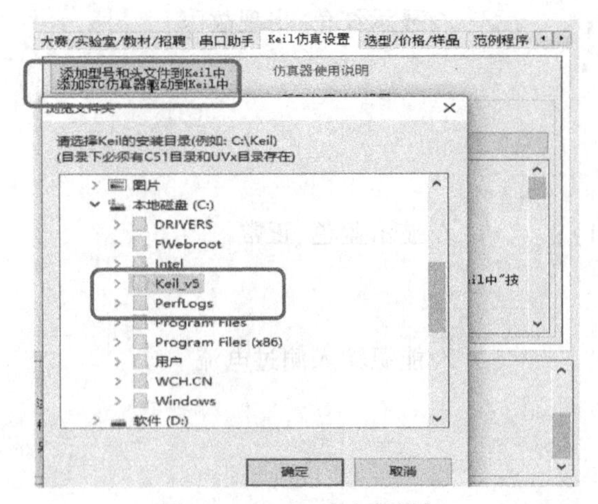

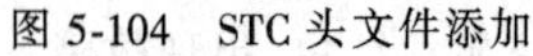

图 5-104　STC 头文件添加

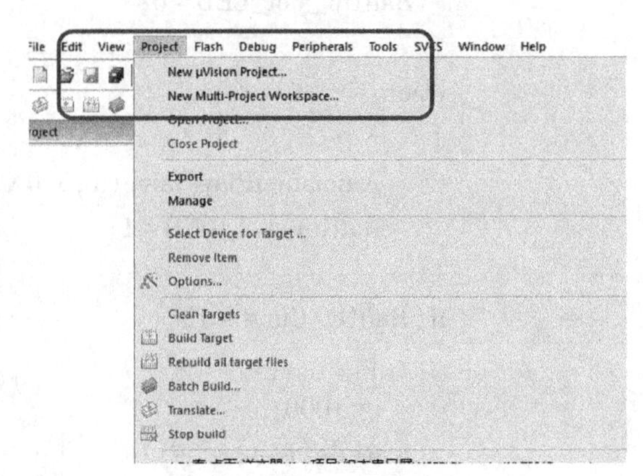

图 5-105　新建项目

3）单击“保存”按钮后，Keil5 将会弹出驱动芯片选择界面，如图 5-106 所示，选择 STC15W4K32S4 芯片，单击“OK”按钮。

4）进入 Keil5，在工具栏单击“NEW”，并将其保存为扩展名为“c”的文件，然后双击“Source Group 1”将“＊.c”文件加入后就可以开始程序的编写了，如图 5-107 所示。

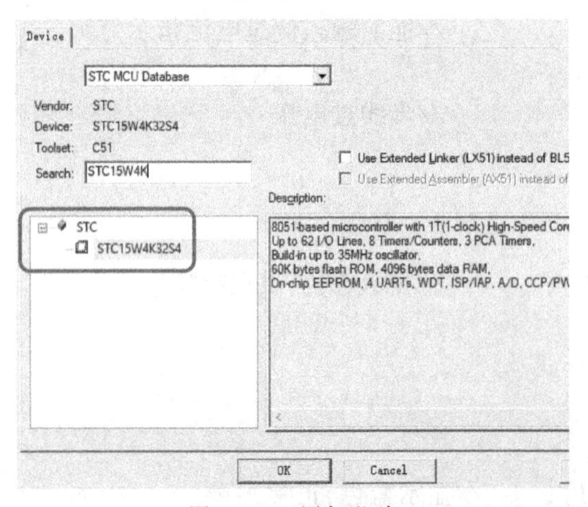

图 5-106　添加芯片

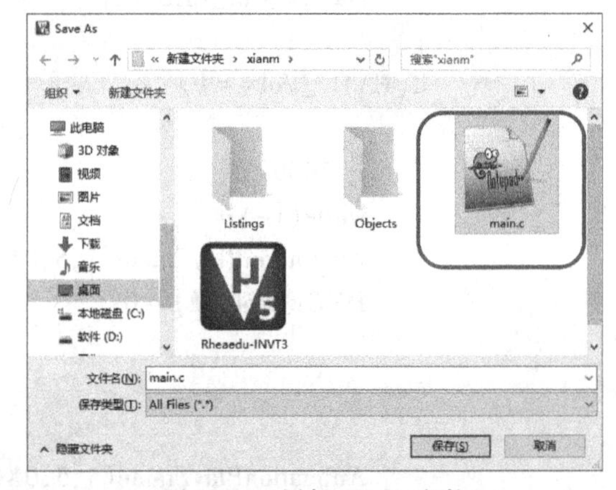

图 5-107　添加“.c”文件

5）完成程序的编写后单击“Rebuild”进行程序编译，若输出窗口显示“0 Error (s)，0 Warning (s)”（见图 5-108），就可以下载程序了。

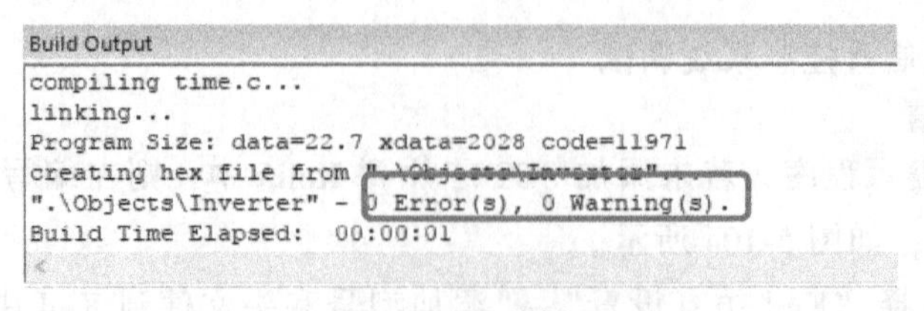

图 5-108　编译

6）在 Keil5 中单击“Options for Target”，切换到“Output”选项卡，如图 5-109 所示，再勾选“Create HEX File”复选框后重新进行编译就会生成 HEX 文件。

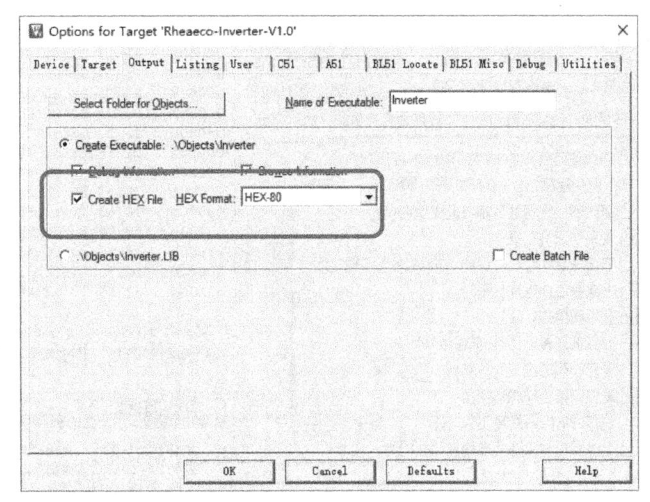

图 5-109 生成 HEX 文件

7）程序下载。使用 stc-isp-15xx-v6. 86C 进行程序下载，如图 5-110 所示。

图 5-110 软件图标

进入 STC 下载软件中，“单片机型号”选择“IAP15W4K61S4”，选择下载串口，当单片机连上计算机时串口号会自动跳出，单击“打开程序文件”按钮，加入刚刚生成的 HEX 文件，如图 5-111 所示。

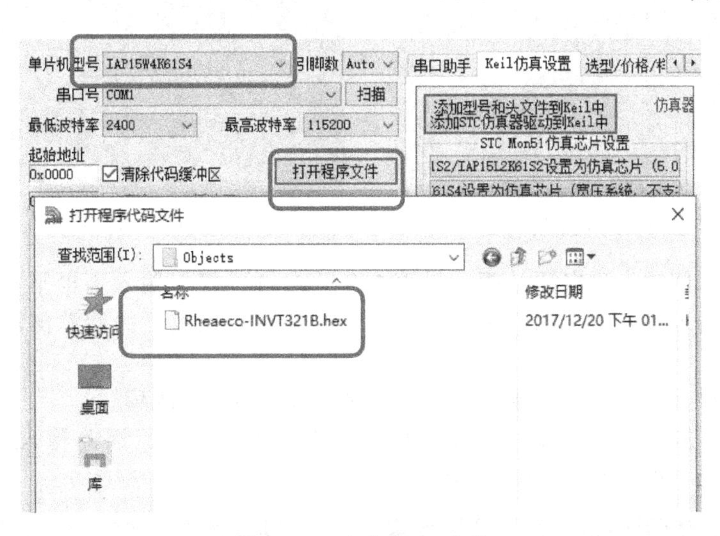

图 5-111 查找 HEX 文件

8）其他选项为默认设置，如图 5-112 所示。然后单击“下载/编程”按钮，完成程序下载。

2. 系统调试

由于电路正常工作时不会出现故障状态，因此对故障检测 I/O 接口输入高低电平来模拟电路故障。

首先使智能离网微逆变系统弱电供电电源开启，功率电电源输入关闭，此时智能离网微逆变系统主控板上的欠电压指示灯亮起，如图 5-113 所示，组态串口屏故障检测界面能源侧输入欠电压保护指示灯显示红色，如图 5-114 所示。

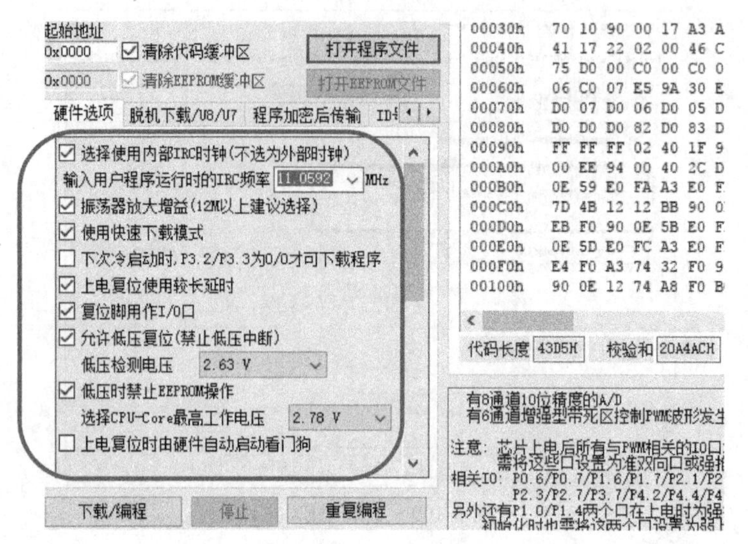

图 5-112　STC 下载

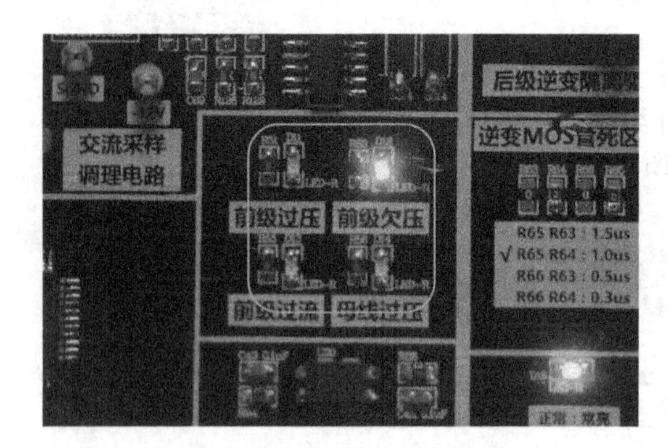

图 5-113　主控板欠电压指示灯

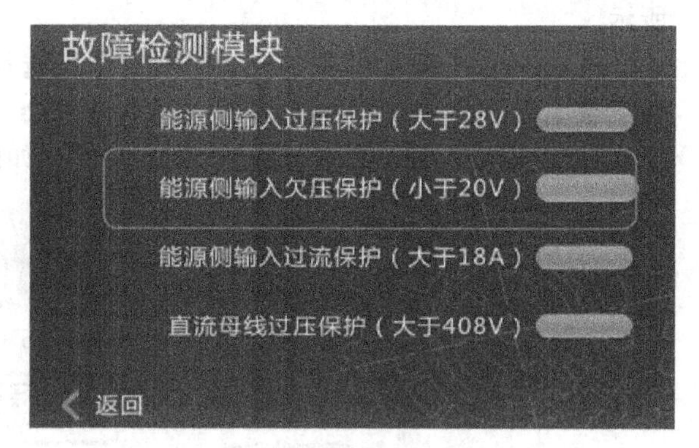

图 5-114　串口屏欠电压指示灯

然后模拟能源侧输入过电压故障，对该 I/O（P2.1）接口输入高电平信号，此时组态串口屏上的能源侧输入过电压指示灯将会显示红色，同时主控板上的能源侧输入过电压指示灯亮起。

同样，可以对其他 I/O 接口输入高低电平模拟对应的电路故障。

注意：由于智能离网微逆变系统未开启功率电的电源开关，因此输入侧一直为欠电压，欠电压指示灯亮起，如图 5-115 和图 5-116 所示。

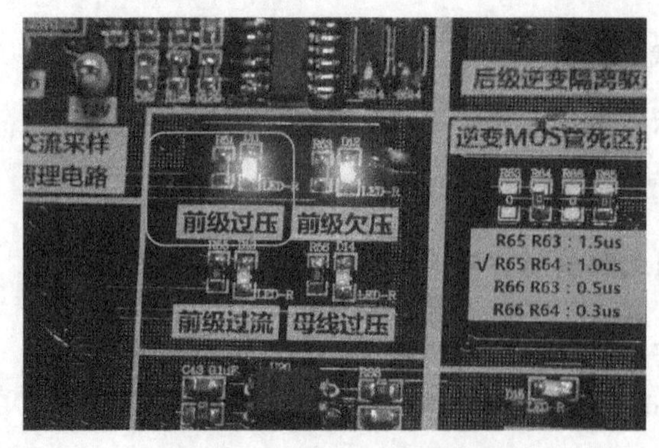

图 5-115　主控板过电压指示灯

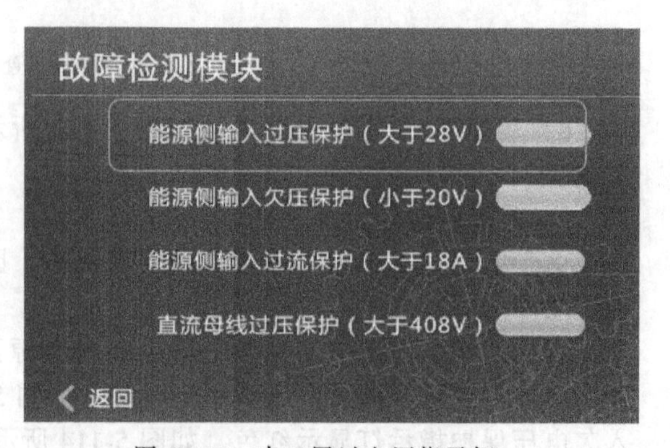

图 5-116　串口屏过电压指示灯

5.3.5　逆变输出电能信号曲线显示（包含显示）

【任务说明】

本项目介绍 A-D 采集交流电压、电流，并在组态串口屏上显示交流电压、电流曲线。

【任务内容】

1）完成电压电流曲线采集程序。

2）在组态串口屏上显示交流电压、电流曲线。

3）改变智能离网微逆变系统的输出电压，重新观察电压电流曲线。

【技能要求】

1）掌握 A-D 采集工作原理。

2）掌握 A-D 采集及数据处理的设计方法及编程方法。

3）掌握 Keil5 编程软件及 STC 下载软件的使用方法。

4）掌握交流曲线系统的调试。

5.3.5.1　交流曲线控制系统程序设计

1. 系统功能开发

在智能离网微逆变系统主控板上共有两路 A-D 采集通道，采集智能离网微逆变系统通过电压、电流互感器电路得到交流小信号，并将采集的交流电压、电流波形曲线在组态屏上进行显示，同时将当前智能离网微逆变系统输出电压的有效值、峰值，电流有效值、功率值在组态串口屏上进行显示。

2. 程序设想

如图 5-117 所示，当上位机组态串口屏在波形显示界面时，A-D 连续采集两个电压值，若第一个值为 2.5V 左右（波形显示时在 X 轴上）且第二个值比第一个值大（曲线在上升沿），智能离网微逆变系统主控板将会进行交流电压与电流的 A-D 采集，并将采集得到的数据放入对应缓存数组中。进行 6 次 A-D 采集获得 380 个数据后将发送一组处理后的数据到组态串口屏上进行波形显示，然后重新进行 A-D 采集。波形显示界面会同时显示处理后的电压、电流的有效值、功率值及电压峰值。

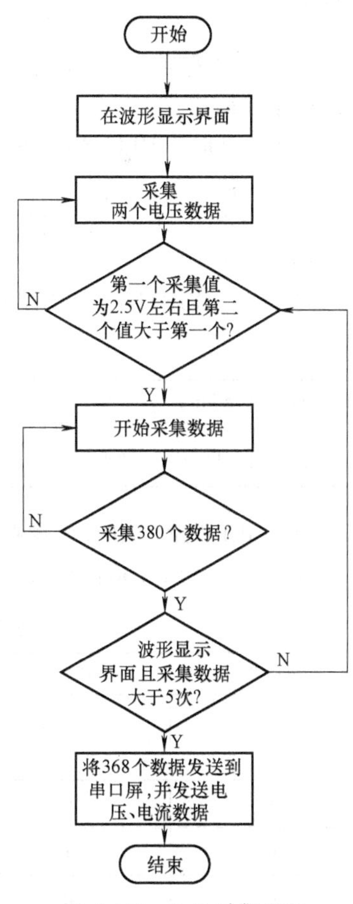

图 5-117　A-D 采集流程

3. 硬件电路引脚和软件的对应关系

硬件电路引脚和软件的对应关系说明见表 5-17。

表 5-17　硬件电路引脚和软件的对应关系说明

功能	引脚输入端	组态串口屏曲线显示编号
电压采集	P1.7	画面 ID:1;控件 ID:6;通道:0
电流采集	P1.6	画面 ID:1;控件 ID:6;通道:1

特殊寄存器说明见表 5-18 和表 5-19，其中，P1ASF 寄存器地址为：[0DH]（不能够进行位寻址）。

1）P1ASF：P1 模拟功能控制寄存器（该寄存器是只写寄存器，读无效），作为 A-D 使用的接口须先将 P1ASF 特殊功能寄存器中的相应位置设为 1，将相应的接口设置为模拟功能。

表 5-18 特殊寄存器说明 1

SFR name	Address	bit	B7	B6	B5	B4	B3	B2	B1	B0
P1ASF	9DH	name	P17ASF	P16ASF	P51ASF	P14ASF	P13ASF	P12ASF	P11ASF	P10ASF

表 5-19 特殊寄存器说明 2

P1ASF[7:0]	P1.x 的功能
P1ASF.0=1	P1.0 接口作为模拟功能 A-D 使用
P1ASF.1=1	P1.1 接口作为模拟功能 A-D 使用
P1ASF.2=1	P1.2 接口作为模拟功能 A-D 使用
P1ASF.3=1	P1.3 接口作为模拟功能 A-D 使用
P1ASF.4=1	P1.4 接口作为模拟功能 A-D 使用
P1ASF.5=1	P1.5 接口作为模拟功能 A-D 使用
P1ASF.6=1	P1.6 接口作为模拟功能 A-D 使用
P1ASF.7=1	P1.7 接口作为模拟功能 A-D 使用

2）CLK_ DIV 寄存器说明见表 5-20。

表 5-20 CLK_DIV 寄存器说明

SFR name	Address	bit	B7	B6	B5	B4	B3	B2	B1	B0
CLK_DIV (PCON2)	97H	时钟分频寄存器	MCKO_S1	MCKO_S0	ADRJ	Tx_Rx	MCLK0_2	CLKS2	CLKS1	CLKS0

CLK_DIV 寄存器的 ADRJ 位是 A-D 转换的结果寄存器（ADC_RES，ADC_RESL）的数据格式调整控制位。

ADRJ=0 时，10 位 A-D 转换结果的高 8 位存放在 ADC_RES 中，低 2 位存放在 ADC_RESL 的低两位中。

DRJ=1 时，10 位 A-D 转换结果的高 2 位存放在 ADC_RES 的低两位中，低 8 位存放在 ADC_RESL 中。

3）ADC_CONTR：ADC 控制寄存器。其说明见表 5-21。

表 5-21 ADC 控制寄存器说明

SFR name	Address	bit	B7	B6	B5	B4	B3	B2	B1	B0
ADC_ CONTR	BCH	name	ADC_ POWER	SPEED1	SPEED0	ADC_ FLAG	ADC_ START	CHS 2	CHS 1	CHS 0

ADC_POWER：ADC 电源控制位。0 为关闭 ADC 电源；1 为打开 ADC 电源。

SPEED1，SPEED0：模-数转换器转换速度控制位（见表 5-22）。

表 5-22 模-数转换器转换速度控制位说明

SPEED1	SPEED0	A-D 转换所需时间
1	1	90 个时钟周期转换一次，CPU 工作频率 27MHz 时，A-D 转换速度约为 300kHz(=27MHz/90)
1	0	180 个时钟周期转换一次
0	1	360 个时钟周期转换一次
0	0	540 个时钟周期转换一次

ADC_FLAG：模-数转换器转换结束标志位。A-D 转换完成后，ADC_FLAG = 1，由软件清零。

CHS2/CHS1/CHS0：模拟输入通道选择，见表 5-23。

表 5-23　模拟输入通道选择说明

CHS2	CHS1	CHS0	Analog Channel Select(模拟输入通道选择)
0	0	0	选择 P1.0 作为 A-D 输入
0	0	1	选择 P1.1 作为 A-D 输入
0	1	0	选择 P1.2 作为 A-D 输入
0	1	1	选择 P1.3 作为 A-D 输入
1	0	0	选择 P1.4 作为 A-D 输入
1	0	1	选择 P1.5 作为 A-D 输入
1	1	0	选择 P1.6 作为 A-D 输入
1	1	1	选择 P1.7 作为 A-D 输入

4. 编程说明

A-D 采集程序如下。

```
void InitADC()                                      //AD 初始化
{
  P1ASF |= 0x80;                                    //设置 P1.7,P1.6 为 A-D 接口
  CLK_DIV|=0X00;                                    //接收高 8 位、低 2 位的数据
  ADC_RES = 0;                                      //清除结果寄存器
  ADC_CONTR = ADC_POWER | ADC_SPEEDHH;
  delay_ms(2);                                      //ADC 上电并延时
}
unsigned int GetADCResult(unsigned char ch)         //8 路通道 A-D 采集
{
  unsigned int temp=0;
  ADC_CONTR = ADC_POWER | ADC_SPEEDHH | ch | ADC_START;
  _nop_();                                          //等待四个 NOP
  _nop_();
  _nop_();
  _nop_();
  while (! (ADC_CONTR & ADC_FLAG));
  ADC_CONTR &= ~ADC_FLAG;                           //关闭 ADC
  return (temp=(ADC_RES<<2)|(ADC_RESL&3)) ;
}
```

A-D 采集的数据处理程序如下。

```
void Curve_Show(void)                         //显示曲线
{
  u16 i=0;
  static u8 j=0;
  u16 adc_buf[2]=0,adc_count;                 //存放采集到的交流电压标志位
```

```
    u16 adc_v_num=1023,adc_i_num=1023,num_v=0,num_i=0;  // adc_v_num:存放400
个//数据中的最小电压值;adc_i_num:存放400个数据中的最小电流值;num_v:6次比较的中间
电压//值;num_i:6次比较的中间电流值
    u16 ADC1_Buf[375],ADC2_Buf[375];            //存放A-D采集到的交流电压、电流数组
    u16 Ave_v[370],Ave_i[370];                  //存放400个采集数据处理后的新数据
    static u16 buf_v[6],buf_i[6];               //最小电压、电流缓存数组
    for(i=0;i<2;i++)
    {
        adc_buf[i]=GetADCResult(7);             //连续采集两个电压
    }
        if(((adc_buf[0]>=480)&&(adc_buf[0]<=490)&&(adc_buf[1]>adc_buf[0])))//
  //比较两个电压,使曲线从零点开始
        {
            for(adc_count=0;adc_count<380;adc_count++)
            {
                ADC1_Buf[adc_count]=GetADCResult(7);        //采集交流电压
                ADC2_Buf[adc_count]=GetADCResult(6)+70;     //采集交流电流
                delay_us(59);
            }
            for(i=0;i<370;i++)                  //循环处理370个采集数据后的新数据
            {
                Ave_v[i]=(ADC1_Buf[i]+ADC1_Buf[i+1]+ADC1_Buf[i+2]+ADC1_Buf[i+
3]+ADC1_Buf[i+4])/5;                            //数据处理
                if(Ave_v[i]<adc_v_num)  adc_v_num=Ave_v[i];//取370个数据的最小电压值
Ave_i[i]=(ADC2_Buf[i+5]+ADC2_Buf[i+6]+ADC2_Buf[i+7]+ADC2_Buf[i+8]+ADC2_Buf[i
+9])/5;                                         //数据处理
                if(Ave_i[i]<adc_i_num)  adc_i_num=Ave_i[i];//取370个数据的最小电流值
            }
            buf_i[j]=adc_i_num;                 //将两个周期内最大的电压放入缓存数组中
            buf_v[j++]=adc_v_num;               //将两个周期内最大的电流放入缓存数组中
            if(j>5)
            {
                SetScreenUpdateEnable(0);       //禁止组态串口屏更新
                num_v=ADC_Sort(buf_v,j);        //16次电压排序取中间电压
                num_i=ADC_Sort(buf_i,j);        //16次电流排序取中间电流
                SetTextValue_decimal(3,2,((2.5-(float)num_v*5/1023)/1.414*146));
                                                //交流电压有效值
                SetTextValue_decimal(3,5,((2.5-(float)num_v*5/1023)*142));
                                                // 交流电压 峰值
            if((2.5>=(float)num_i*5/1023)/1.414*0.71)
            {
            SetTextValue_decimal(3,3,(2.5-(float)num_i*5/1023)/1.414*0.71);
```

```
                                                        //交流电流有效值
        SetTextValue_decimal(3,4,((2.5-(float)num_v * 5/1023)/1.414 * 146) *
((2.5-(float)num_i * 5/1023)/1.414 * 0.71));            //功率
        }
        else
        {
        SetTextValue_decimal(3,3,0);                    //交流电流有效值
        SetTextValue_decimal(3,4,0);                    //功率
        }
        if((Ave_v[20]>Ave_v[10]))                       //电压波形在下降沿
    {
            GraphChannelDataAdd(3,6,1,Ave_i,368);       //发送电流曲线
            GraphChannelDataAdd(3,6,0,Ave_v,368);       // 发送电压曲线
    }
        SetScreenUpdateEnable(1);                       //允许组态串口屏数据更新
        j=0;
    }
  }
}
```

5.3.5.2 交流曲线控制系统调试

1. 编译环境设置

1）使用 Keil5 进行编程，若未添加 STC 芯片到 Keil5 中，则在程序编写之前应先将 STC 的芯片加入 Keil5 中，如图 5-118 所示。

在 STC-ISP 中选择“Keil 仿真设置”→“添加型号和头文件到 Keil”中，弹出“浏览文件夹”对话框，选择 Keil5 的安装目录，完成芯片添加。

2）新建项目。打开 Keil5，选择“Project”→“New μVision Project”，创建一个新项目，并命名为“Rheaedu-INVT321B”，如图 5-119 所示。

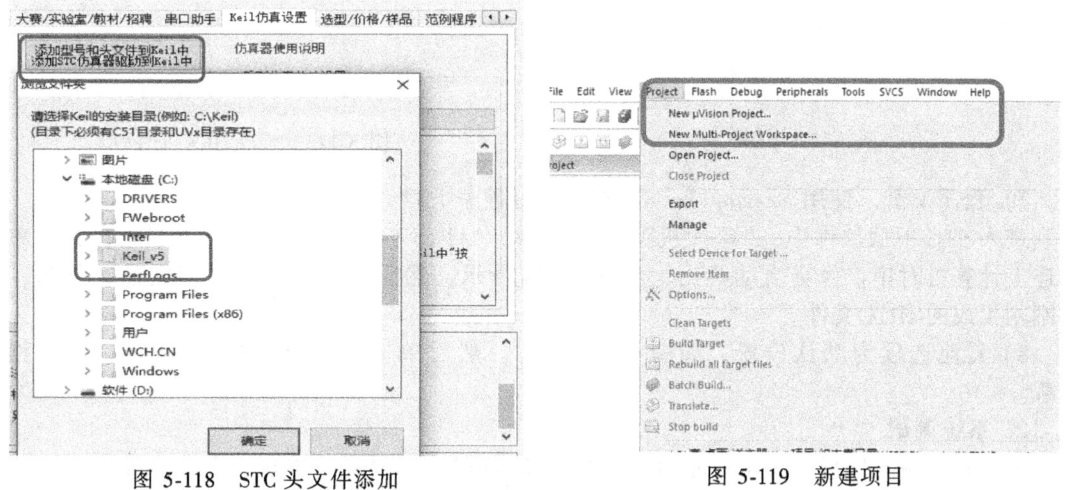

图 5-118　STC 头文件添加　　　　图 5-119　新建项目

3）单击“保存”按钮，Keil5 将会弹出驱动芯片选择界面，如图 5-120 所示，选择 STC15W4K32S4 芯片，单击“OK”按钮 。

4）进入 Keil5，在工具栏单击“NEW”，并将其保存为扩展名为“c”的文件，然后双击“Source Group 1”将“＊.c”文件加入后就可以开始程序的编写了，如图 5-121 所示。

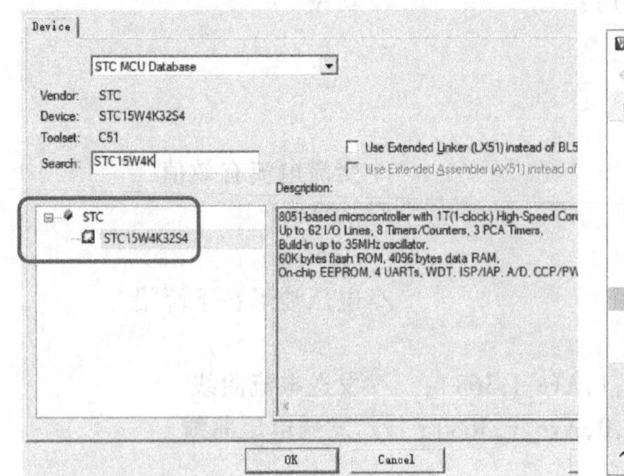

图 5-120　添加芯片

图 5-121　添加“.c”文件

5）完成程序的编写后单击“Rebuild”进行程序编译，若输出窗口显示“0 Error (s)，0 Warning（s）”（见图 5-122），就可以下载程序了。

6）在 Keil5 中单击“Options for Target”，选择“Output”，如图 5-123 所示，勾选“Create HEX File”复选框后可重新进行编译，生成 HEX 文件。

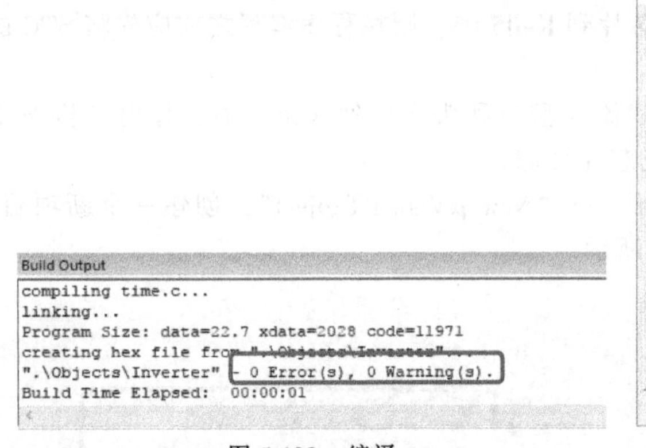

图 5-122　编译

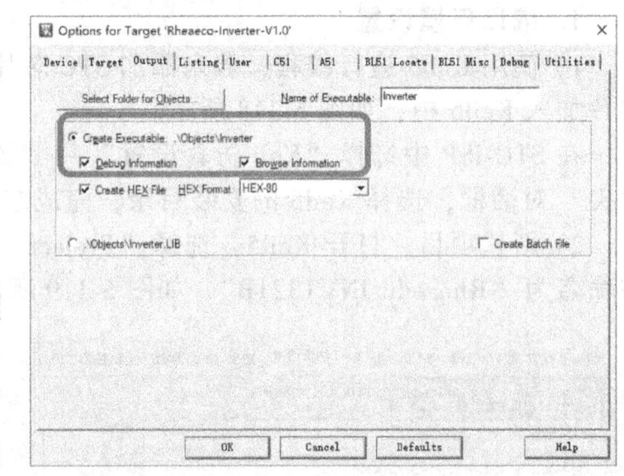

图 5-123　生成 HEX 文件

7）程序下载。使用 stc-isp-15xx-v6.86C 进行程序下载。

进入 STC 下载软件中，“单片机型号”选择“IAP15W4K61S4”，选择下载串口，当单片机连上计算机时串口号会自动跳出，如图 5-124 所示，然后单击“打开程序文件”按钮，加入刚刚生成的 HEX 文件。

8）其他选项为默认设置，如图 5-125 所示。然后单击“下载/编程”按钮，完成程序下载。

2. 系统调试

编写并下载程序后，加上一定负载，如 45W 负载，开启弱电电源为驱动电路供电，同时开启功率电的电源使智能离网微逆变系统可以正常工作。由于此处并未编写控制 EG8010 的程序，所以输出电压由智能离网微逆变系统的硬件控制，软件部分只进行电压的采集与显示。

打开组态串口屏进入波形显示界面，可以看到智能离网微逆变系统的输出波形，如图

5-126 所示。

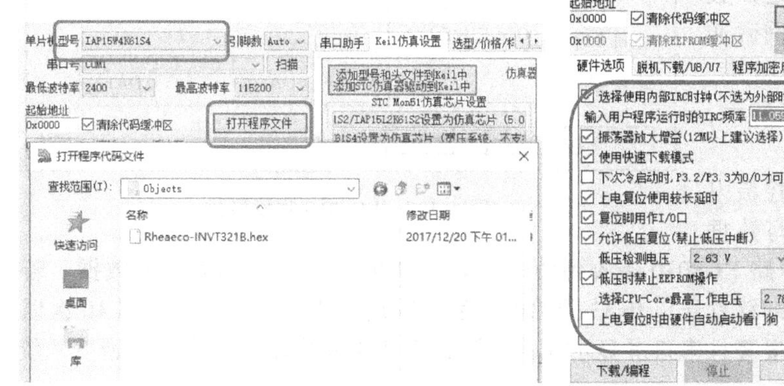

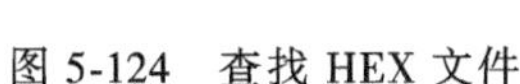

图 5-124　查找 HEX 文件

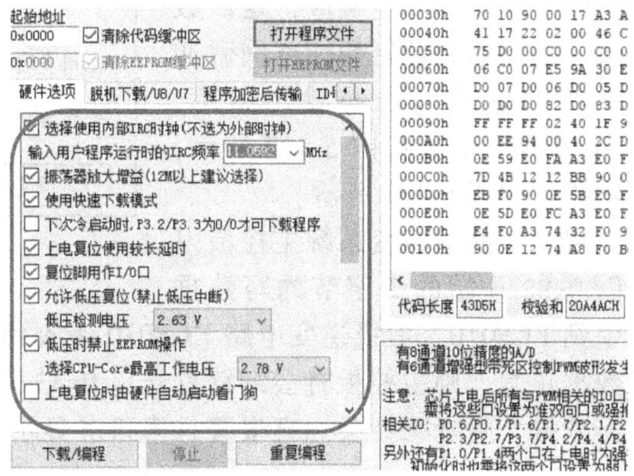

图 5-125　STC 下载

通过调节滑动变阻器的阻值改变智能离网微逆变系统的输出，再观察串口屏上的波形的变化，使用万用表测量输出电压，电压值与采样显示模块中的电压值接近，如图 5-126 所示。

5.3.6　逆变输出智能控制系统设计（包含显示）

【任务说明】

前级输入故障检测后返回信号，智能离网微逆变系统主控板对接收到的信号进行处理，同时将是否为故障状态发送到组态串口屏上进行显示。本项目是对智能离网微逆变系统的输出电压与输出频率进行控制，使智能离网微逆变系统的输出电压可以在 0~230V 之间进行调节，输出的频率可以在 50Hz 和 60Hz 两者间进行切换，并在组态串口屏上进行显示。

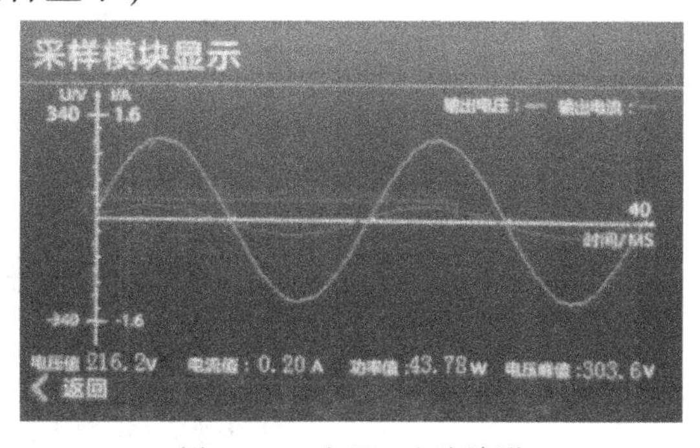

图 5-126　电压、电流波形

【任务内容】

1）完成对智能离网微逆变系统输出电压的调节。

2）完成对智能离网微逆变系统输出频率的调节。

【技能要求】

1）掌握 EG8010 芯片的工作原理。

2）掌握逆变输出智能控制的程序设计方法及编程方法。

3）掌握 Keil5 编程软件及 STC 下载软件的使用方法。

4）掌握逆变电路驱动信号控制的系统调试方法。

5.3.6.1　逆变输出智能控制系统程序设计

1. 系统功能开发

逆变输出智能控制系统主要通过对 EG8010 的控制实现对智能离网微逆变系统的输出电压与输出频率的控制，使智能离网微逆变系统的输出电压可以在 0~230V 之间进行调节，输出的频率可以在 50Hz 和 60Hz 两者间进行切换。同时在组态串口屏上可以显示对智能离网微逆变系统输出电压、频率和 EG8010 返回的数据。

2. 程序设想

智能离网微逆变系统主控板作为主机通过 EG8010 对电压、频率、死区等参数进行设置，而 EG8010 作为从机，收到主机发送的命令时立即产生响应，返回数据给主机，同时控制智能离网微逆变系统的输出电压与输出频率。EG8010 收发格式如图 5-127 所示，收发流程如图 5-128 所示。

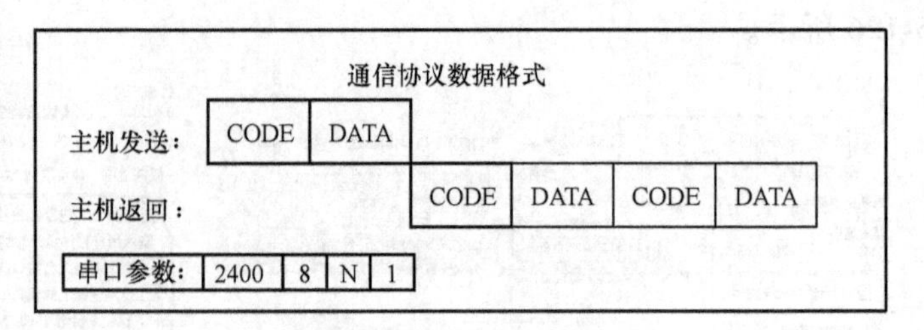

图 5-127　EG8010 收发格式

智能离网微逆变系统主控板发送以 0x82 开始的 2 字节的写数据命令到 EG8010，后级逆变电路 EG8010 接收到命令后会返回以 0x82 开始的 4 字节数据。若返回数据正常，则主控板将会继续发送以 0x83 开始的 2 字节输出电压写命令，若返回 10 次以上错误数据，则蜂鸣器会一直报警且串口屏显示通信故障，需要重新启动智能离网微逆变系统。

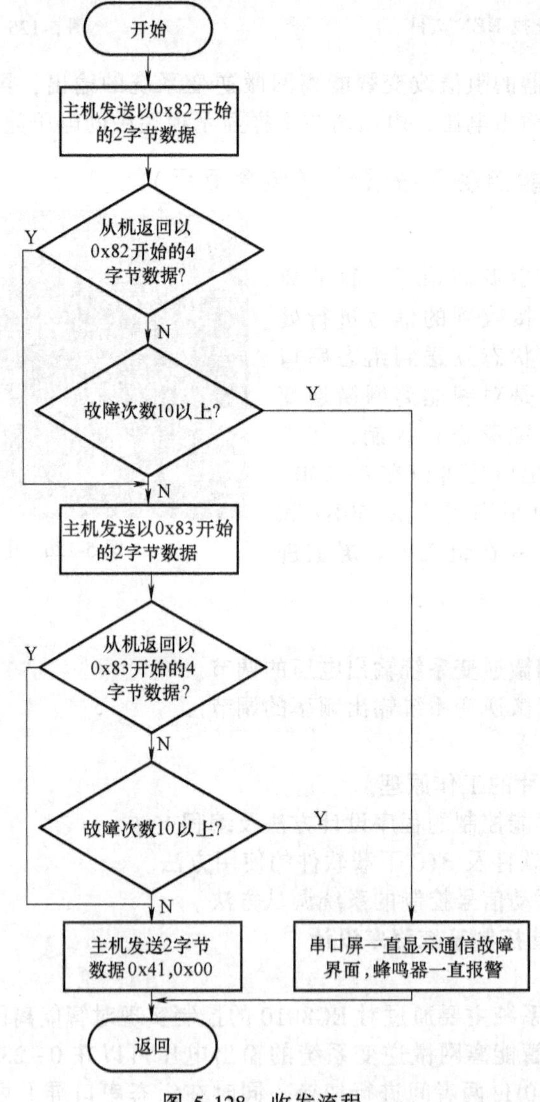

图 5-128　收发流程

EG8010 返回以 0x83 开始的 4 字节数据，返回数据正常则主控板将会继续发送 0x41 和 0x00 两个字节对电压、电流、频率、温度的写命令，后级逆变电路 EG8010 将会返回电压、电流、频率、温度四个数据的十六进制数到主控板中，同时实现对智能离网微逆变系统输出电压与输出频率的控制。若返回10次以上错误数据后蜂鸣器一直报警且串口屏显示通信故障，需要重新启动智能离网微逆变系统。

3. 硬件电路引脚和软件的对应关系

硬件电路引脚和软件的对应关系说明见表5-24。

表5-24 硬件电路引脚和软件的对应关系说明

功能	引脚输入端
主控板串口2发送数据到组态串口屏	P0.0
主控板串口2接收组态串口屏发送的数据	P0.1

特别寄存器说明如下。

1）S3CON：串口3的控制寄存器（不可位寻址），见表5-25。

表5-25 串口3的控制寄存器说明

SFR name	Address	bit	B7	B6	B5	B4	B3	B2	B1	B0
S3CON	ACH	name	S3SM0	S3ST3	S3SM2	S3REN	S3TB8	S3RB8	S3TI	S3RI

S3SM0为串口3工作方式。0：方式0，8位UART（通用异步收发传输器），波特率可变；1：方式1，9位UART，波特率可变。

S3ST3为串口3波特率发生器的定时器选择控制位。0：选择定时器2作为串口3的波特率发生器；1：选择定时器3作为串口3的波特率发生器。

S3SM2为允许方式1下多机通信控制位。

S3REN为允许/禁止串口3接收控制位。1：允许串口接收；0：禁止串口接收。

S3TI为发送中断请求标志位。响应中断后软件清零。

S3RI为接收中断请求标志位。响应中断后软件清零。

2）S3BUF：数据缓冲寄存器。

3）T4T3M：定时器T4和定时器T3的控制寄存器，见表5-26。

表5-26 定时器T4和定时器T3的控制寄存器说明

SFR name	Address	bit	B7	B6	B5	B4	B3	B2	B1	B0
T4T3M	D1H	name	T4R	T4_C/$\overline{T}$	T4x12	T4CLKO	T3R	T3_C/$\overline{T}$	T3x12	T3CLKO

在串口3中使用定时器3作为波特率发生器时主要使用T3R、T3_C/$\overline{T}$、T3x12（定时器3的控制位）。

T3R为定时器3运行控制位。0：不允许定时器3运行；1：允许定时器3运行。

T3_C/$\overline{T}$为定时器3用作定时器或计数器。0：用作定时器；1：用作计数器。

T3x12为定时器3速度控制位。0：定时器3的速度是8051单片机定时器的速度（即12分频）；1：定时器3的速度是8051单片机定时器速度的12倍（即不分频）。

4. 编程说明

控制EG8010的程序如下所示。

```
void EG8010_ctr(void)
{
  u8 i=0;
```

```
switch(eg8010_count)
{
  case 1:
  if((eg8010_buf[0]! =0x82)&&(eg8010_error>10))  //出现10次以上故障
  {
    while(1)
    {
      SetScreen(8);                                //显示通信故障图片
      SetBuzzer(1);                                //蜂鸣器报警
    }
  }
  if((eg8010_buf[0]! =0x82)&&(eg8010_error<=10)) //判断是否收到写数据命令
  {
      eg8010_error++;
      eg_count=0;                                  //接收计数清零
      for(i=0;i<2;i++)
      {
          Uart3_SendData(eg8010_ctrl[i]);          //发送2字节的写数据命令
      }
      eg8010_count=1;
      delay_ms(200);
  }
  if((eg8010_buf[0]==0x82))                        //接收到写数据命令
  {
      eg8010_error=0;
      eg8010_count=2;
  }                                 break;
  case 2:
  if((eg8010_buf[0]! =0x83)&&(eg8010_error>10))
  {
      while(1)
      {
          SetScreen(8);                            //显示通信故障图片
          SetBuzzer(1);                            //蜂鸣器报警
      }
  }
  if((eg8010_buf[0]!=0x83)&&(eg8010_error<=10))   //判断是否接收到写输出电压命令
  {
      eg8010_error++;
      eg_count=0;                                  //接收计数清零
      for(i=0;i<2;i++)
      Uart3_SendData(eg8010_vol[i]);               //发送写输出电压命令
```

```
            eg8010_count=2;
            delay_ms(100);
        }
        if((eg8010_buf[0]==0x83))                          //接收到写输出电压命令
        {
            eg8010_error=0;
            eg8010_count=3;
        }                                                   break;
        case 3:
            eg_count=0;
            for(i=0;i<2;i++)
            Uart3_SendData(eg8010_vitf[i]);                 //发送读电压、电流、温度、频
率数据命令
            eg8010_count=0;                               break;
            default:      break;
        }
    }
```

5.3.6.2 逆变输出智能控制系统调试

1. 编译环境设置

1）使用Keil5进行编程，若未添加STC芯片到Keil5中，则在程序编写之前应先将STC的芯片加入Keil5中，如图5-129所示。

在STC-ISP中选择“Keil仿真设置”→“添加型号和头文件到Keil中”，弹出“浏览文件夹”对话框，选择Keil5的安装目录，完成芯片添加。

2）新建项目。打开Keil5，选择“Project”→“New μVision Project”，创建一个新项目，并命名为“Rheaedu-INVT321B”，如图5-130所示。

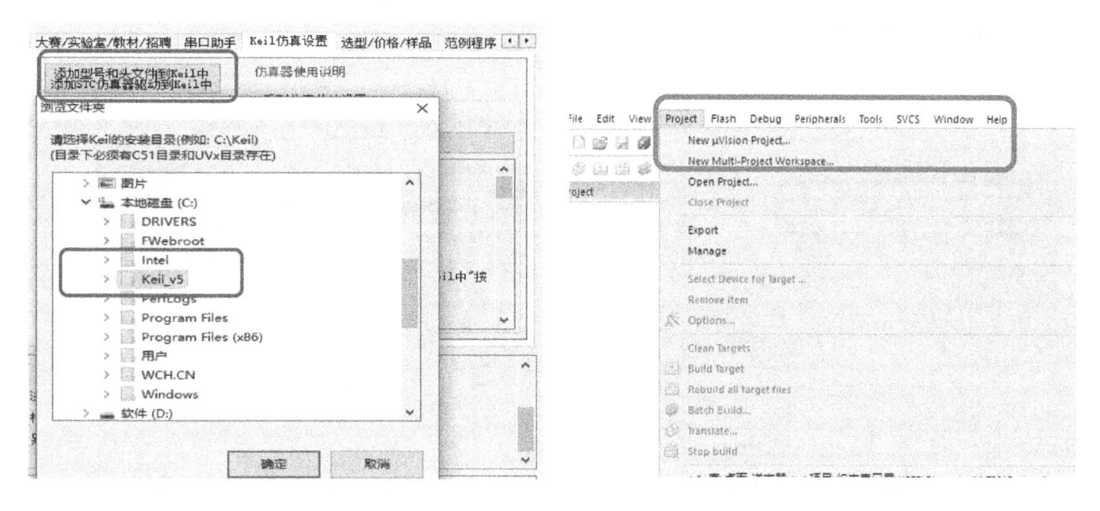

图5-129　STC头文件添加　　　　图5-130　新建项目

3）单击“保存”按钮，Keil5将会弹出驱动芯片选择界面，如图5-131所示，选择STC15W4K32S4芯片，单击“OK”按钮。

4）进入Keil5，在工具栏单击“NEW”，并将其保存为扩展名为“c”的文件，然后双击“Source Group 1”将“＊.c”文件加入后就可以开始程序的编写了，如图5-132所示。

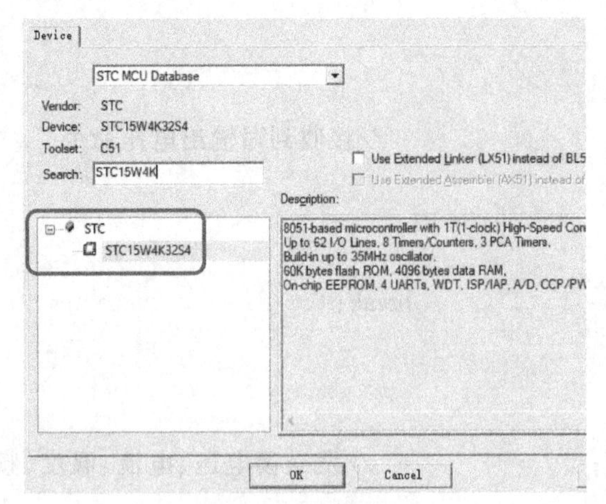

图 5-131　添加芯片

图 5-132　添加“.c”文件

5）完成程序的编写后单击“Rebuild”进行程序编译，若输出窗口显示“0 Error（s），0 Warning（s）”（见图 5-133），就可以下载程序了。

6）在 Keil5 中单击“Options for Target”选择“Output”，如图 5-134 所示，勾选“Create HEX File”复选框后可重新进行编译，就会生成 HEX 文件。

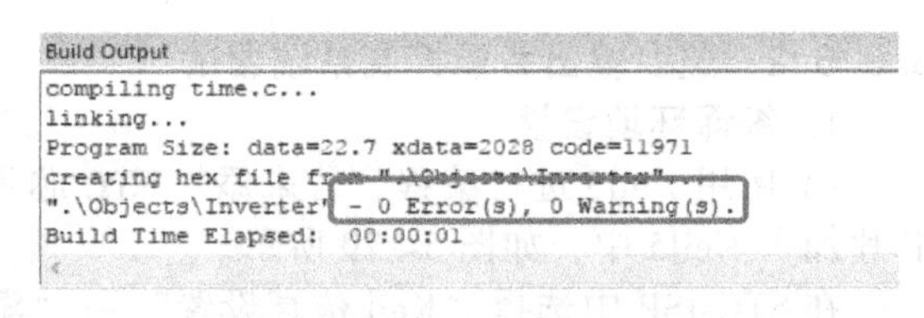

图 5-133　编译

7）程序下载。使用 stc-isp-15xx-v6.86C 进行程序下载。

进入 STC 下载软件中，“单片机型号”选择“IAP15W4K61S4”，选择下载串口，当单片机连上计算机时串口号会自动跳出，如图 5-135 所示，然后单击“打开程序文件”按钮，加入刚刚生成的 HEX 文件。

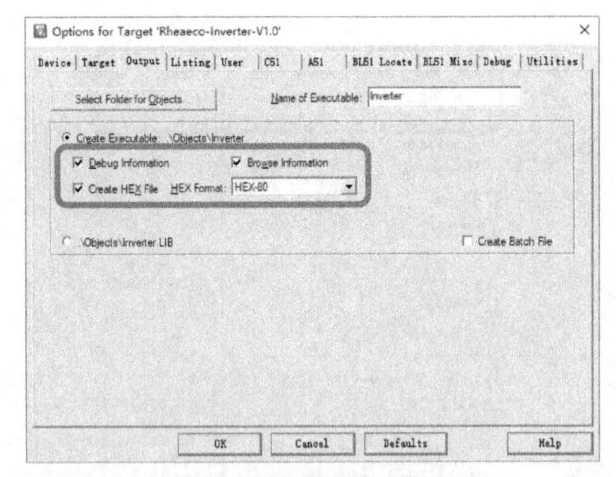

图 5-134　生成 HEX 文件

图 5-135　查找 HEX 文件

8）其他选项为默认设置，如图 5-136 所示。然后单击“下载/编程”按钮，完成程序下载。

2. 系统调试

开启弱电的电源与功率电的电源开关，使智能离网微逆变系统正常工作，在组态串口屏“逆变控制”界面上不改变任何值，并按下“确定”按钮，界面右侧返回智能离网微逆变系统输出的电压、电流、频率等值，如图 5-137 所示（智能离网微逆变系统未带负载时返回电流

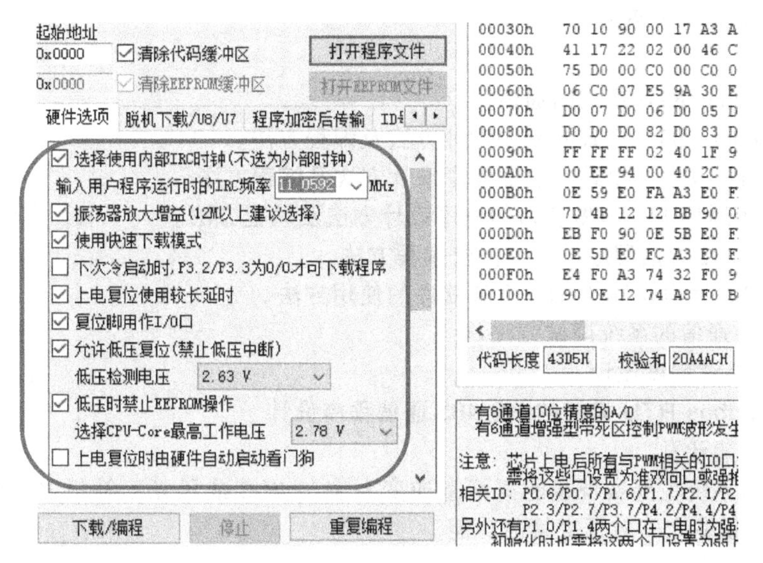

图 5-136　STC 下载

为 0A)。使用万用表测量智能离网微逆变系统的输出电压，可测得该输出电压与设置值相近(相差 10V 以内)。

改变输出电压为 145V，频率为 60Hz，按下“确定”按钮后右侧返回的电压为 145V 左右，频率为 60Hz，智能离网微逆变系统输出电压为 145V 左右，如图 5-138 所示。

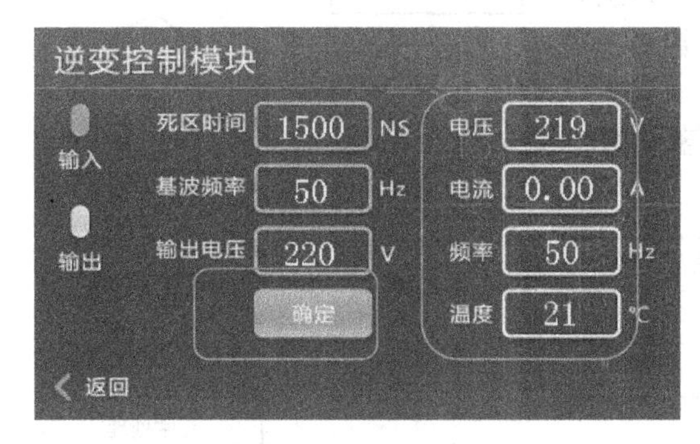

图 5-137　返回值

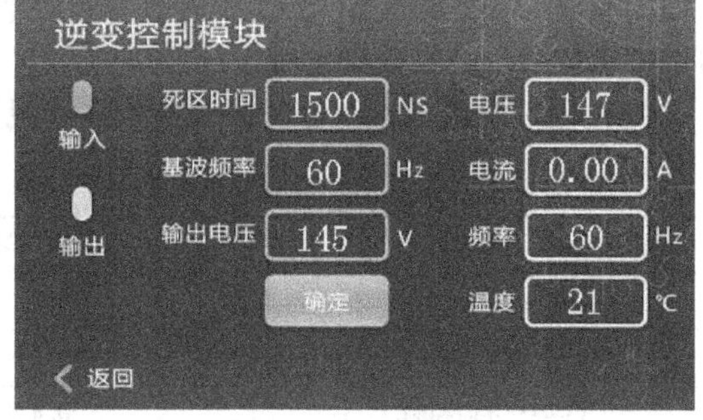

图 5-138　电压 145V

由于系统正常工作时不会出现通信故障，因此关闭功率电的电源开关，将刚刚设置的频率由 60Hz 转为 50Hz，并按下“确定”按钮，将会出现图 5-139 所示的画面，并且蜂鸣器一直报警，此时应断电后重新启动智能离网微逆变系统。

5.3.7　智能离网微逆变系统通信系统设计（RS-485 等上位机通信，包含显示）

图 5-139　通信故障

【任务说明】

本项目基于 Modbus RTU 模式的 RS-485 通信、WiFi/以太网模式的通信、RS-232 通信的原理进行程序的编写与调试。

【任务内容】

1）完成各种方式的通信程序。

2）进行各种通信的调试。

【技能要求】

1）掌握 Modbus RTU 模式的通信协议。

2）掌握 Modbus RTU 模式的程序设计方法及编程方法。

3）掌握 WiFi/以太网模式的通信程序设计方法及编程方法。

4）掌握使用通用 I/O 口做串口的程序设计方法及编程方法。

5）掌握 RS-232 通信程序设计方法及编程方法。

6）掌握 Keil5 编程软件及 STC 下载软件的使用方法。

7）掌握各种通信的系统调试方法。

5.3.7.1 通信系统程序设计

1. 基于 Modbus RTU 模式的 RS-485 通信程序设计

（1）系统功能开发

RS-485 通信系统主要实现智能离网微逆变系统与 PLC 或风光互补板之间的通信与控制，实现两个或多个设备之间数据交换的功能。

（2）程序设计思想

RS-485 通信流程如图 5-140 所示。智能离网微逆变系统作为从机接收其他器件如 PLC 或风光互补板发出的命令，主控板接收到命令数据后先检验是否为本机地址，然后对发送过来的数据进行 CRC（循环冗余校验）校验。若检测都正确，则根据接收到的不同功能码执行不同的命令，如果接收到 03 功能码就会读取主控板中的多个寄存器数据并发送到主机。

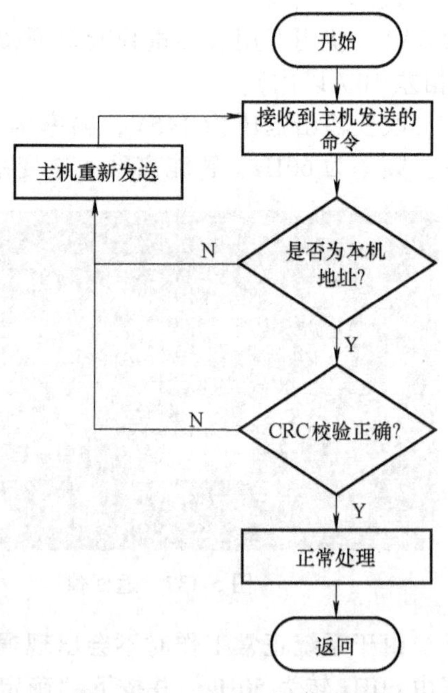

图 5-140 RS-485 通信流程

（3）硬件电路引脚和软件的对应关系（见表 5-27）

表 5-27 硬件电路引脚和软件的对应关系

功能	引脚输入端
RS-485 接收	P0. 2
RS-485 发送	P0. 3
RS-485 方向控制	P0. 4

（4）编程说明

智能离网微逆变系统主控板作为从机接收主机发生的控制指令，并根据接收到的不同指令做出不同的回复，主要程序代码如下。

```
void check_modbus(void)
{
  unsigned int crcData,tempData,temp;
  timeProc();                                   //定时处理
  if(receCount>4)                               //如果接收到数据
  {
  if(receBuf[0]==LocalAddr)                     //核对地址
  {
    if(receBuf[1]<10)
```

```
            {
        if(receCount>=8)
        {
          crcData = CRC16_Check(receBuf,6);        //核对校验码
          temp = (receBuf[7]<<8)+receBuf[6];
          if(temp==crcData)
          {
            switch(receBuf[1])                     //读取功能码
            {
              case 1:  readCoils();break;//读取线圈输出状态(一个或多个)
              case 3: readRegisters();break; //读取多个寄存器值
              case 5: forceSingleCoil(); break;//强制单个线圈
              case 6: presetSingleRegister();  break;  //设置单个寄存器
              default:break;
            }
          }
        }
      }
    else if(receBuf[1]==16)
    {
        tempData = (receBuf[4]<<8) + receBuf[5]; //设置寄存器个数
        tempData = tempData * 2;                  //数据个数=寄存器×2
        tempData += 9; //从询问数据包格式可知,receCount 应该等于 9+byteCount
        if(receCount>=tempData)
        {
          crcData = CRC16_Check(receBuf,tempData-2);
          if(crcData==((receBuf[tempData-1]<<8)+ receBuf[tempData-2]))
            if(receBuf[1]==16)
              presetMultipleRegisters();
          receCount=0;
        }
      }
    }
  }
}
```

2. WiFi/以太网通信系统开发

(1) 系统功能开发

WiFi/以太网通信系统主要实现智能离网微逆变系统与其他器件的通信。

(2) 程序设计思想

如图 5-141 所示，计算机或其他器件通过 WiFi/以太网与智能离网微逆变系统进行连接，连接成功后，在计算机或其他器件上发送以 0xFE 开始、0xEF 结束的 7 字节数据，智能离网微逆变系统主控板接收正确数据后，将会返回接收到的 7 字节数据。

(3) 硬件电路引脚和软件的对应关系（见表 5-28）

表 5-28　硬件电路引脚和软件的对应关系

功能	引脚输入端
WiFi/以太网接收	P3.6
WiFi/以太网发送	P3.7

图 5-141　WiFi/以太网通信流程

（4）编程说明

普通 I/O 接口使用的中断模拟串口程序如下。

```
if(REND)
{
    REND=0;
    if(r>=7)   r=0;
    wifi_buf[r]=RBUF;
    if(r==0)
    {
        if(wifi_buf[r]==0xfe)
            r++;
        else
            r=0;
    }
    else
    {
        r++;
        uart_flag=1;
    }
}
if (RING)
{
    if (--RCNT==0)
    {
        RCNT=3;                    //重置发送波特计数器
        if(--RBIT==0)
        {
            RBUF=RDAT;             //将数据保存到 RBUF
            RING=0;                //停止接收
            REND=1;                //设置接收已完成标志
        }
        else
        {
            RDAT>>=1;
            if(RXB)RDAT|=0x80;     //将 rx 数据转换到 rx 缓冲区
        }
    }
}
```

```
    if((! RXB)&&(RING==0))
    {
        RING=1;                         //设置开始接收标志
        RCNT=4;                         //初始化接收波特计数器
        RBIT=9;                         //初始接收位数(8个数据位+1个停止位)
    }
    if(--TCNT==0)
    {
        TCNT=3;                         //重置发送波特计数器
        if(TING)                        //判断是否发送
        {
            if(TBIT==0)
            {
                TXB=0;                  //发送起始位
                TDAT=TBUF;              //将数据从TBUF加载到TDAT
                TBIT=9;                 //初始发送位数(8个数据位+1个停止位)
            }
            else
            {
                TDAT>>=1;               //将数据移到CY
                if(--TBIT==0)
                {
                    TXB=1;
                    TING=0;             //停止发送
                    TEND=1;             //设置发送完成标志
                }
                else
                {
                    TXB=CY;             //将CY数据写到TX口。
                }
            }
        }
}
```
具体程序见电子资源通信系统中 WiFi 通信文件夹中的“wifi. c”文件。

3. RS-232 通信系统开发

(1) 系统功能开发

RS-232 通信系统主要实现智能离网微逆变系统与其他器件的通信。

(2) 程序设计思想

如图 5-142 所示，计算机或其他器件通过 RS-232 方式与智能离网微逆变系统进行连接，连接成功后，在计算机或其他器件上发送以 0xFE 开始、0xEF 结束的 7 字节数据，智能离网微逆变系统主控板接收正确数据后，将会返回接收到的 7 字节数据。

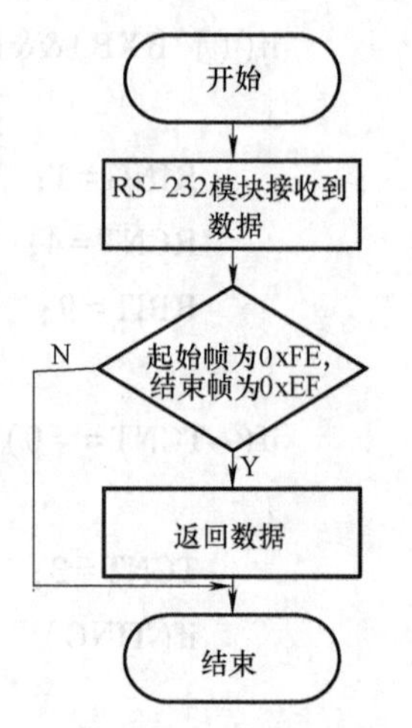

图 5-142 RS-232 通信流程

(3) 硬件电路引脚和软件的对应关系（见表 5-29）

表 5-29 硬件电路引脚和软件的对应关系

功能	引脚输入端
RS232 接收	P3.0
RS232 发送	P3.1

(4) 编程说明

实现接收数据并返回原数据的程序如下。

```
void Uart1_Ctrl(void)      //WiFi/以太网数据接收后处理
{
    u8 m;
    if((Uart1_buf[0]==0xef)&&(Uart1_buf[6]==0xef))
    {
        Uart1_flag=1;
    }
    if(Uart1_flag==1)
    {
        Uart1_flag=0;
        for(m=0;m<7;m++)
            {
                Uart1_SendData(Uart1_buf[m]);
                Uart1_buf[m]=0;
            }
    }
}
```

5.3.7.2 通信系统调试

1. 编译环境设置

1) 使用 Keil5 进行编程，若未添加 STC 芯片到 Keil5 中，则在程序编写之前应先将 STC 的芯片加入 Keil5 中，如图 5-143 所示。

在 STC-ISP 中选择"Keil 仿真设置"→"添加型号和头文件到 Keil 中"，弹出"浏览文件夹"对话框，选择 Keil5 的安装目录，完成芯片添加。

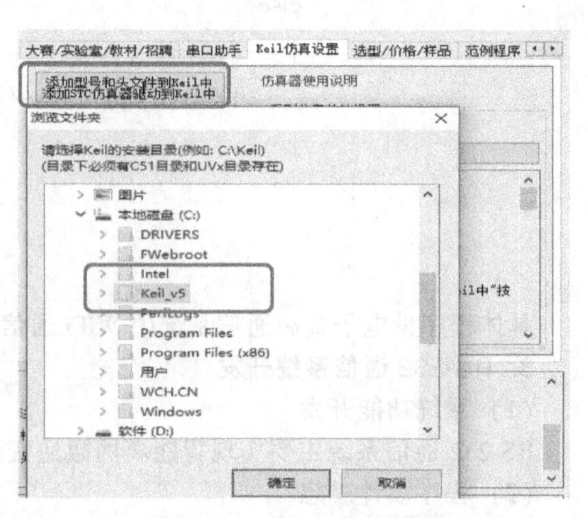

图 5-143 STC 头文件添加

2) 新建项目，打开 Keil5，选择"Project"→"New μVision Project"，创建一个新项目，并命名为"Rheaedu-INVT321B"，如图 5-144 所示。

3）单击“保存”按钮，Keil5 将会弹出驱动芯片选择界面，如图 5-145 所示，选择 STC15W4K32S4 芯片，单击“OK”按钮。

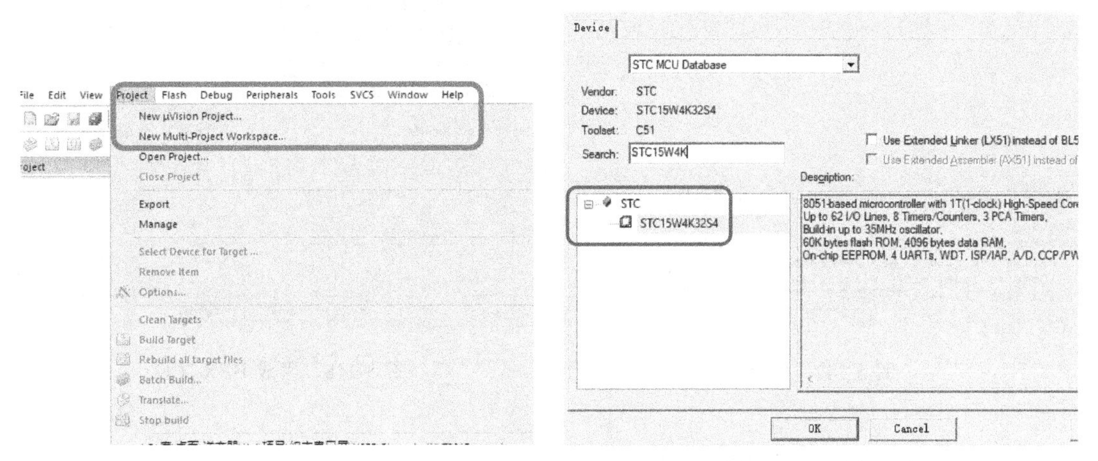

图 5-144　新建项目　　　　图 5-145　添加芯片

4）进入 Keil5，在工具栏单击“NEW”，并将其保存为扩展名为“c”的文件，然后双击“Source Group 1”将“.c”文件加入后就可以开始程序的编写了，如图 5-146 所示。

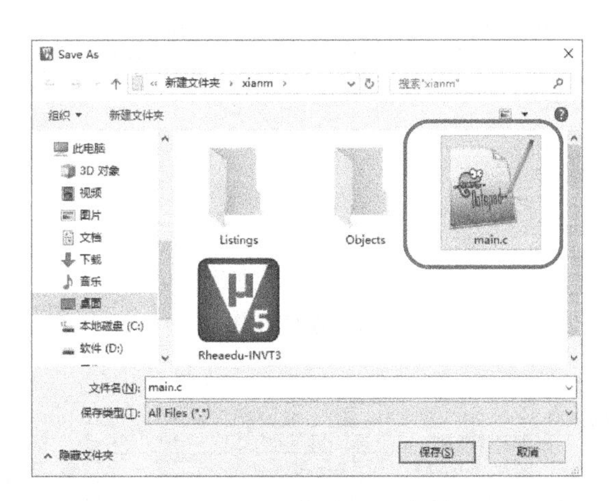

图 5-146　添加“.c”文件

5）完成程序的编写后单击“Rebuild”进行程序编译，若输出窗口显示“0 Error（s），0 Warning（s）”（见图 5-147），就可以下载程序了。

6）在 Keil5 中单击“Options for Target”，选择“Output”，如图 5-148 所示，勾选“Create HEX File”复选框后可重新进行编译，就会生成 HEX 文件。

7）程序下载。使用 stc-isp-15xx-v6.86C 进行程序下载。

进入 STC 下载软件中，“单片机型号”选择“IAP15W4K61S4”，选择下载串口，当单片机连上计算机时串口号会自动跳出，如图 5-149 所示，然后单击“打开程序文件”按钮加入刚刚生成的 HEX 文件。

8）其他选项为默认设置，如图 5-150 所示。然后单击“下载/编程”按钮，完成对程序的下载。

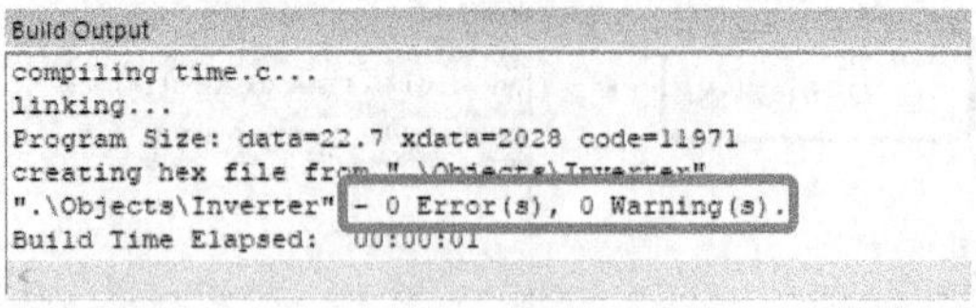

```
Build Output
compiling time.c...
linking...
Program Size: data=22.7 xdata=2028 code=11971
creating hex file from ".\Objects\Inverter"...
".\Objects\Inverter" - 0 Error(s), 0 Warning(s).
Build Time Elapsed:  00:00:01
```

图 5-147　编译

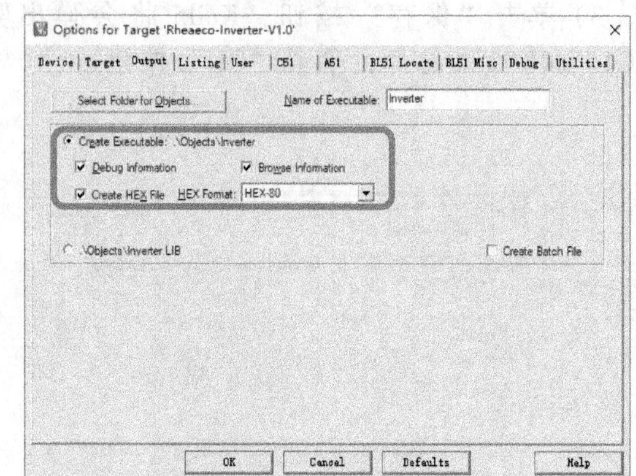

图 5-148　生成 HEX 文件

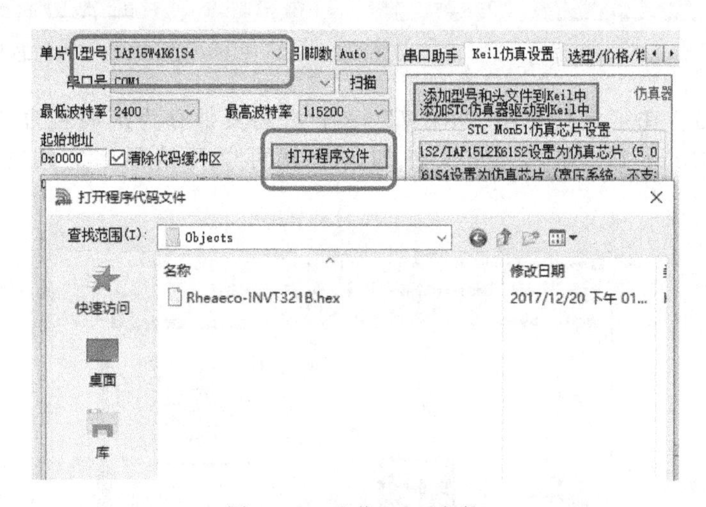

图 5-149　查找 HEX 文件

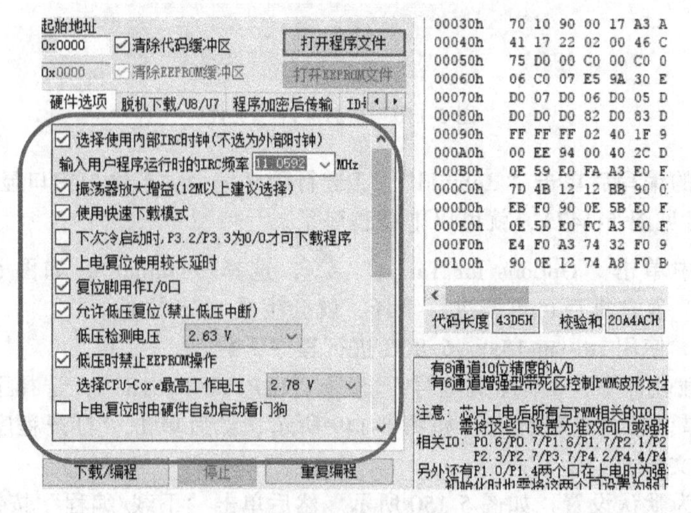

图 5-150　STC 下载

2. **系统调试**

（1）RS-485 通信系统调试

智能离网微逆变系统与信捷 PLC 的串口 2 连接，在 PLC 的串口 2 设置如图 5-151 所示，“波特率”设置为 9600BPS，无校验，“数据位”为“8 位”，“停止位”为“1 位”。

在信捷 PLC 中写入图 5-152 所示的程序，并下载程序到 PLC 中，然后运行程序。

开启弱电的电源给智能离网微逆变系统驱动电路供电，在信捷 PLC 中打开自由监控，在 PLC 中对寄存器 D20、D21、D22 分别写入 9、1、1，此时 PLC 中将会重新读回这三个值并放入 D0、D1、D2 中，如图 5-153 所示。

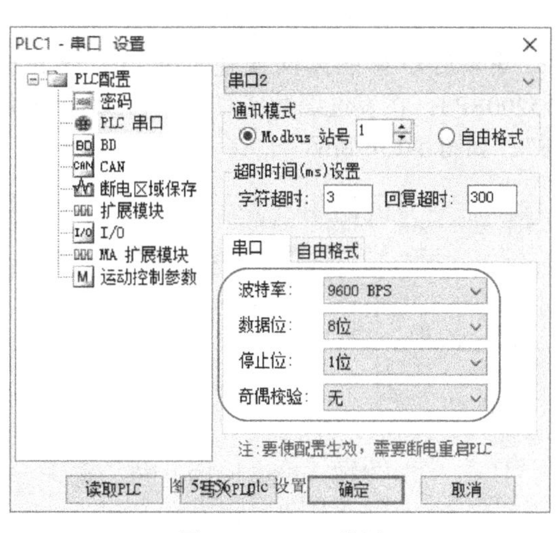

图 5-151　PLC 设置

（2）WiFi/以太网通信系统调试

重新启动智能离网微逆变系统，将 WiFi 与计算机连接后，在网页上输入“10. 10. 100. 254”进行 WiFi 模块设置，如图 5-154 所示。在串口及网络协议设置中将“波特率”设置为 9600BPS，其他保持默认，设置成功后重启使用新设置。完成设置后打开 TCP&UDP 测试软件，创建连接，采用默认设置，单击“创建”按钮，如图 5-155 所示。单击“连接”按钮，在发送区域写入“FE 00 00 00 00 00 EF”，接收区域将会返回“fe 00 00 00 00 00 ef”（注意：由于采用 I/O 口为模拟串口，所以第一次发送时，可能出现返回数据不全的问题）。

图 5-152　PLC 程序

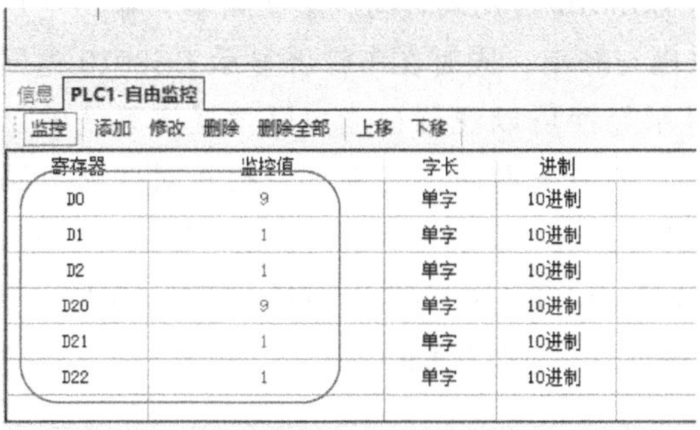

信息　PLC1-自由监控

监控　添加　修改　删除　删除全部　上移　下移

寄存器	监控值	字长	进制
D0	9	单字	10进制
D1	1	单字	10进制
D2	1	单字	10进制
D20	9	单字	10进制
D21	1	单字	10进制
D22	1	单字	10进制

图 5-153　PLC 控制

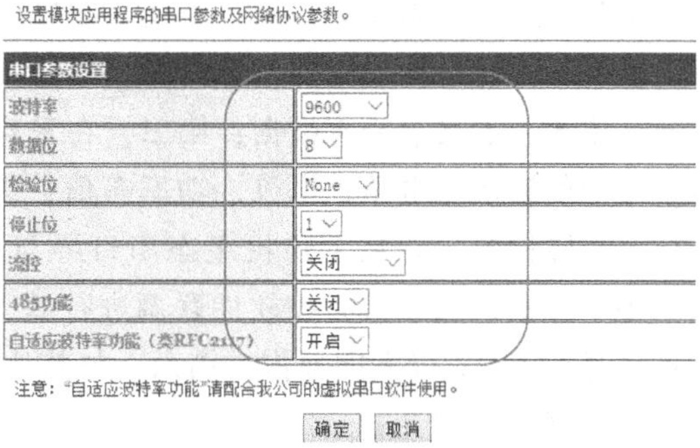

设置模块应用程序的串口参数及网络协议参数。

串口参数设置	
波特率	9600
数据位	8
检验位	None
停止位	1
流控	关闭
485功能	关闭
自适应波特率功能（类RFC2217）	开启

注意：“自适应波特率功能”请配合我公司的虚拟串口软件使用。

确定　取消

图 5-154　WiFi 设置

(3) RS-232 通信系统调试

重新启动智能离网微逆变系统，使其正常工作后打开串口助手，“波特率”设置为115200BPS，在发送缓冲区写入“FE 00 00 00 00 00 EF”，接收缓冲区返回“FE 00 00 00 00 00 EF”，如图 5-156 所示。

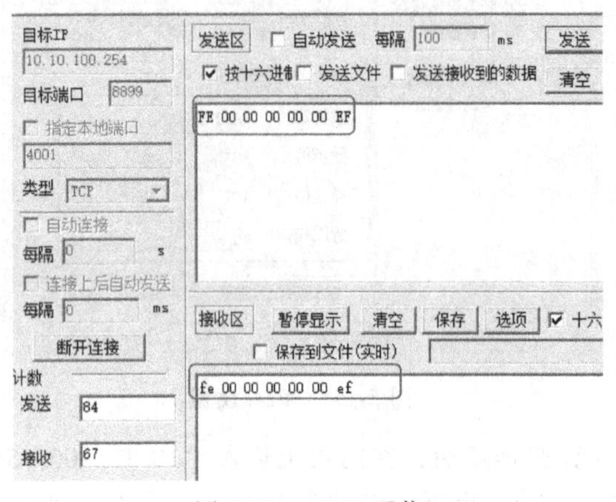

图 5-155　WiFi 通信

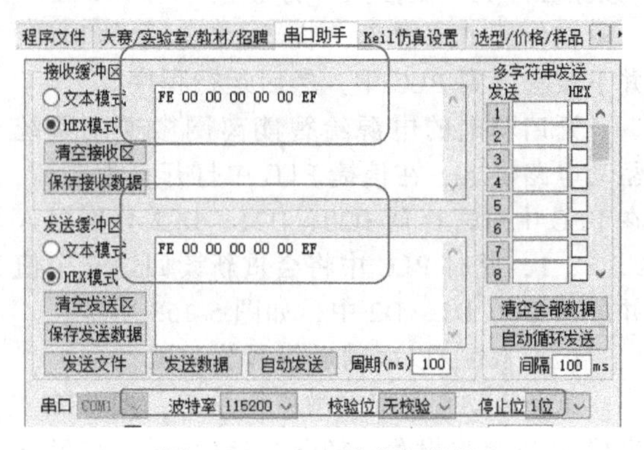

图 5-156　串口接收与发送

5.3.8　智能离网微逆变系统软件开发与调试（整合）

【任务说明】

本项目实现对智能离网微逆变系统的完整控制、显示及通信功能。实现对各个分项目的整合，完成软件对输出电压、频率控制；组态串口屏显示电压、电流曲线，对故障进行显示与报警；使系统与其他器件进行各种方式的通信。

【任务内容】

1) 完成智能离网微逆变系统的程序编写。

2) 进行智能离网微逆变系统的整体功能调试。

【技能要求】

1) 掌握智能离网微逆变系统完整程序的编程与设计方法。

2) 掌握智能离网微逆变系统完整程序的调试方法。

3) 掌握 Keil5 编程软件及 STC 下载软件的使用方法。

5.3.8.1　智能离网微逆变系统软件开发

1. 系统功能开发

第一，上位机组态串口屏在逆变控制界面对 EG8010 的死区时间、基波频率、输出电压进行设置，从而设定智能离网微逆变系统的输出电压与频率，同时在串口屏显示 EG8010 返回的电压、电流、温度、频率数据；第二，在采样显示界面可以观测智能离网微逆变系统输出电压、电流的波形与电压、电流、功率等值；第三，智能离网微逆变系统主控板对四路电路进行信号故障检测，并在上位机组态串口屏与主控板上进行故障指示灯的显示与报警；第四，与其他单片机、PLC 及力控软件联调进行基于 Modbus RTU 模式的 RS-485 通信；第五，与其他模块进行 WiFi/以太网通信；第六，与其他模块进行 RS-232 通信。

(1) 程序设计思想

程序主流程如图 5-157 所示。

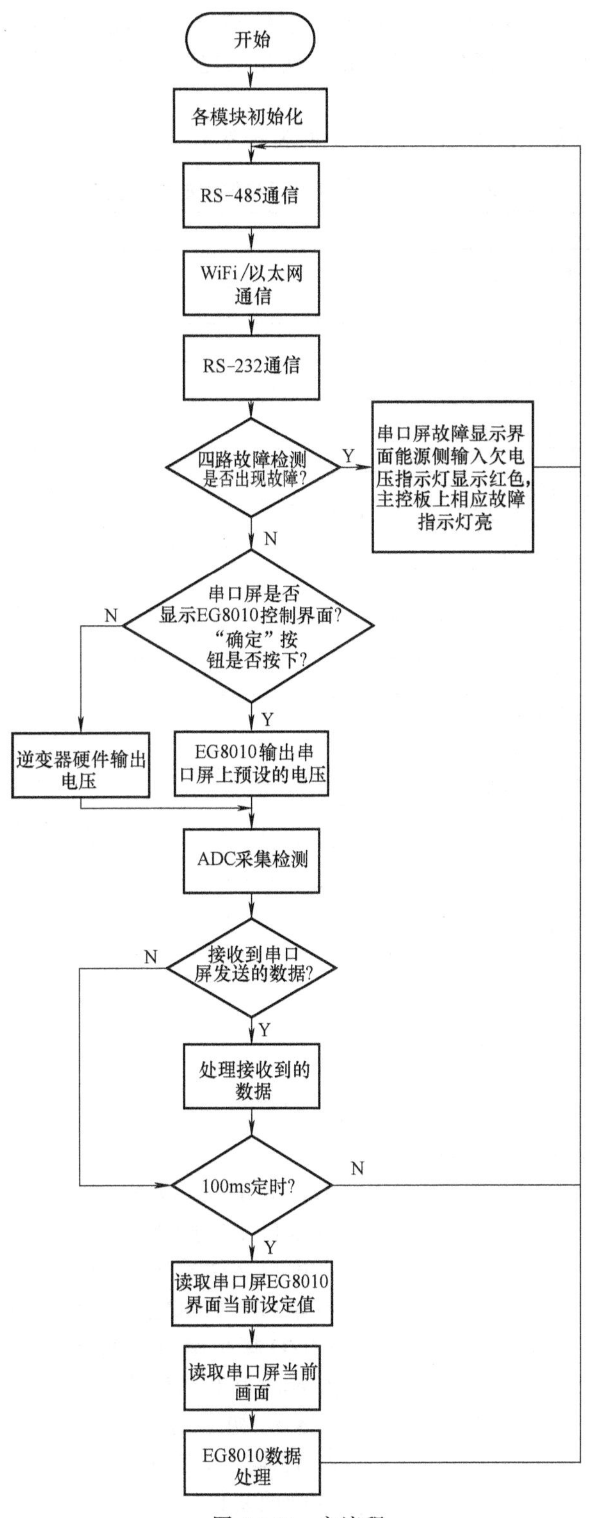

图 5-157　主流程

智能离网微逆变系统开始运行后检测前级输入是否发生故障。发生故障则发送对应数据到组态串口，使组态串口屏故障界面对应指示灯显示红色，并将故障信息通过 RS-485 发送，使蜂鸣器报警（若未开始软件控制，EG8010 蜂鸣器不会报警）；未发生故障时，系统正常运行，组态串口屏 EG8010 控制界面的“确定”按钮按下，智能离网微逆变系统开始进行软件控制，波形采样界面返回智能离网微逆变系统输出的电压、电流波形。每隔 100ms，读取与处理组态串口屏的数据。

（2）硬件电路引脚和软件的对应关系（见表 5-30）

表 5-30　硬件电路引脚和软件的对应关系

功能	引脚输入端
RS-232 接收	P3.0
RS-232 发送	P3.1
WiFi/以太网接收	P3.6
WiFi/以太网发送	P3.7
RS-485 接收	P0.2
RS-485 发送	P0.3
RS-485 方向控制	P0.4
主控板串口 2 发送数据到组态串口屏	P0.0
主控板串口 2 接收组态串口屏发送的数据	P0.1
电压采集	P1.7
电流采集	P1.6
母线过电压检测	P2.0
能源侧输入过电压检测	P2.1
能源侧输入欠电压检测	P2.2
能源侧输入过电流检测	P2.3
母线过电压指示灯	P4.1
能源侧输入过电压指示灯	P4.4
能源侧输入欠电压指示灯	P4.3
能源侧输入过电流指示灯	P4.2

（3）编程说明

智能离网微逆变系统开发相应的程序如下。

```
void main()
{
    u16 len=0,time100MS=0;
    port_mode();                    //I/O 口模式设置
    Uart1_init();                   //串口 1 初始化
    Uart2_init();                   //串口 2 初始化,与组态串口屏通信
    Uart3_init();                   //串口 3 初始化,与 EG8010 通信
    UART_INIT();                    //I/O 模拟串口初始化
    Timer0Init();                   //定时器 0 初始化
    InitADC();                      //ADC 初始化
    RS485_init();                   //RS-485 初始化
    Reset_Screen();                 //画面复位
    queue_reset();                  //清空指令接收缓冲区数据
    delay_ms(300);                  //延时等待串口屏初始化完毕,必须等待 300ms//
    while(1)
    {
```

```
        Fault_Display();                    //检测是否出现故障
        check_modbus();                     //Modbus 通信
        Uart1_Ctrl();                       //接收处理数据
        Wifi_Ctrl();
        if(Fault_flag==0)                   //无故障
        {
            if(EG8010_Button==1)            //在 EG8010 控制界面且"确定"按钮已第一次按下
                EG8010_ctr();               //控制 EG8010
            Curve_Show();                   //显示曲线
            len=queue_find_cmd(buffer,CMD_MAX_SIZE);//接收到的数据长度
            if(len>0)                       //接收到数据
                ProcessMessage((PCTRL_MSG)buffer);//,len);//对接收到的数据进行处理
                if(time_count-time100MS>100)//每 100ms 进行一次更新
            {
                time100MS=time_count;
                ALL_ReadTextValue();        //读取文本
                EG8010_Dispose();           //EG8010 对数据处理
                GetScreen();                //读取画面
            }
        }
        if((Fault_flag==1)&&(EG8010_Button==1))
        {
            First_flag=0;                   //"确定"按钮第一次按下的标志位清零
            if(time_count>500)              //500ms
            {
                time_count=0;               //定时器计数清零
                SetBuzzer(1);           //若有故障,则每 500ms 串口屏上的蜂鸣器报警一次
            }
        }
    }
}
```

5.3.8.2 智能离网微逆变系统软件调试

1. 编译环境设置

1）使用 Keil5 进行编程，若未添加 STC 芯片到 Keil5 中，则在程序编写之前应先将 STC 的芯片加入 Keil5 中，如图 5-158 所示。

在 STC-ISP 中选择"Keil 仿真设置"→"添加型号和头文件到 Keil 中"，弹出"浏览文件夹"对话框，选择 Keil5 的安装目录，完成芯片添加。

2）新建项目，打开 Keil5，选择"Project"→"New μVision Project"，创建一个新项目，并命名为"Rheaedu-INVT321B"，如图 5-159 所示。

3）单击"保存"按钮，Keil5 将会弹出驱动芯片选择界面，如图 5-160 所示，选择 STC15W4K32S4 芯片，单击"OK"按钮 。

4）进入 Keil5，在工具栏单击"NEW"，并将其保存为扩展名为"c"的文件，然后

双击“Source Group 1”将“.c”文件加入后就可以开始程序的编写了，如图 5-161 所示。

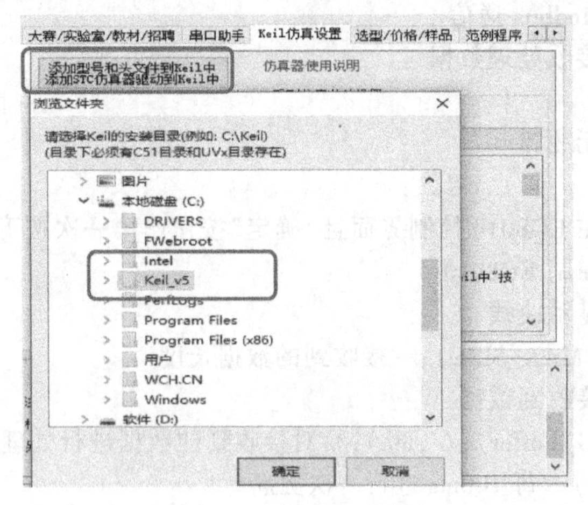

图 5-158　STC 头文件添加

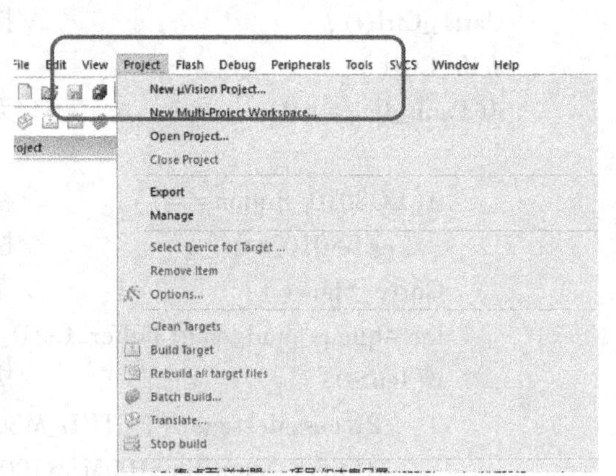

图 5-159　新建项目

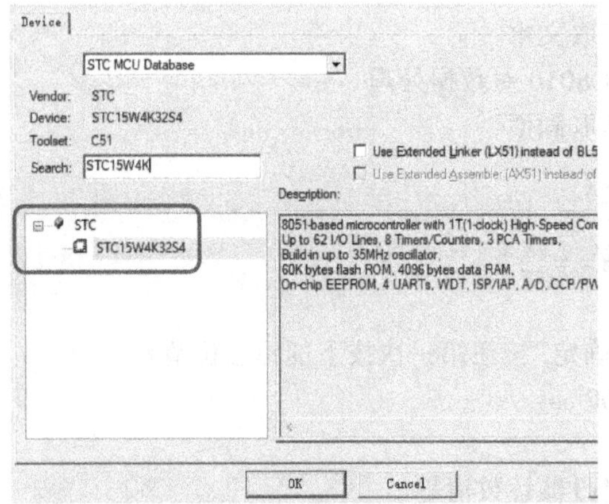

图 5-160　添加芯片

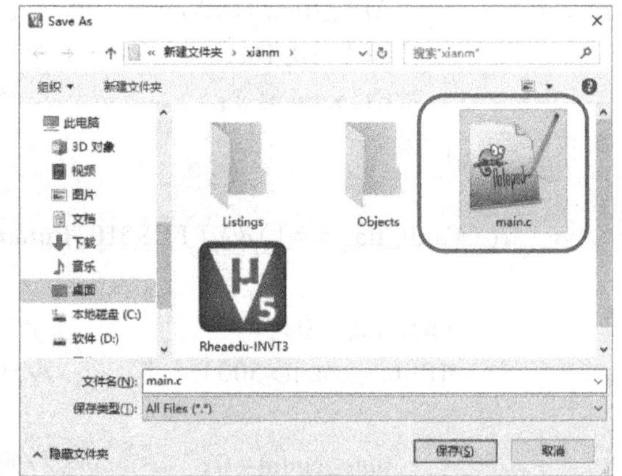

图 5-161　添加“.c”文件

5）完成程序的编写后单击“Rebuild” 进行程序编译，若输出窗口显示“0 Error（s），0 Warning（s）”（见图 5-162），就可以下载程序了。

6）在 Keil5 中单击“Options for Target” 选择“Output”，如图 5-163 所示，勾选“Create HEX File”复选框后可重新进行编译，就会生成 HEX 文件。

7）程序下载。使用 stc-isp-15xx-v6.86C 进行程序下载。

进入 STC 下载软件中，“单片机型号”选择“IAP15W4K61S4”，选择下载串口，当单片机连上计算机时串口号会自动跳出，如图 5-164 所示，然后单击“打开程序文件”按钮，加入刚生成的 HEX 文件。

8）其他选项为默认设置，如图 5-165 所示。然后单击“下载/编程”按钮，完成对程序的下载。

2. 系统调试

1）开启智能离网微逆变系统弱电电源，且未开启功率电电源，组态串口屏故障显示界面能源侧输入欠电压指示灯显示红色，如图 5-166 所示，智能离网微逆变系统主控板上的欠电压指示灯亮起。

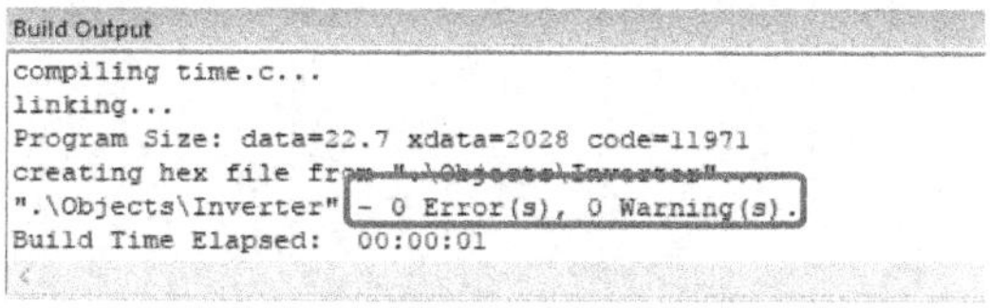

```
Build Output
compiling time.c...
linking...
Program Size: data=22.7 xdata=2028 code=11971
creating hex file from ".\Objects\Inverter"...
".\Objects\Inverter" - 0 Error(s), 0 Warning(s).
Build Time Elapsed:  00:00:01
```

图 5-162　编译

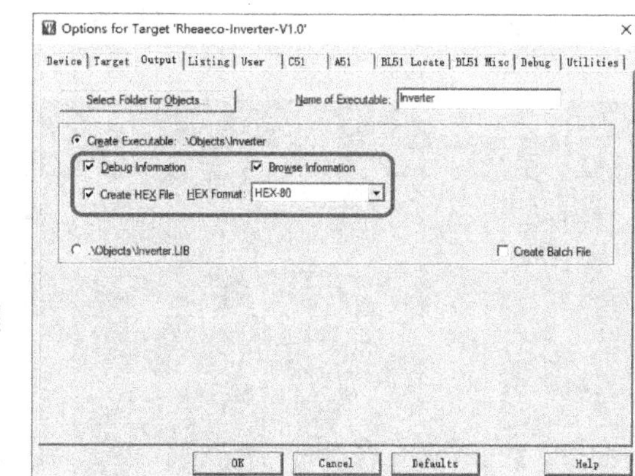

图 5-163　生成 HEX 文件

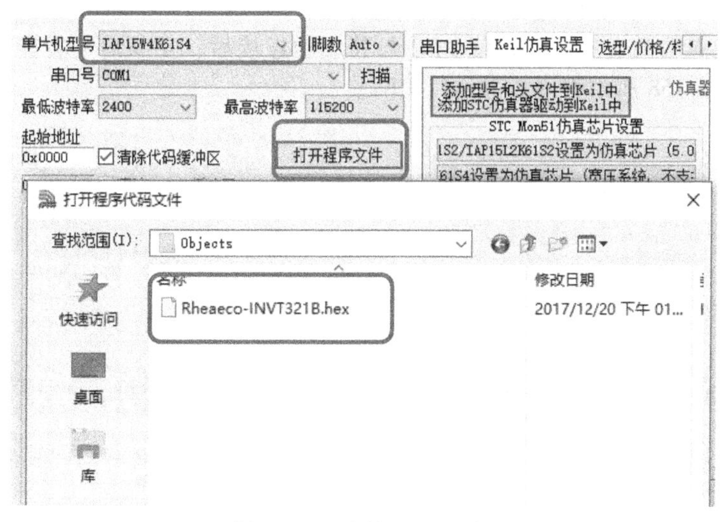

图 5-164　查找 HEX 文件

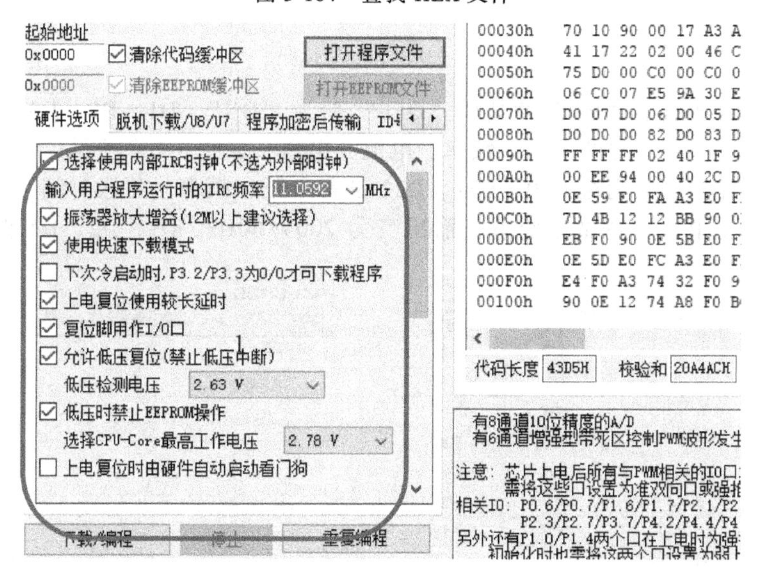

图 5-165　STC 下载

2）再开启功率电电源开关，在组态串口屏 EG8010 控制界面按下“确定”按钮，返回智能离网微逆变系统的输出电压、频率等值，如图 5-167 所示。

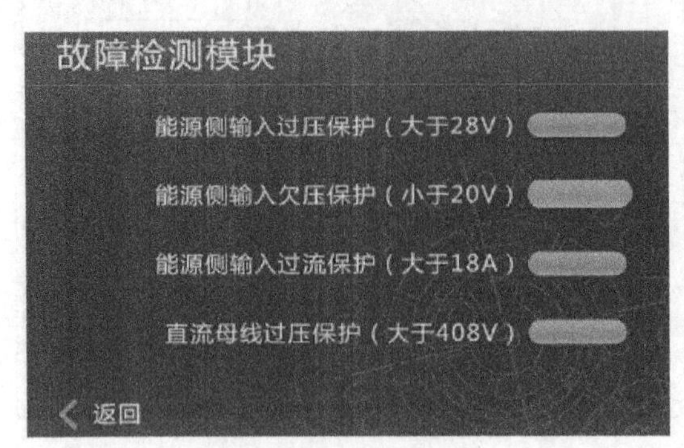

图 5-166　欠电压指示灯

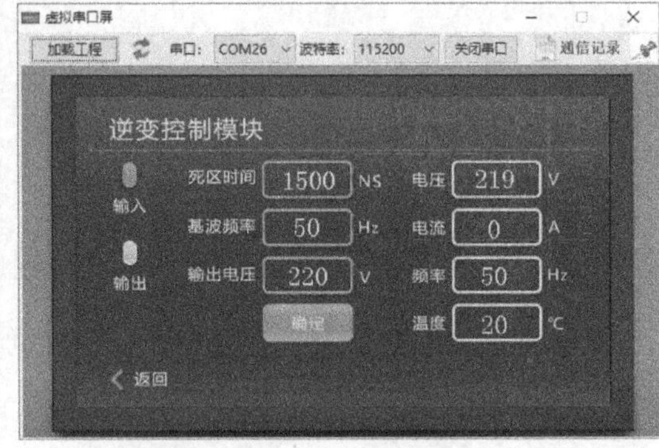

图 5-167　返回值

3）关闭智能离网微逆变系统，使 PLC 与其成功连接后，重新启动智能离网微逆变系统，在 PLC 中写入图 5-168 所示程序，并运行 PLC。

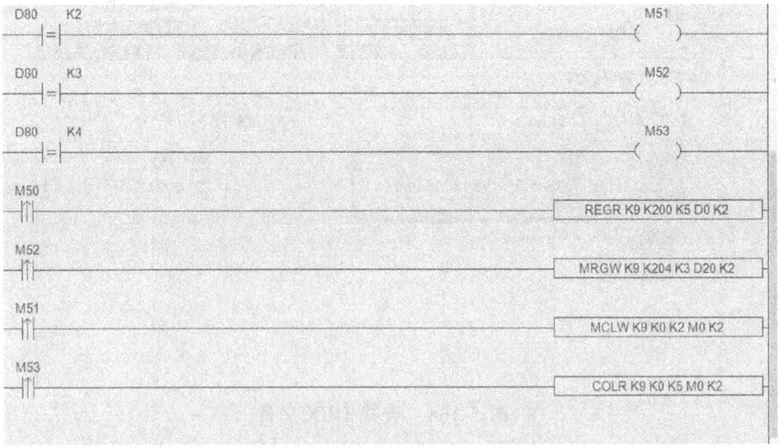

```
D80 K2
-|=|----------------------------------( M51 )
D80 K3
-|=|----------------------------------( M52 )
D80 K4
-|=|----------------------------------( M53 )
M50
-|↑|------------------[ REGR K9 K200 K5 D0 K2 ]
M52
-|↑|------------------[ MRGW K9 K204 K3 D20 K2 ]
M51
-|↑|------------------[ MCLW K9 K0 K2 M0 K2 ]
M53
-|↑|------------------[ COLR K9 K0 K5 M0 K2 ]
```

图 5-168　PLC 程序

在自由监控界面按下“M0”使其从“OFF”变为“ON”，D1、D2、D3、D4 将会分别返回智能离网微逆变系统传送的温度、频率、电流、电压，如图 5-169 所示。

在设置寄存器中可分别对 D20、D21、D22 设置电压、频率、死区时间，如设定为 200V、60Hz、1000ns 后，智能离网微逆变系统输出变为 200V/60Hz。D1、D2、D4 将会变为设定的值，如图 5-170 所示。

寄存器	监控值	字长	进制
D1	50	单字	10进制
D2	1500	单字	10进制
D3	0	单字	10进制
D4	218	单字	10进制
D20	0	单字	10进制
D21	0	单字	10进制
D22	0	单字	10进制
M0	ON	位	-
M1	ON	位	-
M2	ON	位	-

图 5-169　PLC 返回值

PLC1-自由监控

监控　添加　修改　删除　删除全部　上移　下移

寄存器	监控值	字长	进制
D0	29	单字	10进制
D1	60	单字	10进制
D2	1000	单字	10进制
D3	0	单字	10进制
D4	199	单字	10进制
D20	200	单字	10进制
D21	60	单字	10进制
D22	1000	单字	10进制
M0	ON	位	-
M1	ON	位	-

图 5-170　PLC 设定值

4）重新启动智能离网微逆变系统，使智能离网微逆变系统正常工作后打开串口助手，在发送缓冲区写入“FE 00 00 00 00 EF”，然后写入“FE 01 02 00 00 00 EF”，如图 5-171 所示，接收缓冲区会返回“FE 01 02 00 00 00 EF”，且智能离网微逆变系统输出电压为 200V。

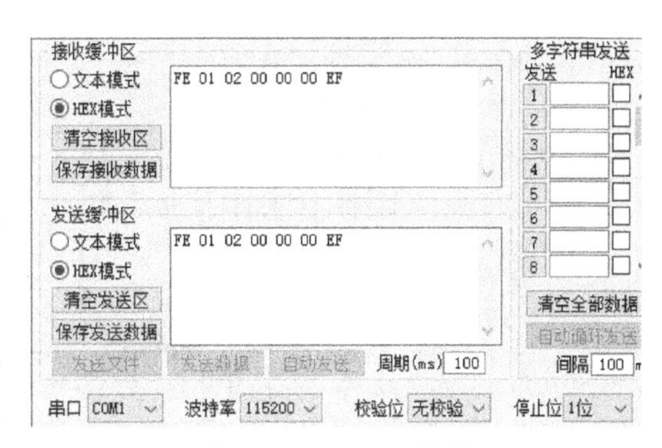

图 5-171　RS-232 通信

5）重新启动智能离网微逆变系统，将 WiFi 与计算机连接后，在网页上输入“10. 10. 100. 254”进行 WiFi 模块设置，在串口及网络协议设置中将“波特率”设置为 9600，其他保持默认，设置成功后重启使用新设置。完成设置后打开 TCP&UDP 测试软件，创建连接，采用默认设置，单击“创建”按钮，如图 5-172 所示。单击“连接”按钮，在发送区域写入“FE 00 00 00 00 00 EF”然后写入“FE 02 06 00 00 00 EF”。

WiFi 功能测试完成后，插上网线，实现以太网连接，打开 TCP&UDP 测试软件，在发送区域写入“FE 03 01 00 00 00 EF”，控制成功时会返回“FE 03 01 00 00 00 EF”，串口屏 EG8010 控制界面的死区时间变为 1000。

图 5-172　WiFi 通信

注意 WiFi/以太网、RS-232 通信时发送数据的格式，见表 5-31。

表 5-31　数据格式说明

起始帧	功能码	数据帧（四个）	结束帧
0xFE	0x00 （通过 EG8010 开使软件工作）	如“0x00 0x00 0x00 0x00”表示 0，则通过 EG8010 使软件工作	0xEF
	0x01 （控制智能离网微逆变系统输出电压）	如“0x01 0x08 0x04 0x00”表示设置电压为 184V	
	0x02 （控制智能离网微逆变系统输出频率）	如“0x05 0x00 0x00 0x00”表示设置频率为 50Hz	
	0x03（控制死区时间）	如“0x01 0x00 0x00 0x00”表示死区时间为 1000ns	

本项目附图如下：

模块单元驱动控制检测电路原理图（如图 5-173 所示，见书后插页）。

模块单元升压逆变主电路原理图（见图 5-174）。

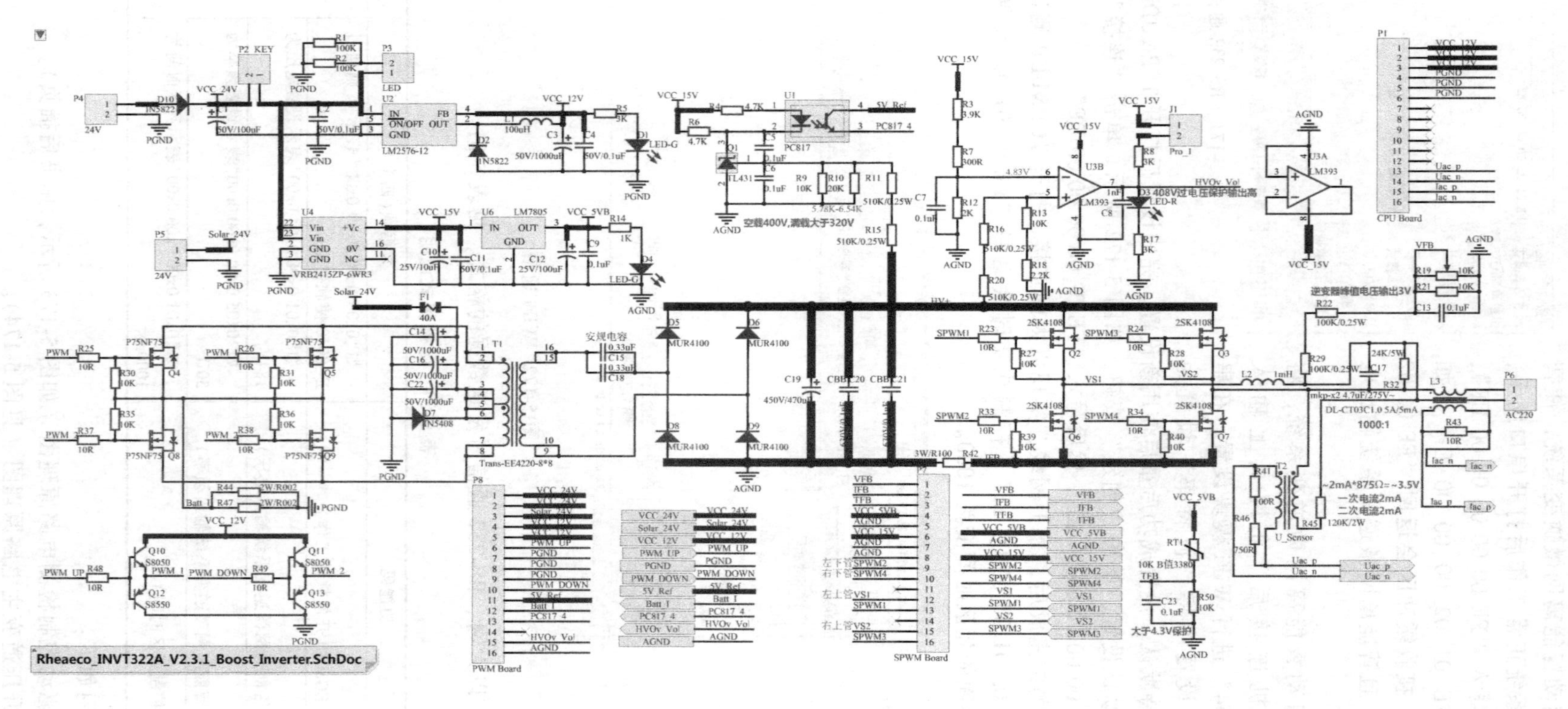

图 5-174　模块单元升压逆变主电路原理图

5.4 【知识拓展】并网逆变器

1. 并网逆变器的技术要求

光伏并网发电系统是利用电力电子设备和装置将太阳电池发出的直流电转变为与电网电压同频、同相的交流电，从而既向负载供电又向电网馈电的有源逆变系统。按照系统功能的不同，光伏并网发电系统可分为两类，一种是带有蓄电池的可调度式光伏并网发电系统，另一种是不带蓄电池的不可调度式光伏并网发电系统。典型的不可调度式光伏并网发电系统如图 5-175 所示。

从图 5-175 中可知，整个并网发电系统由光伏组件、并网逆变器、连接组件、本地负载等组成，对于可调度式光伏并网发电系统还包括储能用的蓄电池组。并网逆变器是整个并网发电系统的核心设备，承担着光伏阵列中最大功率点跟踪、直流逆变、防孤岛效应等诸多功能。总体来说，光伏并网发电系统对并网逆变器有以下几点要求。

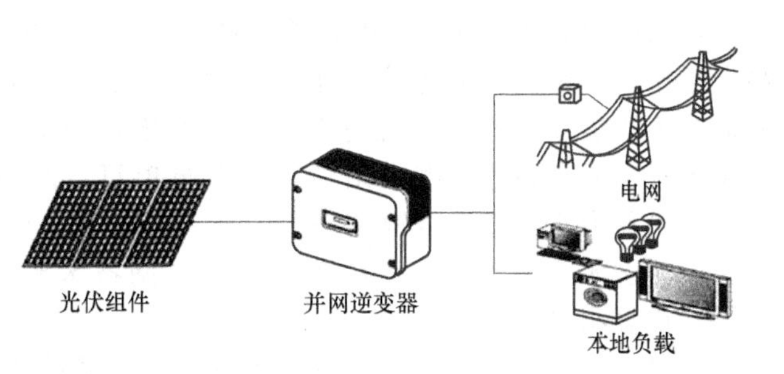

图 5-175　典型的不可调度式光伏并网发电系统

1）具有较高的逆变效率。由于目前太阳电池的价格偏高，为了最大限度地利用太阳电池，提高系统效率，就必须设法提高逆变器的效率，让逆变器自身的功率损耗尽可能小。

2）直流输入电压有较宽的适应范围。由于太阳电池的端电压随负载和日照强度而变化，这就要求逆变器必须能在较大的直流输入电压范围内正常工作，并保证交流输出电压的稳定。

3）具有较高的可靠性和严格的保护措施。目前光伏发电系统主要用于边远地区，许多电站无人值守和维护，这就要求逆变器具有合理的电路结构、严格的元器件筛选和完善的保护功能。

4）由于是并网运行，逆变器的输出应为失真度小的正弦波，要做到与电网电压同频同相，不能对电网有干扰和谐波污染。IEEE Std 929-2000 标准规定，并网逆变器总谐波失真（THD）小于 5%，3、5、7、9 次谐波小于 4%，11~15 次小于 2%，35 次以上小于 0.3%。

跟国外的光伏并网发电技术相比，我国的技术水平还有一定的差距，就并网逆变器而言，我国自主研发的知名品牌并不多，大部分的光伏示范工程都采用进口的国外品牌，导致光伏并网发电系统的造价高、依赖性强，制约了光伏并网发电系统在国内市场的发展和推广。因此，开展对光伏并网逆变器的研究、掌握并网逆变器关键技术，对推广光伏并网发电系统和实现节能减排有着十分重要的作用。

2. 并网逆变器的国内外应用现状

太阳能光伏并网发电始于 20 世纪 80 年代，由于光伏并网逆变器在并网发电中所起的核心作用，世界上主要的光伏系统生产商都推出了各自商用的并网逆变器产品。这些并网逆变器在电路拓扑、控制方式、功率等级上各有特点，其性能和效率也参差不齐。目前在国内外市场上比较成功的商用光伏并网逆变器主要有四种。

（1）德国 SMA 公司的 Sunny Boy 系列光伏逆变器

艾思玛太阳能技术有限公司（SMA Solar Technology AG）是被广泛认可的全球光伏逆变器第一大供应商，并引领着全球光伏领域的技术创新和发展。该公司推出的 Sunny Boy 系列光伏组串逆变器是目前为止并网光伏发电站最成功的逆变器，市场份额高达 60%。它在国内的典型工程包括大兴天普 50kWp 大型屋顶光伏并网示范电站、深圳国际园林花卉博览园 1MWp 光伏并网发电工程等。

（2）奥地利 Fronius 公司的 IG 系列光伏逆变器

Fronius（伏能士）是专业生产光伏并网逆变器和控制器的高新技术企业，其光伏并网逆变器在全球名列前茅。目前该公司的市场主要在欧洲和北美，在我国参与的工程还比较少。

（3）美国 Power-One 公司的 AURORA 系列光伏逆变器

Power-One（宝威）是世界知名的电源供应商，该公司于 2006 年通过收购 Magnetek 而进入新能源领域。在 2008 年年底，该公司已与云南无线电有限公司签署了光伏并网逆变器项目合作协议，将对推动我国光伏产业的发展做出贡献。

（4）阳光电源的 SunGrow 系列光伏逆变器

作为国内最大的光伏逆变器提供商之一，阳光电源股份有限公司（简称“阳光电源”）始终专注于可再生能源发电产品的研发和生产，其产品主要有光伏发电电源、风力发电电源、回馈式节能负载、电力系统电源等。阳光电源先后成功参与了北京奥运鸟巢、上海世博会、三峡工程、上海临港大型太阳能光伏发电项目、西班牙 Malaga 5MW 大型光伏电站等重大工程。到目前为止，阳光电源还是国内唯一一家取得 CE 认证的光伏发电设备供应商，该公司产品已成功进入西班牙、意大利等对光伏并网技术要求十分严格的欧洲市场。相对国内同行，其技术优势明显。

除以上公司外，能提供成熟的商用光伏并网逆变器的厂家还有很多，如加拿大的 Xantrex 公司、德国康能（Conergy）集团，以及国内的北京索英电气、南京冠亚电源。

同时，国内许多高校和研究机构也长期致力于光伏发电技术领域的研究工作。

3. 并网逆变器的分类

并网逆变器的分类方法有多种，按照直流侧输入电源性质的不同可分为电压型逆变器和电流型逆变器。电压型逆变器直流侧为电压源，或并联有大电容，直流回路呈现低阻抗；电流型逆变器直流侧串联有大电感，相当于电流源，直流回路呈现高阻抗，相对于电压型逆变器，其系统动态响应差。

按照逆变器与市电并联运行的输出控制方式可分为电压控制逆变器和电流控制逆变器。输出采用电流控制时，控制方法相对简单，只需控制逆变器的电流与电网电压同频同相，即可达到并网运行的目的。因此，目前世界上的绝大多数光伏并网逆变器产品都采用电流源输出的控制方式。

按照主电路结构的不同，光伏并网逆变器还可以分为工频和高频两种。

典型的工频逆变器结构如图 5-176 所示，太阳电池发出的直流电经 DC-AC 逆变后，通过工频变压器与电网相连。工频变压器起到隔离电网、匹配电压的作用，而正是由于带有工频变压器，才导致整个逆变器体积大、质量重。

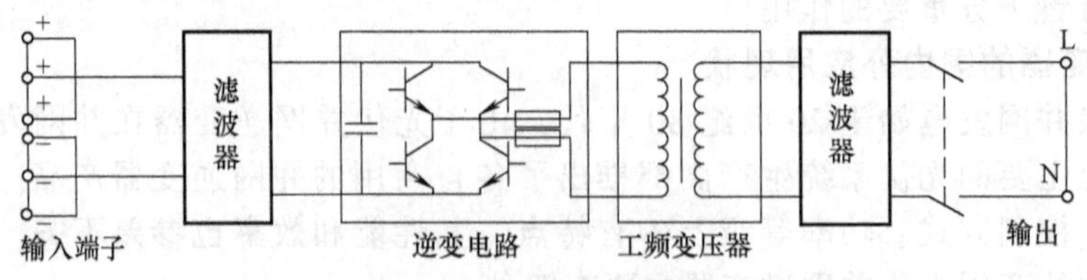

图 5-176　工频逆变器的结构示意图

高频逆变器又可分为隔离型和非隔离型两种。

隔离型逆变器中含有高频变压器，主要起调节电压、隔离电网的作用，其结构如图 5-177 所示，它首先通过 DC-AC 变换器将太阳电池发出的直流电转换为高频交流电，接着利用高频变压器隔离升压，在副边经 AC-DC 整流，最后通过逆变电路与电网相连。由于使用了高频变压器，使整个逆变器的体积小、重量轻、结构紧凑、工作噪声小。

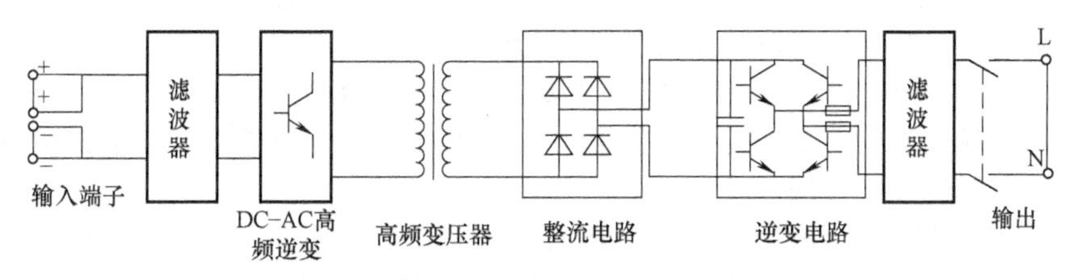

图 5-177 隔离型高频逆变器的结构示意图

非隔离型并网逆变器的典型结构如图 5-178 所示，它首先通过 DC-DC 变换器将太阳电池的直流电升压或者降压转化为满足并网要求的直流电压，然后经逆变电路、输出滤波器和电网直接相连。

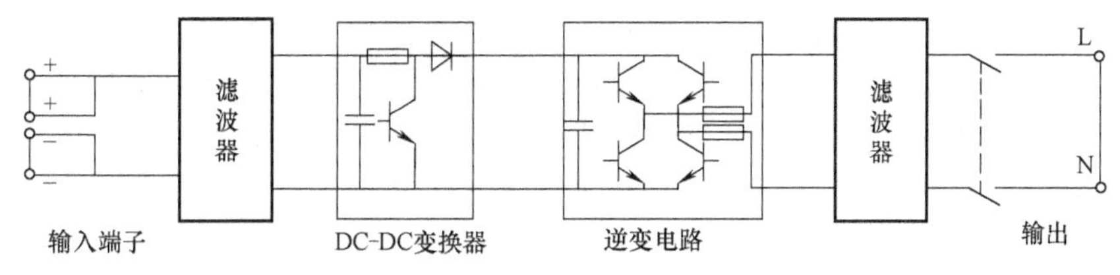

图 5-178 非隔离型高频逆变器的结构示意图

另外，按照主电路的拓扑级数，光伏并网逆变器可以分为单级式并网逆变器、两级式并网逆变器、多级式并网逆变器等，本书不再一一举例。

4. 并网逆变器输出电流的主要控制方式

在数字控制技术不断发展、数字电路硬件成本不断降低的今天，数字化 PWM 控制方式具有更加广泛的应用前景。与模拟控制相比，数字控制具有控制灵活、控制算法容易改变和硬件调试方便等优点。针对并网逆变器输出电流的闭环跟踪控制，国内外学者提出了大量卓有成效的数字控制方案，比较常用的有数字 PI 或 PID 控制、电流滞环比较控制、无差拍控制、重复控制、滑模变结构控制等。

1）数字 PI 或 PID 控制利用 PI 或 PID 调节器的输出和三角波进行比较产生 PWM 信号，以此来控制电路开关。该方法是通过将传统的模拟 PID 控制离散化来实现的，是目前最常用的电流反馈控制，它又可以分为位置式 PID 控制和增量式 PID 控制，由于后者具有更加优越的性能，所以应用更加广泛。PID 控制最大的问题是电流反馈需要较大的滤波，以保证其谐波成分远比三角波的频率低。此外，该方法还存在输出电流相位漂移的问题。

2）电流滞环比较控制是把输出电流的参考波形和电流的实际波形通过滞环比较器进行比较，利用其结果来决定逆变器桥臂上下开关器件的导通和关断。这种方法最大的优点是控制简单、容易实现、动态响应极快，并且对负载及参数不敏感。但是，这种方法中开关频率不固定，在调制过程中容易出现很窄的脉冲和大的电流尖峰，直流电压不够高或电流幅值太小时，电流控制效果也不理想。

3）无差拍控制是数字控制特有的一种控制效果。该方法是在负载情况已知的前提下，在控制周期的开始，根据电流的当前值和控制周期结束时的参考值选择一个使误差趋于零的电压矢量，去控制逆变器中开关器件通断的一种控制方式。这种方法计算量较大，对数学模型的精确度要求较高，但其开关频率固定、动态响应快，十分适合光伏并网系统的数字控制。

4）重复控制的基本思想源于控制理论中的内模原理。它利用内模原理在稳定的反馈闭环控制系统内设置一个可以产生与参考输入及扰动输入信号同周期的内部模型，从而使系统实现对外部周期性参考信号的渐近跟踪。重复控制可以消除输出波形的周期性畸变，使逆变器获得低 THD 的稳态输出波形，但其动态响应慢。因此，重复控制经常与其他控制方法相结合，从而形成复合控制方法来改善系统的动态特性。

5）滑模变结构控制与其他控制系统的主要区别在于控制的不连续性，系统的结构不是固定的，而是在控制过程中不断变化。该控制方式最大的优势是对参数变动和外部扰动不敏感，特别适合微处理器的数字实现。

除以上提及的几种数字控制方案外，还有学者提出了一些其他的控制方案，如神经网络控制、模糊控制、广义预测控制等，这些方案在发挥数字控制的优势方面各有特点，但目前实际应用还比较少，大部分处于理论研究阶段。

【项目总结】

本项目重点讲述了基本逆变电路的结构及其工作原理，首先从逆变电路的基本工作原理、换流方式开始，着重讲述了有源逆变电路和无源逆变电路的基本电路结构和工作原理。然后利用实训配置的智能离线微逆变系统平台，结合大赛资源，进一步介绍逆变器在光伏发电系统电能变换环节的电路特点，通过任务“智能离线微逆变系统的安装与调试”，讲述智能离线微逆变实训系统各驱动电路的工作原理，让学生进一步掌握逆变器的应用，为今后进入相关岗位奠定基础。

【项目训练】

1）什么叫有源逆变？什么叫无源逆变？无源逆变电路和有源逆变电路有什么区别？

2）实现有源逆变的条件是什么？哪些电路可以实现有源逆变？

3）换流的方式有哪几种？各有什么特点？

4）无源逆变电路有几种实现换流的方式？用全控器件做逆变器的开关元件有什么优越性？

5）在只有电阻和电感的整流电路中，能否使变流装置稳定运行于逆变状态？为什么？对于有电阻、电感的整流电路，在运行过程中是否有运行于逆变状态的时刻？如果有，试说明这种逆变是怎样产生的。

6）可逆电路为什么要限制最小逆变角？试绘图说明。

7）什么是电压型逆变电路？什么是电流型逆变电路？两者各有什么特点。

参考文献

[1] 王兆安，刘进军. 电力电子技术［M］. 5版. 北京：机械工业出版社，2009.

[2] 裴云庆，等. 电力电子技术学习指导习题集及仿真［M］. 北京：机械工业出版社，2012.

[3] 周渊深. 电力电子技术与MATLAB仿真［M］. 北京：中国电力出版社，2014.

[4] 马宏骞. 电力电子技术及应用项目教程［M］. 北京：电子工业出版社，2017.

[5] 王波. 电力电子技术仿真项目化教程［M］. 北京：北京理工大学出版社，2016.

[6] 崔青恒，华晓峰，等. 光伏发电系统电能变换［M］. 北京：中国水利水电出版社，2016.

[7] 黄汉云. 太阳能光伏发电应用原理［M］. 北京：化学工业出版社，2012.

新能源专业系列教材精品推荐

电工与电子技术基础

书号：ISBN 978-7-111-53685-7

作者：张志良　　定价：55.00元

推荐简言：本书内容广；难度适中；重概念，轻计算；习题量多，并有与之配套的《电工与电子技术学习指导及习题解答》（ISBN 978-7-111-54126-4），给出全部解答。注意实践运用和与后续课程的衔接。书中概念、例题、习题，凡能与实际应用结合或与后续课程中的应用结合的，均给出说明。

电气控制与PLC应用技术 第3版

书号：ISBN 978-7-111-58218-2

作者：吴丽　　定价：39.90元

推荐简言：本书尽可能做到语言简捷、通俗易懂、内容丰富、实用性强、理论联系实际，除了介绍传统的控制技术以外，还详细叙述了可编程序控制器的应用技术，并通过一些实例介绍了 PLC 的设计方法和技巧。另外，本书的大部分章节都配有相关技能训练项目，以突出实践技能和应用能力的培养。

光伏电站的施工与维护

书号：ISBN 978-7-111-52516-5

作者：袁芬　　定价：29.90元

推荐简言：本书是基于光伏类专业的工作任务、职业能力要求、发展趋势及其对人才要求的变化进行探索及改进的实用型新编教材，内容系统翔实，图文并茂，具有较高的实用性。本书充分体现项目课程设计思想，以项目为载体实施教学，让学生在完成项目中的任务过程中逐步提高职业能力，同时也考虑了可操作性。

并网光伏发电系统设计与施工

书号：ISBN 978-7-111-57173-5

作者：胡昌吉　　定价：39.90元

推荐简言：本书以光伏工程项目4个阶段（项目规划、设计、实施和系统运行）为主线来组织，并将内容分成4个项目。这些项目基本涵盖了并网光伏系统设计与施工的基本知识和基本技能，满足了岗位能力需求。本书配有课程网站，提供了视频、动画、PPT电子课件、习题等课程资源，方便教师网上课程教学和学生自主学习。

光伏发电系统设计、施工与运维

书号：ISBN 978-7-111-57357-9

作者：詹新生　　定价：39.90元

获奖项目：“十三五”江苏省高等学校重点教材

推荐简言：本书按照行业领域工作过程的逻辑确定教学单元，即“系统设计→系统施工→系统运维”，教学内容完整且符合工程实际。采用“项目-任务”的模式组织教学内容，体现“任务引领”的职业教育教学特色。

分布式发电及微电网应用技术

书号：ISBN 978-7-111-60837-0

作者：胡平　　定价：39.00元

推荐简言：本书从应用角度出发介绍了微电网系统的分布式能源及微电网系统结构、控制技术、保护机理、能量管理与调度，以及基于微电网架构的能源互联网技术。通过微电网示范工程的介绍，将理论和实践相结合，为工程技术人员提供工程设计参考。